21世纪高职高专土建立体化系列规划教材

建筑材料与检测(第二版)

主编 王 辉

北京大学出版社
PEKING UNIVERSITY PRESS

内容简介

本书内容共分10章，主要包括：绪论、建筑材料的基本性质、气硬性胶凝材料、水泥、混凝土、建筑砂浆、墙体材料、建筑钢材、建筑防水材料和环保节能材料。

本书采用全新体例编写，除附有部分工程案例外，还增加了引例、学习参考标准、小知识、特别提示、知识链接等内容。此外，每章还附有选择题、填空题、名词解释、简答题、判断题、计算题等多种题型供读者练习。通过对本书的学习，读者可以根据工程实际正确选择、合理使用建筑材料，并能掌握建筑材料的检测方法和运输、保管知识，具备对进场材料进行取样、送检、质量验收等能力。

与本书配套出版的还有《建筑材料检测试验指导》一书，读者可参阅该书进行建筑材料质量检测能力的训练。

本书可作为高职高专建筑工程类相关专业的教材和指导书，还可为土建施工类及工程管理类各专业岗位考试培训人员提供参考。

图书在版编目(CIP)数据

建筑材料与检测/王辉主编. —2版. —北京：北京大学出版社，2016.1

（21世纪高职高专土建立体化系列规划教材）

ISBN 978-7-301-26550-5

Ⅰ.①建… Ⅱ.①王… Ⅲ.①建筑材料—检测—高等职业教育—教材 Ⅳ.①TU502

中国版本图书馆CIP数据核字(2015)第280727号

书　　名　建筑材料与检测（第二版）
Jianzhu Cailiao yu Jiance

著作责任者　王　辉　主编

责任编辑　刘　翯

标准书号　ISBN 978-7-301-26550-5

出版发行　北京大学出版社

地　　址　北京市海淀区成府路205号　100871

网　　址　http://www.pup.cn　新浪微博：@北京大学出版社

电子信箱　pup_6@163.com

电　　话　邮购部 010－62752015　发行部 010－62750672　编辑部 010－62750667

印 刷 者　北京溢漾印刷有限公司

经 销 者　新华书店

787毫米×1092毫米　16开本　18.5印张　420千字

2011年8月第1版

2016年1月第2版　2021年6月第6次印刷

定　　价　40.00元

第二版前言

高等职业教育肩负着培养面向生产、建设、服务和管理一线需要的高技能人才的使命，在加快推进社会主义现代化建设过程中，具有不可替代的作用。《建筑材料与检测》自2011年问世以来，经大量院校投入教学使用后，反映良好。由于建筑材料标准和规范的更新，以及为了更好地开展教学，适应高职高专学生学习的要求，我们对该书进行了修订。

这次修订主要做了以下工作。

(1) 通过调查高职高专学生和走访行业专家，修订中简化理论，突出应用，列举实例，强化实验、实习的作用。

(2) 本书突破原有相关教材的知识框架，注重理论与实践结合，按照材料的认识—应用—取样与验收—检测的全新体例进行编写，符合学生的认知规律和习惯。

(3) 打破以往版本中将材料的介绍和检测分成两部分编写的原则，改为在每章(节)前面介绍材料的认识和应用，后面紧接着介绍材料的取样验收及检测，从而增加了学习的整体性和完整性。

(4) 编写形式尽量采用直观图表，文字表达力求浅显易懂。

(5) 本次编写注重行业的技术发展动态和趋势，内容全部采用国家(部)、行业颁布的最新的标准和规范。

(6) 对全书的版式进行了全新的编排，突出教学要点、职业能力、实例分析，优化了能力训练项目。

经修订，本书具有以下特点。

(1) 编写体例新颖。借鉴优秀教材特点的写作思路、写作方法及教学内容安排，从学生好用、实用、够用的角度出发，增加内容的趣味性；图文结合，突出案例，创新形式，适合高职学生使用。

(2) 注重知识的拓展和应用。在编写过程中有机融入最新的实例，每章开始通过一个工程实例引入本章知识点，实例中的内容即学生学完本章需要解决和实现的内容。按照本思路编写从而提高本书的可读性和实用性；在提高学生学习兴趣和效果的同时，培养学生的职业素质和职业能力。

(3) 突出对职业能力的培养。在每章的教学要求中提出学生学习后需要达到的能力目标，突出职业能力的培养和提高。

(4) 注重知识体系实用有效。以行业所需的专业知识和操作技能为着眼点，在适度的基础知识与理论体系覆盖下，着重讲解应用型专门人才培养所需的知识内容和关键点，突出实用性和可操作性，使学生学以致用，学而能用。

对于本书存在的不足，敬请读者批评指正。对使用本书、关注本书及提出修改意见的同行们表示深深的感谢。

编　者

2015年9月

第一版前言

本书为北京大学出版社“21 世纪全国高职高专土建立体化系列规划教材”之一。“建筑材料与检测”是高职高专土建类专业的一门重要技术基础课。

本书突破了原有相关教材的知识框架，注重理论与实践相结合，采用材料认识、材料应用、材料取样与验收、材料检测一条线的全新体例编写。符合学生的认知规律，将各种材料的检测内容与前面的认识和应用等内容放在一起，增加了学习的整体性和完整性。编写形式尽量采用直观图表，文字表达力求浅显易懂。本书编写注重行业的技术发展动态和趋势，内容全部采用国家(部)、行业颁布的最新的标准、规范。

每章有教学目标、教学要求、学习参考标准和特别提示，指导学生自主学习；设任务引例，引导学生带着任务进行学习，并用所学知识解决工程中的实际问题，培养学生分析问题、解决问题的能力；课外设小知识、知识链接等，介绍材料发展历程和国内外新材料发展等，拓宽思维，激发学生学习兴趣。

本书由四川交通职业技术学院王辉担任主编并统稿；重庆城市职业学院罗小虎担任副主编；重庆科创职业学院魏尚卿、四川交通职业技术学院李娇娜、重庆城市职业学院谭俊参编。其中罗小虎编写绪论、第 1 章；谭俊编写第 2 章；魏尚卿编写第 3 章、第 5 章；王辉编写第 4 章、第 6 章、第 7 章；李娇娜编写第 8 章、第 9 章。

本书在编写过程中参考了大量文献资料，在此谨向这些文献的作者表示衷心感谢。由于编者水平有限，时间仓促，书中不足和疏漏之处在所难免，敬请各位读者批评指正。

编　者

2011 年 8 月

CONTENTS

绪　论

教学目标

掌握建筑材料的定义、分类，掌握建筑材料的技术标准。了解建筑材料与建筑、结构、施工、预算的关系，及其在国民经济建设中的地位和建筑材料的现状与发展，明确本课程的任务和基本要求。

0.1 建筑材料的定义和分类

0.1.1 建筑材料的定义

建筑材料是建筑工程中所有材料的总称。建筑材料不仅包括构成建筑物的材料，而且还包括在建筑施工中应用和消耗的材料。构成建筑的材料如地面、墙体和屋面使用的混凝土、砂浆、水泥、钢筋、砖和砌块等。建筑材料的品种的性能和质量，在很大程度上决定着建筑物的安全、适用、经济和美观，又在很大程度上影响着结构形式和施工速度。

0.1.2 建筑材料的分类

建筑材料的分类方法很多，通常有以下两种。

1. 按化学成分分类

按照化学成分不同，将建筑材料分为无机材料、有机材料和复合材料三大类。具体分类见表 0-1。

表 0-1 建筑材料的分类

无机材料	金属材料	黑色金属：合金、铁等 有色金属：铝、锌、铜等及其合金
	非金属材料	烧土制品 天然石材 玻璃及其制品 水泥、石灰、石膏、水玻璃、混凝土、砂浆、硅酸盐制品等
有机材料	植物材料	木材、竹材等 植物纤维及其制品
	合成高分子材料	塑料、涂料、胶粘剂等
	沥青材料	石油沥青及煤沥青 沥青制品
复合材料	无机非金属材料与有机材料复合	玻璃纤维增强塑料聚合物混凝土等 沥青混凝土等 水泥刨花板等
	金属材料与非金属复合	钢筋混凝土、钢丝网混凝土、铝塑混凝土等 水泥石棉制品、不锈钢包覆钢板、人造花岗石、人造大理石等
	其他复合材料	PVC 钢板、轻质金属夹芯板

2. 按使用功能分类

按建筑材料的使用功能，将其分为结构材料、围护材料和功能材料三大类。

1) 结构材料

结构材料主要指构成建筑物受力构件和结构所用的材料，如梁、板、柱、基础、框架等构件或结构所使用的材料。其主要技术性能要求是具有强度和耐久性。常用的结构材料有混凝土、钢材、石材等。

2) 围护材料

围护材料是用于建筑物围护结构的材料，如墙体、门窗、屋面等部位使用的材料。常用的围护材料有砖、砌块、板材等。围护材料不仅要求具有一定的强度和耐久性，而且更重要的是具有良好的绝热性，符合节能要求。

3) 功能材料

功能材料主要是指担负某些建筑功能的非承重用材料，如防水材料、装饰材料、绝热材料、吸声隔声材料、密封材料等。

0.2 建筑材料与建筑、结构、施工、预算的关系

建筑材料和建筑、结构、施工、预算等科学分支一样，是建筑工程科学极为重要的组成部分。建筑材料是建筑、结构、施工、预算的物质基础。一个优秀的建筑师总是把建筑艺术和以最佳方式选用的建筑材料融合在一起。结构工程师只有在很好地了解了建筑材料的性能后，才能根据力学计算，准确地确定建筑构件的尺寸，并创造出先进的结构形式。建筑经济师为了降低造价，节省投资，首先要考虑的是节约和合理地使用建筑材料，目前在我国的建筑工程中建筑材料所占的投资比例高达70%以上。而施工和安装的全过程，则是按设计要求把建筑材料逐步变成建筑物的过程，它涉及材料的选用、运输、储存及加工等方面。

总之，从事建筑工程的技术人员和专家都必须了解和懂得建筑材料，因为建筑、材料、结构、施工四者是密切相关的。从根本上说，材料是基础，材料决定了建筑形式和施工方法。新材料的出现，可以促使建筑形式的变化、结构设计方法的改进和施工技术的革新。理想建筑中，应该是使所用的材料都能最大限度地发挥其效能，并合理、经济地满足建筑功能上的各种要求。

0.3 建筑材料的发展状况和发展方向

0.3.1 建筑材料的发展状况

人类从事建筑最原始、最直接的原因是为了居住。人类经历了由穴居野外到建造房屋的过程。最初所谓的房屋是用树木搭成的，四周采用筑土垒石的方法做成墙体，因此，最早采用的建筑材料主要为土、石材、木材。

在劳动过程中，人脑逐渐发达，人类制造出的工具也越来越先进。铜器、铁器工具的出现，加速了建筑材料的发展。在中国西周早期(公元前1060 年至公元前 711 年)的陕西凤雏遗址中，发现了采用三合土的抹面，此时已开始使用石灰。在秦汉时期，中国烧制砖瓦的技术日臻成熟，出现了秦汉砖瓦。

中国古代劳动人民，采用土、石材、木材、砖瓦等建筑材料，建造了一些著名的建筑物和构筑物。例如，秦汉的万里长城，就是采用砖石、石灰等材料修建而成，被誉为世界的建筑奇迹之一；建成于隋朝的河北赵州桥，采用独特的石制结构，距今已4000 多年的历史，木材仍未腐烂，且保存完好，堪称建筑典范；还有宏阔显赫的故宫、圣洁的天坛、诗情画意的苏州园林、清幽别致的峨眉山寺等建筑，无不闪耀着中国古代和近代劳动人民

智慧的光芒。

1949年前，中国建材工业发展十分缓慢。19世纪60年代，在上海、汉阳等地相继建成炼铁厂，1882年建成了中国玻璃厂，1895年建成了清政府的第一家水泥厂——启新洋灰公司，开始了水泥的生产。1949年，全国的水泥产量还不足30×10^4(万)t。

新中国成立后，随着各项建筑事业的蓬勃发展，为了满足大规模经济建设的需要，建材工业得到了迅猛发展。尤其是改革开放以来，为了满足现代化建设工程的需要，单在水泥生产方面，陆续在全国建成了数十个品种的水泥生产厂。2014年，全国水泥产量已达24.76×10^8(亿)t，占世界水泥产量的45.73%。此外，大量性能优异、品质良好的功能材料，如绝热、吸声、防水、耐火材料等也应运而生。近年来，随着人们生活水平的不断提高，新型建筑装饰材料，如新型玻璃、陶瓷、卫生洁具、塑料、铝合金、铜合金等，更是层出不穷、日新月异。

0.3.2 建筑材料的发展方向

随着现代高新技术的不断发展，新材料作为高新技术的基础和先导，其应用极其广泛。新材料技术同信息技术、生物技术一起成为21世纪最重要、最具发展潜力的领域。而建筑材料作为材料科学的一个分支，必将得到飞速发展。

1. 传统建筑材料的性能向轻质、高强、多功能等方向发展

借助现代高科技手段、先进的仪器设备和测试技术，从宏观和微观两方面，对材料的组成、形成、结构与材料的性能之间的关系、规律性和影响因素进行研究，可以对传统的建筑材料按照要求进行处理，或者按指定性能配制出某些高性能的材料。例如，大规模生产新型干法水泥，研制出轻质高强的混凝土、新型墙体材料等。

2. 化学建材将大规模应用于建筑工程中

化学建材主要包括建筑材料、建筑涂料、建筑防水材料、密封材料、绝热材料、隔声材料、特种陶瓷和建筑胶粘剂等。化学建材有很多优点，可以部分代替钢材、木材，且具有较好的装饰性。在现代建筑中，应用塑料门窗、塑料管道等代替了部分钢材和木材；利用纳米技术生产出的高档墙体涂料、新型防水材料将逐渐在工程中推广应用。

3. 绿色建筑材料将大量生产和使用

绿色建材又称生态建材、环保建材或健康建材。绿色材料是人类认识到生态环境保护的重要战略意义后提出来的，是国内外材料科学与工程研究发展的必然趋势。绿色建材主要表现在以下几个方面。

(1) 原材料尽可能少用天然资源，尽量使用工业废料、废渣、废液。

(2) 生产采用低能耗、无污染的制造工艺和技术。

(3) 在原材料配制和生产过程中，不使用有害和有毒物质。

(4) 材料在使用结束或废弃后，在生产利用率高或者在自然界中能够自然降解，不形成对环境有害的物质。

这类材料的特点是消耗的资源和能源少，对生态和环境污染小，再生利用率高，而且材料从制造、使用、废弃直到再生循环利用的整个寿命过程，都与生态环境相协调。目前，绿色建材的研究热点和发展方向包括再生聚合物(塑料)的设计、材料环境协调性评价的理

论体系、降低材料环境负荷的新工艺、新技术和新方法等。

0.4　建筑材料的技术标准

建筑材料的技术标准是生产和使用单位检验、确认产品质量是否合格的技术文件。其主要内容包括：产品规格、分类、技术要求、检验方法、验收原则、运输和储存注意事项等。目前，我国技术标准分为四级：国家标准、行业标准、地方标准和企业标准。各级标准的相应代号见表 0-2。

表 0-2　各级标准的相应代号

序　号	标准级别	标准代号	名　　称
1	国家标准	GB	国家强制性标准
		GB/T	国家推荐性标准
2	行业标准	JC	建筑材料行业标准
		JGJ	建工行业标准
		YB	冶金行业标准
		JT	交通行业标准
		LY	林业部行业标准
		SD	水电行业标准
3	地方标准	DB	地方强制性标准
		DB/T	地方推荐性标准
4	企业标准	QB	企业标准

对强制性国家标准，任何技术或产品不得低于其规格的要求；对推荐性国家标准，表示也可执行其他标准的要求；地方标准或企业标准所规格的技术要求应高于国家标准。

标准的表示方法通常为：标准名称、部门代号、编号和批准年份。例如，国家标准(强制性)《混凝土结构工程施工质量验收规范》(GB 50204—2002)；国家标准(推荐性)《普通混凝土拌合物性能试验方法标准》(GB/T 50080—2002)；建工行业标准《普通混凝土配合比设计规程》(JGJ 55—2011)。

随着我国对外开放和对外参与国际土木工程投标建设，还经常涉及与土木工程关系密切的国际或国外标准，其中主要有：国际标准，代号为 ISO；美国材料与实验协会标准，代号为 ASTM；德国工业标准，代号为 DIN；英国标准，代号为 BS；法国标准，代号为 NF 等。

0.5　课程的内容、任务和学习方法

0.5.1　课程的内容、任务

本课程主要讲述常用建筑材料的品种、规格、技术性能、质量标准、检测方法、选用及保管等基本内容。重点要求掌握材料的技术性能与合理选用，并具备对常用建筑材料的主要技术指标进行检测的能力。

本课程是一门实践性较强的专业技术课，通过课程的学习，学生在今后的工作中能合

理选择、正确使用建筑材料，也为进一步学习房屋建筑学、建筑构造、建筑施工技术、建筑工程预算等课程提供有关建筑材料的基本知识。

0.5.2 课程的学习方法

(1) 在理解材料共性的基础上，掌握材料的个性。

(2) 理解材料性能形成的内在原因；理解材料性能的各种影响因素。

(3) 掌握材料在工程中的应用。

(4) 认真完成作业，上好实验课，注意理论与实践的结合。

(5) 注意阅读专业报刊等。

本章小结

建筑材料是指用于建筑物各个部位的各种构件和结构体所用材料的总称。建筑材料是建筑、结构、施工、预算的物质基础。建筑材料工业发展迅速，近年来各种新型建筑材料层出不穷，且日益向轻质、高强、多功能方面发展，建筑材料正处于新的变革之中。本章的任务是使初学者具有建筑材料的基础知识和在实践中合理选择与使用建筑材料的能力，并获得主要建筑材料试验的基础技能训练。

第1章

建筑材料的基本性质

教学目标

本章介绍了材料的物理性质、力学性能、表示方法及影响因素。

本章要求

了解建筑材料基本性质的分类，掌握各种基本性质的概念、表示方法及有关的影响因素。

了解材料的耐久性。其中以基本物理性能和力学性能为学习重点。

教学要求

能力目标	知识要点	权重	自测分数
掌握材料的物理性质及特点	材料与质量相关的性质	25%	
	材料与水相关的性质	25%	
	材料的热工性质	5%	
	材料的声学性质	5%	
掌握材料的力学性质	材料的强度	15%	
	材料的弹性与塑性	10%	
	材料的脆性与韧性	5%	
了解材料的耐久性	材料的耐久性	10%	

引　例

材料在建筑物中所处的部位不同，则具有不同的功能，如梁、板、柱具有承重的功能；墙不但具有承重的功能，还具有保温、隔声的功能；屋面具有保温、防水的功能。为了能够正确选择，合理运用，必须熟悉建筑材料的性质。请问材料具有哪些不同的性质？

1.1　材料的基本物理性质

1.1.1　材料与质量有关的性能

1. 不同构造状态下的密度

1) 密度

材料在绝对密实状态下，单位体积的质量称为材料的密度，按下式计算：

$$\rho = \frac{m}{V} \tag{1-1}$$

式中：ρ ——材料的密度(g/cm^3 或 kg/m^3)；

m ——材料的质量(g 或 kg)；

V ——材料在绝对密实状态下的体积(cm^3 或 m^3)。

材料在绝对密实状态下的体积是指构成材料的固体物质本身的体积，不包括孔隙在内。测量材料绝对密实状态下体积的方法是将材料磨成细粉，以消除材料内部的孔隙，用排水法测得的粉末体积即为材料在绝对密实状态下的体积。

2) 表观密度

工程中常用的散料状材料，如混凝土用砂、石子等，因孔隙很少，可不必磨成细粉，直接用排水法测得颗粒体积(包括材料的密实体积和闭口孔隙体积，但不包括开口孔隙体积)，称为绝对密实体积的近似值。用绝对密实体积的近似值计算的密度称为表观密度，按下式计算：

$$\rho' = \frac{m}{V'} \tag{1-2}$$

式中：ρ' ——材料的表观密度(g/cm^3 或 kg/m^3)；

m ——材料在干燥状态下的质量(g 或 kg)；

V' ——材料在自然状态下不含开口孔隙的体积(cm^3 或 m^3)。

3) 体积密度

材料在自然状态下，单位体积的质量称为材料的体积密度，按下式计算：

$$\rho_0 = \frac{m}{V_0} \tag{1-3}$$

式中：ρ_0 ——材料的体积密度(g/cm^3 或 kg/m^3)；

m ——材料在干燥状态下的质量(g 或 kg)；

V_0 ——材料在自然状态下的体积，包括材料内部封闭孔隙和开口孔隙的体积(cm^3 或 m^3)。

材料的自然状态体积V_0，对于形状规则的材料，可直接测量其外观尺寸，用几何公式求出；对于形状不规则的材料，则需在材料表面涂蜡后(封闭开口孔隙)，用排水法测定。

由于材料自然状态的体积含有孔隙，因此在测定材料的体积密度时，材料的质量可以是任意的含水状态，故应注明含水情况。若未注明，均指干燥材料的体积密度。

4) 堆积密度

散粒材料或粉末状、颗粒状材料在堆积状态下，单位体积的质量称为材料的堆积密度，按下式计算：

$$\rho_0' = \frac{m}{V_0'} \tag{1-4}$$

式中：ρ_0'——材料的堆积密度(g/cm³或kg/m³)；

m——材料在干燥状态下的质量(g或kg)；

V_0'——材料的堆积体积(cm³或m³)。

砂、石等散粒材料的堆积体积，可以在规定条件下用所填充容量筒的容积来求得。

堆积密度的大小与材料装填于容器中的条件或材料的堆积状态有关，在自然堆积状态下称松散堆积密度，如加以振实紧密堆积时称为紧密堆积密度。测定材料的堆积密度时，材料的质量可以是任意含水状态，未注明材料含水率时，是指材料在干燥状态下的质量。工程上通常所说的堆积密度是指松散堆积密度。

在建筑工程中，计算材料的用量，构件的自重，混凝土、砂浆的配合比以及材料的运输量与堆放空间等经常用到材料的密度、表观密度、体积密度和堆积密度。常用建筑材料的密度、表观密度、体积密度和堆积密度值见表1-1。

表1-1 常用建筑材料的密度、表观密度、体积密度和堆积密度值

材料名称	密度/(g/cm³)	表观密度/(g/cm³)	体积密度/(kg/m³)	堆积密度/(kg/m³)
钢材	7.85		7850	
木材(松木)	1.55		400～800	
烧结普通砖	2.5～2.7		1500～1800	
烧结空心黏土砖	2.5～2.7		800～1100	
花岗岩	2.6～2.9	2.6～2.85	2500～2850	
水泥	2.8～3.1			1000～1600
砂	2.6～2.8	2.55～2.75		1450～1700
碎石或卵石	2.6～2.9	2.55～2.85		1400～1700
普通混凝土			2000～2500	

2. 材料的密实度与孔隙率

1) 密实度

密实度是指材料体积内被固体物质所充实的程度，也就是固体物质的体积占总体积的比例。密实度反映了材料的致密程度，以D表示：

$$D = \frac{V}{V_0} \times 100\% = \frac{\rho_0}{\rho} \times 100\% \tag{1-5}$$

含有孔隙的固体材料的密实度均小于1。材料的很多性能如强度、吸水性、耐久性、导热性等均与其密实度有关。

2) 孔隙率

孔隙率是指材料体积内，孔隙总体积(V_P)占材料总体积(V_0)的百分率。因 $V_P=V_0-V$，则 P 值可用下式计算：

$$P=\frac{V_0-V}{V_0}\times 100\%=\left(1-\frac{V}{V_0}\right)\times 100\%=\left(1-\frac{\rho_0}{\rho}\right)\times 100\% \tag{1-6}$$

孔隙率与密实度的关系为：

$$P+D=1 \tag{1-7}$$

式(1-7)表明，材料的总体积是由该材料的固体物质与其所包含的孔隙组成的。

3) 材料的孔隙

材料内部孔隙一般由自然形成或在生产、制造过程中产生，主要形成原因包括：材料内部混入水(如混凝土、砂浆、石膏制品)；自然冷却作用(如浮石、火山渣)；外加剂作用(如加气混凝土、泡沫塑料)；焙烧作用(如膨胀珍珠岩颗粒、烧结砖)等。

材料的孔隙构造特征对建筑材料的各种基本性质具有重要的影响，一般可由孔隙率、孔隙连通性和孔隙直径 3 个指标描述。孔隙率的大小及孔隙本身的特征与材料的许多重要性质，如强度、吸水性、抗渗性、抗冻性和导热性等都有密切关系。一般而言，孔隙率较小，且连通孔较少的材料，其吸水性较小，强度较高，抗渗性和抗冻性较好，绝热效果好。孔隙率是指孔隙在材料体积中所占的比例。孔隙按其连通性可分为连通孔和封闭孔。连通孔是指孔隙之间、孔隙和外界之间都连通的孔隙(如木材、矿渣)；封闭孔是指孔隙之间、孔隙和外界之间都不连通的孔隙(如发泡聚苯乙烯、陶粒)；介于两者之间的称为半连通孔或半封闭孔。一般情况下，连通孔对材料的吸水性、吸声性影响较大，而封闭孔对材料的保温隔热性能影响较大。孔隙按其直径的大小可分为粗大孔、毛细孔、微孔 3 类。粗大孔指直径大于毫米级的孔隙，这类孔隙对材料的密度、强度等性能影响较大，如矿渣。毛细孔指直径在微米至毫米级的孔隙，对水具有强烈的毛细作用，主要影响材料的吸水性、抗冻性等性能，这类孔在多数材料内都存在，如混凝土、石膏等。微孔的直径在微米级以下，其直径微小，对材料的性能反而影响不大，如瓷质及炻质陶瓷。

3. 材料的填充率与空隙率

1) 填充率

填充率是指散粒材料在某容器的堆积体积中，被其颗粒填充的程度，以 D' 表示。可用下式计算：

$$D'=\frac{V_0}{V_0'}\times 100\%=\frac{\rho_0'}{\rho_0}\times 100\% \tag{1-8}$$

2) 空隙率

空隙率是指散粒材料在某容器的堆积体积中，颗粒之间的空隙体积(V_a)占堆积体积的百分率，以 P' 表示，因 $V_a=V_0'-V_0$，则 P' 值可用下式计算：

$$P'=\frac{V_0'-V_0}{V_0'}\times 100\%=\left(1-\frac{V_0}{V_0'}\right)\times 100\%=\left(1-\frac{\rho_0'}{\rho_0}\right)\times 100\%=1-D' \tag{1-9}$$

即

$$D' + P' = 1 \tag{1-10}$$

空隙率反映了散粒材料的颗粒之间的相互填充的致密程度，对于混凝土的粗、细骨料，空隙率越小，说明其颗粒大小搭配得越合理，用其配制的混凝土越密实，水泥也越节约。配制混凝土时，砂、石空隙率可作为控制混凝土骨料级配与计算含砂率的依据。材料孔(空)隙及体积如图 1.1 所示。

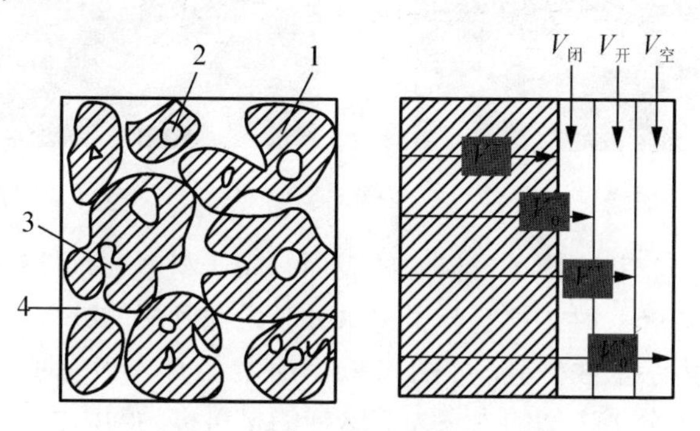

图 1.1 材料孔(空)隙及体积

1—固体物质；2—闭口孔隙；3—开口孔隙；4—颗粒间隙

1.1.2 材料与水有关的性能

1. 亲水性与憎水性

材料在空气中与水接触时，根据其是否能被水润湿，可将材料分为亲水性和憎水性(或称疏水性)两大类。

材料在空气中与水接触时能被水润湿的性质称为亲水性。具有这种性质的材料称为亲水性材料，如砖、混凝土、木材等。如图 1.2 所示为亲水材料烧结砖。

图 1.2 烧结砖

材料在空气中与水接触时不能被水润湿的性质称为憎水性(也称疏水性)。具有这种性质的材料称为疏水性材料，如沥青、石蜡等。如图 1.3 所示为憎水材料石蜡。如图 1.4 所示为憎水材料沥青路面。

图 1.3　石蜡

图 1.4　沥青路面

在材料、水和空气三相交点处，沿水的表面且限于材料和水接触面所形成的夹角θ称为“润湿角”。当$\theta \leqslant 90°$时，材料分子与水分子之间互相的吸引力大于水分子之间的内聚力，这样的材料称为亲水性材料，如图 1.5(a)所示；当$\theta > 90°$时，材料分子与水分子之间互相的吸引力小于水分子之间的内聚力，这样的材料称为憎水性材料，如图 1.5(b)所示。

图 1.5　材料的润湿角示意图

大多数建筑材料，如石料、砖及砌块、混凝土、木材等都属于亲水性材料，表面均能被水润湿，且能通过毛细管作用将水吸入材料的毛细管内部。沥青、石蜡等属于憎水性材料，表面不能被水润湿。该类材料一般能阻止水分渗入毛细管中，因而能降低材料的吸水性。憎水性材料不仅可用作防水材料，还可用于亲水性材料的表面处理，以降低其吸水性。

2. 吸水性

材料在浸水状态下吸入水分的能力称为吸水性。吸水性的大小以吸水率表示。吸水率有质量吸水率和体积吸水率之分。

质量吸水率：材料吸水饱和时，其所吸收水分的质量占材料干燥时质量的百分率。可按下式计算：

$$W_{质} = \frac{m_{湿} - m_{干}}{m_{干}} \times 100\% \qquad (1-11)$$

式中：$W_{质}$——材料的质量吸水率(%)；

$m_{湿}$——材料吸水饱和后的质量(g)；

$m_{干}$——材料烘干到恒重的质量(g)。

体积吸水率：是指材料体积内被水充实的程度。即材料吸水饱和时，所吸收水分的体积占干燥材料自然体积的百分率，可按下式计算：

$$W_{体}=\frac{V_{水}}{V_0}\times 100\%=\frac{m_{湿}-m_{干}}{V_0}\cdot\frac{1}{\rho_{H_2O}} \tag{1-12}$$

式中：$W_{体}$——材料的体积吸水率(%)；

$V_{水}$——材料在吸水饱和时，水的体积(cm^3)；

V_0——干燥材料在自然状态下的体积(cm^3)；

ρ_{H_2O}——水的密度(g/cm^3)，在常温下 $\rho_{H_2O}=1\ g/cm^3$。

质量吸水率与体积吸水率存在如下关系：

$$W_{体}=W_{质}\cdot\rho_0\frac{1}{\rho_{H_2O}}=W_{质}\cdot\rho_0 \tag{1-13}$$

式中：ρ_0——材料干燥状态的表观密度。

材料吸水性不仅取决于材料本身是亲水的还是憎水的，也与其孔隙率的大小及孔隙特征有关。封闭的孔隙实际上是不吸水的，只有那些开口而尤以毛细管连通的孔才是吸水最强的。粗大开口的孔隙，水分又不易存留，难以吸足水分，故材料的体积吸水率常小于孔隙率，常用质量吸水率表示其吸水性。而对于某些轻质材料，如加气混凝土、软木等，由于具有很多开口而微小的孔隙，所以它的质量吸水率往往超过100%，即湿质量为干质量的几倍，常用体积吸水率表示其吸水性。

材料在吸水后，原有的许多性能会发生改变，如强度降低、表观密度加大、保湿性变差，有的材料甚至会因吸水发生化学反应而变质。因此，吸水率大对材料性能是不利的。

3. 吸湿性

材料在潮湿的空气中吸收空气中水分的性质称为吸湿性。吸湿性的大小用含水率表示。

材料所含水的质量占材料干燥质量的百分数称为材料的含水率，可按下式计算：

$$W_{含}=\frac{m_{含}-m_{干}}{m_{干}}\times 100\% \tag{1-14}$$

式中：$W_{含}$——材料的含水率(%)；

$m_{含}$——材料含水时的质量(g)；

$m_{干}$——材料干燥至恒重时的质量(g)。

材料的含水率大小除与材料本身的特性有关外，还与周围环境的温度、湿度有关。气温越低、相对湿度越大，材料的含水率也就越大。材料吸水达到饱和状态时的含水率即为吸水率。

特别提示

材料随着空气湿度的变化，既能在空气中吸收水分，又可向外界扩散水分，最终将使材料中的水分与周围空气的湿度达到平衡，这时材料的含水率称为平衡含水率。平衡含水率并不是固定不变的，它随环境中的温度和湿度的变化而改变。

4. 耐水性

材料长期在饱和水作用下而不破坏，其强度也不显著降低的性质称为耐水性。材料的耐水性用软化系数表示，按下式计算：

$$K_{软} = \frac{f_{饱}}{f_{干}} \tag{1-15}$$

式中：$K_{软}$——材料的软化系数；

$f_{饱}$——材料在水饱和状态下的抗压强度(MPa)；

$f_{干}$——材料在干燥状态下的抗压强度(MPa)。

材料的软化系数反映材料吸水后强度降低的程度，其值在0～1之间。$K_{软}$越小，说明材料吸水饱和后强度降低越多，耐水性越差。故$K_{软}$值可作为处于严重受水侵蚀或潮湿环境下的重要结构物选择材料时的主要依据。处于水中的重要结构物，其材料的$K_{软}$值应不小于0.85～0.90；次要的或受潮较轻的结构物，其$K_{软}$值应不小于0.75～0.85；对于经常处于干燥环境的结构物，可不必考虑$K_{软}$。通常认为，$K_{软}$大于0.85的材料是耐水材料。

5. 抗渗性

材料抵抗压力水渗透的性质称为抗渗性(或不透水性)。可用渗透系数K表示。

达西定律表明，在一定时间内，透过材料试件的水量与试件的断面积及水头差(液压)成正比，与试件的厚度成反比，即：

$$W = K\frac{h}{d}At \quad 或 \quad K = \frac{Wd}{Ath} \tag{1-16}$$

式中：K——渗透系数(cm/h)；

W——透过材料试件的水量(cm^3)；

t——透水时间(h)；

A——透水面积(cm^2)；

h——静水压力水头(cm)；

d——试件厚度(cm)。

渗透系数反映了材料抵抗压力水渗透的性质，渗透系数越大，材料的抗渗性越差。

建筑中大量使用的砂浆、混凝土等材料，其抗渗性用抗渗等级表示。抗渗等级用材料抵抗的最大水压力来表示，如P6、P8、P10、P12等，分别表示材料可抵抗0.6MPa、0.8MPa、1.0MPa、1.2MPa的水压力而不渗水。抗渗等级越大，材料的抗渗性越好。

图1.6 墙体渗水

材料抗渗性的好坏与材料的孔隙率和孔隙特征有密切关系。孔隙率很小而且是封闭孔隙的材料具有较高的抗渗性。对于地下建筑及水工构筑物，因常受到压力水的作用，故要求材料具有一定的抗渗性；对于防水材料，则要求具有更高的抗渗性。材料抵抗其他液体渗透的性质也属于抗渗性，如图1.6所示的墙体渗水。

6. 抗冻性

材料在吸水饱和状态下，能经受多次冻结和融化作用(冻融循环)而不破坏，同时也不严重降低强度，质量也不显著减少的性质，称为抗冻性。一般建筑材料的抗冻性，如混凝土常用抗冻等级 F 表示。抗冻等级是以规定的试件、在规定试验条件下，测得其强度降低不超过规定值，并无明显损坏和剥落时所能经受的冻融循环次数来确定的，用符号“F”加数字表示，其中数字为最大冻融循环次数。例如，抗冻等级 F10 表示在标准试验条件下，材料强度下降不大于 25%，质量损失不大于 5%，所能经受的冻融循环的次数最多为 10 次。

材料经多次冻融循环后，表面将出现裂纹、剥落等现象，造成质量损失，强度降低。这是由于材料内部孔隙中的水分结冰时体积增大，对孔壁产生很大压力，冰融化时压力又骤然消失所致。无论是冻结还是融化过程都会使材料冻融交界层间产生明显的压力差，并作用于孔壁使之遭损。对于冬季室外温度低于−10℃的地区，工程中使用的材料必须进行抗冻试验。

材料抗冻等级的选择是根据建筑物的种类、材料的使用条件和部位、当地的气候条件等因素决定的。例如，烧结普通砖、陶瓷面砖、轻混凝土等墙体材料，达到一般要求抗冻等级的材料经多次冻融交替作用后，表面将出现剥落、裂纹，产生质量损失，强度也将会降低。冰冻对材料的破坏作用是由于材料孔隙内的水结冰时体积膨胀(约增大 9%)而引起孔壁受力破裂所致。所以材料抗冻性的高低决定于材料的吸水饱和程度和材料对结冰时体积膨胀所产生的压力的抵抗能力。

抗冻性良好的材料抵抗温度变化、干湿交替等破坏作用的性能也较强。所以抗冻性常作为考查材料耐久性的一个指标。处于温暖地区的建筑物，虽无冰冻作用，但为抵抗大气的作用，确保建筑物的耐久性，有时对材料也提出一定的抗冻性要求。

如混凝土抗冻等级 F15 是指所能承受的最大冻融次数是 15 次(在−15℃的温度冻结后，再在 20℃的水中融化，为一次冻融循环)，这时强度损失率不超过 25%，质量损失不超过 5%。

小知识

材料的抗冻等级可分为 F15、F25、F50、F100、F200 等，分别表示此材料可承受 15 次、25 次、50 次、100 次、200 次的冻融循环。

1.1.3 材料的热工性能

在建筑中，建筑材料除了需满足必要的强度及其他性能的要求外，为了节约建筑物的使用能耗，以及为生产和生活创造适宜的条件，常要求材料具有一定的热性质，以维持室内温度。常考虑的热性质有材料的导热性、热容量、保温隔热性能和热变形性等。

1. 导热性

材料传导热量的能力称为导热性。材料导热能力的大小可用导热系数(λ)表示。导热系数在数值上等于厚度为 1m 的材料，当其相对两侧表面的温度差为 1K 时，经单位面积($1m^2$)单位时间(1s)所通过的热量。可用下式表示：

$$\lambda = \frac{Q\delta}{At(T_2 - T_1)} \tag{1-17}$$

式中：λ——导热系数[W/(m·K)]；

Q——传导的热量(J)；

A——热传导面积(m^2)；

δ——材料厚度(m)；

t——热传导时间(s)；

$T_2 - T_1$——材料两侧温差(K)。

材料的导热系数越小，绝热性能越好。各种建筑材料的导热系数差别很大，大致在0.035～3.5W/(m·K)之间。常见典型材料的热工性质指标见表1-2。材料的导热系数与其内部的孔隙构造有密切关系。由于密闭空气的导热系数很小，仅0.023W/(m·K)，所以材料的孔隙率较大者其导热系数较小，但如孔隙粗大而贯通，由于对流作用的影响，材料的导热系数反而增高。材料受潮或受冻后，其导热系数会大大提高。这是由于水和冰的导热系数比空气的导热系数高很多，分别为0.58W/(m·K)和2.20W/(m·K)。因此，绝热材料应经常处于干燥状态，以利于发挥材料的绝热效能。

表1-2　常见典型材料的热工性质指标

材　料	导热系数/[W/(m·K)]	比热/[J/(kg·K)]
钢	58	0.48
花岗岩	3.49	0.92
普通混凝土	1.51	0.84
烧结普通砖	0.80	0.88
松木(横纹)	0.17～0.35	2.72
泡沫塑料	0.03	1.30
冰	2.20	2.05
水	0.58	4.18
静止空气	0.023	1.00

特别提示

材料的孔隙率越大，即空气越多，导热系数越小。同类材料的孔隙率是随体积密度的减小而增大，则导热系数是随体积密度的减小而减小。

2. 热容量

材料加热时吸收热量，冷却时放出热量的性质，称为热容量。热容量大小用比热容(也称热容量系数，简称比热)表示。比热容表示1g材料，温度升高1K时所吸收的热量，或降低1K时放出的热量。材料吸收或放出的热量和比热可由下式计算：

$$Q = Cm(T_2 - T_1) \tag{1-18}$$

$$C = \frac{Q}{m(T_2 - T_1)} \tag{1-19}$$

式中：Q——材料吸收或放出的热量(J)；

C——材料的比热[J/(g·K)]；

m——材料的质量(g)；

$T_2 - T_1$——材料受热或冷却前后的温差(K)。

比热是反映材料的吸热或放热能力大小的物理量。不同材料的比热不同，即使是同一种材料，由于所处物态不同，比热也不同。例如，水的比热为4.186J/(g·K)，而结冰后比热则是2.093J/(g·K)。C 与 m 的乘积，即 $C \cdot m$ 为材料的热容量值。采用热容量大的材料，对于保持室内温度具有很大意义。如果采用热容量大的材料作维护结构材料，就能在热流变动或采暖设备供热不均匀时，缓和室内的温度波动，不会使人有忽冷忽热的感觉。

3. 保温隔热性能

在建筑工程中常把$1/\lambda$称为材料的热阻，用 R 表示，单位为(m·K)/W。导热系数λ和热阻 R 都是评定建筑材料保温隔热性能的重要指标。人们习惯上把防止室内热量的散失称为保温(如图1.7所示保温材料)，把防止外部热量的进入称为隔热，将保温隔热统称为绝热。

材料的导热系数越小，其热阻值越大，则材料的导热性能越差，其保温隔热性能越好，所以常将$\lambda \leqslant 0.175$W/(m·K)的材料称为绝热材料，如图1.8所示为绝热板材。

图 1.7 保温材料

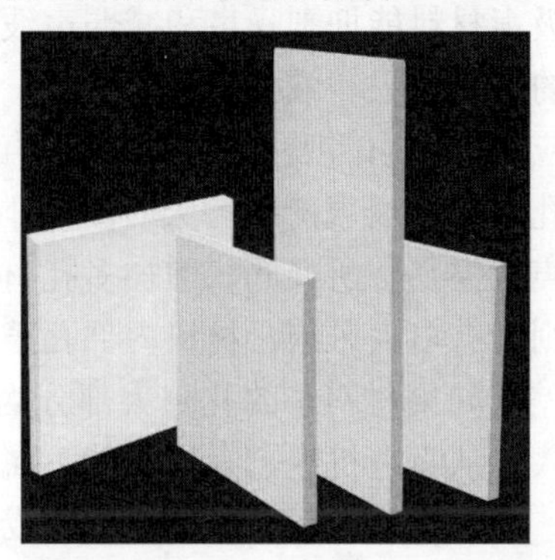

图 1.8 绝热材料

4. 热变形性

材料的热变形性是指材料在温度变化时其尺寸的变化，一般材料均具有热胀冷缩这一自然属性。材料的热变形性常用长度方向变化的线膨胀系数表示，土木工程总体上要求材料的热变形不要太大，对于像金属、塑料等热膨胀系数大的材料，因温度和日照都易引起伸缩，成为构件产生位移的原因之一，在构件接合和组合时都必须予以注意。在有隔热保温要求的工程设计时，应尽量选用热容量(或比热)大、导热系数小的材料。

1.1.4 材料的声学性能

1. 材料的吸声性能

物体振动时，迫使邻近空气随着振动而形成声波，当声波接触到材料表面时，一部分被反射，另一部分穿透材料，而其余部分则在材料内部的孔隙中引起空气分子与孔壁的摩擦和黏滞阻力，使相当一部分声能转化为热能而被吸收。被材料吸收的声能(包括穿透材料的声能在内)与原先传递给材料的全部声能之比，是评定材料吸声性能好坏的主要指标，称为吸声系数，用下式表示：

$$\alpha = E / E_0 \tag{1-20}$$

式中：α——材料的吸声系数；

E_0——传递给材料的全部入射声能；

E——被材料吸收(包括透过)的声能。

假如入射声能的70%被吸收，30%被反射，则该材料的吸声系数α就等于0.7。当入射声能100%被吸收而无反射时，吸声系数等于1。一般材料的吸声系数在0～1之间，吸声系数越大，则吸声效果越好。只有悬挂的空间吸声体，由于有效吸声面积大于计算面积，可获得吸声系数大于1的情况。

为了全面反映材料的吸声性能，规定取125Hz、250Hz、500Hz、1000Hz、2000Hz、4000Hz 6个频率的吸声系数来表示材料的特定吸声频率，凡6个频率的平均吸声系数大于0.2的材料，可称为吸声材料。材料的吸声系数越高，吸声效果越好。

吸声材料能抑制噪声和减弱声波的反射作用。为了改善声波在室内传播的质量，保持良好的音响效果和减少噪声的危害，在进行音乐厅、电影院、大会堂、播音室等内部装饰时，应使用适当的吸声材料。在噪声大的厂房内有时也采用吸声材料。一般来讲，对同一种多孔材料，表观密度增大时(即空隙率减小时)，对低频声波的吸声效果有所提高，而高频吸声效果则有所降低。增加多孔材料的厚度，可提高对低频声波的吸声效果，而对高频声波则没有多大影响。材料内部孔隙越多、越细小，吸声效果越好。如果孔隙太大，则效果较差。如果材料总的孔隙大部分为单独的封闭气泡(如聚氯乙烯泡沫塑料)，则因声波不能进入，从吸声机理上来讲，就不属多孔性吸声材料。当多孔材料表面涂刷油漆或材料吸湿时，则因材料表面的孔隙被水分或涂料所堵塞，使其吸声效果大大降低。如图1.9所示为高速公路声屏障。

图1.9　高速公路声屏障

2. 材料的隔声性能

材料能减弱或隔断声波传递的性能称为隔声性能。人们要隔绝的声音按其传播途径有空气声(通过空气传播的声音)和固体声(通过固体的撞击或振动传播的声音)两种，两者隔声的原理不同。对空气的隔绝，主要是依据声学中的“质量定律”，即材料的密度越大，越不易受声波作用而产生振动，因此，其声波通过材料传递的速度迅速减弱，其隔声效果越好，所以应选用密度大的材料(如钢筋混凝土、实心砖等)作为隔绝空气声的材料。

对固体声隔绝的最有效的措施是断绝其声波继续传递的途径，即在产生和传递固体声波的结构(如梁、框架、楼板与隔墙，以及它们的交接处等)层中加入具有一定弹性的衬垫材料，以阻止或减弱固体声波的继续传播。如图1.10所示为隔音棉。

结构的隔声性能用隔声量表示，隔声量是指入射与透过材料声能相差的分贝(dB)数。隔声量越大，隔声性能越好。

图1.10 隔音棉

1.2 材料的力学性能

材料的力学性能主要是指材料在外力(荷载)作用下，有关抵抗破坏和变形的能力的性质。

1.2.1 材料的强度、强度等级和比强度

1. 强度

材料可抵抗因外力(荷载)作用而引起破坏的最大能力，即为该材料的强度。其值是以材料受力破坏时，单位受力面积上所承受的力表示的，其通式可写为：

$$f=P/A \tag{1-21}$$

式中：f ——材料的强度(MPa)；

P ——破坏荷载(N)；

A ——受荷面积(mm^2)。

材料在建筑物上所受的外力主要有拉力、压力、弯曲及剪力等。材料抵抗这些外力破坏的能力，分别称为抗拉、抗压、抗弯和抗剪等强度。这些强度一般是通过静力试验来测定的，因而总称为静力强度。如图1.11所示为材料静力强度的分类。

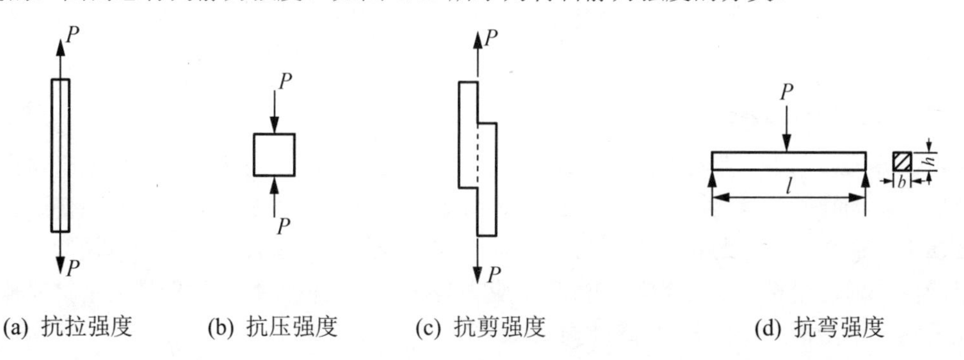

图1.11 材料静力强度分类

材料抗拉、抗压和抗剪等强度按式(1-21)计算，抗弯(折)强度的计算按受力情况、截面形状等不同，方法各异。如当跨中受一集中荷载的矩形截面的试件(图 1.11)，其抗弯强度按下式计算：

$$f_{\mathrm{m}}=\frac{3PL}{2bh^2} \tag{1-22}$$

式中：f_{m}——抗弯(折)强度(MPa)；

P——受弯时破坏荷载(N)；

L——两支点间的距离(mm)；

b、h——材料截面宽度、高度(mm)。

材料的静力强度实际上只是在特定条件下测定的强度值。试验测出的强度值除受材料的组成、结构等内在因素的影响外，还与试验条件有密切关系，如试件的形状、尺寸、表面状态、含水率、温度及试验时的加荷速度等。为了使试验结果比较准确而且具有互相比较的意义，测定材料强度时，必须严格按照统一的标准试验方法进行。

2. 强度等级

大部分建筑材料根据其极限强度的大小，可划分为若干不同的强度等级。如砂浆按抗压强度分为 M20、M15、M10、M7.5、M5.0、M2.5 6 个强度等级，普通水泥按抗压强度分为 32.5～62.5 等强度等级。将建筑材料划分为若干强度等级，对掌握材料性能，合理选用材料，正确进行设计和控制工程质量十分重要。

3. 比强度

为了对不同的材料强度进行比较，可以采用比强度。比强度是按单位质量计算的材料强度，其值等于材料的强度与其表观密度之比，它是衡量材料轻质高强的一个主要指标。优质结构材料的比强度应高。常见几种典型材料的强度比较列于表 1-3。

表 1-3 常见几种典型材料的强度比较

材　料	体积密度/(kg/m^3)	强度/MPa	比强度
低碳钢(抗拉)	7850	400	0.051
普通混凝土(抗压)	2400	40	0.017
松木(顺纹抗拉)	500	100	0.200
玻璃钢(抗压)	2000	450	0.225
烧结普通砖(抗压)	1700	10	0.005

由表 1-3 中的数据可知，玻璃钢和木材是轻质高强的高效能材料，而普通混凝土为质量大而强度较低的材料。

1.2.2 材料的弹性和塑性

材料在外力作用下产生变形，当外力取消后，材料变形即可消失并能完全恢复原来形状的性质，称为弹性。这种当外力取消后瞬间内即可完全消失的变形，称为弹性变形。这种变形属于可逆变形，其数值的大小与外力成正比。其比例系数 E 称为弹性模量。在弹性变形范围内，弹性模量 E 为常数，其值等于应力与应变的比值，弹性模量是衡量材料抵抗变形能力的一个指标，E 越大，材料越不易变形。

在外力作用下材料产生变形，如果取消外力，仍保持变形后的形状尺寸，并且不产生裂缝的性质，称为塑性。这种不能消失的变形，称为塑性变形(或永久变形)。

许多材料受力不大时，仅产生弹性变形；当受力超过一定限度后，即产生塑性变形。如建筑钢材，当外力小于弹性极限时，仅产生弹性变形；若外力大于弹性极限后，则除了弹性变形外，还产生塑性变形。有的材料在受力时，弹性变形和塑性变形同时产生，如果取消外力，则弹性变形可以消失，而其塑性变形则不能消失，这种材料称为弹塑性材料，普通混凝土硬化后可看作典型的弹塑性材料。材料的应力应变曲线如图 1.12 所示。

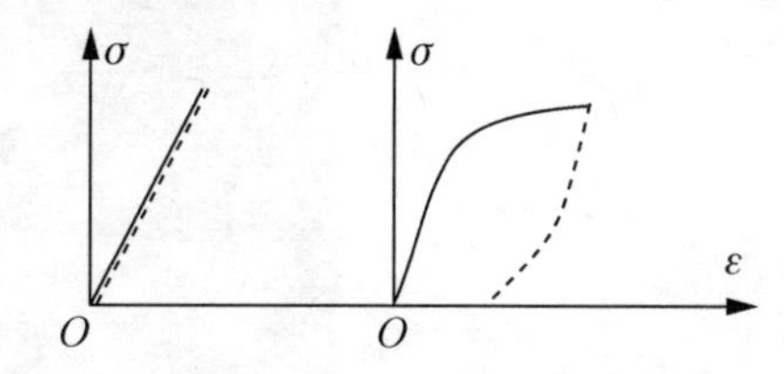

(a) 完全弹性材料　(b) 弹塑性材料(如混凝土)

图 1.12　材料的应力应变曲线

1.2.3　材料的脆性和韧性

在外力作用下，当外力达到一定限度后，材料突然破坏而又无明显的塑性变形的性质，称为脆性。

脆性材料抵抗冲击荷载或振动作用的能力很差。其抗压强度比抗拉强度高得多，如混凝土、玻璃、砖、石、陶瓷等。

在冲击、振动荷载作用下，材料能吸收较大的能量，产生一定的变形而不致被破坏的性能，称为韧性。如建筑钢材、木材等属于韧性较好的材料。建筑工程中，对于要承受冲击荷载和有抗震要求的结构，其所用的材料都要考虑材料的冲击韧性。

1.2.4　材料的硬度、耐磨性

硬度是材料表面能抵抗其他较硬物体压入或刻划的能力。不同材料的硬度测定方法不同。按刻划法，矿物硬度分为 10 级(莫氏硬度)，其硬度递增的顺序依次为滑石、石膏、方解石、萤石、磷灰石、正长石、石英、黄玉、刚玉、金刚石。木材、混凝土、钢材等的硬度常用钢球压入法测定(布氏硬度 HB)。一般来说，硬度大的材料耐磨性较强，但不易加工。耐磨性是材料表面抵抗磨损的能力。建筑工程中，用于道路、地面、踏步等部位的材料，均应考虑其硬度和耐磨性。一般来说，强度较高且密实的材料，其硬度较大，耐磨性较好。

1.3　材料的耐久性

建筑材料除应满足各项物理、力学的功能要求外，还必须经久耐用，反映这一要求的性质即耐久性。耐久性是指材料在内部和外部多种因素作用下，长久地保持其使用性能的性质。

影响材料耐久性的因素是多种多样的，除材料内在原因使其组成、构造、性能发生变化以外，还要长期受到使用条件及各种自然因素的作用，这些作用可概括为以下几方面。

1. 物理作用

它包括环境温度、湿度的交替变化，即冷热、干湿、冻融等循环作用。材料在经受这些作用后，将发生膨胀、收缩或产生内应力，长期的反复作用将使材料变形、开裂甚至破坏。

2. 化学作用

它包括大气和环境水中的酸、碱、盐或其他有害物质对材料的侵蚀作用，以及日光、紫外线等对材料的作用，使材料发生腐蚀、碳化、锈蚀、老化等而逐渐丧失使用功能。如图 1.13 所示为钢筋锈蚀，如图 1.14 所示为防水屋面老化开裂。

图 1.13　钢筋锈蚀

图 1.14　防水屋面老化开裂

3. 机械作用

它包括荷载的持续作用，交变荷载对材料引起的疲劳、冲击、磨损等。

4. 生物作用

它包括菌类、昆虫等的侵害作用，导致材料发生腐朽、虫蛀等而破坏。如图 1.15 所示为木地板被虫蛀。

图 1.15　木地板被虫蛀

一般矿物质材料，如石材、砖瓦、陶瓷、混凝土等，暴露在大气中时，主要受到大气的物理作用；当材料处于水位变化区或水中时，还受到环境水的化学侵蚀作用。金属材料在大气中易被锈蚀。沥青及高分子材料在阳光、空气及辐射的作用下，会逐渐老化、变质而损坏。影响材料耐久性的外部因素往往通过其内部因素而发生作用。与材料耐久性有关的内部因素主要是材料的化学组成、结构和构造的特点。当材料含有易与其他外部介质发生化学反应的成分时，就会造成因其抗渗性和耐腐蚀能力差而引起破坏。

对材料耐久性最可靠的判断，是对其在使用条件下进行长期的观察和测定，但这需要很长的时间，往往满足不了工程的需要。所以常常根据使用要求，用一些实验室可测定又能基本反映其耐久性特性的短时试验指标来表达。如常用软化系数来反映材料的耐水性；用实验室的冻融循环(数小时一次)试验得出的抗冻等级来说明材料的抗冻性；采用较短时间的化学介质浸渍来反映实际环境中的水泥石长期腐蚀现象等。

为了提高材料的耐久性，以利于延长建筑物的使用寿命和减少维修费用，可根据使用情况和材料特点，采取相应的措施。如设法减轻大气或周围介质对材料的破坏作用(降低湿度，排除侵蚀性物质等)，提高材料本身对外界作用的抵抗能力(提高材料的密实度，采取防腐措施等)，也可用其他材料保护主体材料免受破坏(覆面、抹灰、刷涂料等)。

1.4 材料的密度检测

1. 检测目的

通过实验测定材料密度，计算材料孔隙率和密实度。本实验以水泥的密度实验为例。

2. 检测准备

1) 试样准备

将试样研细，预先通过 0.9mm 方孔筛，在(110±5)℃温度下干燥 1h，并在干燥器内冷却至室温。

2) 主要仪器设备

(1) 李氏瓶如图 1.16 所示。

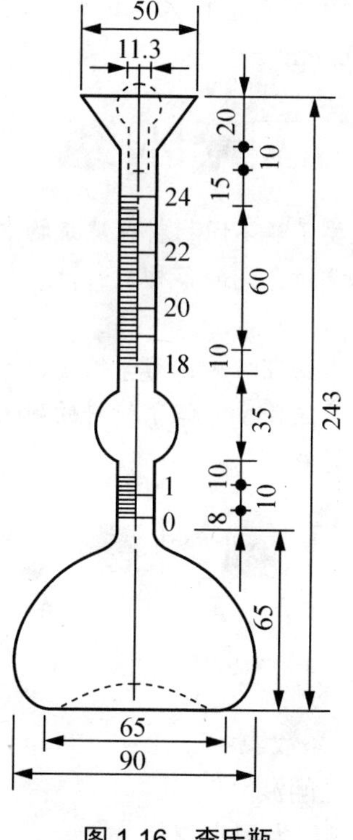

图 1.16 李氏瓶

(2) 恒温水槽，温度计，干燥器。

(3) 天平，感量为 0.01g。

(4) 无水煤油，应符合 GB/T 253—2013 的要求。

3. 检测步骤

(1) 将无水煤油注入李氏瓶中 0 刻度线处(以弯月面最低处为准)，盖上瓶塞放入恒温水槽内，在 20℃下使刻度部分浸入水中恒温 30min，记下第一次读数即初始读数 V_1(mL)。

(2) 从恒温水槽中取出李氏瓶，用滤纸将李氏瓶细长颈内煤油的部分擦拭干净。

(3) 用天平称取试样 60～90g，精确至 0.01g。用小匙将样品一点一点地装入李氏瓶中，反复摇动至煤油气泡排出，再次将李氏瓶置于恒温水槽中恒温 30min，记下第二次读数 V_2(mL)。

两次读数时恒温水槽温度差不大于 0.2℃。

4. 结果计算与评定

(1) 密度 ρ 按下式计算(精确至 0.01g/cm³)：

$$\rho = \frac{m}{V}$$

式中：m——试样质量(g)；

V——装入密度瓶中试样粉末的绝对体积(cm³)，为两次液面读数之差，即 $V = V_2 - V_1$。

(2) 以两个试样实验结果的算术平均值作为水泥密度的测定值，精确至 0.01g/cm³。两个试样试验结果之差不得超过 0.02/cm³。

本章小结

本章为全书的重点之一。首先要了解不同材料在建筑物中的功能、用途，材料所处的环境不同，对其性质的要求也不同。本章所介绍的各种材料性质都是建筑材料经常要考虑的，了解这些性质便于进一步学习后面的内容。

本章详细阐述了建筑材料的基本物理性质、力学性质、表示方法、相关的影响因素及检测试验方法，应重点掌握。另外，本章还简要介绍了材料的耐久性。有关材料的耐久性问题在以后的有关章节中将做进一步详细的讨论。

习题

一、选择题

1．关于耐水性的叙述不正确的是(　　)。

A．有孔材料的耐水性用软化系数表示

B．材料的软化系数在 0～1 之间波动

C．软化系数大于 0.80 的材料称为耐水材料

D．软化系数越大，材料吸水饱和后强度降低越多，耐水性越差

2．混凝土抗冻等级 F15 号中的 15 是指(　　)。

A．承受冻融的最大次数为 15 次

B．冻结后在 15℃的水中融化

C．最大冻融次数后强度损失率不超过 15%

D．最大冻融次数后质量损失率不超过 15%

3．烧结普通砖进行抗压试验，测得饱水状态抗压强度为 13.4MPa，干燥状态抗压强度为 14.9MPa，该砖是否适用于常与水接触的工程结构物?(　　)

A．不适用　　B．不一定

C．适用　　D．无法判断

4. 湿砂 300g，干燥后质量为 285g，其含水率为(　　)。

A．0.5%　　B．5.3%　　C．4.7%　　D．4.8%

二、简答题

1．什么是材料的实际密度、表观密度和堆积密度？它们有什么不同之处？

2．为什么新建房屋的保暖性能较差？是否冬季尤其明显？

三、名词解释

软化系数　　耐久性　　P12　　F100

四、计算题

1．某一块状材料的全干质量为 l15g，自然状态下的体积为 $44cm^3$，绝对密实状态下的体积为 $37cm^3$，试计算其实际密度、表观密度、密实度和孔隙率。

2．今有一卵石试样，洗净烘干后质量为 1000g，将其浸水饱和，用布擦干表面称重为 1005g，再装入盛满水后重为 1840g 的广口瓶内，然后称量(质量)为 2475g，问上述条件下可求得哪种密度？其值为多少？

第2章

气硬性胶凝材料

教学目标

本章介绍气硬性胶凝材料(石灰、建筑石膏、水玻璃)的基本知识。

本章要求

了解石灰、石膏、水玻璃这 3 种材料的原料与生产；理解石灰、石膏、水玻璃的水化(熟化)、凝结、硬化的规律；重点掌握石灰、石膏和水玻璃的技术性质和用途。

了解气硬性胶凝材料的发展趋势。

教学要求

能力目标	知识要点	权重	自测分数
1. 能了解石灰、石膏、水玻璃的基本知识 2. 能正确地根据不同分类方法辨别石灰的品种 3. 能根据相关标准对石灰进行质量检测，并能根据相关指标判定石膏的质量等级 4. 能分析和处理施工中，由于气硬性材料使用不当等原因导致的工程技术问题	气硬性材料的技术要求及质量评定	25%	
	气硬性材料的一般用途	25%	
	石膏、石灰、水玻璃的性能特点和应用	20%	
	建筑石膏的技术要求及应用	15%	
	石膏板材的种类	5%	
	各类气硬性材料的技术要求及应用	10%	

引　例

某单位宿舍楼的内墙使用石灰砂浆抹面。数月后，墙面上出现了许多不规则的网状裂纹，同时在个别部位还发现了部分凸出的放射状裂纹，请分析原因。

学习参考标准

《硅酸盐建筑制品用生石灰》(JC/T 621—2009)。

《建筑生石灰》(JC/T 479—2013)。

《建筑石膏》(GB/T 9776—2008)。

《纸面石膏板》(GB/T 9775—2008)。

2.1　认识气硬性胶凝材料

胶凝材料是指通过自身的物理化学作用，在由可塑性浆体变为坚硬石状体的过程中，能将散粒活块状材料黏结成为整体的材料，亦称为胶结材料。胶凝材料根据其化学组成可分为有机胶凝材料(图 2.1～图 2.4)和无机胶凝材料(图 2.5～图 2.6)两大类。

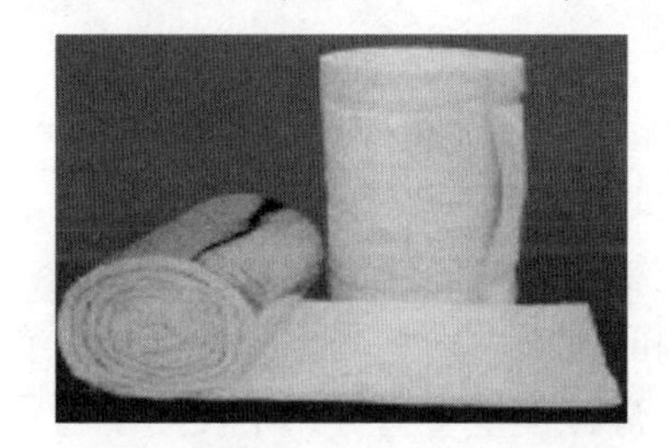

图 2.1　有机胶凝材料(玻璃棉岩棉)

图 2.2　有机胶凝材料(沥青)

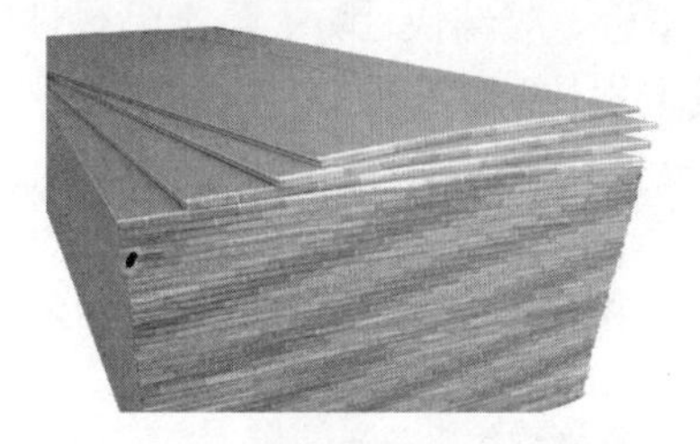

图 2.3　有机胶凝材料(纸面石膏板)

图 2.4　有机胶凝材料(橡胶制品)

图 2.5　气硬性无机胶凝材料(石膏)

图 2.6　气硬性无机胶凝材料(石灰)

无机胶凝材料按硬化条件可分为气硬性胶凝材料和水硬性胶凝材料两种。水硬性胶凝

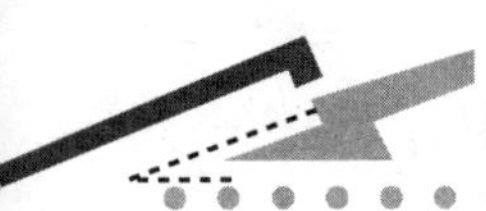

材料是指和水成浆后，既能在空气中硬化并保持强度，又能在水中硬化并长期保持和提高其强度的材料，这类材料常统称为水泥，如硅酸盐水泥(图 2.7)、铝酸盐水泥、硫铝酸盐水泥(图 2.8)。气硬性胶凝材料是指不能在水中硬化，只能在空气中硬化，保持或发展强度的材料，如石膏、石灰、镁质胶凝材料、水玻璃等。气硬性胶凝材料只适用于地上或干燥环境，而水硬性胶凝材料既适用于地上，也可用于地下潮湿环境或水中。

图 2.7　硅酸盐水泥

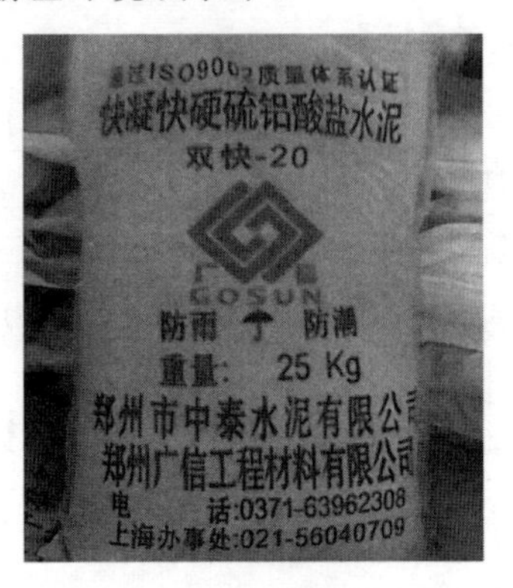

图 2.8　硫铝酸盐水泥

2.1.1　石膏胶凝材料

石膏是一种应用历史悠久的材料。它与石灰、水泥并列为无机胶凝材料中的 3 大支柱，在化工、医药、工艺美术、建筑雕塑、建筑材料工业等方面都有广泛的用途。如在水泥工业中，石膏可作为硅酸盐型水泥的缓凝剂，可用于配制硅酸盐与铝酸盐自应力水泥，也可用作生产硫铝酸钙早强水泥的原料。在硅酸盐建筑制品生产中，石膏作为外加剂能有效改善产品的性能。石膏胶凝材料包括建筑石膏、高强石膏、模型石膏等，不仅用于粉刷和制备砌筑砂浆，还可制成各种石膏制品。我国天然石膏储量丰富，随着工业的日益发展而相应地伴生出多种副产化学石膏。由于石膏制品具有自重轻、凝结快、防火隔声隔热性能好、可加工性和装饰效果好等优点，近年来应用广泛，发展很快。

石膏制品工业主要包括两个方面：一是石膏胶凝材料的制备；二是石膏制品的制备。前者是将二水石膏加热使之部分或全部脱水，以制备不同的脱水石膏相；后者是将脱水石膏再水化，使之再生成二水石膏并形成所需的硬化体。因此，石膏的脱水和再水化是石膏工业的理论基础。

1. *石膏的种类*

(1) 天然二水石膏($CaSO_4 \cdot 2H_2O$)。又称生石膏。

(2) 化工石膏($CaSO_4 \cdot 2H_2O + CaSO_4$混合物)。如磷石膏、氟石膏、钛石膏等。

(3) 天然无水石膏($CaSO_4$)。又称硬石膏。

(4) 建筑石膏(又称熟石膏)。是以β型半水石膏($\beta - CaSO_4 \cdot (1/2)H_2O$)为主要成分，不加任何外加剂的气硬性胶结材。

将二水石膏在 107～170℃时加热脱水即可制得β型半水石膏。反应如下：

$$CaSO_4 \cdot 2H_2O \longrightarrow \beta - CaSO_4 \cdot (1/2)H_2O + (3/2)H_2O$$

(5) 高强石膏。是以α型半水石膏($\alpha - CaSO_4 \cdot (1/2)H_2O$)为主要成分，不加任何外加剂的气硬性胶结材。

将二水石膏在 0.13MPa、124℃的蒸压条件下加热即可制成α型半水石膏，即高强石膏。高强石膏的晶体比建筑石膏的晶体粗，比表面积小，配制成浆体时需水量少，故石膏硬化后，密实度较大，强度较高，可用于建筑抹灰或者制成石膏制品，但成本较高。建筑石膏生产方便，成本低，可在建筑工程中广泛大量使用。

建筑石膏及其制品具有轻质、隔热、吸声、美观及易于加工等优点，因此用途广泛，是一种有发展前途的新型建筑材料。

2. 建筑石膏的水化和凝结硬化

1) 水化反应

$$CaSO_4 \cdot (1/2)H_2O+(3/2)H_2O \longrightarrow CaSO_4 \cdot 2H_2O$$

水化过程。由于水化产物二水石膏的溶解度比β型半水石膏小得多(仅为β型半水石膏溶解度的 1/5)，β型半水石膏的饱和溶液对于二水石膏就成了过饱和溶液，二水石膏便结晶析出，这时二水石膏浓度降低，使新的一批半水石膏又继续溶解和水化，如此循环进行，直到β型半水石膏完全耗尽。

凝结。随着水化的进行，浆体中游离水分逐渐减少，二水石膏生成量不断增加，浆体稠度不断增大，可塑性逐渐降低，这个过程称为凝结。

硬化。凝结过程完成后，随着水化反应的进行，二水石膏晶体颗粒仍逐渐长大、连生(晶体一个连接一个地生长在一起)并互相交错，使强度不断增长，直至剩余水分完全耗尽后，强度才停止发展，这个过程称为石膏硬化，如图 2.9 所示。

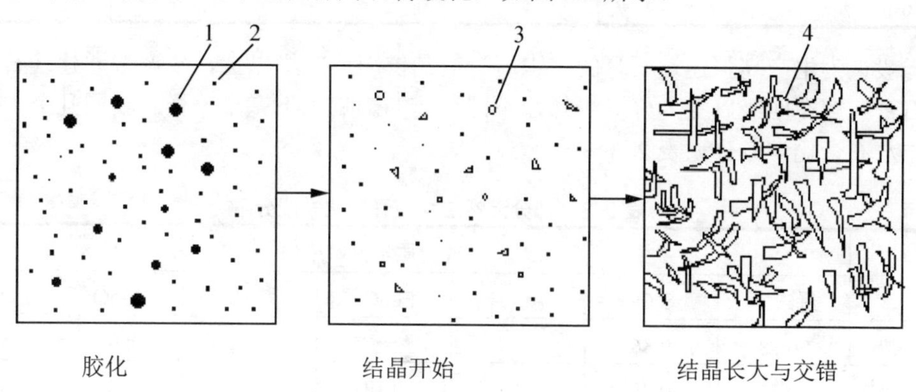

图 2.9 石膏硬化

1—半水石膏；2—二水石膏胶体微粒；3—二水石膏晶体；4—交错的晶体

初凝状态。建筑石膏浆体完全失去流动性并开始失去可塑性时的状态。

终凝状态。建筑石膏浆体完全失去可塑性并开始产生强度时的状态。

2) 凝结硬化过程的特点

(1) 速度快。建筑石膏在加水后几分钟内便开始失去可塑性，在 30min 内即可达到终凝并开始硬化。

(2) 体积微膨胀。在凝结硬化过程中产生约 1%的体积膨胀。

天然二水石膏按其二水硫酸钙百分含量的多少，划分为 5 个等级，见表 2-1。

表 2-1　天然二水石膏的等级

等　　级	一	二	三	四	五
$CaSO_4 \cdot 2H_2O$/(%)	>95	94～85	84～75	74～65	64～55

天然二水石膏中常含一定数量的杂质，其中碳酸盐类的杂质有石灰石和白云石，黏土类的杂质有石英、长石、云母和蒙脱石等；还可能有少量的氯化物、黄铁矿、有机质等。所谓二水石膏的品位是按二水硫酸钙($CaSO_4 \cdot 2H_2O$)含量来评定的，而二水硫酸钙的含量一般是通过 CaO、SO_3 和结晶水的含量推算得出的钙值(3.07 CaO%)、硫值(2.15 SO_3%)和水值(4.78 H_2O%)。取三值中的最小值为定级的依据。

3. 建筑石膏的技术标准

根据《建筑石膏》(GB/T 9776—2008)的规定，建筑石膏按 2h 抗折强度分为 3.0、2.0 和 1.6 共 3 个等级。各个等级的建筑石膏的物理力学性能应符合表 2-2 的要求。

表 2-2　建筑石膏的物理力学性能

等　　级	细度(0.2mm 方孔筛筛余)/(%)	凝结时间/min		2h 强度/MPa	
		初凝	终凝	抗折	抗压
3.0	≤10	≥3	≤30	≥3.0	≥5.0
2.0				≥2.0	≥4.0
1.6				≥1.6	≥3.0

一般认为生产高强建筑石膏的二水石膏的品位应达二级以上，生产普通建筑石膏时，二水石膏纯度在四级以上为好。当然，不同杂质的影响也不完全一样。我国几个主要石膏矿的二水石膏化学成分见表 2-3～表 2-5。

表 2-3　部分天然二水石膏的化学成分

产　　地	各成分质量分数/(%)						
	烧失量	SiO_2	Al_2O_3	Fe_2O_3	CaO	MgO	SO_3
湖北应城	20.88	0.36	0.19	—	32.60	0.05	45.00
山西太原	20.51	0.88	0.07	0.12	33.38	0.88	43.35
青海	19.89	1.00	0.45	0.12	32.65	—	42.83
甘肃	20.45	6.18	0.75	0.31	29.75	0.64	41.38

表 2-4　部分硬石膏的化学成分

产　　地	各成分质量分数/(%)							
	烧失量	结晶水	SiO_2	Al_2O_3	Fe_2O_3	CaO	MgO	SO_3
江苏南京	4.04	0.11	0.75	0.03	0.02	40.54	1.53	52.93
山西西山	4.53	1.30	0.94	0.06	0.03	40.30	0.73	52.37
湖南邵东	6.46	1.20	10.53	0.58	0.24	33.96	1.96	44.10

表 2-5 部分硬石膏的主要矿物组成

产　地	各成分质量分数/(%)			
	$CaSO_4·2H_2O$	$CaSO_4$	$CaCO_3$	$MgCO_3$
江苏南京	4.04	0.11	0.75	0.03
山西西山	4.53	1.30	0.94	0.06
湖南邵东	6.46	1.20	10.53	0.58

4. 建筑石膏的性质

(1) 凝结硬化快。建筑石膏在加水后 10min 内便可达到初凝，在 30min 内即可达到终凝并开始硬化。为了延缓石膏的凝结速度，需加入缓凝剂，如动物胶、亚硫酸盐酒精废液、硼砂、柠檬酸等。

(2) 建筑石膏硬化后孔隙率大、强度较低。半水石膏水化反应理论上所需水分只占半水石膏质量的 18.6%。为了使石膏浆具有必要的可塑性，通常加水 60%～80%。石膏浆体硬化后，多余的水分蒸发，内部具有很大的孔隙率(约达总体积的 50%～60%)，故其强度较低。硬化后最大抗压强度仅为 8～12MPa。

(3) 建筑石膏硬化体保温性和吸声性能良好。建筑石膏制品的导热系数较小，一般为 0.121～0.205W/(m・K)。

(4) 防火性能良好。建筑石膏硬化后的主要成分是带有两个结晶水分子的二水石膏，当其遇到火时，二水石膏脱出结晶水，结晶水吸收热量蒸发时，在制品表面形成水蒸气幕，有效地阻止火的蔓延。制品厚度越大，防火性能越好。

(5) 体积微膨胀。一般膨胀率约为 1%，这可使硬化体表面光滑饱满，干燥时不会收缩开裂，且能使制品造型棱角很清晰，特别适用于抹面和制作石膏制品。

(6) 耐水性差但具有调湿功能。建筑石膏制品的软化系数只有 0.2～0.3(石膏制品由无数细小晶体构成，但晶粒间黏结力较小，在水分子的作用下，晶粒间的搭接处易溶解破坏，导致其强度大大降低)，制品长期浸水还会因二水石膏晶体溶解而溃散($CaSO_4$・$2H_2O$ 微溶于水)。故建筑石膏适用于室内，而不适用于室外。在建筑石膏中加入适量水泥、粉煤灰、磨细粒化高炉矿渣以及各种有机防水剂，可提高制品的耐水性。但当空气过于潮湿时石膏制品能吸收水分，当空气过于干燥时则能释放水分。

(7) 硬化体的装饰好和可加工性能好。石膏制品表面细腻平整，色洁白，具雅静感；同时，可锯、可钉、可刨，便于施工。

(8) 密度与堆积密度。密度为 2.50～2.80g/cm^3；堆积密度为 800～1000kg/m^3。

2.1.2 石灰

石灰通常是生石灰，其定义为：由石灰石、白云岩、白垩、贝壳等碳酸盐含量高的原料经 900～1300℃煅烧，尽可能分解和排出 CO_2 而得到的产品，称为生石灰，如图 2.10 所示。石灰的主要成分是 CaO，呈块状，色白或淡黄，有强烈的吸水性和吸湿性，易与水作用生成 $Ca(OH)_2$。熟石灰(图 2.11)在潮湿的状态下，进一步吸收空气中的 CO_2，变成 $CaCO_3$ 而硬化。作为胶凝材料，石灰兼有水硬性和气硬性，主要表现为气硬性。

$$CaCO_3 \xrightarrow{900\sim1000℃} \underset{生石灰}{CaO} + CO_2 \uparrow$$

$$MgCO_3 \xrightarrow{700℃} MgO + CO_2 \uparrow$$

图 2.10　生石灰

图 2.11　熟石灰

煅烧后的石灰石按化学成分分为钙质、镁质和硅质石灰；按加工方法分为生石灰(分为块状、磨细粉，主要成分为 CaO)、熟石灰[石灰浆、石灰膏，主要成分为 $Ca(OH)_2$]；按 MgO 含量的多少分为低镁石灰(MgO 含量≤5%)、镁质石灰(MgO 含量 5%～20%)、高镁石灰(也称白云质石灰，MgO 含量 20%～40%)；按消化速度快慢分为快速消石灰(消化速度在 10min 以内)、中速消石灰(消化速度在 10～30min)、慢速消石灰(消化速度>30 min)。

1. 生石灰的分类

1) 视氧化镁含量的多少分为两类

(1) 钙质生石灰：MgO 含量小于或等于 5%。

(2) 镁质生石灰：MgO 含量大于 5%。

2) 按煅烧温度和煅烧时间不同分为三类

(1) 过火石灰。煅烧温度过高，时间过长或原料中的二氧化硅和三氧化二铝等杂质发生溶解而造成的。这种石灰颜色较深，块体致密，颜色发青，熟化十分缓慢，其细小颗粒可能在石灰应用之后熟化，体积膨胀，致使已经硬化的砂浆产生“崩裂”或“鼓包”现象，影响工程质量。

(2) 欠火石灰。石灰岩块的体积过大或窑中温度不均匀，本身尚未分解完全，颜色发黑。它只会降低石灰的利用率，不会对施工带来危害。

(3) 优质灰。颜色洁白，质地松软，晶粒细小，密度小，自重轻，与水作用速度快。

3) 按加工方法不同分为三类

(1) 生石灰粉。由块灰直接磨细制成。

(2) 消石灰粉。将生石灰用适量的水经消化和干燥而成的粉末，主要成分为 $Ca(OH)_2$，也称熟石灰。

(3) 石灰膏。将块状生石灰用过量的水(约为生石灰体积的 3～4 倍)消化，或将消石灰粉和水拌和，得到的一定稠度的膏状物，主要成分为 $Ca(OH)_2$ 和水。

特别提示

经煅烧后的生石灰可能会出现以下 3 种情况和相对应的质量问题。

(1) 正烧石灰。也可称为正火石灰，即在低于烧结温度下煅烧，分解完全的石灰。运用于工程中，色淡，无明显烧结和体积收缩，无裂缝或微裂缝，质量好，主要成分是 CaO，其晶体尺寸一般为 2～6μm，块体容重为 2.2～2.5g/cm^3。

(2) 过烧石灰。也可称为过火石灰，即一种煅烧温度高、时间过长，煅烧时间长的石灰或死烧石灰。表面出现裂缝或玻璃状的外壳，体积收缩明显，颜色呈灰黑色，块体容重大，CaO 晶体的尺寸一般大于 10μm，水化很慢。如运用在抹灰层和制品坯体中，石灰仍能继续消化而体积膨胀，致使其表面剥落或胀裂破坏，危害极大。

(3) 欠烧石灰。也可称为欠火石灰或轻烧石灰，即一种煅烧温度低或煅烧时间短，没有烧透的石灰。内部有未分解的核，容重比较大，由于煅烧不充分，所以活性 CaO 加 MgO 总量低于 60%，难以水化。适用于碳化石灰制品和生产磨细石灰。

2. 石灰的技术要求

1) 建筑生石灰和建筑生石灰粉的技术要求

按现行建材行业标准《建筑生石灰》(JC/T 479—2013)的规定，钙质生石灰和镁质生石灰各分为优等品、一等品和合格品 3 个等级，技术指标可见表 2-6 和表 2-7。

表 2-6 生石灰技术标准

项 目	钙质生石灰			镁质生石灰		
	优等品	一等品	合格品	优等品	一等品	合格品
(CaO+MgO)含量/(%)，不小于	90	85	80	85	80	75
未消化残渣含量(5mm 圆孔筛筛余量)/(%)，不大于	5	10	15	5	10	15
CO_2/(%)，不大于	5	7	9	6	8	10
产将量/(L/kg)，不小于	2.8	2.3	2.0	2.8	2.3	2.0

表 2-7 生石灰粉技术标准

项 目		钙质生石灰			镁质生石灰		
		优等品	一等品	合格品	优等品	一等品	合格品
(CaO+MgO)含量/(%)，不小于		85	80	75	80	75	70
CO_2/(%)，不大于		7	9	11	8	10	12
细度	0.9mm 筛筛余/(%)，不大于	0.2	0.5	1.5	0.2	0.5	1.5
	0.125mm 筛筛余/(%)，不大于	7.0	12.0	18.0	7.0	12.0	18.0

2) 建筑消石灰粉的技术要求

建筑消石灰粉按氧化镁含量分为钙质消石灰、镁质消石灰、白云石消石灰粉等，每一种又有优等品、一等品和合格品 3 个等级，其分类界限见表 2-8，技术指标见表 2-9。

表 2-8　建筑消石灰粉按氧化镁含量的分类界限

品种名称	钙质消石灰粉	镁质消石灰粉	白云石消石灰粉
氧化镁含量/(%)	≤4	4≤MgO＜24	24≤MgO＜30

表 2-9　建筑消石灰粉的技术指标

项目		钙质消石灰粉			镁质消石灰粉			白云石消石灰粉		
		优等	一等	合格	优等	一等	合格	优等	一等	合格
(CaO+MgO)含量/(%)，不小于		70	65	60	65	60	55	65	60	55
游离水/(%)		0.4～2	0.4～2	0.4～2	0.4～2	0.4～2	0.4～2	0.4～2	0.4～2	0.4～2
体积安定性		合格	合格	—	合格	合格	—	合格	合格	—
细度	0.9mm 筛筛余/(%)，不大于	0	0	0.5	0	0	0.5	0	0	0.5
	0.125mm 筛筛余/(%)，不大于	3	10	15	3	10	15	3	10	15

3. *石灰的熟化与硬化*

工地上使用生石灰前要进行熟化(图 2.12)。熟化是指生石灰(氧化钙)与水作用生成氢氧化钙(熟石灰，又称消石灰)的过程，又称石灰的消解或消化。生石灰的熟化反应如下：

$$CaO + H_2O \longrightarrow Ca(OH)_2 + 64.9\times10^3 J$$

石灰熟化时放出大量的热，体积增大 1～2.0 倍。煅烧良好、氧化钙含量高的石灰熟化较快，放热量和体积增大也较多。工地上熟化石灰常用消石灰浆法和消石灰粉法两种方法。

根据加水量的不同，石灰可熟化成消石灰粉或石灰膏。石灰熟化的理论需水量为石灰质量的 32%。在生石灰中均匀加入 60%～80%的水，可得到颗粒细小、分散均匀的消石灰粉。若用过量的水熟化，将得到具有一定稠度的石灰膏。石灰中一般都含有过火石灰，过火石灰熟化慢，若在石灰浆体硬化后再发生熟化，会因熟化产生的膨胀而引起隆起和开裂。为了消除过火石灰的这种危害，石灰在熟化后，还应“陈伏”两周左右。

石灰的“陈伏”：前面已经提到煅烧温度过高或时间过长，将产生过火石灰，这在石灰煅烧中是难免的。由于过火石灰的表面包覆着一层玻璃釉状物，熟化很慢，若在石灰使用并硬化后再继续熟化，则产生的体积膨胀将引起局部鼓泡、隆起和开裂。为消除上述过火石灰的危害，石灰膏使用前应在化灰池中存放两周以上，使过火石灰充分熟化，这个过程称为“陈伏”。

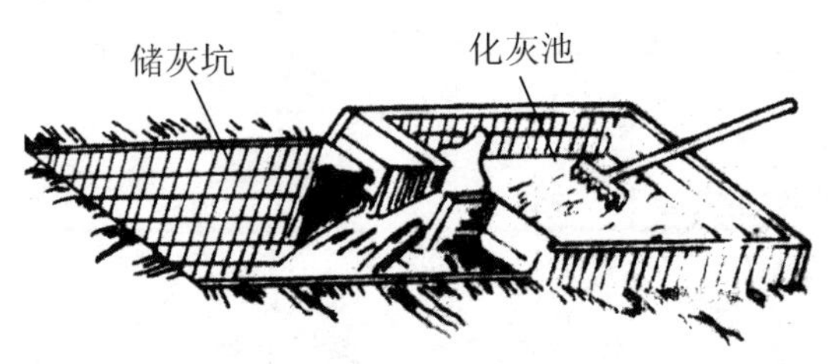

图 2.12　石灰熟化

特别提示

现场生产的消石灰粉一般也需要“陈伏”。地上砌筑工程一般多采用混合砂浆的原因也是如此，不经过“陈伏”的石灰抹灰后，会吸收空气中的水分继续产生体积膨胀，致使墙面隆起、开裂，严重影响施工质量，为了消除这样的危害，也需“陈伏”两周以上。

石灰浆体的硬化包括干燥结晶和碳化两个同时进行的过程。石灰浆体因水分蒸发或被吸收而干燥，在浆体内的孔隙网中产生毛细管压力。使石灰颗粒更加紧密而获得强度。这种强度类似于黏土失水而获得的强度，其值不大，遇水会丧失。同时，由于干燥失水引起浆体中氢氧化钙溶液过饱和，析出氢氧化钙晶体，产生强度；但析出的晶体数量少，强度增长也不大。在大气环境中，氢氧化钙在潮湿状态下会与空气中的二氧化碳反应生成碳酸钙，并释放出水分，即发生碳化。

碳化所生成的碳酸钙晶体相互交叉连生或与氢氧化钙共生，形成紧密交织的结晶网，使硬化石灰浆体的强度进一步提高。但是，由于空气中的二氧化碳含量很低，表面形成的碳酸钙层结构较致密，会阻碍二氧化碳的进一步渗入，因此，碳化过程是十分缓慢的。

生石灰熟化后形成的石灰浆中，石灰粒子形成氢氧化钙胶体结构，颗粒极细(粒径约为1μm)，比表面积很大(达 10～$30m^2/g$)，其表面吸附一层较厚的水膜，可吸附大量的水，因而有较强保持水分的能力，即保水性好。将它掺入水泥砂浆中，配成混合砂浆，可显著提高砂浆的和易性。

石灰依靠干燥结晶以及碳化作用而硬化，由于空气中的二氧化碳含量低，且碳化后形成的碳酸钙硬壳阻止二氧化碳向内部渗透，也妨碍水分向外蒸发，因而硬化缓慢，硬化后的强度也不高，1∶3 的石灰砂浆 28d 的抗压强度只有 0.2～0.5MPa。在处于潮湿环境时，石灰中的水分不蒸发，二氧化碳也无法渗入，硬化将停止；加上氢氧化钙易溶于水，已硬化的石灰遇水还会溶解溃散。因此，石灰不宜在长期潮湿和受水浸泡的环境中使用。

石灰在硬化过程中，要蒸发掉大量的水分，引起体积显著收缩，易出现干缩裂缝。所以，石灰不宜单独使用，一般要掺入砂、纸筋、麻刀等材料，以减少收缩，增加抗拉强度，并能节约石灰。

石灰具有较强的碱性，在常温下，能与玻璃态的活性氧化硅或活性氧化铝反应，生成有水硬性的产物，产生胶结。因此，石灰还是建筑材料工业中重要的原材料。

4. *石灰的特性*

1) 可塑性和保水性好

熟化生成的氢氧化钙颗粒极其细小，比表面积(材料的总表面积与其质量的比值)很大，使得氢氧化钙颗粒表面吸附有一层较厚的水膜，即石灰的保水性好。由于颗粒间的水膜较厚，颗粒间的滑移较易进行，即可塑性好。这一性质常被用来改善水泥砂浆的保水性，以克服水泥砂浆饱水性差的缺点。

2) 生石灰水化

石灰的熟化(水化或消化)：生石灰加水进行水化的过程。

熟化：$CaO + H_2O \longrightarrow Ca(OH)_2 +$ 热

↓ 生　　　↓ 熟

水化热：生石灰水化时放出的热量。

生石灰水化时放出大量的热量，同时体积增大1.0～2.5倍。熟化产物即消石灰，主要成分为$Ca(OH)_2$。

陈伏：生石灰中常含有过火石灰，水化极慢，当石灰变硬后才开始熟化，产生体积膨胀，引起已变硬石灰体的隆起、鼓包和开裂。为了消除过火石灰的危害，需将石灰浆置于消化池中2～3周，即所谓的陈伏。陈伏期间石灰浆表面应保持一层水分，隔绝空气，防止$Ca(OH)_2$与CO_2发生碳化反应。

3) 凝结硬化缓慢

石灰浆体的硬化包括结晶和碳化两个同时进行的过程。

结晶：$CaO + H_2O \longrightarrow Ca(OH)_2$

碳化：$Ca(OH)_2 + CO_2 + nH_2O \longrightarrow CaCO_3 + (n+1)H_2O$

由于碳化作用主要发生在与空气接触的表层，且生成的碳酸钙硬壳较致密，阻碍了空气中CO_2的渗入，也阻碍了内部水分向外蒸发，因此硬化缓慢。

4) 硬化时体积收缩大

水蒸发使硬化的石灰浆体出现干缩裂纹。

除调成石灰乳作薄层粉刷外，纯的石灰浆不能单独使用。

针对上述分析，处理办法有若干。例如：施工时掺入一定的骨料(如砂子等)或纤维材料(麻刀、纸筋等)。

5) 硬化后强度低

生石灰消化时的理论用水量为生石灰质量的32.13%，但为了使石灰浆具有一定的可塑性便于应用，同时考虑到一部分水分因消化时水化热大而被蒸发掉，故实际消化用水量很大，多余水分在硬化后蒸发，将留下大量孔隙，因而硬化石灰体密实度小、强度低。

6) 耐水性差

由于石灰浆体硬化慢、强度低，在石灰硬化体中，大部分仍是尚未碳化的$Ca(OH)_2$，$Ca(OH)_2$易溶于水，这会使得硬化石灰体遇水后产生溃散，故石灰不易用于潮湿环境。

5. 储运注意事项

堆放时应注意防潮、防水、防火，避免与易燃易爆及液体物品共存、共运，以免发生火灾和爆炸造成不必要的损失。石灰的储期通常最长不超过1个月，所以要尽早使用。

6. 石灰在土木工程中的应用

1) 石灰的用途

(1) 石灰乳。石灰膏加入多量的水可稀释成石灰乳，用石灰乳作粉刷涅料，其价格低廉、颜色洁白、施工方便，调入耐碱颜料还可使色彩丰富；调入聚乙烯醇、干酪素、氧化钙或明矾可减少涂层粉化现象。

(2) 石灰土和三合土。将消石灰粉与黏土拌和，称为石灰土(灰土)，若再加入砂石或炉渣、碎砖等即成三合土。石灰常占灰土总重的10%～30%，即一九、二八及三七灰土。石灰量过高往往导致强度和耐水性降低。施工时，将灰土或三合土混合均匀并夯实，可使彼此黏结为一体，同时黏土等成分中含有的少量活性SiO_2和活性Al_2O_3等酸性氧化物，在石灰长期作用下反应，生成不溶性的水化硅酸钙和水化铝酸钙，使颗粒间的黏结力不断增强，灰土或三合土的强度及耐水性能也不断提高。因此，灰土和三合土在一些建筑物的基础和地面垫层及公路路面的基层被广泛应用。

(3) 无熟料水泥和硅酸盐制品。石灰与活性混合材料(如粉煤灰、煤矸石、高炉矿渣等)混合，并掺入适量石膏等，磨细后可制成无熟料水泥。石灰与硅质材料(含 SiO_2 的材料，如粉煤灰、煤矸石、浮石等)必要时加入少量石膏，经高压或常压蒸汽养护，生成以硅酸钙为主要产物的混凝土。硅酸盐混凝土中主要的水化反应如下：

$$Ca(OH)_2+SiO_2+H_2O \longrightarrow CaO \cdot SiO_2 \cdot 2H_2O$$

硅酸盐混凝土按密实程度可分为密实和多孔两类。前者用于生产墙板、砌块及砌墙砖(如灰砂砖)；后者用于生产加气混凝土制品，如轻质墙板、砌块、各种隔热保温制品等。

(4) 碳化石灰板。碳化石灰板是将磨细石灰、纤维状填料(如玻璃纤维)或轻质骨料搅拌成型，然后用二氧化碳进行人工碳化(12～24h)而制成的一种轻质板材。为了减轻容重和提高碳化效果，多制成空心板。人工碳化的简易方法是用塑料布将坯体盖严，通以石灰窑的废气。

碳化石灰空心板的密度为 700～800kg/m^3(当孔洞率为 30%～39%时)，抗弯强度为 3～5MPa，抗压强度为 5～15MPa，导热系数小于 0.2W/(m·K)，能锯、能钉，所以适宜用作非承重内隔墙板、无芯板。

2) 值得注意的问题

石灰在空气中存放时，会吸收空气中水分熟化成石灰粉，再碳化成碳酸钙而失去胶结能力，因此生灰石不易久存。另外，生石灰受潮熟化会放出大量的热，并且体积膨胀，所以储运石灰时应注意安全。

石灰的用途非常广泛，除用于制碱、造纸、冶金、农业等方面外，在建筑工程和建筑材料工业中，也是应用最广的原材料之一，如配制砌筑砂浆和抹面砂浆；用石灰乳调制刷墙粉；石灰与砂、黏土掺和在一起可制得三合土等。石灰广泛应用于建筑工程中的优点：①原材料丰富，分布广；②生产工艺简单，成本低。

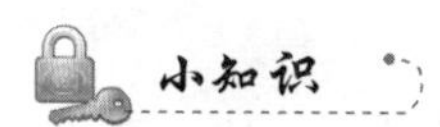

某单位宿舍楼的内墙使用石灰砂浆抹面。数月后，墙面上出现了许多不规则的网状裂纹。同时在个别部位还发现了部分凸出的放射状裂纹，如图 2.13 所示。

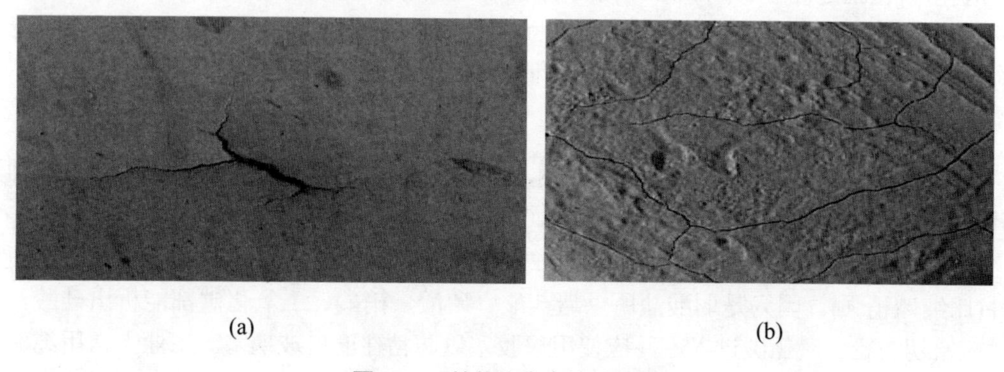

(a) (b)

图 2.13 某单位宿舍楼的墙面

引发的原因很多，但最主要的原因在于石灰在硬化过程中，蒸发大量的游离水而引起体积收缩。

墙面上个别部位出现凸出的呈放射状的裂纹，是由于配制石灰砂浆时所用的石灰中混入了过火石灰。这部分过火石灰在消解、陈伏阶段未完全熟化，以致在砂浆硬化后，过火石灰吸收空气中的水蒸气继续熟化，造成体积膨胀，从而出现上述现象。

2.1.3 水玻璃

硅酸钠是无色固体，密度为2.4g/cm^3，熔点为1321K(1088℃)，溶于水成黏稠溶液，俗称水玻璃、泡花碱，是一种无机黏合剂，如图2.14所示。

图2.14 块状水玻璃

固体硅酸钠南方多称水玻璃，北方多称泡花碱，硅酸钠的水溶液通称水玻璃。纯固体硅酸钠为无色透明固体，市售硅酸钠多含有某些杂质，略带浅蓝色。

硅酸钠俗称水玻璃，液体硅酸钠为无色、略带色的透明或半透明黏稠状液体。固体硅酸钠为无色、略带色的透明或半透明玻璃块状体，形态分为液体、固体、水淬3种。理论上称这类物质为“胶体”。普通硅酸钠为略带浅蓝色的块状或颗粒状固体，高温高压溶解后是略带色的透明或半透明黏稠液体。

市面上出售的AR分析纯水玻璃为$Na_2SiO_3 \cdot 9H_2O$，放置在空气中吸潮、结块，在水中极易溶解。

泡花碱[也就是硅酸钠(Na_2SiO_3)]溶于水后形成的黏稠溶液，通称为水玻璃，呈碱性。它的用途非常广泛，往往根据其黏结性强的特点，被用作硅胶，而且耐酸、耐热，有毒，但对一般的接触没有影响，误食则会对人体的肝脏造成危害。

1. 水玻璃的分类介绍

(1) 硅酸钠。分两种：一种为偏硅酸钠，化学式为Na_2SiO_3，式量为122.00；另一种为正硅酸钠，化学式为Na_4SiO_4，式量为184.04。

(2) 正硅酸钠。是无色晶体，熔点为1291K(1088℃)，不多见。水玻璃溶液因水解而呈碱性(比纯碱稍强)。因为是弱酸盐所以遇盐酸、硫酸、硝酸、二氧化碳都能析出硅酸。保存时应密切防止二氧化碳进入，并应使用橡胶塞以防粘住磨口玻璃塞。工业上常用纯碱与石英共熔制取$Na_2CO_3 + SiO_2 \longrightarrow Na_2SiO_3 + CO_2\uparrow$，制品常因含亚铁盐而带浅蓝绿色。用无机黏结制剂(可与滑石粉等混合共用)、肥皂填充剂调制耐酸混凝土，加入颜料后可作外墙的涂料，灌入古建筑基础土壤中可使土壤坚固以防倒塌。

(3) 偏硅酸钠。是由普通泡花碱与烧碱水热反应而制得的低分子晶体，商品有无水、五水和九水合物，其中九水合物只有我国市场上存在，是一种 20 世纪 80 年代急需偏硅酸钠而仓促开发的技术含量较低的应急产品，因其熔点只有 42℃，贮存时很容易变为液体或膏状，正逐步被淘汰。但由于一些用户习惯和一些领域对结晶水不是很在意，九水偏硅酸钠还是有一定市场的。

水玻璃硬化后的主要成分为硅凝胶和固体，比表面积大，因而具有较高的黏结力。但水玻璃自身质量、配合料性能及施工养护对强度有显著影响。

2. 水玻璃的主要特点

1) 黏结力和强度较高

2) 耐酸性好

可以抵抗除氢氟酸(HF)、热磷酸和高级脂肪酸以外的几乎所有无机酸和有机酸。

3) 耐热性好

硬化后形成的二氧化硅网状骨架在高温下强度下降很小，当采用耐热耐火骨料配制水玻璃砂浆和混凝土时，耐热度可达 1000℃。因此，水玻璃混凝土的耐热度也可以理解为主要取决于骨料的耐热度。

4) 耐碱性和耐水性差

因混合后易均溶于碱，故水玻璃不能在碱性环境中使用。同样由于 NaF、Na_2CO_3 均溶于水而不耐水，但可采用中等浓度的酸对已硬化的水玻璃进行酸洗处理，提高耐水性。

2.2 气硬性材料的应用

2.2.1 建筑石膏的应用

1. 室内抹灰及粉刷

建筑石膏加水、砂拌和成石膏砂浆，可用于室内抹灰。这种抹灰墙面具有绝热、阻火、隔声、舒适、美观等特点。抹灰后的墙面和天棚还可以直接涂刷油漆及贴墙纸，如图 2.15 所示。

建筑石膏加水调成石膏浆体，还可以掺入部分石灰用于室内粉刷涂料。粉刷后的墙面光滑、细腻、洁白美观。

2. 装饰制品

以石膏为主要原料，掺加少量的纤维增强材料和胶料，加水搅拌成石膏浆体，利用石膏硬化时体积微膨胀的性能，可制成各种石膏雕塑、饰面板及各种装饰品，常见的有做室内顶棚装饰的石膏线条以及顶棚和墙面交汇处的阴角线，如图 2.16 和图 2.17 所示。

图 2.15　建筑石膏运用于室内抹灰及粉刷

图 2.16　石膏装饰的天花板

3. *石膏板*

石膏板有装饰石膏板、空心石膏板、蜂窝板等，可作为装饰吊顶、隔板、保温、隔声、防火等材料使用，如图 2.18 所示。

图 2.17　装饰制品(雕塑)

图 2.18　石膏板(防潮纸面石膏板)

2.2.2　石灰的应用

石灰在建筑上的用途很广，各类石灰的用途见表 2-10。

表 2-10　各类石灰的用途

品种名称	适用范围
生石灰	配制石灰膏 磨细成生石灰粉
石灰膏	用于调制石灰砌筑砂浆或抹面砂浆 稀释成石灰乳(石灰水)涂料，用于内墙和平顶刷白

续表

品种名称	适用范围
生石灰粉 (磨细生石灰粉)	用于调制石灰砌筑砂浆或抹面砂浆 配制无熟料水泥(石灰矿渣水泥、石灰粉煤灰水泥、石灰火山灰水泥等) 制作硅酸盐制品(如灰砂砖等) 制作碳化制品(如碳化石灰空心板) 用于拌制石灰土(灰土)和三合土
消石灰粉	制作硅酸盐制品 用于拌制石灰土(石灰+黏土)和三合土

1. 制作石灰乳涂料

石灰乳由消石灰粉或消石灰浆掺大量水调制而成，可用于建筑室内墙面和顶棚粉刷。掺入少量佛青颜料，可使其呈纯白色；掺入 107 胶或少量水泥粒化高炉矿渣(或粉煤灰)，可提高粉刷层的防水性；掺入各种色彩的耐碱材料，可获得更好的装饰效果。

2. 配制砂浆

石灰浆和消石灰粉可以单独或与水泥一起配制成砂浆，前者称石灰砂浆，后者称混合砂浆，用于墙体的砌筑和抹面，如图 2.19 所示。为了克服石灰浆收缩性大的缺点，配制时常要加入纸筋等纤维质材料。

(a) 薄层光滑砂浆——喷涂

(b) 内墙砂浆——喷涂

(c) 薄层光滑砂浆——整平

(d) 内墙砂浆——整平

图 2.19 运用于建筑

3. 拌制石灰土和三合土

消石灰粉与黏土的拌合物称为灰土，若再加入砂(或碎石、炉渣等)，即成三合土(图 2.20)。灰土和三合土在夯实或压实下，密实度大大提高，而且在潮湿的环境中，黏土颗粒表面的少量活性氧化硅和氧化铝与 $Ca(OH)_2$ 发生反应，生成水硬性的水化硅酸钙和水化铝酸钙，使黏土的抗渗能力、抗压强度、耐水性得到改善。它和灰土主要用于建筑物基础、路面和地面的垫层。

图 2.20 三合土

4. 生产硅酸盐制品

磨细生石灰(或消石灰粉)和砂(或粉煤灰、粒化高炉矿渣、炉渣)等硅质材料加水拌和，经过成型、蒸养或蒸压处理等工序而成的建筑材料，统称为硅酸盐制品，如灰砂砖、粉煤灰砖、粉煤灰砌块、硅酸盐砌块等。

2.2.3 水玻璃的应用

水玻璃的用途非常广泛，几乎遍及国民经济的各个部门。在化工系统中，水玻璃被用来制造硅胶、白炭黑、沸石分子筛、五水偏硅酸钠、硅溶胶、层硅及速溶粉状硅酸钠、硅酸钾钠等各种硅酸盐类产品，是硅化合物的基本原料。在经济发达国家，以硅酸钠为原料的深加工系列产品已发展到 50 余种，有些已应用于高、精、尖科技领域；在轻工业中，水玻璃是洗衣粉、肥皂等洗涤剂中不可缺少的原料，也是水质软化剂、助沉剂；在纺织工业中，水玻璃用于助染、漂白和浆纱；在机械行业中，水玻璃广泛用于铸造、砂轮制造和金属防腐剂等；在建筑行业中，水玻璃用于制造快干水泥、耐酸水泥防水油、土壤固化剂(图 2.21)、耐火材料(图 2.22)等；在农业方面水玻璃可制造硅素肥料；另外，水玻璃还可用作石油催化裂化的硅铝催化剂、肥皂的填料、瓦楞纸的胶粘剂、金属防腐剂、水软化剂、洗涤剂助剂、耐火材料和陶瓷原料、纺织品的漂染和浆料、矿山选矿、防水、堵漏、木材防火、食品防腐及制胶粘剂等。现分述如下。

1. 涂刷材料表面，提高抗风化能力

水玻璃溶液涂刷或浸渍材料后，能渗入缝隙和孔隙中，固化的硅凝胶能堵塞毛细孔通道，提高材料的密度和强度，从而提高材料的抗风化能力。但水玻璃不得用来涂刷或浸渍石膏制品。因为水玻璃与石膏反应生成硫酸钠(Na_2SO_4)，它会在制品孔隙内结晶膨胀，导致石膏制品开裂破坏。

图 2.21　水玻璃固化剂

图 2.22　耐火材料(水玻璃硅酸钠)

2. 加固土壤

将水玻璃与氯化钙溶液交替注入土壤中，两种溶液能迅速反应生成硅胶和硅酸钙凝胶，起到胶结和填充孔隙的作用，使土壤的强度和承载能力提高。常用于粉土、砂土和填土的地基加固，称为双液注浆。

3. 配制速凝防水剂

水玻璃可与多种矾配制成速凝防水剂，用于堵漏、填缝等局部抢修。这种多矾防水剂的凝结速度很快，一般为几分钟，其中四矾防水剂不超过 1min，故工地上使用时必须做到即配即用。

多矾防水剂常用胆矾(硫酸铜)、红矾(重铬酸钾，$K_2Cr_2O_7$)、明矾(也称白矾，硫酸铝钾)、紫矾 4 种矾。

4. 配制耐酸胶凝、耐酸砂浆和耐酸混凝土

耐酸胶凝是用水玻璃和耐酸粉料(常用石英粉)配制而成的。与耐酸砂浆和混凝土一样，主要用于有耐酸要求的工程，如硫酸池等。

5. 配制耐热胶凝、耐热砂浆和耐热混凝土

水玻璃耐热胶凝主要用于耐火材料的砌筑和修补。水玻璃耐热砂浆和耐热混凝土主要用于高炉基础和其他有耐热要求的结构部位。

6. 防腐工程应用

改性水玻璃耐酸泥是耐酸腐蚀的重要材料，主要特性是耐酸、耐温、密实抗渗、价格低廉、使用方便，可拌和成耐酸胶泥、耐酸砂浆和耐酸混凝土，适用于化工、冶金、电力、煤炭、纺织等部门各种结构的防腐蚀工程，是纺酸建筑结构贮酸池、耐酸地坪以及耐酸表面砌筑的理想材料。

7. 铸造制型(芯)胶粘剂

20 世纪 50 年代水玻璃吹二氧化碳工艺广泛应用，该工艺水玻璃加入量高、溃散性差，

旧砂不能回用，浪费硅砂资源，大量外排固体废弃物，破坏生态环境，生产铸件质量粗糙，使其面临被淘汰。

新型酯硬化水玻璃自硬砂1999年问世，水玻璃加入量为1.8%～3.0%，强度高、溃散性好、旧砂可再生回用，回用率为80%～90%，可使用时间可调，可用于机械化造型生产线，也可用于单件小批量生产，还可生产几千克至几百吨的各种铸件，现已在铁路车辆、冶金机械、重型机械、矿山机械、通用机械厂等企业推广应用。

新型水玻璃被称为符合可持续发展的绿色环保型铸造胶粘剂。

2.3 气硬性材料的取样

2.3.1 取样类型

石灰及石膏的相关标准、规范代号、试验项目、取样方法，具体规定见表2-11。

表2-11 石灰验收与取样分类

材料名称	相关标准、规范代号	试验项目	取样方法
石灰	《建筑生石灰(粉)》(JC/T 481—2013)	必试：一 其他：CaO+MgO含量、细度、产浆量	(1) 以同一厂家、同一类别、同一等级不超过100t为一验收批。 (2) 从本批中随机抽取10袋样品，总量不少于1kg，混合均匀，最后取缩分至1kg
	《建筑消石灰》(JC/T 481—2013)	必试：一 CaO+MgO含量、游离水、体积安定性、细度	(1) 以同一厂家、同一类别、同一等级不超过100t为一验收批。 (2) 从本批中随机抽取10袋样品，从每袋中抽取500 g，取得的份样应立即装入干燥、密闭、防潮的容器中
石膏	《建筑石膏》(GB/T 9776—2008)	必试：细度、凝结时间 其他：抗折强度、标准稠度、用水量	(1) 以同一厂家、同一等级的石膏200t为一验收批，不足200t也按一验收批。 (2) 样品经四分法缩分到0.2kg送试

2.3.2 取样方法

(1) 按预先确定好的抽样方案在成品堆垛中随机抽取。

(2) 试件的外观质量必须符合成品的外观指标。

(3) 若对试验结果有怀疑时，可加倍抽取试样进行复试。

2.4 建筑生石灰基本性质检测

1. 检测目的

通过检测测定材料细度，检验石灰粉颗粒的粗细程度。本方法适用于建筑生石灰粉、消石灰粉细度检验，其他用途石灰也可参照使用。

2. 检测准备

1) 试件制备

试件取样数量为50g。

2) 仪器准备

试验筛：0.900mm、0.125mm方孔筛一套，如图2.23所示。

羊毛刷：4号。

天平：最大称量不超过100g，分度值(感量)1g。

(a) 试验筛

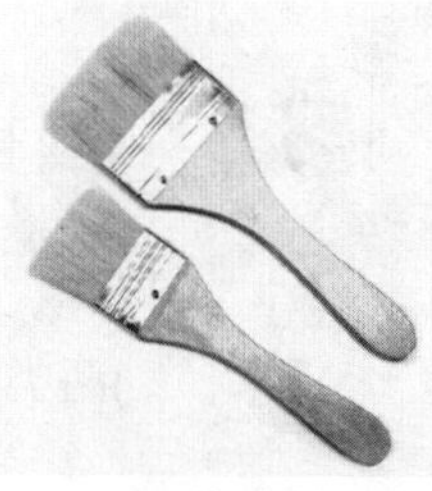

(b) 羊毛刷

(c) 天平

图2.23 检测仪器

3. 检测步骤

称取试样50g，倒入0.900mm、0.125mm方孔筛内进行筛分，筛分时一只手握住试验筛，并用手轻轻敲打，再有规律的间隔中，水平旋转试验筛，并在固定的基座上轻敲试验筛，用羊毛刷轻轻地从筛上面刷，直至2min内通过量小于0.1g为止。分别称量筛余物质量m_1、m_2。

4. 检测结果计算与评定

筛余百分含量X_1、X_2按式(2-1)和式(2-2)计算：

$$X_1=\frac{m_1}{m}\times 100\% \tag{2-1}$$

$$X_2=\frac{m_1+m_2}{m}\times 100\% \tag{2-2}$$

式中：X_1——0.09mm方孔筛筛余百分含量(%)；

X_1——0.125mm、0.900mm方孔筛两筛上的总筛余百分含量(%)；

m_1——0.900mm方孔筛余物质量(g)；

m_2——0.125mm方孔筛余物质量(g)；

m——样品质量(g)。

5. 结论

(1) 抽样必检。根据JC/T 479—2013，该批建筑生石灰必检项目合格(不合格)。

(2) 抽样全项。根据JC/T 479—2013，该批建筑生石灰合格。

本章小结

气硬性胶凝材料是建筑物必不可少的组成材料。根据工程实际合理选用胶凝材料对建筑物的功能、造价和安全等有重要意义。石灰、石膏、水玻璃都是气硬性胶凝材料，在现代建筑中的应用是很常见的。

(1) 石灰的品种很多，各种石灰产品都统称为石灰。石灰的强度很低，主要来源于$Ca(OH)_2$的结晶和碳化。利用石灰的特性可将其用于拌制砂浆、灰土和三合土，制作石灰碳化板和硅酸盐制品等。

(2) 石膏的品种很多，不同品种的石膏其生产条件不同，且性能及应用各异。建筑石膏是建筑工程中应用最多的一种石膏产品，建筑石膏凝结硬化速度很快，其技术性质要求主要表现在强度、细度、凝结时间三方面，可用于建筑室内抹灰及粉刷，并大量用于制作石膏制品。

(3) 了解水玻璃的特点与用途。

习 题

一、填空题

1．胶凝材料按化学成分分为(　　)和(　　)两类。无机胶凝材料按照硬化条件不同分为(　　)和(　　)两类。

2．石灰在使用前陈伏的目的是(　　)。

3．经煅烧后的生石灰可能出现以下3种，分别是(　　)、(　　)和(　　)。

4．石灰单独使用会出现(　　)现象。

二、选择题

1．石灰膏应在储灰池中存放(　　)天以上才可使用。

A．3　　B．7　　C．14　　D．28

2．石灰硬化的理想条件是(　　)环境。

A．自然　　B．干燥　　C．潮湿　　D．水中

3．建筑石膏制品的主要缺点是(　　)。

A．保水性差　　B．耐水性差

C．耐火性差　　D．自重大

4．建筑石膏成型性好是因为其硬化时(　　)。

A．体积不变　　B．体积微胀

C．体积微缩　　D．体积膨胀

5．水玻璃属于(　　)胶凝材料。

A．有机　　B．无机　　C．复合　　D．高分子

6．下列无机胶凝材料中，属于水硬性胶凝材料的是(　　)。

A．石灰　　B．石膏　　C．水泥　　D．水玻璃

7．石灰在建筑工程中不宜单独使用，是由于其(　　)。

A．强度低　　B．耐硬化慢

C．易受潮　　D．硬化时体积收缩大

三、判断题

1．石灰砂浆抹面出现开裂，定是过火石灰产生的膨胀导致。　　(　　)

2．石灰消化时会产生体积收缩，故石灰一般不单独使用。　　(　　)

3．在空气中放置过久的生石灰可以照常使用。　　(　　)

4．由于建筑石膏硬化时略有膨胀，故必须加砂一起应用。 ( )

5．气硬性胶凝材料都是不耐水的。 ( )

四、简答题

1．建筑石膏制品为什么一般不适于室外？

2．石灰有哪些主要的应用？

3．在维修古建筑时，发现古建筑中石灰砂浆坚硬，强度较高。有人认为是古代生产的石灰质量优于现代石灰。此观点对否？为什么？

4．为什么说石膏胶凝材料在水化过程中，仅生产水化产物，浆体并不具备强度？

5．石膏硬化体的主要特征是什么？硬化浆体的性质决定于哪几个结构特征性质？

6．简述石灰的水化硬化过程。

7．水玻璃的性质主要有哪些？

第3章

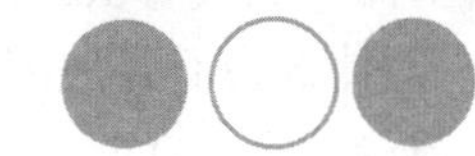

水　　泥

教学目标

本章介绍通用水泥的分类、生产工艺流程、组分、物理化学指标及特性水泥的分类、技术性质。

本章要求

掌握通用水泥中硅酸盐水泥、普通硅酸盐水泥、矿渣硅酸盐水泥、复合硅酸盐水泥的主要技术性能及应用范围，能根据工程条件选择水泥品种、等级；重点掌握普通硅酸盐水泥和矿渣硅酸盐水泥的性能和应用。

了解特性水泥。

教学要求

<table>
<tr><th>能力目标</th><th>知识要点</th><th>权重</th><th>自测分数</th></tr>
<tr><td rowspan="6">1. 会根据水泥包装袋的颜色区分水泥品种
2. 能根据工程特点或所处环境条件正确选用水泥品种
3. 能根据相关标准对水泥的密度、细度、标准稠度用水量、凝结时间、安定性、胶砂强度指标进行检测</td><td>通用水泥分类</td><td>10%</td><td></td></tr>
<tr><td>水泥的生产工艺流程</td><td>10%</td><td></td></tr>
<tr><td>通用水泥的主要技术性能指标</td><td>30%</td><td></td></tr>
<tr><td>通用水泥的主要特性</td><td>20%</td><td></td></tr>
<tr><td>常用水泥的选用</td><td>20%</td><td></td></tr>
<tr><td>水泥的取样方法</td><td>10%</td><td></td></tr>
</table>

引 例

某工程桩基水下混凝土C30采用自拌，现需要你运用相关知识选择水泥品种，并对样品水泥的密度、细度、标准稠度用水量、凝结时间、安定性、胶砂强度指标进行检测，判别是否合格。

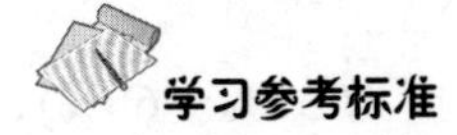

学习参考标准

《通用硅酸盐水泥》(GB 175—2007)。

《中热硅酸盐水泥、低热硅酸盐水泥、低热矿渣硅酸盐水泥》(GB 200—2003)。

《铝酸盐水泥》(GB 201—2000)。

《抗硫酸盐硅酸盐水泥》(GB 748—2005)。

《白色硅酸盐水泥》(GB/T 2015—2005)。

《水泥取样方法》(GB/T 12573—2008)。

《水泥细度检验方法(筛析法)》(GB/T 1345—2005)。

《水泥化学分析方法》(GB/T 176—2008)。

《水泥标准稠度用水量、凝结时间、安定性检验方法》(GB/T 1346—2011)。

《水泥胶砂强度检验方法(ISO法)》(GB/T 17671—1999)。

3.1 认识水泥

水泥是一种粉状水硬性无机胶凝材料，加水搅拌后成浆体，能在空气中硬化或者在水中更好的硬化，并能把砂、石等材料牢固地胶结在一起。水泥是重要的建筑材料，用水泥制成的砂浆或混凝土坚固耐久，广泛应用于土木建筑、水利、国防等工程。

目前水泥品种总体归纳为通用水泥和特性水泥两大类。

小知识

水泥的历史可追溯到古罗马人在建筑工程中使用的石灰和火山灰的混合物。1796年，英国人J.帕克用泥灰岩烧制出一种棕色水泥，称罗马水泥或天然水泥。1824年，英国人阿斯普丁(Joseph Aspdin)用石灰石和黏土烧制成水泥，硬化后的颜色与英格兰岛上波特兰地方用于建筑的石头相似，被命名为波特兰水泥，并取得了专利权。20世纪初，随着人民生活水平的提高，对建筑工程的要求日益提高，在不断改进波特兰水泥的同时，研制成功了一批适用于特殊建筑工程的水泥，如高铝水泥、硫铝酸盐水泥等，目前水泥品种已增至100多种。

3.1.1 通用水泥

1. 通用水泥的分类

通用水泥指通用硅酸盐水泥(以硅酸盐水泥熟料和适量的石膏及规定的混合材料制成的水硬性胶凝材料)。其按混合材料的品种和掺量分为硅酸盐水泥、普通硅酸盐水泥、矿渣硅酸盐水泥、火山灰质硅酸盐水泥、粉煤灰硅酸盐水泥和复合硅酸盐水泥。

1) 硅酸盐水泥

由硅酸盐水泥熟料、0%～5%石灰石或粒化高炉矿渣、适量石膏磨细制成的水硬性胶凝材料，称为硅酸盐水泥，分为P.I和P.II两种，即国外通称的波特兰水泥。

(1) 水泥熟料。

以石灰石和黏土、铁质原料为主要原料，按适当比例配制成生料，烧至部分或全部熔融，并经冷却而获得的半成品。在水泥工业中，最常用的硅酸盐水泥熟料的主要化学成分为氧化钙(CaO)、二氧化硅(SiO_2)、少量的氧化铝(Al_2O_3)和氧化铁(Fe_2O_3)。

水泥熟料的主要矿物组成为硅酸三钙($3CaO \cdot SiO_2$，简写为C_3S，含量为37%～60%)、硅酸二钙($2CaO \cdot SiO_2$，简写为C_2S，含量为15%～37%)、铝酸三钙($3CaO \cdot Al_2O_3$，简写为C_3A，含量为7%～15%)、铁铝酸四钙($4CaO \cdot Al_2O_3 \cdot Fe_2O_3$，简写为$C_4AF$，含量为10%～18%)。各种矿物单独与水作用时所表现的特性见表3-1。

表3-1 硅酸盐水泥熟料主要矿物的特性

项目	矿物名称			
	C_3S	C_2S	C_3A	C_4AF
水化反应速度	快	慢	最快	快
水化放热量	大	小	最大	中
强度	高	早期低，后期高	低	低
耐腐蚀性	差	好	最差	中
干缩性	中	小	大	小

(2) 高炉矿渣。

高炉矿渣是冶炼生铁时从高炉中排出的一种废渣。在高炉冶炼生铁时，从高炉加入的原料，除了铁矿石和燃料(焦炭)外，还要加入助熔剂。当炉温达到600～1400℃时，助熔剂与铁矿石发生高温反应生成生铁和矿渣。高炉矿渣是由脉石、灰分、助熔剂和其他不能进入生铁中的杂质组成的，是一种易熔混合物。从化学成分来看，高炉矿渣属于硅酸盐质材料。

(3) 水泥的凝结硬化。

当水泥与适量的水调和时，开始形成的是一种可塑性的浆体，具有可加工性。随着时间的推移，浆体逐渐失去了可塑性，变成不能流动的紧密的状态，此后浆体的强度逐渐增加，直到最后能变成具有相当强度的石状固体。这整个过程叫做水泥的凝结和硬化。从物理、化学观点来看，凝结和硬化是连续进行的、不可截然分开的一个过程，凝结是硬化的基础，硬化是凝结的继续。

水泥的凝结和硬化是一个复杂的物理-化学过程，其根本原因在于构成水泥熟料的矿物成分本身的特性。水泥熟料矿物遇水后会发生水解或水化反应而变成水化物，由这些水化物按照一定的方式靠多种引力相互搭接和连接形成水泥石的结构，从而产生强度。

① 矿物的水化。水泥颗粒与水接触后，水泥熟料的各种矿物立即与水发生水化作用，生成新的水化物，并放出一定的热量。水泥熟料中主要矿物的水化过程及产物如下。

a. 硅酸三钙水化。硅酸三钙在常温下的水化反应生成水化硅酸钙(C-S-H 凝胶)和氢氧化钙。

$$2(3CaO \cdot SiO_2) + 6H_2O \longrightarrow 3CaO \cdot 2SiO_2 \cdot 3H_2O + 3Ca(OH)_2$$

b. 硅酸二钙的水化。与C_3S相似，只不过水化速度慢而已。

$$2(2CaO \cdot SiO_2) + 4H_2O \longrightarrow 3CaO \cdot 2SiO_2 \cdot 3H_2O + Ca(OH)_2$$

所形成的水化硅酸钙在C/S和形貌方面与C_3S水化生成的都无大区别，故也称为C-S-H凝胶。但CH生成量比C_3S的少，结晶粗大些。

c. 铝酸三钙的水化。铝酸三钙的水化迅速，放热快，其水化产物组成和结构受液相CaO浓度和温度的影响很大，先生成介稳状态的水化铝酸钙，最终转化为水石榴石(C_3AH_6)。

$$3CaO \cdot Al_2O_3 + 6H_2O \longrightarrow 3CaO \cdot Al_2O_3 + 6H_2O$$

在有石膏的情况下，C_3A 水化的最终产物与石膏掺入量有关。最初形成的三硫型水化硫铝酸钙，简称钙矾石，常用AFt表示。若石膏在C_3A完全水化前耗尽，则钙矾石与C_3A作用转化为单硫型水化硫铝酸钙(AFm)。

d. 铁铝酸四钙的水化。它的水化速率比C_3A略慢，水化热较低，即使单独水化也不会引起快凝。其水化反应及其产物与C_3A很相似。

$$4CaO \cdot Al_2O_3 \cdot Fe_2O_3 + 7H_2O \longrightarrow 3CaO \cdot Al_2O_3 \cdot 6H_2O + CaO \cdot Fe_2O_3 \cdot H_2O$$

② 水泥的凝结硬化。结晶理论认为水泥熟料矿物水化以后生成的晶体物质相互交错，聚结在一起从而使整个物料凝结并硬化。胶体理论认为水化后生成大量的胶体物质，这些胶体物质由于外部干燥失水，或由于内部未水化颗粒的继续水化，于是产生“内吸作用”而失水，从而使胶体硬化。

随着科学技术的发展，特别是X射线和电子显微技术的应用，将这两种理论统一起来，过去认为水化硅酸钙CSH(B)是无定型的胶体，实际上它是纤维状晶体，只不过这些晶体非常细小，处在胶体大小范围内，比表面积很大罢了。所以现在比较统一的认识是：水泥水化初期生成了许多胶体大小范围的晶体[如 CSH(B)]和一些大的晶体[如 $Ca(OH)_2$]包裹在水泥颗粒表面，它们这些细小的固相质点靠极弱的物理引力使彼此在接触点处黏结起来，而连成一空间网状结构，叫做凝聚结构。由于这种结构是靠较弱的引力在接触点进行无秩序的连接在一起而形成的，所以结构的强度很低而有明显的可塑性。以后随着水化的继续进行，水泥颗粒表面不大稳定的包裹层开始破坏而水化反应加速，从饱和的溶液中就析出新的、更稳定的水化物晶体，这些晶体不断长大，依靠多种引力使彼此黏结在一起形成紧密的结构，叫做结晶结构。这种结构比凝聚结构的强度大得多。水泥浆体就是这样获得强度而硬化的。随后，水化继续进行，从溶液中析出的新的晶体和水化硅酸钙凝胶不断充满在结构的空间中，水泥浆体的强度也不断得到增长。

③ 影响水泥石强度发展的因素。影响水泥凝结速率和硬化强度的因素很多，除了熟料矿物本身结构、它们相对含量及水泥磨粉细度等这些内因外，还与外界条件如温度、加水量及掺有不同量的不同种类的外加剂等外因密切相关。

(4) 水泥石腐蚀的基本原因和防止措施。

① 水泥石受腐蚀的基本原因有以下两个。

a. 水泥石中含有易受腐蚀的成分，即氢氧化钙和水化铝酸钙等。

b. 水泥石不密实，内部含有大量的毛细孔隙。

② 易造成水泥石腐蚀的介质有以下几种。软水及含硫酸盐、镁盐、碳酸盐、一般酸、强碱的水。

③ 防止腐蚀的措施以下4个。

a. 合理选用水泥的品种。

b. 掺入活性混合材料。

c. 提高水泥密实度。

d. 设保护层。

2) 普通硅酸盐水泥

由硅酸盐水泥熟料[图 3.1(a)]、6%～15%混合材料和适量石膏磨细制成的水硬性胶凝材料，称为普通硅酸盐水泥(简称普通水泥)，代号 P.O。

3) 矿渣硅酸盐水泥

由硅酸盐水泥熟料、粒化高炉矿渣[图 3.1(b)]和适量石膏磨细制成的水硬性胶凝材料，称为矿渣硅酸盐水泥，代号 P.S。

(a) 水泥熟料

(b) 粒化高炉矿渣

图 3.1 水泥熟料和粒化高炉矿渣

4) 火山灰质硅酸盐水泥

由硅酸盐水泥熟料、火山灰质混合材料和适量石膏磨细制成的水硬性胶凝材料，称为火山灰质硅酸盐水泥，代号 P.P。

5) 粉煤灰硅酸盐水泥

由硅酸盐水泥熟料、粉煤灰和适量石膏磨细制成的水硬性胶凝材料，称为粉煤灰硅酸盐水泥，代号 P.F。

6) 复合硅酸盐水泥

由硅酸盐水泥熟料、两种或两种以上规定的混合材料和适量石膏磨细制成的水硬性胶凝材料，称为复合硅酸盐水泥(简称复合水泥)，代号 P.C。

水泥生产工艺流程如图 3.2 所示。

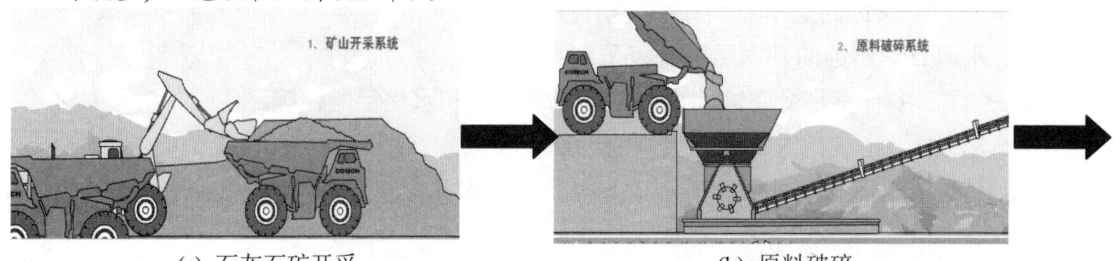

(a) 石灰石矿开采　　(b) 原料破碎

图 3.2 水泥生产工艺流程图(一)

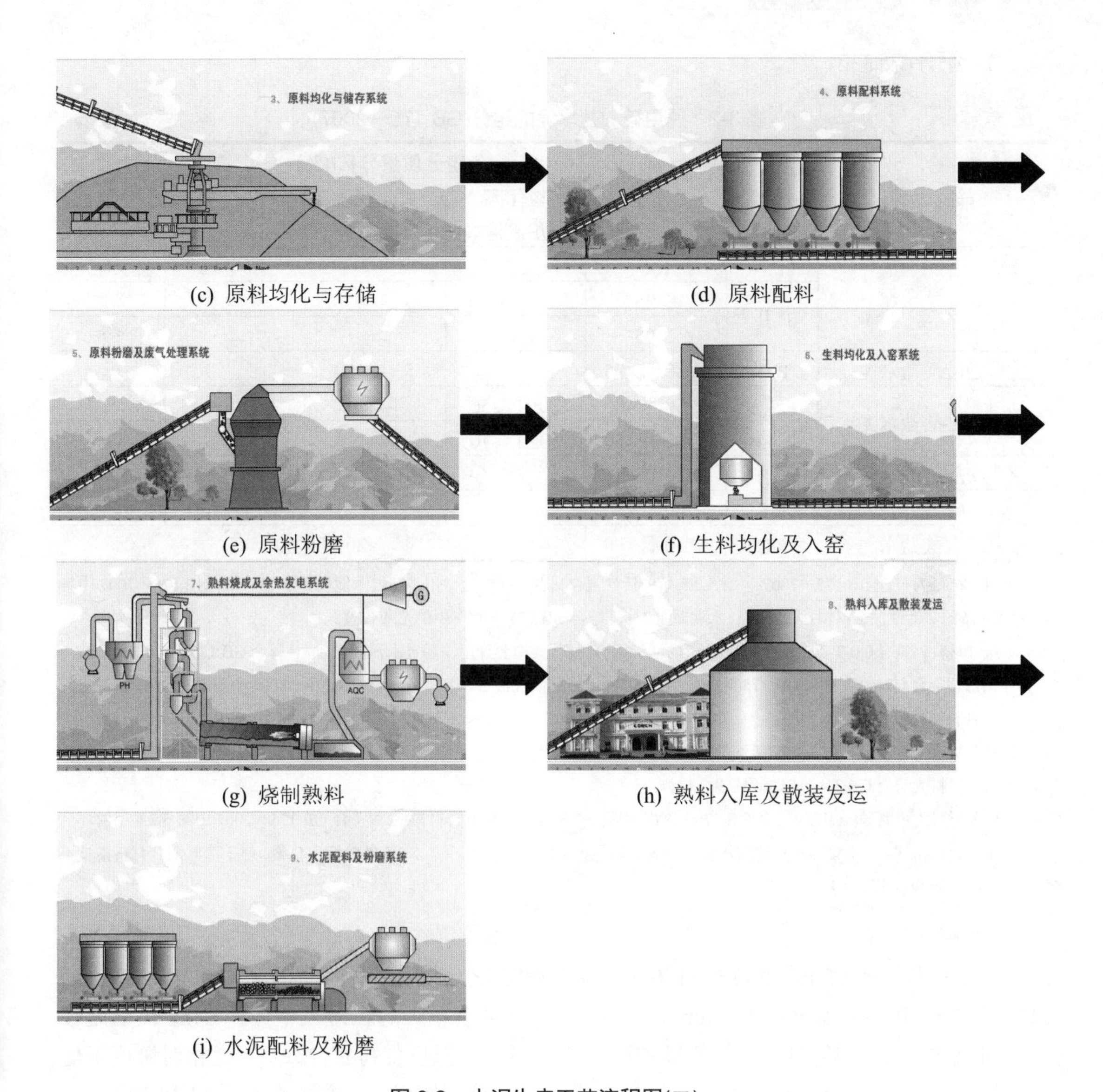

(c) 原料均化与存储　(d) 原料配料

(e) 原料粉磨　(f) 生料均化及入窑

(g) 烧制熟料　(h) 熟料入库及散装发运

(i) 水泥配料及粉磨

图 3.2　水泥生产工艺流程图(二)

小知识

均化是指“均匀化”。连续的生产过程，水泥的化学组成和矿物组成会有一定波动，在一段时间生产完成的水泥，在水泥库里混合均匀就可以得到一个批次组成与性能比较均匀一致的水泥产品。生料的均化就是要使出磨生料在入窑前得到进一步均化，减小各种成分的波动，以保证入窑生料的质量，从而稳定和提高熟料的质量。生料的均化有气力均化和机械均化：气力均化是通过空气搅拌使物料混合实现均化的；机械均化是利用生料自身的重力作用切割料层，并通过机械混合实现均化的。

2. 通用水泥的主要技术性能指标

根据《通用硅酸盐水泥》(GB 175—2007)的规定，主要有以下几项技术性能指标。

1) 组分(表 3-2)

表 3-2　通用硅酸盐水泥的组分(GB 175—2007)

品　种	代号	各组分质量分数/(%)				
		熟料+石膏	粒化高炉矿渣	火山灰质混合材料	粉煤灰	石灰石
硅酸盐水泥	P.I	100	—	—	—	—
	P.Ⅱ	≥95	≤5	—	—	—
		≥95	—	—	—	≤5
普通硅酸盐水泥	P.O	≥80 且<95	>5 且≤20[①]			—
矿渣硅酸盐水泥	P.S.A	≥50 且<80	>20 且≤50[②]	—	—	—
	P.S.B	≥30 且<50	>50 且≤70[②]	—	—	—
火山灰质硅酸盐水泥	P.P	≥60 且<80	—	>20 且≤40[③]	—	—
粉煤灰硅酸盐水泥	P.F	≥60 且<80	—	—	>20 且≤40[④]	—
复合硅酸盐水泥	P·C	≥50 且<80	>20 且≤50[⑤]			

① 本组分材料为符合 GB 175—2007 中第 5.2.3 条的活性混合材料，其中允许用不超过水泥质量 8%且符合 GB 175—2007 中第 5.2.4 条的非活性混合材料，或不超过水泥质量 5%且符合 GB 175—2007 中的窑灰代替。

② 本组分材料为符合 GB/T 203 或 GB/T 18046 的活性混合材料，其中允许用不超过水泥质量 8%且符合 GB 175—2007 中第 5.2.3 条的活性混合材料，或符合 GB 175—2007 中第 5.2.4 条的非活性混合材料，或符合 GB 175—2007 中第 5.2.5 条的窑灰中的任一种材料代替。

③ 本组分材料为符合 GB/T 2847 的活性混合材料。

④ 本组分材料为符合 GB/T 1596 的活性混合材料。

⑤ 本组分材料为由两种(含)以上符合 GB 175—2007 中第 5.2.3 条的活性混合材料或/和符合 GB 175—2007 中第 5.2.4 条的非活性混合材料组成，其中允许用不超过水泥质量 8%且符合 GB 175—2007 中第 5.2.5 条的窑灰代替。掺矿渣时混合材料掺量不得与矿渣硅酸盐水泥重复。

2) 强度等级

水泥强度等级划分采用 GB/T 17671—1999 规定的方法，将水泥、标准砂和水按 1∶3∶0.5 的比例制成 40mm×40mm×160mm 的棱柱试体，试体连模一起在湿气中养护 24h，然后脱模在水中养护至试验龄期[试体带模养护的养护箱或雾室温度保持在(20±1)℃、相对湿度不低于 90%，试体养护池水温度应在(20±1)℃范围内]，分别按规定的方法测定其 3d 和 28d 的抗压强度和抗折强度。按表 3-3 中的标准划分水泥强度等级。

表 3-3　水泥强度等级划分标准(GB 175—2007)

品　种	强度等级	抗压强度/MPa		抗折强度/MPa	
		3d	28d	3d	28d
硅酸盐水泥	42.5	≥17.0	≥42.5	≥3.5	≥6.5
	42.5R	≥22.0		≥4.0	
	52.5	≥23.0	≥52.5	≥4.0	≥7.0
	52.5R	≥27.0		≥5.0	
	62.5	≥28.0	≥62.5	≥5.0	≥8.0
	62.5R	≥32.0		≥5.5	

续表

品　种	强度等级	抗压强度/MPa		抗折强度/MPa	
		3d	28d	3d	28d
普通硅酸盐水泥	42.5	≥17.0	≥42.5	≥3.5	≥6.5
	42.5R	≥22.0		≥4.0	
	52.5	≥23.0	≥52.5	≥4.0	≥7.0
	52.5R	≥27.0		≥5.0	
矿渣硅酸盐水泥 火山灰硅酸盐水泥 粉煤灰硅酸盐水泥 复合硅酸盐水泥	32.5	≥10.0	≥32.5	≥2.5	≥5.5
	32.5R	≥15.0		≥3.5	
	42.5	≥15.0	≥42.5	≥3.5	≥6.5
	42.5R	≥19.0		≥4.0	
	52.5	≥21.0	≥52.5	≥4.0	≥7.0
	52.5R	≥23.0		≥4.5	

硅酸盐水泥的强度等级分为42.5、42.5R、52.5、52.5R、62.5、62.5R共6个。

普通硅酸盐水泥的强度等级分为42.5、42.5R、52.5、52.5R共4个。

矿渣硅酸盐水泥、火山灰质硅酸盐水泥、粉煤灰硅酸盐水泥、复合硅酸盐水泥的强度等级分为32.5、32.5R、42.5、42.5R、52.5、52.5R共6个。

3) 化学指标

(1) 水泥强制性化学指标(见表3-4)。

表3-4　水泥强制性化学指标　　　　单位：质量分数

品　种	代号	不溶物	烧失量	三氧化硫	氧化镁	氯离子
硅酸盐水泥	P.I	≤0.75	≤3.0	≤3.5	≤5.0①	≤0.06③
	P.Ⅱ	≤1.50	≤3.5			
普通硅酸盐水泥	P.O	—	≤5.0			
矿渣硅酸盐水泥	P.S.A	—	—	≤4.0	≤6.0②	
	P.S.B	—	—		—	
火山灰质硅酸盐水泥	P.P	—	—	≤3.5	≤6.0②	
粉煤灰硅酸盐水泥	P.F	—	—			
复合硅酸盐水泥	P.C	—	—			

① 如果水泥压蒸试验合格，则水泥中氧化镁的含量(质量分数)允许放宽至6.0%。

② 如果水泥中氧化镁的含量(质量分数)大于6.0%时，需进行水泥压蒸安定性试验并确保合格。

③ 当有更低要求时，该指标由买卖双方协商确定。

(2) 选择性指标(碱含量)。水泥中碱含量按Na_2O+0.658K_2O计算值表示。若使用活性骨料，用户要求提供低碱水泥时，水泥中的碱含量应不大于0.60%或由买卖双方协商确定。

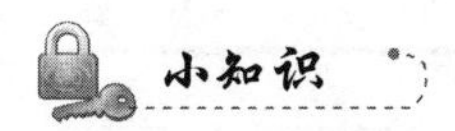

碱集料反应(简称AAR)是指混凝土原材料中的碱性物质与活性成分发生化学反应，生成膨胀物质(或吸水膨胀物质)而引起混凝时产生内部自膨胀应力而开裂的现象。由于碱集料反应一

般在混凝土成型后的若干年后逐渐发生，其结果造成混凝土耐久性下降，严重时还会使混凝土丧失使用价值，且由于反应是发生在整个混凝土中的，因此，这种反应造成的破坏既难以预防，又难于阻止，更不易修补和挽救，故被称为混凝土的“癌症”。

4) 物理指标

(1) 凝结时间。水泥的凝结时间分为初凝和终凝。自水泥加水拌和算起到水泥浆开始失去可塑性的时间称为初凝时间；自水泥加水拌和算起到水泥浆完全失去可塑性的时间称为终凝时间。

水泥的凝结时间不宜过快，以便有足够的时间对混凝土进行搅拌、运输、浇筑和成型。当浇筑完毕时，则要求混凝土尽快凝结硬化，以利于下道工序的进行。为此，终凝时间又不宜过迟。

《通用硅酸盐水泥》(GB 175—2007)中第7.3.1条规定：硅酸盐水泥初凝不小于45min，终凝不大于390min；普通硅酸盐水泥、矿渣硅酸盐水泥、火山灰质硅酸盐水泥、粉煤灰硅酸盐水泥和复合硅酸盐水泥初凝不小于45min，终凝不大于600min。

(2) 安定性。水泥体积安定性是指水泥在凝结硬化过程中体积变化的均匀性。

如果水泥硬化后产生不均匀的体积变化，即为体积安定性不良。安定性不良会使水泥制品或混凝土构件产生膨胀性裂缝，降低建筑物质量，甚至引起严重事故。

引起水泥安定性不良的原因有很多，主要有以下3种：熟料中所含的游离氧化钙过多、熟料中所含的游离氧化镁过多或掺入的石膏过多。

《通用硅酸盐水泥》(GB 175—2007)中第7.3.2条规定：硅酸盐水泥的体积安定性经沸煮法检验必须合格。

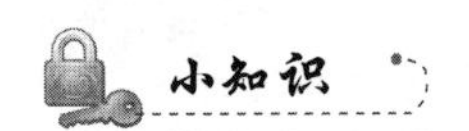

熟料中所含的游离氧化钙或氧化镁都是过烧的，熟化很慢，在水泥硬化后才进行熟化，这是一个体积膨胀的化学反应，会引起不均匀的体积变化，使水泥石开裂。当石膏掺量过多时，在水泥硬化后，它还会继续与固态的水化铝酸钙反应生成高硫型水化硫铝酸钙，体积约增大1.5倍，也会引起水泥石开裂。

(3) 细度(选择性指标)。硅酸盐水泥和普通硅酸盐水泥以比表面积表示，不小于300m^2/kg；比表面积法是指单位质量的水泥粉末所具有的总面积，水泥颗粒越细，比表面积越大，用勃氏比表面积仪来测定。

(4) 矿渣硅酸盐水泥、火山灰质硅酸盐水泥、粉煤灰硅酸盐水泥和复合硅酸盐水泥以筛余表示，80μm方孔筛筛余不大于10%或45μm方孔筛筛余不大于30%。

3. 通用水泥的主要特性

通用水泥的主要特性见表3-5。

表3-5 通用水泥的主要特性

水泥名称	代号	主要特性
硅酸盐水泥	P. I P. II	早期强度及后期强度都较高，在低温下强度增长比其他种类的水泥快。抗冻、耐磨性都好，但水化热较高、抗腐蚀性较差

续表

水泥名称	代号	主要特性
普通硅酸盐水泥	P.O	除早期强度比硅酸盐水泥稍低外，其他性能接近于硅酸盐水泥
矿渣硅酸盐水泥	P.S	早期强度较低，在低温环境中强度增长较慢，但后期强度增长较快，水化热较低，抗硫酸盐侵蚀性较好，耐热性较好，但干缩变形较大，析水性较大，耐磨性较差
火山灰质硅酸盐水泥	P.P	早期强度较低，在低温环境中强度增长较慢，在高温潮湿环境中(如蒸汽养护)强度增长较快，水化热较低，抗硫酸盐侵蚀性较好，但干缩变形较大，析水性较大，耐磨性较差
粉煤灰硅酸盐水泥	P.F	早期强度较低，水化热比火山灰水泥还低，和易性好，抗腐蚀性好，干缩性也较小，但抗冻、耐磨性较差
复合硅酸盐水泥	P.C	介于普通水泥与火山灰水泥、矿渣水泥及粉煤灰水泥性能之间，当复掺混合材料较少(小于 20%)时，它的性能与普通水泥相似，随着混合材料复掺量的增加，性能也趋向所掺混合材料的水泥

3.1.2 特性水泥

特性水泥指某种性能比较突出的水泥。目前市场上常见的特性水泥有铝酸盐水泥、白色硅酸盐水泥及彩色硅酸盐水泥、中热硅酸盐水泥、低热硅酸盐水泥、低热矿渣硅酸盐水泥、道路硅酸盐水泥、砌筑水泥、明矾石膨胀水泥、油井水泥、核电站专用水泥等。

1. 铝酸盐水泥

以铝酸钙为主的铝酸盐水泥熟料磨细制成的水硬性胶凝材料，称为铝酸盐水泥，代号为 CA。

1) 铝酸盐水泥的特性

(1) 快硬早强。早期强度增长快，1d 强度即可达到极限强度的 80%左右，故宜用于紧急抢修工程(筑路、修桥、堵漏等)和早期强度要求高的工程。但铝酸盐水泥后期强度可能会下降，尤其是在高于 30℃的湿热环境下，强度下降更快，甚至会引起结构的破坏。因此，结构工程中使用铝酸盐水泥应慎重。

(2) 水化热大，而且集中在早期放出。铝酸盐水泥水化初期 1d 的放热量约相当于硅酸盐水泥 7d 的放热量，达水化放热总量的 70%～80%。因此，适合于冬季施工，不能用于大体积混凝土工程及高温潮湿环境中的工程。

(3) 具有较好的抗硫酸盐侵蚀能力。这是因为其主要成分为低钙铝酸盐，游离的氧化钙极少，水泥石结构比较致密，故适用于有抗硫酸盐侵蚀要求的工程。

(4) 耐碱性差。铝酸盐水泥与碱性溶液接触，甚至混凝土骨料内含有少量碱性化合物时，都会引起侵蚀，故不能用于接触碱溶液的工程。

(5) 耐热性好。铝酸盐水泥在高温下仍能保持较高的强度，如干燥的铝酸盐水泥混凝土，900℃时仍能保持 70%的强度，1300℃时尚有 53%的强度。如采用耐火的粗细骨料(如铬铁矿等)，可制成使用温度达到 1300℃的耐热混凝土。

2) 铝酸盐水泥使用时应注意的问题

(1) 最适宜的硬化温度为 15℃左右，一般施工时环境温度不得超过 25℃，否则，会产生晶型转换，强度降低。铝酸盐水泥拌制的混凝土不能进行蒸汽养护。

(2) 严禁铝酸盐水泥与硅酸盐水泥或石灰混杂使用，也不得与尚未硬化的硅酸盐水泥混凝土接触作用，否则将产生瞬凝，以至无法施工，且强度很低。

(3) 铝酸盐水泥的长期强度，由于晶型转化及铝酸盐凝胶体老化等原因，有降低的趋势。如需用于工程中，应以最低稳定强度为依据进行设计，其值按GB 201—2000规定，经试验确定。

2. 白色硅酸盐水泥及彩色硅酸盐水泥

1) 白色硅酸水泥

由氧化铁含量少的硅酸盐水泥熟料、适量石膏及石灰石或窑灰，磨细制成的水硬性胶凝材料称为白色硅酸盐水泥(简称白水泥)。

2) 彩色硅酸盐水泥

由硅酸盐水泥熟料及适量石膏(或白色硅酸盐水泥)、混合材及着色剂磨细或混合制成的带有色彩的水硬性胶凝材料称为彩色硅酸盐水泥。

彩色硅酸盐水泥分为27.5、32.5、42.5共3个强度等级，基本色有红色、黄色、蓝色、绿色、棕色、黑色。三氧化硫的含量不得超过4%，初凝不得早于1h，终凝不得迟于10h。

白水泥和彩色水泥主要用于建筑物内外面的装饰，如地面、楼面、墙柱、台阶；建筑立面的线条、装饰图案、雕塑等。配以彩色大理石、白云石石子和石英砂作粗细骨料，可拌制成彩色砂浆和混凝土，做成水磨石、水刷石、斩假石等饰面，起到艺术装饰的效果。

3. 中热硅酸盐水泥、低热硅酸盐水泥、低热矿渣硅酸盐水泥

1) 中热硅酸盐水泥

以适当成分的硅酸盐水泥熟料加入适量石膏，磨细制成的具有中等水化热的水硬性胶凝材料称为中热硅酸盐水泥(简称中热水泥)，代号为P.MH，比表面积不低于250m^2/kg，初凝时间不早于60min，终凝时间不迟于12h。

中热水泥强度等级为42.5，具有水化热低、抗硫酸盐性能强、干缩低、耐磨性能好等优点，适用于大体积水工建筑物水位变动区的覆面层及大坝溢流面，以及其他要求低水化热、高抗冻性和耐磨性的工程，是三峡工程水工混凝土的主要胶凝材料。

2) 低热硅酸盐水泥

以适当成分的硅酸盐水泥熟料，加入适量石膏，磨细制成的具有低水化热的水硬性胶凝材料，称为低热硅酸盐水泥(简称低热水泥)，代号为P.LH，比表面积不低于250m^2/kg，初凝时间不早于60min，终凝时间不迟于12h。

低热水泥强度等级为42.5，具有良好的工作性、低水化热、高后期强度、高耐久性、高耐侵蚀性等优点，特别适合于水工大体积混凝土、高强高性能混凝土工程应用。经过在首都机场路面、成乐高速公路、北京五环路标桥及混凝土制品等工程上的应用，取得了良好的效果。

3) 低热矿渣硅酸盐水泥

以适当成分的硅酸盐水泥熟料，加入粒化高炉矿渣、适量石膏，磨细制成的具有低水化热的水硬性胶凝材料，称为低热矿渣硅酸盐水泥(简称低热矿渣水泥)，代号为P.SLH，比表面积不低于250m^2/kg，初凝时间不早于60min，终凝时间不迟于12h。

低热矿渣水泥强度等级为32.5，具有水化热低、抗硫酸盐性能良好、干缩小等优点，

一般用在大体积混凝土的内部。

4. 道路硅酸盐水泥

由道路硅酸盐水泥熟料、适量石膏、规定的混合材料(F类粉煤灰、粒化高炉矿渣、粒化电炉磷渣)，磨细制成的水硬性胶凝材料，称为道路硅酸盐水泥(简称道路水泥)，代号为P.R。

道路硅酸盐水泥分为32.5、42.5和52.5共3个强度等级。比表面积为300～450m^2/kg，初凝时间不早于1.5h，终凝时间不得迟于10h。

道路硅酸盐水泥具有色泽美观，需水量少，抗折强度高，耐磨性、保水性、和易性好，抗冻性、外加剂适应性强等优点，是高速公路、机场跑道、大跨度建设的首选水泥产品。

5. 砌筑水泥

由一种或几种以上的水泥混合材料，加入适量硅酸盐水泥熟料和石膏，经磨细制成的工作性较好的水硬性胶凝材料，称为砌筑水泥，代号为M。

砌筑水泥分为12.5和为22.5共2个强度等级，初凝时间不早于60min，终凝不迟于12h。

这种水泥的强度较低，不能用于钢筋混凝土或结构混凝土，主要用于工业与民用建筑的砌筑和抹面砂浆、垫层混凝土等。

6. 明矾石膨胀水泥

以硅酸盐水泥熟料为主，铝质熟料、石膏和粒化高炉矿渣(或粉煤灰)，按适当比例磨细制成的，具有膨胀性能的水硬性胶凝材料，称为明矾石膨胀水泥，代号为A.EC。

明矾石膨胀水泥分为32.5、42.5、52.5共3个等级，比表面积不小于400m^2/kg，初凝不早于45min，终凝不迟于6h。

主要用于补偿收缩混凝土结构工程，防渗抗裂混凝土工程，补强和防渗抹面工程，大口径混凝土排水管以及接缝、梁柱和管道接头，固接机器底座和地脚螺栓等。

7. 油井水泥

油井底部的温度和压力随着井深的增加而提高，每深入100 m，温度约提高3℃，压力增加1.0～2.0 MPa。因此，高温高压特别是高温对水泥各种性能的影响是油井水泥生产和使用的最主要问题。高温作用使硅酸盐水泥的强度显著下降，因此，不同浓度的油井应该用不同组成的水泥。根据GB 10238—2005，我国油井水泥分为8个等级(A、B、C、D、E、F、G、H)和普通(O)、中等抗硫酸盐型(MSR)、高抗硫酸盐型(HSR)3个类型。

A级。由水硬性硅酸钙为主要成分的硅酸盐水泥熟料，通常加入适量的符合GB/T 5483的石膏经磨细制成的产品。在生产A级水泥时，允许掺入符合JC/T 667的助磨剂。该产品适合于无特殊性能要求时使用，只有普通(O)型。

B级。由水硬性硅酸钙为主要成分的硅酸盐水泥熟料，通常加入适量的符合GB/T 5483的石膏经磨细制成的产品。生产B级水泥时，允许掺入符合JC/T 667的助磨剂。该产品适用于井下条件要求中抗硫酸盐时使用，有中抗硫酸盐(MSR)和高抗硫酸盐(HSR)两种类型。

C级。由水硬性硅酸钙为主要成分的硅酸盐水泥熟料，通常加入适量的符合GB/T 5483的石膏经磨细制成的产品。生产C级水泥时，允许掺入符合JC/T 667的助磨剂。该产品适合于井下条件要求高的早期强度时使用，有普通(O)、中抗硫酸盐(MSR)和高抗硫酸盐

(HSR)3种类型。

D级。由水硬性硅酸钙为主要成分的硅酸盐水泥熟料，通常加入适量的符合GB/T 5483的石膏经磨细制成的产品。生产D级水泥时，允许掺入符合JC/T 667的助磨剂。此外，在生产时还可选用合适的调凝剂进行共同粉磨或混合。该产品适合于中温中压的条件下使用，有中抗硫酸盐(MSR)和高抗硫酸盐(HSR)两种类型。

E级。由水硬性硅酸钙为主要成分的硅酸盐水泥熟料，通常加入适量的符合GB/T 5483的石膏经磨细制成的产品。在生产E级水泥时，允许掺入符合JC/T 667的助磨剂。此外，在生产时还可选用合适的调凝剂进行共同粉磨或混合。该产品适合于高温高压条件下使用，有中抗硫酸盐(MSR)和高抗硫酸盐(HSR)两种类型。

F级。由水硬性硅酸钙为主要成分的硅酸盐水泥熟料，通常加入适量的符合GB/T 5483的石膏经磨细制成的产品。在生产E级水泥时，允许掺入符合JC/T 667的助磨剂。此外，在生产时还可选用合适的调凝剂进行共同粉磨或混合。该产品适合于高温高压条件下使用，有中抗硫酸盐(MSR)和高抗硫酸盐(HSR)两种类型。

G级。由水硬性硅酸钙为主要成分的硅酸盐水泥熟料，通常加入适量的符合GB/T 5483的石膏经磨细制成的产品。在生产G级水泥时，除了加石膏或水或者两者一起与熟料相互粉磨或混合外，不得掺加其他外加剂。该产品是一种基本油井水泥，有中抗硫酸盐(MSR)和高抗硫酸盐(HSR)两种类型。

H级。由水硬性硅酸钙为主要成分的硅酸盐水泥熟料，通常加入适量的符合GB/T 5483的石膏经磨细制成的产品。在生产H级水泥时，除了加石膏或水或者两者一起与熟料相互粉磨或混合外，不得掺加其他外加剂。该产品是一种基本油井水泥，有中抗硫酸盐(MSR)和高抗硫酸盐(HSR)两种类型。

8. 核电站专用水泥

核电站核岛和常规岛混凝土工程用水泥的特点是：要求早、后期强度高，标准偏差小，水化热低，干缩率低，杂质含量和有害成分含量少。并且核岛混凝土配合比一经确定，必须保持不变，故水泥的实物质量必须保持稳定，波动性要小。水泥的水化热关系到大体积混凝土浇筑过程中，不致发生体积变化和产生温度裂缝，这对于核电站核岛和常规岛防止核泄漏和核污染是至关重要的。另外，对水泥的密度也有一定的要求，以保证核岛和常规岛浇筑混凝土的密实性、安全性和抗辐射能力。

3.1.3 水泥的包装、标志、运输与储存

1. 包装

水泥可以散装或袋装，袋装水泥每袋净含量为50kg，且应不少于标志质量的99%；随机抽取20袋总质量(含包装袋)应不少于1000kg。其他包装形式由供需双方协商确定，但有关袋装质量要求，应符合上述规定。

2. 标志

水泥包装袋上应清楚标明：执行标准、水泥品种、代号、强度等级、生产者名称、生产许可证标志(QS)及编号、出厂编号、包装日期、净含量。包装袋两侧应根据水泥的品种

采用不同的颜色印刷水泥名称和强度等级，硅酸盐水泥和普通硅酸盐水泥采用红色，矿渣硅酸盐水泥采用绿色；火山灰质硅酸盐水泥、粉煤灰硅酸盐水泥和复合硅酸盐水泥采用黑色或蓝色。散装发运时应提交与袋装标志相同内容的卡片。

3. 运输与储存

水泥在保管时，应按生产厂家、强度等级、品种和出厂日期分别堆放，严禁混杂。在运输及保管时应注意防潮，不可储存过久。如果水泥保管不当，则会使水泥因受潮而影响正常使用，甚至导致工程质量事故。通常水泥的强度等级越高，细度越细，吸湿受潮也越快。受潮水泥的处理见表3-6。

表3-6 受潮水泥的处理

受潮程度	状 况	处理方法	使用方法
轻微	有松块、可以用手捏成粉末，无硬块	将松块、小球等压成粉末，同时加强搅拌	经试验按实际强度使用
较重	部分结成硬块	筛除硬块，并将松块压碎	经试验按实际强度使用，用于不重要的、受力小的部位，或用于砌筑砂浆
严重	呈硬块状	将硬块压成粉末，换取25%硬块重量的新鲜水泥做强度试验	同上。严重受潮的水泥只可做掺合料或骨料

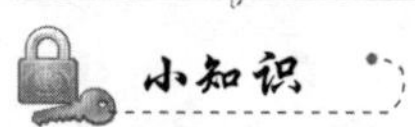

保质期：目前建材行业认为通用水泥和特性水泥(下列 5 种特性水泥除外)的保质期为：袋装3个月，散装13个月，逾期重新检验。

《明矾石膨胀水泥》(JC/T 311—2004)行业标准中第10.3条规定“袋装水泥的保质期为3个月，过期的水泥应按本标准规定的试验方法重新检验，再确定能否使用”。

《低碱度硫铝酸盐水泥》(JC/T 659—2003)行业标准中第10.3条规定“在正常仓储条件下，袋装水泥保质期为45天，超过时应重新检验”。

《Ⅰ型低碱度硫铝酸盐水泥》[JC/T 737—1986(1996)]专业标准中第6条规定“水泥贮存期为3个月，逾期水泥应重新检验”。

3.1.4 水泥的选用

水泥一般作为一种水硬性胶凝材料使用于混凝土和砂浆中。选用水泥可分为两个步骤：①选品种；②选等级。

1. 选用水泥品种

如何选用水泥品种关键在于深入了解使用水泥的混凝土工程特点或所处环境条件。根据这些特点和条件要求选择不同品种的水泥见表3-7。

表 3-7　常用水泥的选用

混凝土工程特点或所处环境条件		优先使用	可以使用	不得使用
普通混凝土	在普通气候环境中的混凝土	硅酸盐水泥、普通硅酸盐水泥	矿渣硅酸盐水泥、火山灰质硅酸盐水泥、粉煤灰硅酸盐水泥	—
	在干燥环境中的混凝土	硅酸盐水泥、普通硅酸盐水泥	矿渣硅酸盐水泥	火山灰质硅酸盐水泥、粉煤灰硅酸盐水泥
	在高温环境中或永远处于水下的混凝土	矿渣硅酸盐水泥	硅酸盐水泥、普通硅酸盐水泥、火山灰质硅酸盐水泥、粉煤灰硅酸盐水泥	—
	厚大体积的混凝土	粉煤灰硅酸盐水泥、矿渣硅酸盐水泥	普通硅酸盐水泥、火山灰质硅酸盐水泥	硅酸盐水泥
有特殊要求的混凝土	要求早脱模的混凝土	硅酸盐水泥	普通硅酸盐水泥	矿渣硅酸盐水泥、火山灰质硅酸盐水泥、粉煤灰硅酸盐水泥
	高强混凝土(大于C60)	硅酸盐水泥	普通硅酸盐水泥、矿渣硅酸盐水泥	火山灰质硅酸盐水泥、粉煤灰硅酸盐水泥
	用蒸汽养生的混凝土	矿渣硅酸盐水泥、火山灰质硅酸盐水泥、粉煤灰硅酸盐水泥	硅酸盐水泥、普通硅酸盐水泥	—
有特殊要求的混凝土	严寒地区的露天混凝土、寒冷地区处于水位升降范围内的混凝土	普通硅酸盐水泥	硅酸盐水泥、矿渣硅酸盐水泥	火山灰质硅酸盐水泥、粉煤灰硅酸盐水泥
	严寒地区处于水位升降范围内的混凝土	普通硅酸盐水泥(强度等级≥42.5)	硅酸盐水泥(强度等级≥42.5)	矿渣硅酸盐水泥、火山灰质硅酸盐水泥、粉煤灰硅酸盐水泥
	有抗渗要求的混凝土	普通硅酸盐水泥、火山灰质硅酸盐水泥、粉煤灰硅酸盐水泥	硅酸盐水泥	矿渣硅酸盐水泥
	有耐磨要求的混凝土	硅酸盐水泥、普通硅酸盐水泥	矿渣硅酸盐水泥	火山灰质硅酸盐水泥、粉煤灰硅酸盐水泥
	受海水、矿物水、工业废水等侵蚀的混凝土	矿渣硅酸盐水泥、火山灰质硅酸盐水泥、粉煤灰硅酸盐水泥	—	硅酸盐水泥、普通硅酸盐水泥

注：1. 抗硫酸盐水泥：适用于受硫酸盐水溶液侵蚀、反复冻融、干湿循环作用的混凝土及钢筋混凝土。配制混凝土时尽可能采用较小的水胶比。

2. 白色水泥：白度分4级，主要用于结构物表面的装饰，掺入各种颜色石屑时，可配成彩色的水泥砂浆或混凝土。

2. 选用强度等级

选用合适品种水泥后，应根据构件的设计强度、耐久性要求等选用适合等级的水泥。某些特殊情况下选用的等级不一定只选用强度等级，例如对白水泥来说，还应根据其白度等级进行选用。

3.2 水泥的应用

水泥是建筑用胶凝材料。中国古代曾有过辉煌的建筑胶凝材料史。早在公元前新石器时代的仰韶文化时期，我们的祖先就懂得用“白灰面”涂抹山洞，此后又学会了用黄泥浆砌筑土坯墙，公元前 7 世纪开始出现了石灰。在公元 5 世纪的南北朝时期，出现了一种名叫做“三合土”的建筑材料，然而，由于社会与经济的停滞，我国建筑胶凝材料发展到“三合土”阶段似乎就停滞不前了。在欧美国家，建筑胶凝材料的发展则在罗马砂浆的基础上不断提高，最终发明了波特兰水泥。相应地，水泥工业成长壮大，其生产技术不断进步。当时的中国从外国输入水泥，输入生产技术，许多人把水泥称为“洋灰”。

中国水泥生产技术水平随着时代的进步而不断提高，由低到高大致分为立窑、湿法回转窑、日产 2000t 熟料预分解窑新型干法和日产 5000t 熟料预分解窑新型干法 4 个层次。每一个层次的发展基本上都是先购买外国成套技术设备，然后进行自主开发，实行设备国产化，最后达到全国普遍推广。中国水泥史上设备国产化的进程中有 4 个里程碑：①昆明水泥厂(后改名云南水泥有限公司)是国产设备建设立窑厂的里程碑。②湘乡水泥厂(后改名韶峰水泥集团有限公司)是国产设备建设湿法回转窑厂的里程碑。③江西水泥厂(后改名江西万年青水泥股份有限公司)是国产设备建设日产 2000t 熟料预分解窑新型干法厂的里程碑。④安徽海螺集团有限责任公司是国产设备建设日产 5000t 熟料预分解窑新型干法厂的里程碑，中国水泥工业的现代化步伐从此大大加快。

水泥在胶凝材料中占有及其重要的地位，是基本建设的主要材料之一，它被广泛地应用于工业建筑、农业建筑、国防建筑、城市建筑、水利建筑及海洋开发等工程建设中，如图 3.3～图 3.14 所示。

图 3.3 工业建筑(通用水泥 P.O)

图 3.4 农业建筑(通用水泥 P.S)

图 3.5　国防建筑(通用水泥 P.I)

图 3.6　隧道抢修堵漏(特性水泥 CA)

图 3.7　玻璃砖砌筑(白水泥)

图 3.8　彩色地坪(彩色水泥)

图 3.9　水库大坝(特性水泥 P.LH)

图 3.10　钻井平台(油井水泥)

图 3.11　机场跑道(道路水泥)

图 3.12　围墙(砌筑水泥)

图 3.13 地脚螺栓锚固(A.EC)

图 3.14 岭澳核电站(核电站专用水泥)

知识链接

水泥的发展趋势

新世纪国际水泥工业的发展趋势是以节能、降耗、环保、改善水泥质量和提高劳力生产率为中心，实现清洁生产和高效率节约化生产，走可持续发展的道路。研究的重点主要是围绕水泥工业节能降耗、减少有害气体(CO_2、SO_2和NO_x等)排放以及低品位原燃料、工业废弃物的资源化利用等方面，具体表现在两个方面。

(1) 在国际水泥工业技术与装备上，新型干法水泥生产技术向着大型化、节能化以及自动化方向发展，如高效预热分解系统、第三代“控制流篦板”和第四代“无漏料横杆推动”篦式冷却机、新型辊式磨及混压机粉磨系统、自动化控制及网络技术、新的熟料烧成方法如流态化床和喷腾炉烧成技术、高效除尘技术、烟气脱硫除氮技术等的开发和应用，使水泥工业进入现代化发展期。

(2) 水泥及水泥基材料的研究以水泥的生态化制备、先进水泥基材料、水泥的节能和高性能化、废弃物资源化利用以及水泥制备和应用中的环境行为评价和改进等方面为研究开发重点，两者相辅相成，推动了水泥工业的可持续发展。

1. 水泥的生态化制备和生态水泥的发展

随着科学技术的发展和人们环保意识的增强，水泥工业的可持续发展越来越得到重视，自20世纪70年代开始，美国、法国、德国、日本等工业发达国家就已研究和推进废弃物替代天然资源的工作，并在二次能源的资源化利用方面取得良好进展。生态水泥的研究也是目前水泥研究的热点之一。生态水泥是一种新型的波特兰水泥，其中含有20%左右的C11A7 • $CaCl_2$(代替C3A)，它适用于建造房屋、道路、桥梁和混凝土制品等。这种水泥的研制不仅解决了城市及工业垃圾处理的问题，还通过垃圾的循环利用系统保护了环境。

2. 先进水泥基材料的研究

随着建筑业、海洋业和交通业等的飞速发展，超高、超长、超强和在各种严酷条件下使用建筑物的出现，对水泥与混凝土材料提出了更高的要求，高强度、长寿命、低环境负荷是当代水泥材料发展的主要方向。先进水泥基材料以现代材料科学理论为指导，以未来胶凝材料为主要研究目标，其目的是把传统的水泥与混凝土材料推向高新技术领域进行研究和开发。

3. 以节能为中心低钙水泥熟料体系的研究和开发

从水泥矿物着手开发节能型矿物体系，即低烧成温度及易磨性好的矿物和矿物体系是实现水泥工业节能、环保的有效技术途径。因此，降低熟料组成中CaO的含量，即相应增加低钙贝利特矿物的含量，或引入新的水泥熟料矿物，可有效降低熟料烧成温度，减少生料石灰石的用量，从而降低熟料烧成热耗。

4. 高胶凝性高钙水泥熟料体系的研究

高性能水泥制备和应用的基础研究是国家重点基础研究发展规划项目，以实现水泥的高性能化为研究目标，主要围绕以下3个方面开展研究工作：提高水泥熟料的胶凝性，提高性能；通过对工业废弃物进行合理的活化处理，开辟出能够调节水泥性能的新的辅助胶凝组分，尽可能大量地取代水泥料；通过大幅度提高水泥应用过程中的水泥基材料耐久性，延长建筑物的安全使用寿命，大幅度降低水泥的长期需求量，建立由高胶凝性水泥熟料与低钙的性能调节型材料共同构成的强度与耐久性兼优的高性能水泥材料新体系，实现水泥和水泥基材料的高性能化和生态化。高胶凝性水泥熟料体系的研究主要集 CaO-SiO_2- Al_2O_3-Fe_2O_3 体系硅酸盐熟料矿物体系，主要技术路线在于提高熟料中C2S含量至70%左右，通过掺杂技术实现新型干法水泥生产烟烧工艺条件下的烧成，以水泥熟料形成理论为依据，有效指导高胶凝性水泥熟料的制备过程。

5. 工业废弃物的资源化、无害化利用的研究

随着全球经济的发展和工业化进程的加快，每年都有大量的废渣排放，主要有粉煤灰、炉渣、高炉矿渣、钢渣、煤矸石、特种冶金渣、电石渣、锂渣、碱渣等。为了保护环境、变废为宝和保持可持续发展，世界各国水泥学者已开展了大量的研究工作，并将取得的大量的研究成果应用于水泥混凝土生产中。我国早在20世纪50年代就开始了对工业废渣的利用研究，目前对量大面广的一些工业废渣如粉煤灰、矿渣等的综合利用已经形成了一系列相当成熟的综合利用技术，并已广泛应用于水泥生产、混凝土掺合料和混凝土制品中。

3.3 水泥的取样与验收

3.3.1 取样单位及样品数量

1. 水泥出厂前的取样单位

GB 175—2007中第9.1条规定：水泥出厂前按同品种、同强度等级编号和取样。袋装水泥和散装水泥应分别进行编号和取样。每一编号为一取样单位。水泥出厂编号按年生产能力规定如下。

$200×10^4$t以上，不超过4000t为一编号。

$120×10^4$～$200×10^4$t，不超过2400t为一编号。

$60×10^4$～$120×10^4$t，不超过1000t为一编号。

$30×10^4$～$60×10^4$t，不超过600t为一编号。

$10×10^4$～$30×10^4$t，不超过400t为一编号。

$10×10^4$以下，不超过200t为一编号。

2. 水泥进入工地现场前的取样单位

按同一厂家、同一等级、同一品种、同一批号且连续进场的水泥，袋装不超过200t为一批，散装不超过500t为一批，每批抽样不少于一次。

3. 样品数量

1) 混合样

水泥试样必须在同一批号不同部位处等量采集，取样试点至少在20点以上，经混合均匀用防潮容器包装，质量不少于12kg。

2) 分割样

袋装水泥。每 1/10 编号从一袋中取至少 6kg。

散装水泥。每 1/10 编号在 5min 内取至少 6kg。

3.3.2 取样方法

1. 术语

(1) 后工取样。用人力操作取样工具采集水泥样品的方法。

(2) 机械取样。使用自动取样设备采集水泥样品的方法。

(3) 连续取样。不间断地取出水泥样品的方法。

(4) 检查批。为实施抽样检查而汇集起来的一批单位产品。

(5) 编号。代表检查批的代号。

(6) 份样。由一个部位取出的规定量水泥。

(7) 混合样。从一个编号内取得的全部水泥份样，经充分混匀后制得的样品。

(8) 试验样和封存样。混合样均分为二，一份为试验样，用作出厂水泥的质量检验；另一份为封存样，密封储存以备复验仲裁。

(9) 分割样。在一个编号内按每 1/10 编号取得的份样，用作品质试验。

2. 取样工具

1) 机械取样器

机械取样采用自动连续取样器，如图 3.15 所示，其他能够取得有代表性样品的机械取样装置也可采用。

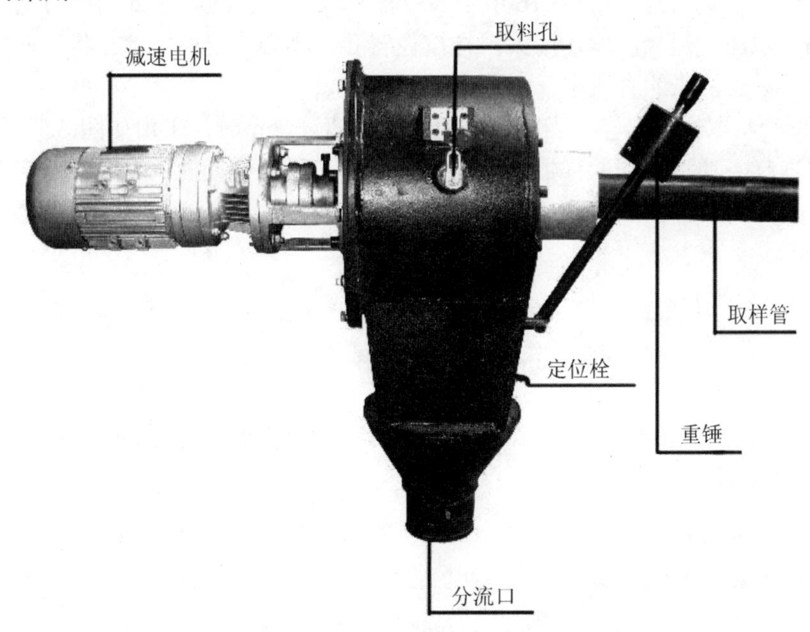

图 3.15　自动连续取样器

2) 后工取样器

(1) 袋装水泥。采用如图 3.16 所示取样管。

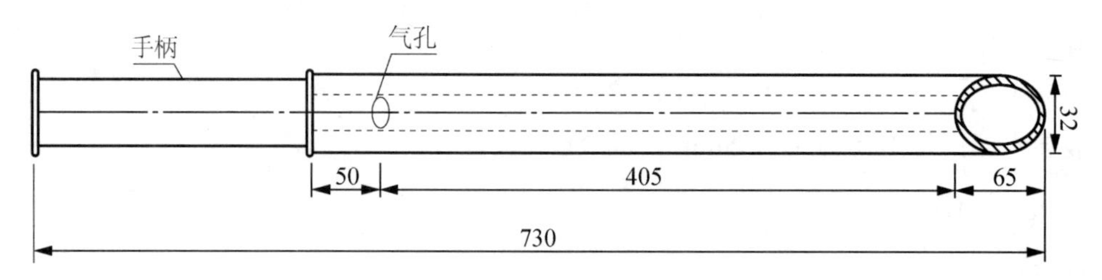

图 3.16　袋装水泥取样管

(2) 散装水泥。采用如图 3.17 所示取样管，也可采用其他能够取得有代表性样品的后工取样工具。

3. 取样步骤

(1) 自动取样器取样。该装置一般安装在尽量接近于水泥包装机的管路中，从流动的水泥流中取出样品，然后将样品放入洁净、干燥、不易受污染的容器中。

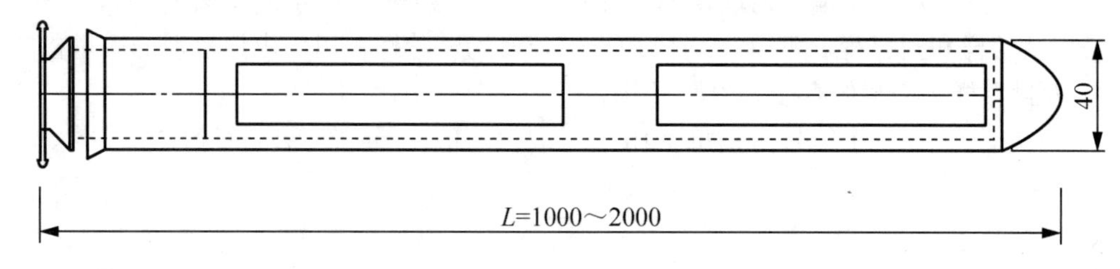

图 3.17　散装水泥取样管

(2) 取样管取样。采用如图 3.16 所示的取样管取样。随机选择 20 个以上不同的部位，将取样管插入水泥中适当深度，用大拇指按住气孔，小心抽出取样管。将所取样品放入洁净、干燥、不易受污染的容器中。

(3) 槽形管状取样器取样。当所取水泥深度不超过 2m 时，采用如图 3.17 所示的槽形管式取样器取样。通过转动取样器内管控制开关，在适当位置插入水泥中一定深度，关闭后小心抽出。将所取样品放入洁净、干燥、不易受污染的容器中。

4. 样品制备

(1) 样品缩分。样品缩分可采用二分器，一次或多次将样品缩分到标准要求的规定量。

(2) 试验样及封存样。将每一编号所取水泥混合样通过 0.9mm 方孔筛，均分为试验样和封存样。

(3) 分割样。每一编号所取 10 个分割样应分别通过 0.9mm 方孔筛并按 GB/T 12573—2008 附录A进行试验，不得混杂。

5. 样品的包装与储存

(1) 样品取得后应存放在密封的金属容器中，加封条。容器应洁净、干燥、防潮、密闭、不易破损、不与水泥发生反应。

(2) 封存样应密封保管 3 个月。试验样与分割样也应妥善保管。

(3) 存放样品的容器应至少在一处加盖清晰、不易擦掉的标有编号、取样时间、地点、人员的密封印，如只在一处标志应在器壁上。

(4) 封存样应储存于干燥、通风的环境中。

6. 取样单

样品取得后，均应由负责取样操作人员填写取样单见表3-8。

表3-8 水泥取样单

水泥编号	水泥品种及标号	取样日期	取样人签字	备注

3.3.3 水泥的验收

1. 品种的验收

水泥包装袋上应清楚标明：执行标准、水泥品种、代号、强度等级、生产者名称、生产许可证标志(QS)及编号、出厂编号、包装日期、净含量。包装袋两侧应根据水泥的品种采用不同的颜色印刷水泥名称和强度等级，硅酸盐水泥和普通硅酸盐水泥采用红色；矿渣硅酸盐水泥采用绿色；火山灰硅酸盐水泥、粉煤灰硅酸盐水泥和复合硅酸盐水泥采用黑色或蓝色。

散装水泥发运时应提交与袋装标志相同内容的卡片。

2. 数量验收

水泥可以是袋装或散装(图3.18)，袋装水泥每袋净含量为50kg，且应不少于标志质量的99%；随机抽取20袋总含量(含包装袋)应不少于1000kg。其他包装形式由供需双方协商确定。

(a) 袋装水泥

(b) 散装水泥

图3.18 袋装及散装水泥

3. 质量验收

1) 检验报告

检验报告内容应包括出厂检验项目(化学指标、凝结时间、安定性、强度)、细度、混合材料品种和掺加量、石膏和助磨剂的品种及掺加量、属旋窑或立窑生产及合同约定的其他技术要求。当用户需要时，生产者应在水泥发出之日起7d内寄发除28d强度以外的各项检验结果，32d内补报28d强度的检验结果。

2) 质量验收

交货时水泥的质量验收可抽取实物试样以其检验结果为依据，也可以生产者同编号水泥的检验报告为依据。采取何种方法验收由买卖双方商定，并在合同或协议中注明。

以抽取实物试样的检验结果为验收依据时，买卖双方应在发货前或交货地共同取样或签封。取样数量为20kg，缩分为二等份。一份由卖方保存40d；另一份由买方按标准规定的项目和方法进行检验。在40d以内，买方检验认为产品质量不符合标准要求，而卖方又有异议时，则双方应将卖方保存的另一份试样送省级或省级以上国家认可的水泥质量监督检验机构进行仲裁检验。水泥安定性仲裁检验，应在取样之日10d以内完成。

以生产者同编号水泥的检验报告为验收依据时，在发货前或交货时买方在同编号水泥中取样，双方共同签封后由卖方保存90d，或认可卖方自行取样，签封并保存90d的同编号水泥的封存样。在90d内，买方对水泥质量有疑问时，则买卖双方应将共同认可的试样送省级或省级以上国家认可的水泥质量监督机构进行仲裁检验。

4. 判定规则

检验结果符合标准《通用硅酸盐水泥》(GB 175—2007)的化学指标、凝结时间、安定性、强度规定为合格品；若检验结果不符合国家标准的化学指标、凝结时间、安定性、强度中的任何一项技术要求时为不合格品。

3.3.4 水泥的保管

水泥在运输和储存时不得受潮和混入杂物，不同品种和强度等级的水泥在储运中应避免混杂。

散装水泥应分库存放。袋装水泥堆放时应考虑防水防潮，堆置高度一般不超过10袋，使用时应考虑先存先用的原则。存期一般不应超过3个月，因为即使在储存条件良好的情况下，水泥也会吸收空气中的水分缓慢水化而降低强度。袋装水泥储存3个月后，强度降低约10%～20%；6个月后降低约15%～30%；一年后降低约25%～40%。通用水泥的有效储存期为3个月，储存期超过3个月的水泥在使用前必须重新鉴定其技术性能。

3.4 水泥的检测

水泥的检测项目：密度、细度、标准稠度用水量、凝结时间、安定性、胶砂强度。

1. 密度检测

1) 检测目的

测定水泥在绝对密实状态下单位体积的质量，即密度。

2) 检测准备

(1) 试样的准备。将试样研细，预先通过0.9mm方孔筛，在(110±5)℃温度下干燥1h，并在干燥器内冷却至室温。

(2) 检测仪器的准备(主要准备3种仪器)。

① 李氏瓶。横截面形状为圆形，如图3.19所示，应严格遵守关于公差、符号、长度、间距及均匀刻度的要求；最高刻度标记与磨口玻璃塞最低点之间的间距至少为10mm。李氏瓶的结构材料是优质玻璃，透明无条纹，有抗化学侵蚀性且热滞后性小，要有足够的厚度

以确保较好的耐裂性。瓶颈刻度为0～24mL，且0～1mL和18～24mL应精确到0.1mL刻度，任何标明的容量误差都不大于0.05mL。

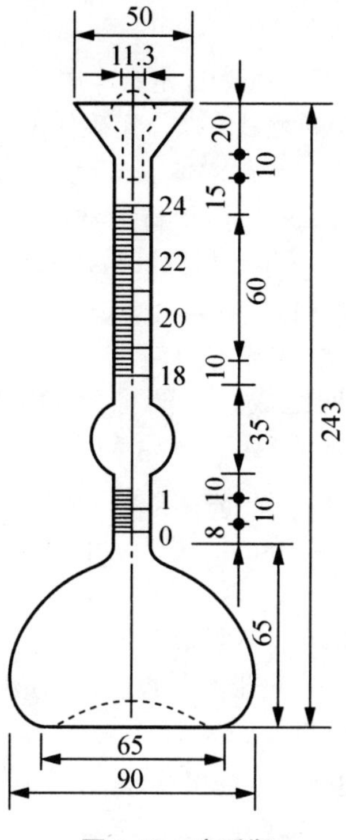

图3.19 李氏瓶

② 无水煤油符合GB/T 253—2013的要求。

③ 恒温水槽。

3) 检测步骤

(1) 将无水煤油注入李氏瓶中到0～1mL刻度线后(以弯月面下部为准)，盖上瓶塞放入恒温水槽内，使刻度部分浸入水中(水温应控制在李氏瓶刻度时的温度)，恒温30min，记下初始(第一次)读数。

(2) 从恒温水槽中取出李氏瓶，用滤纸将李氏瓶细长颈内没有煤油的部分仔细擦干净。

(3) 水泥试样应预先通过0.90mm方孔筛，在(110±5)℃温度下干燥1h，并在干燥器内冷却至室温。称取水泥60g，称准至0.01g。

(4) 用小匙将水泥样品一点一点地装入李氏瓶中，反复摇动(也可用超声波振动)至没有气泡排出，再次将李氏瓶静置于恒温水槽中，恒温30min，记下第二次读数。

(5) 第一次读数和第二次读数时，恒温水槽的温度差不大于0.2℃。

4) 结果计算与评定

(1) 水泥体积应为第二次读数减去初始(第一次)读数，即水泥所排开的无水煤油的体积(mL)。

(2) 水泥密度ρ(g/cm^3)按下式计算：

$$水泥密度\rho=\frac{水泥质量(g)}{排开的体积(cm^3)}$$

结果计算到小数第三位，且取整数到0.01g/cm^3，试验结果取两次测定结果的算术平均

值，两次测定结果之差不得超过 0.02g/cm^3。

2. 细度检测

1) 检测目的

通过检测来检验水泥的粗细程度，作为评定水泥质量的依据之一；掌握《水泥细度检验方法 筛析法》(GB/T 1345—2005)的测试方法，正确使用所用仪器与设备，并熟悉其性能。

2) 检测准备

(1) 试样的准备。检测前所用试验筛应保持清洁，负压筛和手工筛应保持干燥。检测时，80 μm 筛析试验称取试样 25g，45μm 筛析试验称取试样 10g。

(2) 检测仪器的准备。主要准备以下 4 种仪器。

① 试验筛。如图 3.20 所示，说明如下。

a．试验筛由圆形筛框和筛网组成，筛网符合 GB/T 6005 R20/380 μm，GB/T 6005 R20/345 μm 的要求，分负压筛、水筛和手工筛 3 种。

b．筛网应紧绷在筛框上，筛网和筛框接触处，应用防水胶密封，防止水泥嵌入。

c．筛孔尺寸的检验方法按 GB/T 6003.1 进行。由于物料会对筛网产生磨损，试验筛每使用 100 次后需重新标定。

② 负压筛析仪。如图 3.21 所示，说明如下。

a．负压筛析仪由筛座、负压筛、负压源及收尘器组成，其中筛座由转速为(30±2)r/min 的喷气嘴、负压表、控制板、微电机及壳体构成。

b．筛析仪负压可调范围为 4000～6000Pa。

c．喷气嘴上口平面与筛网之间的距离为 2～8mm。

d．负压源和收尘器由功率≥600W 的工业吸尘器和小型旋风收尘筒组成或用其他具有相当功能的设备。

③ 水筛架和喷头。如图 3.22 所示。

④ 电子天平。最小分度值不大于 0.01g，如图 3.23 所示。

图 3.20 试验筛图

图 3.21 负压筛析仪

图 3.22 水筛架和喷头

图 3.23 电子天平

3) 检测步骤

(1) 负压筛析法的两个步骤。

① 筛析检测前应把负压筛放在筛座上，盖上筛盖，接通电源，检查控制系统，调节负压至4000～6000Pa范围内。

② 称取试样精确至0.01g，置于洁净的负压筛中，放在筛座上，盖上筛盖，接通电源，开动筛析仪连续筛析2min，在此期间如有试样附着在筛盖上，可轻轻地敲击筛盖使试样落下。筛毕，用天平称量全部筛余物。

(2) 水筛法的两个步骤。

① 筛析检测前应检查水中无泥、砂，调整好水压及水筛架的位置，使其能正常运转，并控制喷头底面和筛网之间的距离为35～75mm。

② 称取试样精确至0.01g，置于洁净的水筛中，立即用淡水冲洗至大部分细粉通过后，放在水筛架上，用水压为(0.05±0.02)MPa的喷头连续冲洗3min。筛毕，用少量水把筛余物冲至蒸发皿中，等水泥颗粒全部沉淀后，小心倒出清水，烘干并用天平称量全部筛余物。

(3) 手工筛析法的两个步骤。

① 称取水泥试样精确至0.01g，倒入手工筛内。

② 用一只手持筛往复摇动，另一只手轻轻拍打，往复摇动和拍打过程应保持近于水平。拍打速度每分钟约120次，每40次向同一方向转动60°，使试样均匀分布在筛网上，直至每分钟通过的试样量不超过0.03g为止，称量全部筛余物。

4) 结果计算与评定

水泥试样筛余百分数按下式计算：

$$F=\frac{R_t}{W}\times 100\%$$

式中：F——水泥试样的筛余百分数，单位为质量百分数(%)；

R_t——水泥筛余物的质量，单位为克(g)；

W——水泥试样的质量，单位为克(g)。

结果计算至0.1%。

3. 标准稠度用水量、凝结时间、安定性检测

1) 检测目的

通过检测测定水泥净浆达到水泥标准稠度(统一规定的浆体可塑性)时的用水量，以此作为水泥凝结时间、安定性检测的用水量之一；测定水泥达到初凝和终凝所需的时间(凝结时间以试针沉入水泥标准稠度净浆至一定深度所需时间表示)，用以评定水泥的质量。安定性是指水泥硬化后体积变化的均匀性情况。通过检测可以正确评定水泥的体积安定性。

安定性的测定方法有雷氏法和试饼法，有争议时以雷氏法为准。

2) 检测准备

(1) 试样的准备(主要为以下2项)。

① 检测前必须做到以下3点。

a．维卡仪的金属棒能自由滑动。

b．调整至试杆接触玻璃板时指针对准零点。

c．搅拌机运行正常。

② 水泥净浆的拌制。用水泥净浆搅拌机搅拌，搅拌锅和搅拌叶片先用湿布擦过，将拌和水倒入搅拌锅内，然后在5～10s内小心将称好的500g水泥试样加入水中(按经验加水)，防止水和水泥溅出；拌和时，先将锅放在搅拌机的锅座上，升至搅拌位置，启动搅拌机，低速搅拌120s后，停15s，同时将叶片和锅壁上的水泥浆刮入锅中间，接着高速搅拌120s停机。

(2) 检测仪器的准备(主要为以下7项)。

① 水泥净浆搅拌机。如图3.24所示。

② 标准法维卡仪。如图3.25所示，标准稠度测定用试杆如图3.26所示：有效长度为(50±l)mm、由直径为(10±0.05)mm 的圆柱形耐腐蚀金属制成。测定凝结时间时取下试杆，用试针代替试杆。试针由钢制成，其有效长度初凝针(图3.27)为(50±1)mm、终凝针(图3.28)为(30±1)mm、直径为(1.13±0.05)mm。滑动部分的总质量为(300±1)g。与试杆、试针连接的滑动杆表面应光滑，能靠重力自由下落，不得有紧涩和旷动现象。盛装水泥净浆的试模应由耐腐蚀的、有足够硬度的金属制成。试模为深(40±0.2)mm、顶内径为(65±0.5)mm、底内径为(75±0.5)mm的截顶圆锥体。每只试模应配备一个边长或直径为100mm、厚度为4～5mm的平板玻璃底板或金属底板。

③ 雷氏夹。如图3.29所示：由铜质材料制成，当一根指针的根部先悬挂在一根金属丝或尼龙丝上，另一根指针的根部再挂上300g质量的砝码时，两根指针针尖的距离增加量应在(17.5±2.5)mm范围内，当去掉砝码后针尖的距离能恢复至挂砝码前的状态。

④ 沸煮箱。如图3.30所示：有效容积约为410mm×240mm×310mm，篦板的结构应不影响试验结果，篦板与加热器之间的距离大于50mm。箱的内层由不易锈蚀的金属材料制成，能在(30±5)min内将箱内的试验用水由室温升至沸腾状态并保持3h以上，整个试验过程中不需补充水量。

图3.24 水泥净浆搅拌机

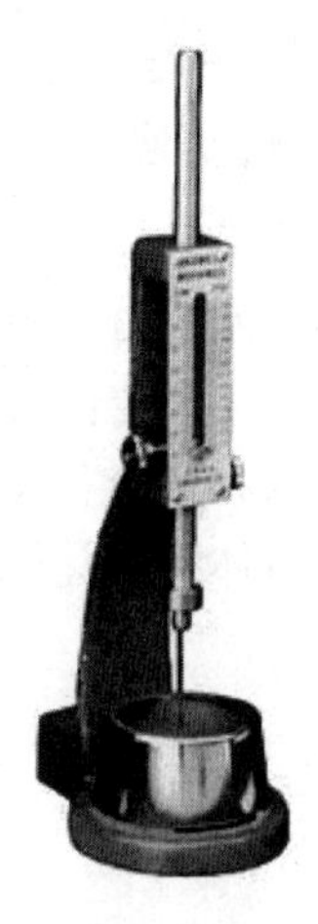

图3.25 标准法维卡仪

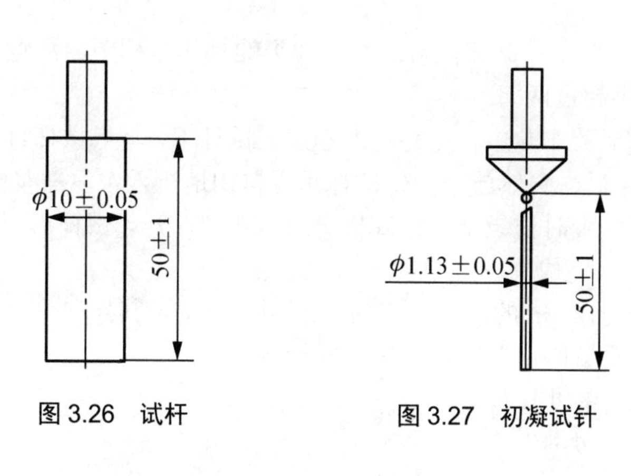

图 3.26 试杆

图 3.27 初凝试针

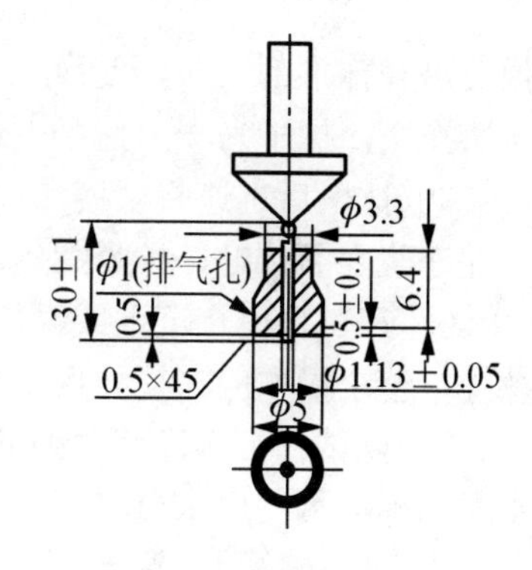

图 3.28 终凝试针

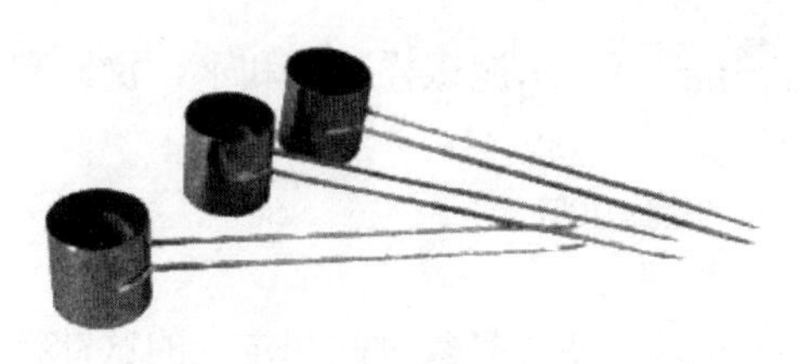

图 3.29 雷氏夹

图 3.30 沸煮箱

⑤ 雷氏夹膨胀测定仪。标尺最小刻度为 0.5mm，如图 3.31 所示。

⑥ 量水器。最小刻度为 0.1mL，精度为 1%。

⑦ 天平。最大称量不超过 1000g，分度值不大于 1g。

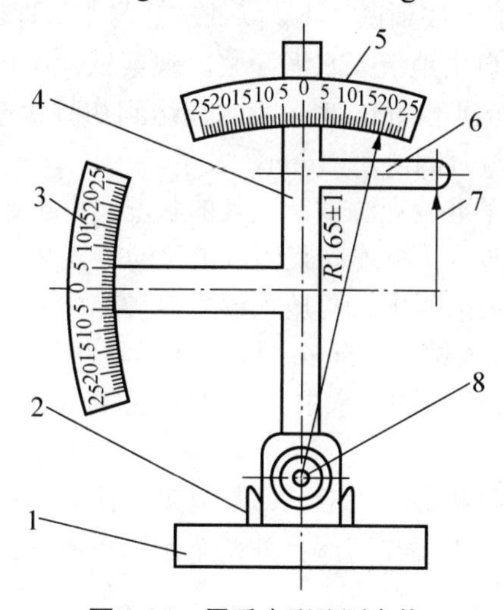

图 3.31 雷氏夹膨胀测定仪

1—底座；2—模座；3—弹性标尺；4—立柱；5—膨胀值标尺；6—悬臂；7—悬丝；8—雷氏夹

3) 检测步骤

(1) 标准稠度用水量。其检测步骤描述如下。

① 拌和结束后，立即取适量水泥浆一次性将其装入已置于玻璃底板上的试模中，浆体超过试模上端，用宽约 25mm 的直边刀轻轻拍打超出试模部分的浆体 5 次，以排除浆体中的空隙，然后在试模上表面约 1/3 处，略倾斜于试模分别向外轻轻锯掉多余净浆，再从试

模边沿轻抹顶部一次，使净浆表面光滑。在锯掉多余净浆和抹平的操作过程中，注意不要压实净浆，抹平为一刀抹平，最多不超过两刀。

② 抹平后迅速将试模和底板移到维卡仪上，并将其中心定在试杆下，降低试杆直至与水泥净浆表面接触，拧紧螺丝 1～2s 后，突然放松，使试杆垂直自由地沉入水泥净浆中。

③ 在试杆停止沉入或释放试杆 30s 时记录试杆距底板之间的距离，升起试杆后，立即擦净；整个操作应在搅拌后 1.5min 内完成。

④ 以试杆沉入净浆并距底板(6±l)mm 的水泥净浆为标准稠度净浆。其拌和水量为该水泥的标准稠度用水量(P)，按水泥质量的百分比计，按下式计算：

$$P=\frac{\text{拌和用水量}}{\text{水泥用量}}\times 100\%$$

(2) 试验条件。

① 试验室温度为(20±2)℃，相对湿度应不低于 50%；水泥试样、拌和水、仪器和用具的温度应与实验室一致。

② 湿气养护箱的温度为(20±1)℃，相对湿度不低于 90%。

(3) 凝结时间的测定。

① 测定前的准备工作。将圆模内侧稍涂上一层机油，调整凝结时间测定仪的试针接触玻璃板时，指针对准零点。

② 试件的制备。以标准稠度用水量制成标准稠度净浆一次装满试模，振动数次刮平，立即放入湿气养护箱中。记录水泥全部加入水中的时间作为凝结时间的起始时间。

③ 初凝时间的测定。试件在湿气养护箱中养护至加水后 30min 时进行第一次测定。测定时，从湿气养护箱中取出试模放到试针下，降低试针与水泥净浆表面接触。拧紧螺丝 1～2s 后，突然放松，试针垂直自由地沉入水泥净浆。观察试针停止下沉或释放试针 30s 时指针的读数。当试针沉至距底板(4±1)mm 时，为水泥达到初凝状态；由水泥全部加入水中至初凝状态的时间为水泥的初凝时间，用“min”表示。

④ 终凝时间的测定。为了准确观测试针沉入的状况，在终凝针上安装了一个环形附件。在完成初凝时间测定后，立即将试模连同浆体以平移的方式从玻璃板取下，翻转180°，直径大端向上，小端向下放在玻璃板上，再放入湿气养护箱中继续养护，临近终凝时间时每隔 15min 测定一次，当试针沉入试体 0.5mm 时，即环形附件开始不能在试体上留下痕迹时，为水泥达到终凝状态，由水泥全部加入水中至终凝状态的时间为水泥的终凝时间，用“min”表示。

试验结果评定：达到初凝状态时，应立即重复测一次，当两次结论相同时才能确定为达到初凝状态；达到终凝时，需要在试体另外两个不同点测试，结论相同时才能确定到达终凝状态。

特别提示

评定方法：将测定的初凝时间、终凝时间结果，与国家规范中的凝结时间相比较，可判定其合格与否。

测定时应注意，在最初测定的操作时应轻轻扶持金属柱，使其徐徐下降，以防试针撞弯，但结果以自由下落为准；在整个测试过程中试针沉入的位置至少要距试模内壁 10mm。临近初凝时，每隔 5min 测定一次，临近终凝时每隔 15min 测定一次，到达初凝或终凝时应立即重复测定一次，当两次结论相同时才能定为到达初凝或终凝状态。每次测定不能让试针落入原针孔，每次测试完毕须将试针擦净并将试模放回湿气养护箱内，整个测试过程要防止试模受振。

(4) 安定性的测定。

① 测定前的准备工作。每个试样需成型两个试件，每个雷氏夹需配备两个边长或直径约 80mm，厚度 4～5mm 的玻璃板，凡与水泥净浆接触的玻璃板和雷氏夹内表面都要稍稍涂上一层油。

② 雷氏夹试件的成型。将预先准备好的雷氏夹放在已稍擦油的玻璃板上，并立即将已制好的标准稠度净浆一次装满雷氏夹，装浆时一只手轻轻扶持雷氏夹；另一只手用宽约 25mm 的直边刀在浆体表面轻轻插捣 3 次，然后抹平，盖上稍涂油的玻璃板，接着立即将试件移至湿气养护箱内养护(24±2)h。

③ 沸煮。

a. 调整好沸煮箱内的水位，使其能保证在整个沸煮过程中都超过试件，不需中途添补试验用水，同时又能保证在(30±5)min 内升至沸腾。

b. 脱去玻璃板取下试件，先测量雷氏夹指针尖端间的距离(*A*)，精确到 0.5mm，接着将试件放入沸煮箱水中的试件架上，指针朝上，试件之间互不交叉，然后在(30±5)min 内加热至沸并恒沸(180±5)min。

c. 结果判别：沸煮结束后，立即放掉沸煮箱中的热水，打开箱盖，待箱体冷却至室温后，取出试件进行判别。测量雷氏夹指针尖端的距离(*C*)，准确至 0.5mm，当两个试件煮后增加距离(*C*–*A*)的平均值不大于 5.0mm 时，即认为该水泥安定性合格；当两个试件的增加距离(*C*–*A*)的平均值相差超过 4.0mm 时，应用同一样品立即重做一次试验。若再如此，则认为该水泥安定性不合格。

4. 胶砂强度检测(ISO 法)

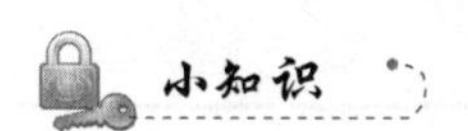

ISO：ISO 其全称是 International Organization for Standards，即国际标准化组织。ISO 一词来源于希腊语“ISOS”，即“EQUAL”——平等之意。国际标准化组织是一个全球性的非政府组织，是国际标准化领域中一个十分重要的组织。中国是 ISO 的正式成员，代表中国的组织为中国国家标准化管理委员会(Standardization Administration of China，SAC)。

1) 检测目的

检验水泥的各龄期强度，以确定强度等级；或已知强度等级，检验强度是否满足规范要求。掌握国家标准《水泥胶砂强度检验方法(ISO 法)》(GB/T 17671—1999)，正确使用仪器设备并熟悉其性能。

特别提示

(1) 本方法为 40mm×40mm×160mm 棱柱试体的水泥抗压强度和抗折强度测定。

(2) 试体是由按质量计的 1 份水泥、3 份中国 ISO 标准砂，用 0.5 的水胶比拌制的一组塑性胶砂制成。中国 ISO 标准砂的水泥抗压强度结果必须与 ISO 标准砂的相一致。

(3) 胶砂用行星搅拌机搅拌，在振实台上成型；也可使用频率为2800～3000次/min、振幅0.75mm振动台成型。

(4) 试体连模一起在湿气中养护24h，然后脱模在水中养护至强度试验。

(5) 到试验龄期时将试体从水中取出，先进行抗折强度试验，折断后每截再进行抗压强度试验。

2) 检测准备

(1) 试样的准备。

① 试样制作条件。试体成型时，实验室的温度应保持在(20±2)℃，相对湿度应不低于50%。试体带模养护的养护箱或雾室温度保持在(20±1)℃，相对湿度不低于90%。试体养护池水温度应在(20±1)℃范围内。实验室空气温度和相对湿度及养护池水温在工作期间每天至少记录一次。养护箱或雾室的温度与相对湿度至少每4h记录一次，在自动控制的情况下记录次数可以酌减至一天记录两次。在温度给定的范围内，控制所设定的温度应为此范围中值。

② 胶砂组成材料的准备，主要准备如下3项。

a. 砂。采用ISO标准砂，标准砂颗粒分布见表3-9。砂的湿含量在105～110℃下用代表性砂样烘2h的质量损失测定，以干基的质量百分数表示，应小于0.2%。

表3-9 ISO基准砂颗粒分布

方孔边长/mm	累计筛余/(%)
2.0	0
1.6	7±5
1.0	33±5
0.5	67±5
0.16	87±5
0.08	99±1

b. 水泥。当试验水泥从取样至试验要保持24h以上时，应把它储存在基本装满和气密的容器里，这个容器应不与水泥起反应。

c. 水。仲裁试验或其他重要试验用蒸馏水，其他试验可用饮用水。

③ 胶砂的制备，主要包括如下3项。

a. 配合比。胶砂的质量配合比应为1份水泥、3份标准砂和半份水(水胶比为0.5)。一锅胶砂分成三条试体，每锅材料需要量见表3-10。

表3-10 每锅胶砂的材料数量

水泥品种 \ 材料量/g	水泥	标准砂	水
硅酸盐水泥	450±2	1350±5	225±1
普通硅酸盐水泥			
矿渣硅酸盐水泥			

续表

水泥品种 \ 材料量/g	水泥	标准砂	水
粉煤灰硅酸盐水泥			
复合硅酸盐水泥			
石灰石硅酸盐水泥			

b. 配料。水泥、砂、水和试验用具的温度与实验室相同，称量用的天平精度为±1g。当用自动滴管加225mL水时，滴管精度应达到±1mL。

c. 搅拌。每锅胶砂用搅拌机进行机械搅拌。先使搅拌机处于待工作状态，然后按以下的程序进行操作。

步骤一：把水加入锅里，再加入水泥，把锅放在固定架上，上升至固定位置。

步骤二：然后立即开动机器，低速搅拌30s后，在第二个30s开始的同时均匀地将砂子加入。当各级砂分装时，从最粗粒级开始，依次将所需的每级砂量加完。把机器转至高速再拌30s。

步骤三：停拌90s，在第1个15s内用一胶皮刮具将叶片和锅壁上的胶砂刮入锅中间。在高速下继续搅拌60s。各个搅拌阶段，时间误差应在±1s以内。

④ 试件的制备。尺寸为40mm×40mm×160mm的棱柱体，胶砂制备后立即进行成型。将空试模和模套固定在振实台上，用一个适当的勺子直接从搅拌锅里将胶砂分两层装入试模，装第一层时，每个槽里约放300g胶砂，用大播料器垂直架在模套顶部，沿每个模槽来回一次将料层播平，接着振实60次。再装入第二层胶砂，用小播料器播平，再振实60次。移走模套，从振实台上取下试模，用一金属直尺以近似90°的角度架在试模模顶的一端，然后沿试模长度方向以横向锯割动作慢慢向另一端移动，一次将超过试模部分的胶砂刮去，并用同一直尺在近乎水平的情况下将试体表面抹平。

在试模上做标记或加字条标明试件编号和试件相对于振实台的位置。

⑤ 试件的养护，主要包括以下几项：

a. 脱模前的处理和养护。去掉留在模子四周的胶砂。立即将做好标记的试模放入雾室或湿箱的水平架子上养护，湿空气应能与试模各边接触。养护时不应将试模放在其他试模上。一直养护到规定的脱模时间时取出脱模。脱模前，用防水墨汁或颜料笔对试体进行编号和做其他标记。两个龄期以上的试体，在编号时应将同一试模中的三条试体分在两个以上龄期内。

b. 脱模。脱模时应非常小心。对于24h龄期的试体，应在破型试验前20min内脱模。对于24h以上龄期的试体，应在成型后20～24h之间脱模。

c. 水中养护。将做好标记的试件立即水平或竖直放在(20±1)℃的水中养护，水平放置时刮平面应朝上。试件放在不易腐烂的篦子上，并彼此间保持一定间距，以让水与试件的6个面接触。养护期间试件之间间隔或试体上表面的水深不得小于5mm。每个养护池只养护同类型的水泥试件。最初用自来水装满养护池(或容器)，随后随时加水保持适当的恒定水位，不允许在养护期间全部换水。除24h龄期或延迟至48h脱模的试体外，任何到龄期的试体应在试验(破型)前15min从水中取出。揩去试体表面的沉积物，并用湿布覆盖至试验为止。

d. 强度试验试体的龄期。试体龄期从水泥加水搅拌开始试验时算起。不同龄期强度试验在下列时间里进行：24h±15min；48h±30min；72h±45min；7d±2h；28d±8h。

(2) 检测设备的准备。

① 试验筛。金属丝网试验筛应符合GB/T 6003的要求，其筛孔尺寸见表3-11。

表3-11　试验筛筛孔尺寸

系　列	网眼尺寸/mm
R20	2.0
	1.6
	1.0
	0.5
	0.16
	0.080

② 搅拌机。行星式搅拌机。

③ 试模。试模由3个水平的模槽组成(图3.32)，可同时成型3条截面为40mm×40mm，长为160mm的菱形试体要求。

④ 振实台(图3.33)。振实台应安装在高度约400mm的混凝土基座上。混凝土体积约为0.25m^3，重约为600kg。需防外部振动影响振实效果时，可在整个混凝土基座下放一层厚约5mm天然橡胶弹性衬垫。

图3.32　试模

图3.33　振实台

⑤ 抗折强度试验机(图3.34)。通过3根圆柱轴的3个竖向平面应该平行，并在试验时继续保持平行和等距离垂直试体的方向，其中一根支撑圆柱和加荷圆柱能轻微地倾斜,使圆柱与试体完全接触，以便荷载沿试体宽度方向均匀分布，同时不产生任何扭转应力。

⑥ 抗压强度试验机(图3.35)。在较大的4/5量程范围内使用时记录的荷载应有±1%精度，并具有按(2400±200)N/s 速率的加荷能力，应有一个能指示试件破坏时的荷载，并把它保持到试验机卸荷以后的指示器，可以用表盘里的峰值指针或显示器来达到。

⑦ 抗压强度试验机用夹具。当需要使用夹具时，应把它放在压力机的上、下压板之间，并与压力机处于同一轴线，以便将压力机的荷载传递至胶砂试件表面。夹具的受压面积为40mm×40mm。

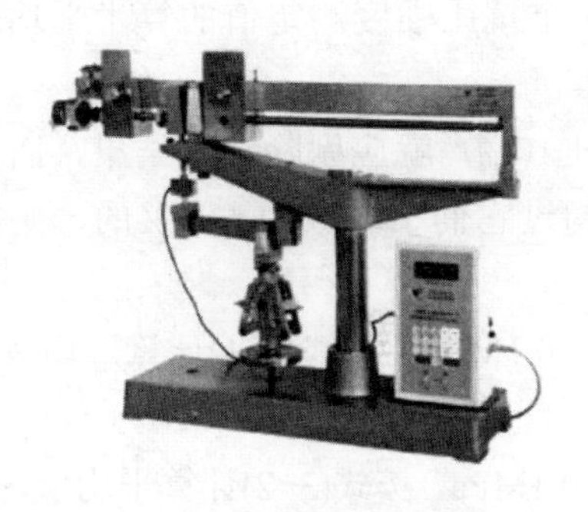

图 3.34 抗折强度试验机

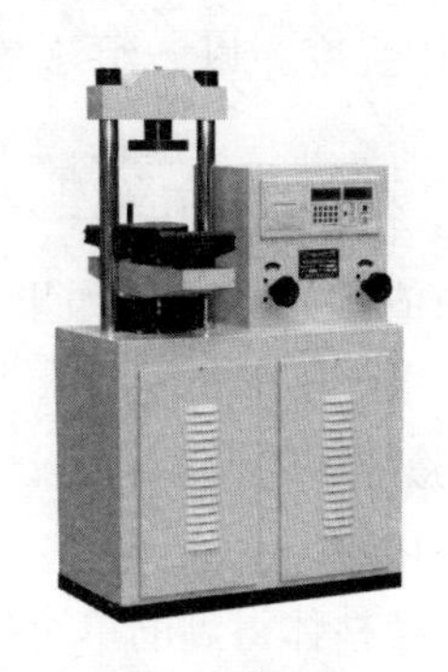

图 3.35 抗压强度试验机

3) 检测步骤

(1) 总则。用抗折强度试验机以中心加荷法测定抗折强度。在折断后的棱柱体上进行抗压试验，受压面是试体成型时的两个侧面，面积为 40mm×40mm。

当不需要抗折强度数值时，抗折强度试验可以省去。但抗压强度试验应在不使试件受有害应力情况下折断的两截棱柱体上进行。

(2) 抗折强度测定。将试体的一个侧面放在试验机支撑圆柱上，试体长轴垂直于支撑圆柱，通过加荷圆柱以(50±10)N/s 的速率均匀地将荷载垂直地加在棱柱体相对侧面上，直至折断。

保持两个半截棱柱体处于潮湿状态直至抗压试验。

抗折强度 R_f 以牛顿每平方毫米(MPa)为单位，按式(3-1)进行计算：

$$R_{f}=\frac{1.5F_{f}L}{b^{3}} \tag{3-1}$$

式中：F_f——折断时施加于棱柱体中部的荷载(N)；

L——支撑圆柱之间的距离(mm)；

b——棱柱体正方形截面的边长(mm)。

(3) 抗压强度测定。抗压强度试验通过抗压强度试验机在半截棱柱体的侧面上进行。半截棱柱体中心与压力机压板受压中心差应在±0.5mm 以内，棱柱体露在压板外的部分约有 10mm。在整个加荷过程中以(2400±200)N/s 的速率均匀地加荷直至破坏。

抗压强度 R_c 以牛顿每平方毫米(MPa)为单位，按式(3-2)进行计算：

$$R_{c}=\frac{F_{c}}{A} \tag{3-2}$$

式中：F_c——破坏时的最大荷载(N)；

A——受压部分面积(mm^2)。

4) 结果计算与评定

(1) 总则。强度测定方法有两种主要用途，即合格检验和验收检验。本条叙述了合格检验，即用它确定水泥是否符合规定的强度要求。

(2) 试验结果的确定，包括以下 4 部分内容。

① 抗折强度。以一组 3 个棱柱体抗折结果的平均值作为试验结果。当 3 个强度值中有一个超出 3 个平均值的±10%时，应剔除后再取平均值作为抗折强度试验结果。

② 抗压强度。以一组 3 个棱柱体上得到的 6 个抗压强度测定值的算术平均值为试验结果。

如果 6 个测定值中有一个超出 6 个平均值的±10%，就应剔除这个结果，而以剩下 5 个的平均值作为结果。如果 5 个测定值中再有超过它们平均数的±10%的，则此组结果作废。

③ 试验结果的计算。各试体的抗折强度记录至 0.1MPa，按式(3-1)计算平均值。计算精确至 0.1MPa。

各个半棱柱体得到的单个抗压强度结果计算至 0.1MPa，按式(3-2)计算平均值，计算精确至 0.1MPa。

④ 再现性。抗压强度测量方法的再现性，是同一个水泥样品在不同实验室工作的不同操作人员、在不同的时间、用不同来源的标准砂和不同套设备所获得试验结果误差的定量表达。

对于 28d 抗压强度的测定，在合格实验室之间的再现性，用变异系数表示，要求不超过 6%。

本章小结

水泥是重要的建筑材料，广泛应用于工业、农业、国防、水利、交通、城市建设、海洋工程等的基本建设中，用来生产各种混凝土、钢筋混凝土及其他水泥制品。水泥现已成为任何建筑工程都离不开的建筑材料。本章重点介绍了通用水泥和特性水泥的主要技术性质和应用，同时介绍了水泥的发展趋势。

(1) 通用水泥。是指通用硅酸盐水泥，其按混合材料的品种和掺量分为硅酸盐水泥、普通硅酸盐水泥、矿渣硅酸盐水泥、火山灰质硅酸盐水泥、粉煤灰硅酸盐水泥和复合硅酸盐水泥。

(2) 特性水泥。是指某种性能比较突出的水泥。目前市场上常见的特性水泥有铝酸盐水泥、白色硅酸盐水泥及彩色硅酸盐水泥、中热硅酸盐水泥、低热硅酸盐水泥、低热矿渣硅酸盐水泥、道路硅酸盐水泥、砌筑水泥、明矾石膨胀水泥、油井水泥、核电站专用水泥等。

习题

一、填空题

1．通用水泥是指通用硅酸盐水泥，其按混合材料的品种和掺量分为(　　)、(　　)、(　　)、(　　)、(　　)和(　　)。

2．由硅酸盐水泥熟料、(　　)石灰石或粒化高炉矿渣、适量(　　)磨细制成的水硬性胶凝材料，称为硅酸盐水泥，分为 P.I 和 P.II 两种，即国外通称的波特兰水泥。

3．普通硅酸盐水泥的强度等级分为(　　)、(　　)、(　　)、(　　)4 个等级。

4．在普通气候环境中的混凝土优先选用(　　)和(　　)。

5．按同一厂家、同一等级、同一品种、同一批号且连续进场的水泥，袋装不超过(　　)为一批，散装不超过(　　)为一批，每批抽样不少于一次。

6．水泥强度等级 32.5R 中的“R”表示(　　)。

7．水泥生产中加入石膏起(　　)作用。

二、选择题

1．矿渣硅酸盐水泥的代号是(　　)。

A．P.S　　B．P.O　　C．P.P　　D．P.I

2．水泥生产工艺流程简单概述为(　　)。

A．两磨两烧　　B．两磨一烧

C．三磨一烧　　D．三磨二烧

3．硅酸盐水泥的强度等级分为(　　)个等级。

A．4　　B．5　　C．6　　D．7

4．普通硅酸盐水泥、矿渣硅酸盐水泥、火山灰质硅酸盐水泥、粉煤灰硅酸盐水泥和复合硅酸盐水泥初凝不小于(　　)，终凝不大于(　　)。

A．45min，90min　　B．55min，90min

C．45min，600min　　D．55min，600min

5．硅酸盐水泥和普通硅酸盐水泥的细度以比表面积表示，不小于(　　)。

A．$270m^2/kg$　　B．$350m^2/kg$

C．$400m^2/kg$　　D．$300m^2/kg$

6．水泥可以散装或袋装，袋装水泥每袋净含量为(　　)，且应不少于标志质量的 99%；随机抽取 20 袋总质量(含包装袋)应不少于(　　)。

A．40kg，800kg　　B．50kg，1000kg

C．40kg，790kg　　D．50kg，990kg

7．水泥包装袋两侧应根据水泥的品种采用不同的颜色印刷水泥名称和强度等级，硅酸盐水泥和普通硅酸盐水泥采用(　　)，矿渣硅酸盐水泥采用(　　)。

A．红色，绿色　　B．绿色，红色

C．黑色，蓝色　　D．蓝色，黑色

8．在高温环境中或永远处于水下的混凝土，优先选用(　　)。

A．普通硅酸盐水泥　　B．硅酸盐水泥

C．火山灰质硅酸盐水泥　　D．矿渣硅酸盐水泥

9．高强混凝土(大于 C60)，优先选用(　　)。

A．普通硅酸盐水泥　　B．硅酸盐水泥

C．火山灰质硅酸盐水泥　　D．矿渣硅酸盐水泥

三、简答题

1．简述通用水泥的主要技术性能指标。

2．分别简述水泥出厂前和进入工地现场前的取样单位。

第4章

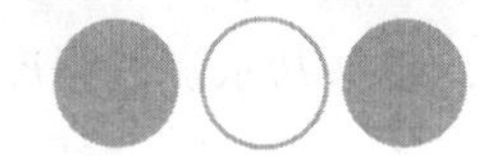

混　凝　土

教学目标

本章主要介绍普通混凝土的组成材料、主要技术性能和影响性能的因素，混凝土常用的外加剂，混凝土的耐久性，详细讨论混凝土配合比设计的方法，并介绍混凝土的质量控制和强度评定；介绍其他种类的混凝土。

本章要求

掌握普通混凝土组成材料的品种、技术要求和选用原则。

掌握普通混凝土三大技术性质：和易性、强度、耐久性。

掌握普通混凝土配合比设计。

掌握普通混凝土粗细骨料和普通混凝土技术性能的检测。

了解普通混凝土的质量控制。

了解其他品种混凝土的特点和应用。

教学要求

能力目标	知识要点	权重	自测分数
1. 能进行骨料颗粒级配的评定、细骨料细度模数和粗骨料最大粒径的确定	普通混凝土的组成材料	25%	
2. 能根据工程特点与所处环境正确选用混凝土基本组成材料和外加剂 3. 能对混凝土拌合物的和易性进行检测与评定，能改善与调整拌合物的和易性	普通混凝土的和易性、强度、耐久性等主要技术性能	30%	

续表

能力目标	知识要点	权重	自测分数
4. 能根据工程实际进行普通混凝土配合比设计 5. 能正确对混凝土进行取样和检测	普通混凝土配合比设计、混凝土的质量控制	30%	
	混凝土取样方法、检测方法	15%	

引　例

某办公楼工程现浇室内钢筋混凝土柱，混凝土强度等级为 C25。施工要求坍落度为 30～50mm，混凝土采用机械搅拌和振捣。施工单位无历史统计资料。

采用的原材料如下。

水泥：强度等级为 42.5 的复合硅酸盐水泥，密度为 3100kg/m³。

砂：中砂，M_x=2.5，表观密度为 2650kg/m³。

石子：碎石，最大粒径为 D_{max}=20mm，表观密度为 2700kg/m³。

水：自来水。

任务要求如下。

(1) 设计混凝土配合比(按干燥材料计算)。

(2) 求施工配合比(施工现场测定砂的含水率为 3%，碎石含水率为 1%)。

(3) 对混凝土进行相关技术性能的检测和根据工程实际选用最优的方案。

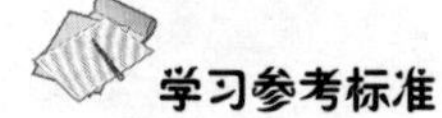

学习参考标准

《建筑用砂》(GB/T 14684—2011)。

《建筑用卵石、碎石》(GB/T 14685—2011)。

《建筑用水标准》(JGJ 63—2006)。

《混凝土外加剂》(GB 8076—2008)。

《普通混凝土用砂、石质量及检验方法标准》(JGJ 52—2006)。

《普通混凝土拌合物性能试验方法标准》(GB/T 50080—2002)。

《混凝土结构工程施工质量验收规范》(GB 50204—2002)。

《普通混凝土力学性能试验方法标准》(GB/T 50081—2002)。

《普通混凝土配合比设计规程》(JGJ 55—2011)。

《混凝土强度检验评定标准》(GB/T 50107—2010)。

4.1　认识混凝土

混凝土简称为“砼”(tóng)，是由胶凝材料、粗细骨料、水(必要时掺入适量外加剂和矿物掺和料)等材料，按一定配合比，经拌和、浇筑、成型、养护等工艺，硬化而成的工程材料。混凝土是目前世界上用量最大的一种工程材料，广泛应用于建筑、道路、桥梁、水利、水电、国防工程等领域，目前全世界每年混凝土的产量已经超过 30 亿 m³，混凝土是当今社会使用量最大的土木工程材料。

4.1.1 混凝土的分类

1. 按胶凝材料分

可分为水泥混凝土、沥青混凝土、水玻璃混凝土、聚合物混凝土等。其中水泥混凝土在建筑工程中用量最大，用途最广。

2. 按表观密度分

(1) 重混凝土。表观密度大于2800kg/m^3，是采用密度较大的重晶石和铁矿石配制而成的。重混凝土具有防射线的性能，又称防辐射混凝土，主要用作防辐射的屏蔽材料。

(2) 普通混凝土。表观密度为2000～2800kg/m^3，是采用普通的天然砂、石为骨料配制而成的，是土木工程中最常用的混凝土。

(3) 轻混凝土。表观密度小于2000kg/m^3，采用轻质多孔的骨料，或者掺入加气剂等形成的多孔结构的混凝土，主要用作轻质结构材料和绝热材料。

3. 按用途分

可分为结构混凝土、抗渗混凝土、耐热混凝土、装饰混凝土、水泥混凝土、大体积混凝土、防辐射混凝土等。

4. 按生产和施工方法分

可分为商品混凝土、泵送混凝土、碾压混凝土和喷射混凝土等。

5. 按强度分

(1) 普通混凝土。指强度等级在C60以下的混凝土。

(2) 高强混凝土。指强度等级不低于C60的混凝土。

(3) 超高强混凝土。指抗压强度在100MPa以上的混凝土。

6. 按配筋情况分

可分为素(无筋)混凝土、钢筋混凝土、预应力混凝土、钢纤维混凝土等。

4.1.2 混凝土的特点

1. 原材料来源广泛

混凝土中占整个体积80%以上的砂、石料为天然砂石，可以就地取材，其资源丰富，符合经济原则。

2. 性能可调整范围大

根据工程使用功能要求，改变混凝土组成材料的配合比及施工工艺可在相当大的范围内对混凝土的强度、耐久性及工艺性能进行调整，以满足各种工程的不同需要。

3. 硬化前有良好的塑性

混凝土拌合物具有良好的可塑性，可以根据工程需要浇筑成任意形状和尺寸的整体结构或预制构件。

4. 与钢筋有牢固的粘接力

钢筋与混凝土具有近乎相等的线膨胀系数，两者复合为钢筋混凝土后，能保证共同工作，弥补了混凝土抗拉强度低的缺点，扩大了其应用范围。

5. 有较高的强度和耐久性

近代高强混凝土的抗压强度可达100MPa以上，同时具备较高的抗渗、抗冻、抗腐蚀、抗碳化性，其耐久年限可达数百年以上。

6. 耐火性好

普通混凝土的耐火性远比木材、钢材塑料好，可耐数小时的高温作用而仍保持其力学性能，有利于火灾时扑救。

7. 有利环保

混凝土能充分利用工业废料(如粉煤灰、矿渣、硅粉等)，变废为宝，降低环境污染。

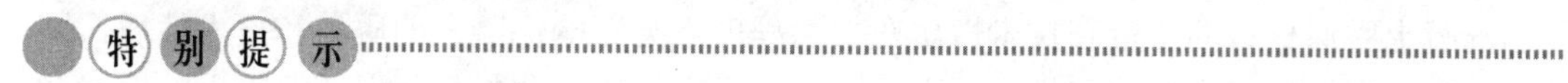

混凝土除以上优点外，也存在许多不足之处，如自重大、养护周期长、抗拉强度低(为抗压强度的 1/20～1/10)、导热系数较大、呈脆性、易出现裂缝、生产周期长、视觉和触觉效果欠佳等。

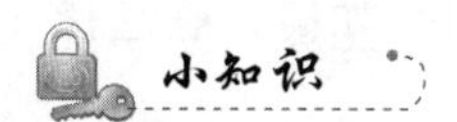

混凝土的历史

可以追溯到古老的年代。相传数千年前，我国劳动人民及埃及人就用石灰与砂配置成的砂浆砌筑房屋，后来罗马人又使用石灰、砂及石子配置成混凝土。1824 年，英国人阿斯普丁(J. Aspdin)发明了波特兰水泥，使混凝土胶凝材料发生了质的变化，大大提高了混凝土的强度，并改善了其他性能，此后混凝土的生产技术发展迅速，使用范围日益扩大。1850 年，法国人郎波特(Lambot)发明了钢筋加强混凝土，弥补了混凝土抗拉及抗折强度低的缺陷。1928 年，法国人佛列西涅发明了预应力钢筋混凝土施工工艺，并提出了混凝土的收缩和徐变理论，使混凝土技术出现了一次飞跃，为钢筋混凝土结构在大跨度桥梁等结构物中的应用开辟了新的途径。

1960 年前后各种混凝土外加剂不断涌现，特别是减水剂、硫化剂的大量应用，不仅改善了混凝土的各种性能，而且为混凝土施工工艺的发展创造了良好条件。混凝土的有机化又使混凝土这种结构材料走上了一个新的发展阶段，如聚合物混凝土及树脂混凝土，不仅其抗压、抗拉、抗冲击强度都有大幅度提高，而且具有抗腐蚀性等特点，因而在特种工程中得到了广泛的应用。

4.1.3 普通混凝土的组成材料

水泥、水、砂(细骨料)、石子(粗骨料)是普通混凝土的 4 种基本组成材料，此外还常加入适量外加剂和矿物掺合料。其中，水泥和水组成水泥浆，包裹在粗、细骨料的表面并填充在骨料空隙中形成混凝土，如图 4.1 所示。各组成材料在混凝土硬化前后的作用见表 4-1。

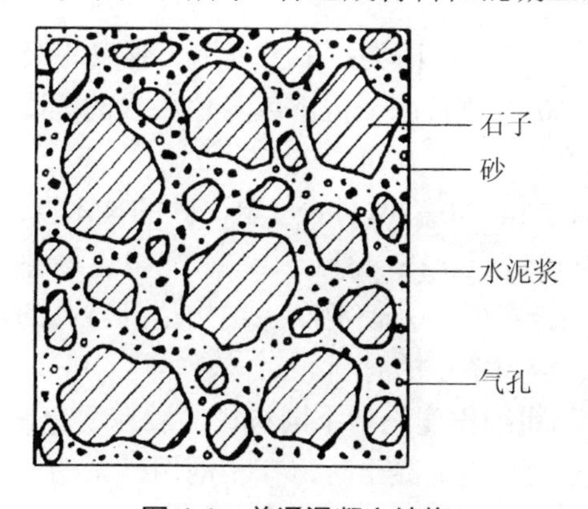

图 4.1 普通混凝土结构

表 4-1　各组成材料在混凝土硬化前后的作用

组成材料	合成材料	硬化前的作用	硬化后的作用
水泥+水	水泥浆	润滑作用	胶结作用
砂+石子	骨料	填充作用	骨架作用及抵抗水泥浆的收缩作用
外加剂	外加剂	改善混凝土拌合物性能	改善硬化混凝土性能

混凝土组成材料的技术要求如下。

混凝土中原材料的质量和技术性质在很大程度上会影响混凝土的质量和技术性质，因此，必须掌握原材料的性质和技术要求，才能达到合理选择原材料、保证混凝土的质量和降低成本的目的。

1) 水泥

水泥是混凝土中最重要的组成材料，且价格相对较高。配置混凝土时，如何正确选择水泥的品种及强度等级直接关系到混凝土的耐久性和经济性。

(1) 水泥品种的选择。水泥品种应根据混凝土的工程特点、所处环境条件及施工要求进行选择。

(2) 水泥强度等级的选择。水泥的强度等级应与混凝土的设计强度等级相适应。一般以水泥强度等级为混凝土强度等级的 1.5～2.0 倍为宜，对于高强度的混凝土可取 1 倍左右，原则上是高强度等级的水泥配制高强度等级的混凝土。

若用低强度等级的水泥配制高强度等级的混凝土，会因水泥用量过多而影响其性质，而且不经济；若用高强度等级的水泥配制低强度等级的混凝土，会因水泥用量过少而影响混凝土拌合物的和易性及混凝土的密实性，使混凝土的强度及耐久性降低。

2) 细骨料——砂

细骨料是指粒径小于等于 4.75mm 的颗粒，通常称为砂。砂按产源分为天然砂和人工砂两类。

天然砂是由自然风化、水流搬运和分选、堆积等自然条件作用形成的，分为河砂、湖砂、山砂和淡化海砂。河砂、湖砂表面光滑，颗粒多为球形；山砂风化较严重，含泥较多，含有机杂质和轻物质也较多；海砂中常含有贝壳等杂质，所含氯盐、硫酸盐、镁盐会引起水泥的腐蚀。相对海砂而言，河砂较为适用，故土木工程中普遍采用河砂作细骨料。

人工砂是由岩石(不包括软质岩、风化岩石)经除土开采、机械破碎、筛分制成的机制砂、混合砂的统称。

砂按技术要求分为Ⅰ类、Ⅱ类、Ⅲ类：Ⅰ类宜用于强度等级大于 C60 的混凝土；Ⅱ类宜用于强度等级在 C30～C60 及有抗冻、抗渗或其他要求的混凝土；Ⅲ类宜用于强度等级小于 C30 的混凝土和建筑砂浆。

根据《建筑用砂》(GB/T 14684—2011)的规定，砂的技术要求主要有以下几个方面。

(1) 砂的粗细程度及颗粒级配。在混凝土中，水泥浆包裹骨料颗粒表面，并填充骨料的空隙。为了节约水泥，降低成本，并使混凝土结构达到较高的密实程度，选择骨料时，应尽可能选用总表面积小、空隙率小的骨料。

① 砂的粗细程度。砂的粗细程度是指不同粒径的砂粒混合在一起的总体粗细程度。通常有粗砂、中砂与细砂之分。配制混凝土时，在相同用砂量的条件下，细砂的总表面积越大，粗砂的总表面积就越小。砂的总表面积越大，则在混凝土中需要包裹砂粒表面的水泥

浆越多，当混凝土拌合物的和易性要求一定时，用较粗的砂拌制的混凝土比用较细的砂所需的水泥浆量少。但若砂子过粗，则易使混凝土拌合物产生离析、泌水等现象，影响混凝土的和易性。因此，用作配制混凝土的砂不宜过细，也不宜过粗。

② 砂的颗粒级配。颗粒级配是指各粒级的砂按比例相互搭配的情况。颗粒级配较好的砂应该是大粒径砂的空隙被小一级颗粒填充，这样逐级填充，使砂形成密实堆积，空隙率较小，从而达到节约水泥的目的，或者在水泥用量一定的情况下可提高混凝土拌合物的和易性，如图 4.2 所示。

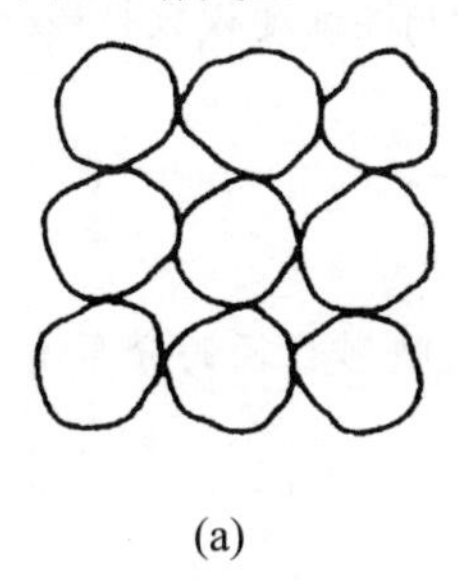
(a)
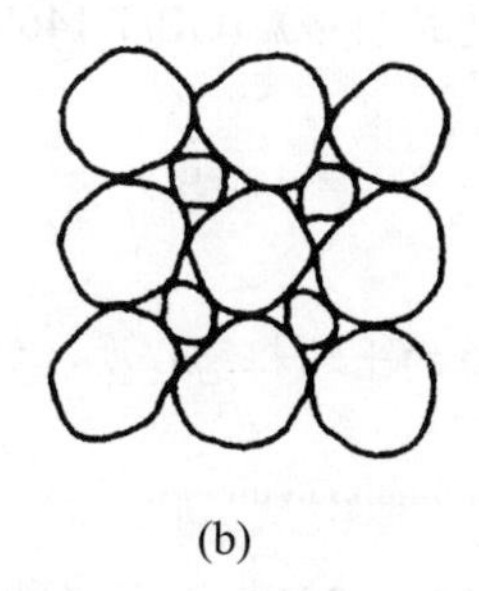
(b)
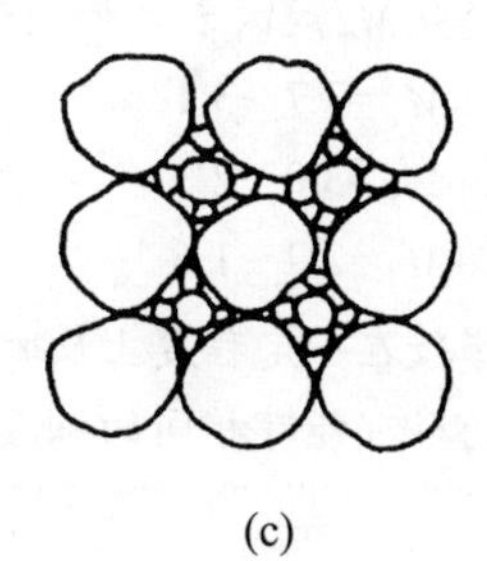
(c)

图 4.2 骨料的颗粒级配

总的来说，砂的颗粒越粗，其总表面积越小，包裹砂颗粒表面的水泥浆数量越少，可达到节约水泥的目的，或者在水泥用量一定的情况下可提高混凝土拌合物的和易性。因此，在选择和使用砂时，应选择在孔隙率小的条件下尽可能粗的砂，即选择级配适宜、颗粒尽可能粗的砂配置混凝土。

③ 粗细程度和颗粒级配的评定。砂的粗细程度和颗粒级配是采用筛分试验测定的，用级配区表示砂的颗粒级配，用细度模数表示砂的粗细。砂的筛分法采用一套孔径分别为 4.75mm、2.36mm、1.18mm、600 μm、300 μm、150 μm 的标准砂筛，将抽样后经缩分所得的 500g 干砂由粗到细依次过筛，然后称其各筛上砂颗粒的质量(称为筛余量)，将各筛余量分别除以 500 得到分计筛余百分率(%)a_1、a_2、a_3、a_4、a_5、a_6，再将其累加得到累计筛余百分率(简称累计筛余率)A_1、A_2、A_3、A_4、A_5、A_6，其计算过程见表 4-2。

表 4-2 分计筛余率与累计筛余率的关系

筛孔尺寸	分计筛余		累计筛余百分率/(%)
	分计筛余量/g	分计筛余百分率/(%)	
4.75mm	m_1	a_1	$A_1= a_1$
2.36mm	m_2	a_2	$A_2=a_2+a_1$
1.18mm	m_3	a_3	$A_3=a_3+a_2+a_1$
600 μm	m_4	a_4	$A_4=a_4+a_3+a_2+a_1$
300 μm	m_5	a_5	$A_5=a_5+a_4+a_3+a_2+a_1$
150 μm	m_6	a_6	$A_6=a_6+a_5+a_4+a_3+a_2+a_1$

由筛分试验得出的 6 个累计筛余百分率来计算砂的细度模数(M_x)和检验砂的颗粒级配是否合格。

细度模数 M_x 的计算见式(4-1)：

$$M_x = \frac{(A_2 + A_3 + A_4 + A_5 + A_6) - 5A_1}{100 - A_1} \tag{4-1}$$

式中：　　M_x——砂的细度模数；

A_1、A_2、A_3、A_4、A_5、A_6——分别为 4.75mm、2.36mm、1.18mm、600μm、300μm、150μm 筛的累计筛分百分率。

特别提示

细度模数 M_x 越大表示砂越粗，《建筑用砂》(GB/T 14684—2011)按细度模数将砂分如下。

粗砂：M_x=3.7～3.1

中砂：M_x=3.0～2.3

细砂：M_x=2.2～1.6

细度模数在一定程度上反映砂颗粒的平均粗细程度，但不能反映砂粒径的分布情况，不同粒径分布的砂可能有相同的细度模数。

根据计算和实验结果，GB/T 14684—2011 规定将砂的合理级配以 600μm 级的累计筛余率为准，划分为 3 个级配区，分别称为1、2、3 区，见表 4-3。任何一种砂，只要其累计筛余率 A_1～A_6 分别分布在某同一级配区的相应累计筛余率的范围内，即为级配合格。具体评定时，除 4.75mm 及 600μm 外，其他级的累计筛余率允许稍有超出，但超出总量不得大于 5%。

评定砂的颗粒级配时也可采用作图法，即以筛孔直径为横坐标，以累计筛余率为纵坐标，将表 4-3 规定的各级配区相应累计筛余率的范围标注在图上形成级配区域，如图 4.3 所示。然后把某种砂的累计筛余率 A_1～A_6 在图上依次描点连线，若所连折线都在某一级配区的累计筛除率范围内，即为级配合格。

表 4-3　砂颗粒级配区（GB/T 14684—2011）

累计筛余/(%) 筛孔尺寸/mm	天然砂			机制砂		
	1 区	2 区	3 区	1 区	2 区	3 区
4.75	0～10	0～10	0～10	0～10	0～10	0～10
2.36	5～35	0～25	0～15	5～35	0～25	0～15
1.18	35～65	10～50	0～25	35～65	10～50	0～25
0.6	71～85	41～70	16～40	71～85	41～70	16～40
0.3	80～95	70～92	55～85	80～95	70～92	55～85
0.15	90～100	90～100	90～100	85～97	80～94	75～94

配制混凝土时宜优先选用 2 区砂，其粗细适中、级配较好，能使混凝土拌合物获得良好的和易性。当采用 1 区砂时，由于砂颗粒偏粗，配置的混凝土流动性大，但黏聚性和保水性较差，应适当提高砂率，并保证足够的水泥用量，以满足混凝土的和易性要求；当采用 3 区砂时，由于颗粒偏细，配置的混凝土黏聚性和保水性较好，但水泥用量大、干缩大，容易产生微裂缝。

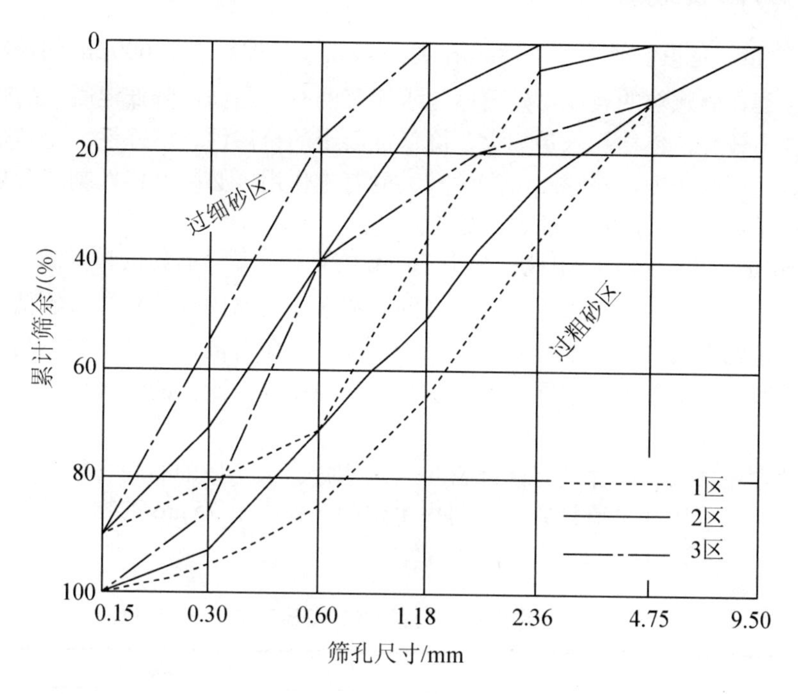

图 4.3 砂的级配曲线

特别提示

如果砂的自然级配不符合级配区的要求，可采用人工调整级配来改善，即将粗细不同的砂进行掺配或将砂筛除过粗、过细的颗粒，直到符合要求为止。

【例题】某砂样经筛分析试验，其结果见表 4-4，试分析该砂的粗细程度与颗粒级配。

表 4-4 砂样筛分试验结果

筛孔尺寸/mm	筛余量/g	分计筛余百分率/(%)	累计筛余百分率/(%)
4.75	10	2	2
2.36	77	15.4	17.4
1.18	65	13	30.4
0.6	92	18.4	48.8
0.3	125	25	73.8
0.15	113	22.6	96.4
底盘	18	3.6	100

解： $M_x = \dfrac{(A_2 + A_3 + A_4 + A_5 + A_6) - 5A_1}{100 - A_1} = \dfrac{(17.4 + 30.4 + 48.8 + 73.8 + 96.4) - 5 \times 2}{100 - 2}$

$=2.62$

结果评定：此砂为中砂，级配属于 2 区，级配合格。

(2) 含泥量、泥块含量和石粉含量。

① 含泥量。是指天然砂中粒径小于 75 μm 的岩屑、淤泥和黏土颗粒含量。

② 泥块含量。是指粒径大于1.18mm，经水浸洗、手捏后小于600μm的颗粒含量。砂中的泥通常包裹在砂颗粒的表面，妨碍砂与水泥浆的有效黏结，降低混凝土的强度。同时其吸附水的能力较强，使拌和水量加大，降低混凝土的抗渗性、抗冻性。尤其是黏土，体积变化不稳定，湿胀干缩，对混凝土产生较大的有害作用，必须严格控制其含量。若含泥量或泥块含量超量，可采用水洗的方法处理。

③ 石粉含量。是指人工砂中粒径小于75μm的颗粒含量。石粉的粒径虽小，但与天然砂中的泥成分不同，粒径分布也不同。过多的石粉含量会妨碍水泥与骨料的粘接，对混凝土无益；但适量的石粉含量不仅可弥补人工砂颗粒多棱角对混凝土带来的不利，还可完善混凝土的细骨料的级配，提高混凝土的密实性，进而提高混凝土的综合性能，但其掺量也要适宜。

天然砂的含泥量、泥块含量应符合表4-5的规定。人工砂的石粉含量和泥块含量应符合表4-6的规定。其中亚甲蓝试验是专门用于检测粒径小于75μm的物质是纯石粉还是泥土的试验。

表4-5 天然砂的含泥量、泥块含量(GB/T 14684—2011)

<table>
<tr><th rowspan="2">项　目</th><th colspan="3">指　标</th></tr>
<tr><th>Ⅰ类</th><th>Ⅱ类</th><th>Ⅲ类</th></tr>
<tr><td>含泥量 (按质量计)/(%)</td><td>≤1.0</td><td>≤3.0</td><td>≤5.0</td></tr>
<tr><td>泥块含量 (按质量计)/(%)</td><td>0</td><td>≤1.0</td><td>≤2.0</td></tr>
</table>

表4-6 人工砂中石粉含量和泥块含量(GB/T 14684—2011)

<table>
<tr><th colspan="4" rowspan="2">项　目</th><th colspan="3">指　标</th></tr>
<tr><th>Ⅰ类</th><th>Ⅱ类</th><th>Ⅲ类</th></tr>
<tr><td>1</td><td rowspan="4">亚甲蓝试验</td><td rowspan="2">MB 值＜1.40 或合格</td><td>石粉含量(按质量计)/(%)</td><td colspan="3">≤10.0</td></tr>
<tr><td>2</td><td>泥块含量(按质量计)/(%)</td><td>0</td><td>≤1.0</td><td>≤2.0</td></tr>
<tr><td>3</td><td rowspan="2">MB 值＞1.40 或不合格</td><td>石粉含量(按质量计)/(%)</td><td>≤1.0</td><td>≤3.0</td><td>≤5.0</td></tr>
<tr><td>4</td><td>泥块含量(按质量计)/(%)</td><td>0</td><td>≤1.0</td><td>≤2.0</td></tr>
</table>

(3) 有害物质。配制混凝土的细骨料要求清洁以保证混凝土的质量。GB/T 14684—2001规定，砂中不应混有草根、树叶、树枝、塑料、煤块、炉渣等杂物。其他有害物质，包括云母、轻物质、有机物、硫化物和硫酸盐、氯盐的含量控制应符合表4-7的规定。

表4-7 砂中有害物质含量(GB/T 14684—2011)

<table>
<tr><th rowspan="2">项　目</th><th colspan="3">指　标</th></tr>
<tr><th>Ⅰ类</th><th>Ⅱ类</th><th>Ⅲ类</th></tr>
<tr><td>云母(按质量计)/(%)</td><td>≤1.0</td><td>≤2.0</td><td>≤2.0</td></tr>
<tr><td>轻物质(按质量计)/(%)</td><td colspan="3">≤1.0</td></tr>
<tr><td>有机物(比色法)/(%)</td><td colspan="3">合格</td></tr>
<tr><td>硫化物和硫酸盐(按 SO_3 质量计)/(%)</td><td colspan="3">≤0.5</td></tr>
<tr><td>氯化物(按氯离子质量计)/(%)</td><td>≤0.01</td><td>≤0.02</td><td>≤0.06</td></tr>
</table>

① 云母及轻物质。云母是砂中常见的矿物，呈薄片状，极易分裂和风化，会影响混凝土的和易性和强度。轻物质是指密度ρ小于$2g/cm^3$的矿物(如煤粉或轻砂)，其本身与水泥粘接不牢，会降低混凝土的强度和耐久性。

② 有机物。有机物是指天然砂中混杂的动植物的腐殖质或腐殖土等。有机物减缓水泥的凝结，影响混凝土的强度。如果砂中有机物过多，可采用石灰水冲洗、露天摊晒的方法处理解决。

③ 硫化物和硫酸盐。硫化物和硫酸盐是指砂中所含的二硫化铁(FeS_2)和石膏($CaSO_4 \cdot 2H_2O$)。它们会与硅酸盐水泥石中的水化产物反应生成体积膨胀的水化硫铝酸钙，造成水泥石的开裂，降低混凝土的耐久性。

④ 氯盐。氯离子会对钢筋造成锈蚀，所以对钢筋混凝土，尤其是预应力混凝土中的氯盐含量应严加控制。氯盐可用水洗的方法处理。

(4) 砂的坚固性。砂的坚固性是指砂在自然风化和其他外界物理、化学因素作用下抵抗破坏的能力。天然砂采用硫酸钠溶液法进行试验，砂样经5次循环后其质量损失应符合表4-8的规定。人工砂采用压碎指标法进行试验，压碎指标值应符合表4-9的规定。

表4-8 天然砂坚固性指标

项　目	指　标		
质量损失/(%)	Ⅰ类	Ⅱ类	Ⅲ类
	≤8		≤10

表4-9 人工砂压碎指标

项　目	指　标		
单级最大压碎指标/(%)	Ⅰ类	Ⅱ类	Ⅲ类
	≤20	≤25	≤30

(5) 表观密度、堆积密度、空隙率。砂的表观密度、堆积密度、空隙率应符合如下规定：表观密度>$2500kg/m^3$；松散堆积密度>$1350kg/m^3$；空隙率<47%。

3) 粗骨料——石子

粗骨料是指粒径大于4.75mm的岩石颗粒，常见的有碎石和卵石两类。

碎石是由较大的卵石经机械破碎、筛分制成的粒径大于4.75mm的岩石颗粒；卵石是由自然条件作用而形成的表面较光滑的、经筛分后粒径大于4.75mm的岩石颗粒。按其产源不同，分为河卵石、海卵石和山卵石等。与碎石相比，卵石的表面光滑，拌制的混凝土比碎石混凝土流动性较大，但与水泥砂浆粘接力差，故强度较低；而碎石表面粗糙，多棱角，在相同配合比的条件下，拌制的混凝土流动性较小，但其表面积大，与水泥的粘接强度较高，所配混凝土的强度较高。卵石和碎石按技术要求分为Ⅰ类、Ⅱ类、Ⅲ类：Ⅰ类用于强度等级大于C60的混凝土；Ⅱ类用于强度等级为C30～C60及抗冻、抗渗或有其他要求的混凝土；Ⅲ类适用于强度等级小于C30的混凝土。

《建筑用卵石、碎石》(GB/T 14685—2011)对粗骨料的技术性能要求如下。

(1) 最大粒径与颗粒级配。与混凝土所用砂相同，混凝土对粗骨料的基本要求也是颗粒的总表面积要小和颗粒大小搭配要合理，即空隙率要小，以达到节约水泥和逐级填充形成最大的密实度，提高混凝土的强度和耐久性的目的。这两项要求分别用石子的最大粒径和颗粒级配来控制。

① 最大粒径(D_{max})。粗骨料的最大粒径是指公称粒径的上限值，如公称粒级(5～20mm)的石子其最大粒径为20mm。粗骨料的最大粒径增大，骨料的总表面积减小，包裹其表面的水泥浆量减少，可节约水泥用量。若在和易性一定的前提下，减少用水泥量，可使混凝土强度和耐久性提高。所以，在条件许可的情况下，粗骨料的最大粒径应尽可能选得大一些。选择石子最大粒径主要从以下3个方面考虑。

a．从结构上考虑。石子最大粒径应考虑建筑结构的截面尺寸及配筋疏密。根据《混凝土结构工程施工质量验收规范》(GB 50204—2002)的规定，混凝土用的粗骨料，其最大粒径不得超过构件截面最小尺寸的1/4，且不得超过钢筋最小净间距的3/4。对混凝土的实心板，骨料的最大粒径不宜超过板厚的1/3，且不得超过40mm。

b．从施工上考虑。对于泵送混凝土，最大粒径与输送管内径之比，碎石不宜大于1∶3，卵石不宜大于1∶2.5。高层建筑宜控制在(1∶3)～(1∶4)，超高层建筑宜控制在(1∶4)～(1∶5)。粒径过大，对运输和搅拌都不方便，容易造成混凝土离析、分层等质量问题。

c．从经济上考虑。试验表明，当使用的粗骨料的最大粒径＜80mm时，水泥用量随最大粒径减小而增加；当最大粒径＞150mm时，节约水泥效果却不明显，如图4.4所示。因此，从经济上考虑，最大粒径不宜超过150mm。此外，对于高强混凝土，从强度观点看，当使用的最大粒径超过40mm时，由于用水泥量的减少而获得的强度提高，会被大粒径骨料造成的较小黏结面积和不均匀性的不利影响所抵消。所以，在水利、海港等工程中可采用较大粒径的粗骨料，但在房屋建筑工程中，一般所采用的粗骨料最大粒径不宜超过40mm。

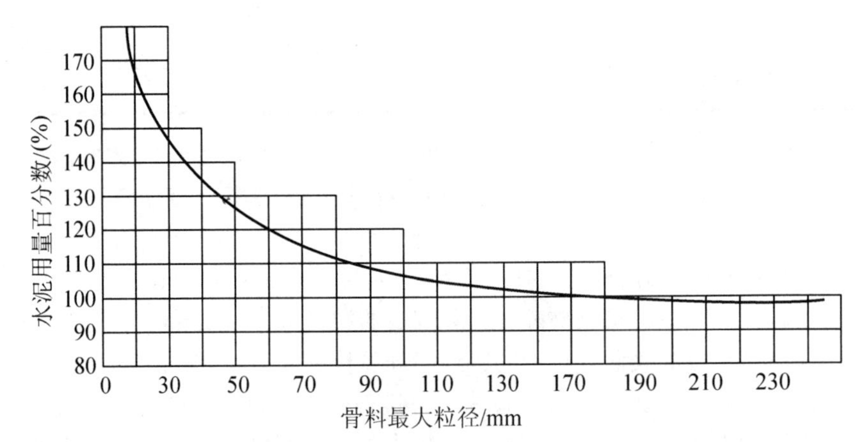

图4.4　骨料最大粒径与水泥用量关系曲线

② 颗粒级配。与砂类似，粗骨料的颗粒级配也是通过筛分试验确定的，所采用的标准筛孔径为2.36mm、4.75mm、9.50mm、16.0mm、19.0mm、26.5mm、31.5mm、37.5mm、53.0mm、63.0mm、75.0mm、90.0mm等。根据累计筛余百分率，碎石和卵石的颗粒级配范围见表4-10。

表 4-10 碎石和卵石的颗粒级配的范围(GB/T 14685—2011)

累计筛余/(%) 筛孔/mm 公称粒径/mm		2.36	4.75	9.50	16.0	19.0	26.5	31.5	37.5	53.0	63.0	75.0	90.0
	5～16	95～100	85～100	30～60	0～10	0							
	5～20	95～100	90～100	40～80		0～10	0						
	5～25	95～100	90～100		30～70		0～5	0					
	5～31.5	95～100	90～100	70～90		15～45		0～5	0				
	5～40		95～100	70～90		30～65			0～5	0			
单粒粒级	5～10	95～100	80～100	0～15	0								
	10～16		95～100	80～100	0～15	0							
	10～20		95～100	85～100		0～15	0						
	16～31.5		95～100		85～100			0～10	0				
	20～40			95～100		80～100			0～10	0			
	31.5～63				95～100			75～100	45～75		0～10	0	
	40～80					95～100			70～100		30～60	0～10	0

粗骨料的颗粒级配按供应情况分为连续级配和单粒级配。按实际使用情况分为连续级配和间断级配两种。

连续级配是石子的粒径从小到大连续分级，每一级都占适当的比例。用连续级配配制的混凝土拌合物和易性好，不易发生离析，在工程中应用较多，如天然卵石。

间断级配是石子粒级不连续，人为剔去某些中间粒级的颗粒而形成的级配方式。间断级配能更有效地降低石子颗粒间的空隙，使水泥达到最大限度地节约，但由于粒径相差较大，故混凝土拌合物易发生离析，工程中应用较少。

(2) 强度与坚固性。

① 强度。粗骨料在混凝土中要形成坚硬的骨架，故其强度要满足一定的要求。粗骨料的强度有岩石抗压强度和压碎指标值两种。

立方体抗压强度是将浸水饱和状态下的骨料母体岩石制成的 50mm×50mm×50mm 立方体(或 ϕ50mm×50mm 的圆柱体)试件，在标准试验条件下测得的抗压强度值。该强度要求火成岩不小于 80MPa，变质岩不小于 60MPa，水成岩不小于 30MPa。

压碎指标是对粒状粗骨料强度的另一种测定方法。该种方法是将气干的石子按规定方法填充于压碎指标测定仪(内径 152 mm 的圆筒)内，其上放置压头，在试验机上均匀加荷至 200kN 并稳荷 5s，卸荷后称量试样质量(G_1)，然后再用孔径为 2.36mm 的筛进行筛分，称其

筛余量(G_2)，则压碎指标 Q_e 可按下式计算：

$$Q_e = \frac{G_1 - G_2}{G_1} \times 100\%$$

压碎指标值越小，表示骨料抵抗受压碎裂的能力越强。粗骨料的压碎指标值应符合表 4-11 的规定。

表 4-11　碎石或卵石的压碎指标值(GB/T 14685—2011)

项　　目	指　　标		
	Ⅰ类	Ⅱ类	Ⅲ类
碎石压碎指标，小于/(%)	<10	<20	<30
卵石压碎指标，小于/(%)	<12	<14	<16

② 坚固性。坚固性是指卵石和碎石在气候、外力及其他物理力学因素作用下抵抗碎裂的能力，一般采用硫酸钠溶液浸泡法来检验。碎石和卵石经 5 次循环后，其质量损失应符合表 4-12 的规定。

表 4-12　砂、碎石和卵石的坚固性指标(GB/T 14685—2011)

项　　目	指　　标		
	Ⅰ类	Ⅱ类	Ⅲ类
质量损失，小于/(%)	<5	<8	<12

③ 针片状颗粒。卵石和碎石颗粒的长度大于该颗粒所属相应粒级的平均粒径 2.4 倍者为针状颗粒；厚度小于平均粒径 0.4 倍者为片状颗粒(平均粒径指粒级上、下限粒径的平均值)。针片状颗粒易折断，且会增大骨料的空隙率，使混凝土拌合物的和易性变差，强度降低。故其含量应符合表 4-13 的规定。

表 4-13　针片状颗粒含量(GB/T 14685—2011)

项　　目	指　　标		
	Ⅰ类	Ⅱ类	Ⅲ类
针片状颗粒(按质量计)/(%)	<5	<15	<15

④ 含泥量和泥块含量。粗骨料中的含泥量是指粒径小于 75 μm 的颗粒含量；泥块含量是指原粒径大于 4.75mm，经水浸洗、手捏后小于 2.36mm 的颗粒含量。卵石、碎石的含泥量和泥块含量应符合表 4-14 的规定。

表 4-14　卵石、碎石的含泥量和泥块含量(GB/T 14685—2011)

项　　目	指　　标		
	Ⅰ类	Ⅱ类	Ⅲ类
含泥量(按质量计)/(%)	<0.5	<1.0	<1.5
泥块含量(按质量计)/(%)	0	<0.2	<0.5

⑤ 有害物质。卵石和碎石中不应混有草根、树叶、树枝、塑料、煤块和炉渣等杂物。且其中的有害物质(有机物、硫化物和硫酸盐)的含量控制应符合表 4-15 的规定。

表4-15　卵石和碎石中有害物质的含量(GB/T 14685—2011)

项　目	指　标		
	Ⅰ类	Ⅱ类	Ⅲ类
有机物	合格	合格	合格
硫化物和硫酸盐(按 SO_3 质量计)，小于/(%)	<0.5	<1.0	<1.0

当粗细骨料中含有活性二氧化硅(如蛋白石、凝灰岩、鳞石英等岩石)时，会与水泥中的碱性氧化物 Na_2O 或 K_2O 发生化学反应，生成体积膨胀的碱-硅酸凝胶体，该种物质吸水体积膨胀，会造成硬化混凝土的严重开裂，甚至造成工程事故，这种有害作用称为碱骨料反应。国家标准《建筑用卵石、碎石》(GB/T 14685—2011)规定当骨料中含有活性二氧化硅，而水泥含碱量超过0.6%时，需进行专门试验，以确定骨料的可用性。

4) 混凝土拌和及养护用水

混凝土拌和及养护用水按水源可分为饮用水、地表水、地下水、海水及经适当处理过的工业废水。混凝土拌和及养护用水的基本要求是：①不能含影响水泥正常凝结与硬化的有害杂质；②无损于混凝土强度发展及耐久性；③不能加快钢筋锈蚀；④不引起预应力钢筋脆断；⑤保证混凝土表面不受污染。

根据这些要求，符合国家标准的生活饮用水可直接拌制各种混凝土。当采用其他来源水时，必须满足《混凝土用水标准》(JGJ 63—2006)的规定。混凝土拌和用水物质含量限值见表4-16。

表4-16　混凝土拌和用水有害物质含量限值(JGJ 63—2006)

项　目	预应力混凝土	钢筋混凝土	素混凝土
pH	≥5.0	≥4.5	≥4.5
不溶物/(mg/L)	≤2000	≤2000	≤5000
可溶物/(mg/L)	≤2000	≤5000	≤10000
Cl^-/(mg/L)	≤500	≤1000	≤3500
SO_4^{2-}/(mg/L)	≤600	≤2000	≤2700
碱含量/(rag/L)	≤1500	≤1500	≤1500

5) 混凝土外加剂

混凝土外加剂是指在混凝土搅拌之前或拌制过程中加入的、用以改善新拌混凝土和(或)硬化混凝土性能的材料。其掺量一般不大于水泥质量的5%。

(1) 外加剂的分类。根据国家标准《混凝土外加剂定义、分类、命名与术语》(GB/T 8075—2005)的规定，混凝土外加剂按其主要使用功能可分为4类。

① 改善混凝土拌合物流变性能的外加剂。如减水剂、引气剂、泵送剂等。

② 调节混凝土凝结时间、硬化性能的外加剂。如缓凝剂、早强剂、速凝剂等。

③ 改善混凝土耐久性的外加剂。如引气剂、阻锈剂、防水剂和矿物外加剂等。

④ 改善混凝土其他性能的外加剂。如膨胀剂、防冻剂、着色剂等。

(2) 常用的外加剂，有如下几种。

① 减水剂。减水剂是指在混凝土拌合物坍落度基本相同的条件下，能减少拌和用水量

的外加剂。

a. 减水剂的作用机理。减水剂属于表面活性物质，这类物质的分子分为亲水端和憎水端两部分。

水泥加水拌和后，由于水泥矿物颗粒带有不同电荷，会产生异性吸引或由于水泥颗粒在水中的热运动而产生吸附力，使其形成絮凝状结构，把部分拌和用水包裹在其中，对拌合物的流动性不起作用，降低了流动性。因此在施工中就必须增加拌和水量，而水泥水化的用水量很少(水胶比仅 0.23 左右即可完成水化)，多余的水分在混凝土硬化后，会挥发形成较多的孔隙，从而降低混凝土的强度和耐久性。

加入减水剂后，减水剂的憎水端定向吸附于水泥矿物颗粒的表面，亲水端朝向水溶液，形成吸附水膜。由于减水剂分子的定向排列，使水泥颗粒表面带有相同的电荷，在电斥力的作用下，使水泥颗粒分散开来，由絮凝状结构变成分散状结构，从而把包裹的水分释放出来，参与流动，达到减水、提高流动性的目的，如图 4.5 所示。

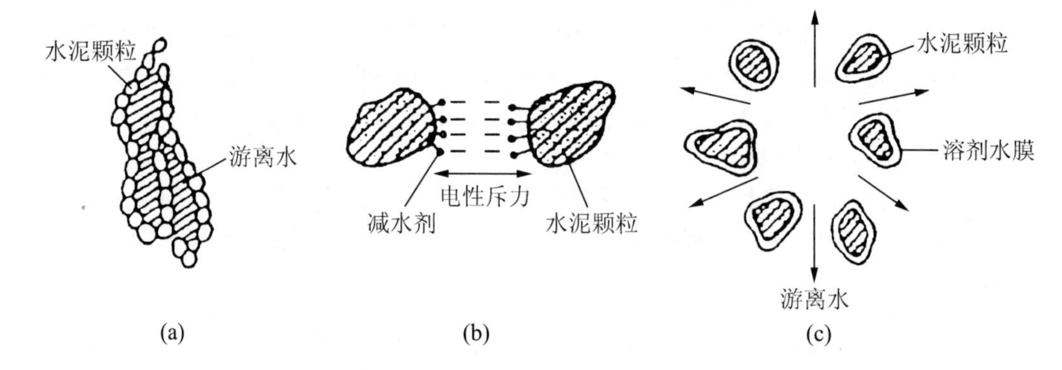

图 4.5　水泥浆的絮凝结构和减水剂作用

b. 掺减水剂的技术经济效果，主要表现在以下 4 个方面。

• 增大流动性。在原配合比不变，即水、水胶比、强度均不变的条件下，混凝土拌合物坍落度可增大 100～200mm。

• 提高强度。在保持流动性及水泥用量不变的条件下，可减少拌和用水10%～25%，使水胶比下降，从而提高混凝土的强度15%～30%。

• 节约水泥。在保持流动性及强度不变的条件下，可减少拌和用水，从而使水泥用量减少 10%～15%，达到保证强度而节约水泥的目的。

• 改善其他性质。掺加减水剂还可改善混凝土拌合物的黏聚性、保水性，提高硬化混凝土的密实度，改善耐久性等。

c. 减水剂的常用品种与效果。减水剂按其化学成分可分为木质素系减水剂、萘系减水剂、氨基磺酸系减水剂、聚羧酸系减水剂及糖蜜系减水剂等见表 4-17。

表 4-17　常用减水剂的品种及性能

种　类	木质素系	萘　系	氨基磺酸系	聚羧酸系	糖蜜系
类别	普通减水剂	高效减水剂	高效减水剂	高效减水剂	普通减水剂
主要品种	木质素磺酸钙(木钙粉、M 型减水剂)、木质素磺酸钠等	NNO、NF、FDN、UNF、MF 等	ASPF	PC	3FG、TF、ST 等

续表

种　类	木质素系	萘　系	氨基磺酸系	聚羧酸系	糖蜜系
适宜掺量(占水泥重)	0.2%～0.3%	0.2%～1.0%	0.5%～2.0%	0.2%～0.5%	0.2%～0.3%
减水率	10%左右	15%～20%以上	30%	30%	6%～10%
早强效果	一般	显著	显著(1d 强度提高 1 倍，7d 可达 28d 强度)	显著	一般
缓凝效果	1～3h	一般	一般	一般	3h 以上
引气效果	1%～2%	部分品种<2%	一般	一般	一般
适用范围	一般混凝土工程及大模板、滑模、泵送、大体积及夏季施工的混凝土工程	所有混凝土工程，特别适用于配置高强混凝土及大流动性混凝土	配置高强混凝土、早强混凝土、流态混凝土、蒸养混凝土等	所有混凝土工程，更适用于高强混凝土、高性能混凝土。绿色环保产品，21 世纪主要减水剂品种	大体积混凝土、大坝混凝土及滑模、夏季施工的混凝土工程

d. 减水剂的掺法。主要有先掺法、同掺法、后掺法等，以“后掺法”最为常用。后掺法是指减水剂不是在搅拌混凝土时加入，而是在运输途中或在施工现场分一次加入或几次加入，再经二次或多次搅拌，成为混凝土拌合物。

后掺法可减少、抑制混凝土拌合物在长距离运输过程中的分层离析和坍落度损失，可提高混凝土拌合物的流动性、减水率、强度，降低减水剂掺量，节约水泥，并可提高减水剂对水泥的适应性等。后掺法特别适合于采用泵送法施工的商品混凝土。

② 早强剂。早强剂是指能加速混凝土早期强度发展的外加剂。早强剂可在不同温度下加速混凝土强度的发展，多用于要求早拆模、抢修工程及冬期施工的工程。早强剂按其化学成分分为无机早强剂和有机早强剂两类。无机早强剂常用的有氯盐、硫酸盐、亚硝酸盐等，有机早强剂有乙醇、三乙醇胺等。为更好地发挥各种早强剂的技术特性，实践中常采用复合早强剂。

③ 引气剂。引气剂是在混凝土搅拌过程中能引入大量均匀分布、稳定而封闭的微小气泡且能保留在硬化混凝土中的外加剂。引气剂可以改善混凝土拌合物的和易性；显著提高混凝土的抗冻性、抗渗性等耐久性。但随着含气量的增加，会降低混凝土的强度。一般含气量每增加 1%，混凝土的抗压强度可降低 4%～6%。引气剂的种类按化学组成可分为松香树脂类、烷基苯磺酸类、脂肪酸磺酸类等。其中应用较为普遍的是松香树脂类中的松香热聚物和松香皂，其掺量极微，均为水泥质量的 0.01%～0.02%。

引气剂可用于抗冻混凝土、抗渗混凝土、抗硫酸盐侵蚀混凝土、泌水严重的混凝土、轻骨料混凝土等，但不宜用于蒸养混凝土及预应力混凝土。

④ 缓凝剂。缓凝剂是指能延长混凝土凝结时间的外加剂。缓凝剂常用的品种有糖蜜类、木质素磺酸盐类、有机酸类、无机盐类 4 类。其中我国常用的为木钙(木质磺酸盐类)和糖蜜(多羟基碳水化合物类)，其中糖蜜的缓凝效果最好。

缓凝剂有延缓混凝土的凝结、保持和易性、延长放热时间、消除或减少裂缝及减水增强等多种功能，对钢筋也无锈蚀作用，适于高温季节施工和泵送混凝土、滑模混凝土，以及大体积混凝土的施工或远距离运输的商品混凝土。但缓凝剂不宜用于日最低气温在 5℃以下施工的混凝土，也不宜单独用于有早强要求的混凝土和蒸养混凝土。

⑤ 防冻剂。防冻剂是指能使混凝土在负温下硬化，并在规定养护条件下达到预期性能的外加剂。在规定温度下能显著降低混凝土的冰点，使混凝土液相不冻结或仅部分冻结，以保证水泥的水化作用，并在一定时间内获得预期强度的外加剂。

4.1.4 普通混凝土的主要技术性质

混凝土的技术性质包括混凝土拌合物(图 4.6)的技术性质和硬化混凝土的技术性质两部分。混凝土拌合物的主要技术性质为和易性；硬化混凝土的技术性质主要包括强度和耐久性等。

图 4.6 混凝土拌合物

1. 混凝土拌合物的和易性

1) 和易性的概念

和易性是指混凝土拌合物易于施工操作(包括搅拌、运输、浇筑、振捣和密实成型)，并能获得质量均匀、成型密实的性能。和易性好的混凝土在搅拌时各种组成材料易于均匀混合，均匀卸出；在运输过程中拌合物不离析；在浇筑过程中易于浇筑、振实、填满模板；在硬化过程中能保证水泥水化以及水泥石和骨料的良好黏结。因此混凝土的和易性是一项综合性质，它包括流动性、黏聚性、保水性 3 个方面的性质。

(1) 流动性。是指混凝土拌合物在本身自重或机械振捣的作用下产生流动，能均匀密实的填满模板的性能，它反映了混凝土拌合物的稀稠程度，直接影响到浇捣施工的难易和混凝土的质量。

(2) 黏聚性。是指混凝土拌合物的各种组成材料在施工过程中具有一定的内聚力，能保持成分的均匀性，在运输、浇筑、振捣过程中不发生分层离析的现象。它反映了混凝土拌合物的均匀性。

(3) 保水性。是指混凝土拌合物在施工过程中具有一定的保持内部水分的能力，不产生严重泌水的性能。保水性差的混凝土，其内部固体颗粒会下沉、水分会上浮，影响水泥的水化；使混凝土表层疏松，同时泌水通道会形成混凝土的连通孔隙而降低其密实度、强度和耐久性。它反映了混凝土拌合物的稳定性。

由上述内容可知，混凝土的和易性是一项由流动性、黏聚性、保水性构成的综合性能，各性能间既相互关联又相互矛盾。如提高水胶比可提高流动性，但往往又会使黏聚性和保水性变差；而黏聚性、保水性好的拌合物一般流动性可能较差。在实际工程中，应尽可能使三者达到协调统一，既满足混凝土施工时要求的流动性，同时也具有良好的黏聚性和保水性。

2) 和易性的检验评定方法

通常采用定量法测定混凝土拌合物的流动性，再辅以直观经验评定黏聚性和保水性来综合评定。根据《普通混凝土拌合物性能试验方法标准》(GB 50080—2002)的规定，拌合物的流动性大小用坍落度与坍落扩展度法和维勃稠度法测定。其中坍落度和坍落扩展度法适用于骨料最大粒径不大于 40mm、坍落度不小于 10mm 的塑性和流动性混凝土拌合物；维勃稠度法适用于骨料最大粒径不大于 40mm、维勃稠度在 5～30s 之间的干硬性混凝土拌合物。

混凝土拌合物定量测定流动性的常用方法主要采用坍落度法和维勃稠度法。坍落度法是测定混凝土拌合物在自重作用下产生的变形值——坍落度(单位：mm)，通常用 T 表示。坍落度越大，流动性越好。其具体检测方法见本章“4.4 混凝土的检测”内容介绍。混凝土拌合物根据其坍落度合维勃稠度分级见表 4-18。

表 4-18 混凝土拌合物的流动性的分级

坍落度级别			维勃稠度级别		
级 别	名 称	坍落度/mm	级 别	名 称	维勃稠度/s
T_1	低塑性混凝土	10～40	V_0	超干硬性混凝土	≥31
T_2	塑性混凝土	50～90	V_1	特干硬性混凝土	30～21
T_3	流动性混凝土	100～150	V_2	干硬性混凝土	20～11
T_4	大流动性混凝土	≥160	V_3	半干硬性混凝土	10～5

3) 混凝土拌合物流动性(坍落度)的选择

混凝土拌合物的流动性的选择原则是在满足施工操作及混凝土成型密实的条件下，尽可能选用较小的坍落度，以节约水泥并获得较高质量的混凝土。工程中具体选用时，流动性的大小主要取决于构件截面尺寸、钢筋疏密程度及捣实方法。若构件截面尺寸小、钢筋密集(图 4.7)或采用人工捣实时，应选择流动性大一些；反之，选择流动性小些。根据《混凝土结构工程施工质量验收规范》(GB 50204—2002)的规定，混凝土浇筑时的坍落度选择按表 4-19 选用。

图 4.7　钢筋密集的构件

表 4-19　混凝土浇筑时坍落度

结构种类	坍落度/mm
基础或地面等的垫层、无配筋的大体积结构(挡土墙、基础等)或配筋稀疏的结构	10～30
板、梁或大型及中型截面的柱子等	30～50
配筋密列的结构(薄壁、斗仓、筒仓、细柱等)	50～70
配筋特密的结构	70～90

4) 影响混凝土拌合物和易性的因素

(1) 水泥浆数量和水胶比。水泥浆赋予混凝土拌合物一定的流动性。在水泥浆稠度保持不变，即水胶比一定时，增加水泥浆的用量，则包裹在骨料颗粒表面的浆体越厚，润滑作用越好，则拌合物的流动性增大；但水泥浆过多，不仅浪费水泥，而且容易使拌合物的黏聚性和保水性变差，出现分层离析现象，降低混凝土的强度和耐久性；水泥浆过少，不能很好地包裹骨料表面和填充骨料间的空隙，则拌合物就会产生离析、崩坍现象。所以，水泥浆数量应以满足流动性为准。

水胶比是指混凝土拌合物中用水量与胶凝材料(水泥和活性矿物掺和料的总称)用量的比值，用 W/B 表示。水胶比的大小决定了水泥浆的稀稠。当水泥用量一定时，水胶比越小，水泥浆越稠，混凝土拌合物的流动性越小。当水胶比过小时，拌合物流动性过低，会造成施工困难，且不能保证混凝土的密实性；而水胶比过大，混凝土拌合物的流动性大，又会造成混凝土拌合物的黏聚性、保水性变差，易出现分层离析现象。所以，水胶比既不能太大，也不能太小，应该适当。一般根据混凝土的强度和耐久性要求合理选用。

实际上，无论是水泥浆数量的增减，还是水胶比的变化，其实都是用水量的变化对混凝土和易性的影响。因此，影响混凝土拌合物和易性的决定性因素是单位体积用水量的多少。大量试验证明，当水胶比在一定范围(0.40～0.80)内而其他条件不变时，混凝土拌合物的流动性只与单位用水量(每立方米混凝土拌合物的拌和水量)有关，这一现象称为“恒定用水量法则”。利用这一法则可以在混凝土配合比设计时，通过固定单位用水量，采用不同的水胶比配制出流动性相同但强度不同的混凝土。

(2) 砂率。砂率是指混凝土中砂的质量占砂石总质量的百分率，可用式(4-2)表示：

$$\beta_s = \frac{m_s}{m_s + m_g} \times 100\% \tag{4-2}$$

式中：β_s ——砂率(%)；

m_s ——混凝土中砂的质量(kg)；

m_g ——混凝土中石子的质量(kg)。

在混凝土骨料中，砂的粒径远小于石子，因此砂的比表面积大，而砂的作用是填充石子间的空隙，并以水泥砂浆包裹在石子的表面，减少石子间的摩擦阻力，赋予混凝土拌合物一定的流动性。砂率的变动会使骨料的空隙率和总表面积有显著的变化，因而对混凝土拌合物的和易性有很大的影响。砂率过大，骨料的总表面积增大，在水泥浆用量不变的情况下，骨料表面的水泥浆层相对减薄，则拌合物的流动性降低。砂率过小，虽然总表面积减小了，但不能保证粗骨料间有足够的水泥砂浆，也会降低拌合物的流动性，并严重影响黏聚性和保水性，产生分层、离析和流浆现象。

因此，在混凝土配合比设计时，为保证和易性，应选择最佳砂率(合理砂率)。合理砂率是指在水泥浆数量一定的条件下，能使混凝土拌合物获得最大的流动性而且保持良好的黏聚性和保水性的砂率；或者在流动性(坍落度)、强度一定，黏聚性良好时，水泥用量最小时的砂率如图 4.8 所示。

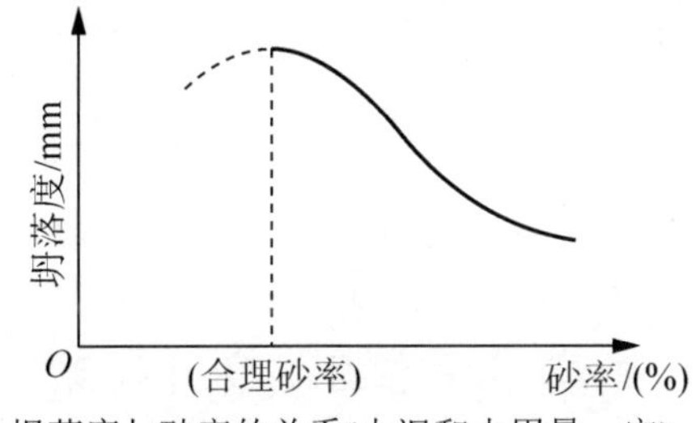

(a) 坍落度与砂率的关系(水泥和水用量一定)

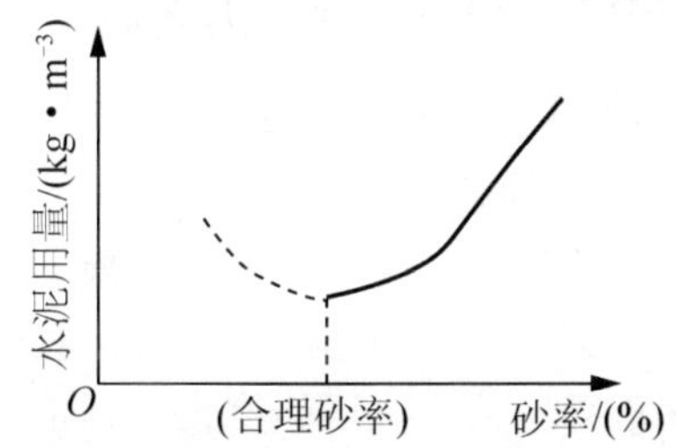

(b) 水泥用量与砂率的关系(达到相同坍落度)

图 4.8 砂率对混凝土拌合物的流动性和水泥用量的影响

(3) 组成材料性质的影响。

① 水泥的品种、细度。不同品种的水泥，其矿物组成、所掺混合材料种类的不同都会影响到需水量。即使拌和水量相同，所得水泥浆的性质也会直接影响混凝土拌合物的和易性。如矿渣硅酸盐水泥拌和的混凝土流动性较大，但保水性和黏聚性较差。粉煤灰硅酸盐水泥拌和的混凝土则流动性、黏聚性、保水性都较好。水泥的细度越细，在相同用水量情况下其混凝土拌合物流动越小，但黏聚性及保水性较好。

② 骨料的品种、规格、质量。河砂及卵石多呈圆形，表面光滑无棱角，在相同条件下其拌合物的流动性较碎石、山砂、人工砂的好；在其他条件完全相同的情况下，采用卵石拌制的混凝土，比用碎石拌制的混凝土的流动性好。

③ 外加剂与掺合料。外加剂能使混凝土拌合物在不增加水泥用量的条件下获得良好的和易性。在拌制混凝土时，掺入减水剂或引气剂，能使流动性显著提高，引气剂还可有效地改善混凝土拌合物的黏聚性和保水性。掺入粉煤灰、硅灰、沸石粉等掺合料，也可改善混凝土拌合物的和易性。

(4) 环境条件、施工条件、时间等对混凝土拌合物的合易性的影响可以表述如下。

混凝土拌合物的和易性在不同的施工环境条件下往往会发生变化，尤其是当前推广使用的集中搅拌的商品混凝土与现场搅拌的混凝土最大的不同就是要经过长距离的运输，才能到达施工地点。在此过程中，若空气湿度较小，气温较高，风速较大，混凝土的和易性就会因失水而发生较大的变化。

采用机械搅拌、机械捣实的混凝土拌合物的和易性比人工的好。

新拌制的混凝土随着时间的推移，部分拌和水蒸发或被骨料吸收，同时水泥矿物会逐渐水化，进而使混凝土拌合物变稠，流动性减小，造成坍落度损失，影响混凝土拌合物的和易性。

5) 改善混凝土拌合物和易性的措施

根据上述影响混凝土拌合物工作性的因素，可采取以下相应的技术措施来改善混凝土拌合物的和易性。

(1) 当混凝土拌合物的坍落度太小时，可保持水胶比不变，适当增加水泥浆的用量；当坍落度太大时，可保持砂率不变，调整砂石用量。

(2) 通过试验，采用合理砂率，以提高混凝土的质量及节约水泥。

(3) 改善砂、石的级配，尽可能采用连续级配。

(4) 有条件时尽量掺加外加剂。

(5) 根据具体环境条件，尽可能缩小新拌混凝土的运输时间。

2. 硬化混凝土的技术性质

1) 混凝土的强度

混凝土的强度是混凝土硬化后最主要的技术性质。强度包括抗压、抗拉、抗弯、抗剪及混凝土与钢筋之间的黏结强度等，其中以抗压强度为最大。因此在建筑工程中主要利用混凝土来承受压力，抗压强度也是判定混凝土质量的最主要的依据。工程中提到的混凝土强度一般指的是混凝土的抗压强度。

(1) 混凝土的抗压强度及强度等级。主要包括以下4方面内容。

① 立方体抗压强度。按照《普通混凝土力学性能试验方法标准》(GB/T 50081—2002)的规定，以边长为150 mm的立方体试件，在标准养护条件[温度(20±2)℃，相对湿度95%以上]下养护或在温度为(20±2)℃的不流动的 $Ca(OH)_2$ 饱和溶液中养护 28d(从搅拌加水开始计时)，用标准试验方法所测得的抗压强度值为混凝土的立方体抗压强度，用 f_{cu} 表示。

混凝土的立方体抗压强度采用的是标准试件在标准条件下测定出来的，其目的是具有可比性。在实际施工中，也可以根据粗骨料的最大粒径而采用非标准试件测出强度值，经换算成标准试件时的抗压强度。换算系数见表4-20。

表4-20 混凝土试件尺寸及强度的尺寸换算系数(GB 50204—2002)

骨料最大粒径/mm	试件尺寸/mm×mm×mm	换算系数
≤31.5	100×100×100	0.95
≤40.0	150×150×150	1.00
≤63.0	200×200×200	1.05

当混凝土强度等级≥C60 时，宜采用标准试件；当采用非标准试件时，尺寸换算系数可通过试验确定。

② 立方体抗压强度标准值和强度等级。立方体抗压强度标准值是指按标准方法制作、养护的边长为150mm的立方体试件(图4.9)，在28d龄期用标准实验方法测得的具有95%

保证率的抗压强度，用 $f_{cu,k}$ 表示。

图 4.9　混凝土立方体试件

混凝土强度等级是根据混凝土立方体抗压强度的标准值划分的级别。《混凝土结构设计规范》(GB 50010—2010)将混凝土划分为 C15、C20、C25、C30、C35、C40、C45、C50、C55、C60、C65、C70、C75、C80 共 14 个等级。其中 C 表示混凝土，C 后面的数字表示混凝土立方体抗压强度的标准值(以 MPa 计)，如 C30 表示混凝土立方体抗压强度标准值为 30MPa。

混凝土强度等级是混凝土结构设计时强度计算取值的依据，为保证工程质量并节约水泥，设计时应根据建筑物的不同部位或承受荷载的情况，选用不同强度等级的混凝土。

③ 轴心抗压强度(棱柱体抗压强度)。立方体抗压强度是评定混凝土强度的依据，而实际工程中绝大多数混凝土构件都是棱柱体或圆柱体。同样的混凝土，试件形状不同，测出的强度值会有较大差别。为了能更好地反映混凝土的实际抗压性能，在计算钢筋混凝土构件承载力时，常采用混凝土的轴心抗压强度作为设计依据。根据《普通混凝土力学性能试验方法标准》(GB/T 50081—2002)的规定，混凝土的轴心抗压强度是采用 150mm×150mm×300mm 的棱柱体标准试件，在标准条件[温度(20±3)℃，相对湿度 90%以上]养护下所测得的 28d 抗压强度值，以 f_{cp} 表示。根据大量的试验资料统计，轴心抗压强度与立方体抗压强度之间的关系为：$f_{cp}=(0.7\sim0.8)f_{cu}$。

④ 混凝土的抗拉强度。混凝土是一种脆性材料，其抗拉强度小，只有抗压强度的 1/10～1/20，且随着混凝土强度等级的提高比值有所降低。在结构设计中，不考虑混凝土承受拉力，但是混凝土的抗拉强度对于抵抗裂缝有着重要意义，在结构设计中，混凝土抗拉强度是确定混凝土抗裂度的重要指标。

(2) 影响混凝土强度的因素。由于混凝土是由多种材料组成，且由人工经配置和施工操作后形成的，因此影响混凝土强度的因素很多，大致有各组成材料的性质、水胶比及施工质量、养护条件及龄期等。

① 水泥强度和水胶比。水泥的强度等级和水胶比是决定混凝土强度的主要因素。在混凝土中，混凝土的破坏主要是水泥石与粗骨料间结合面的破坏。在配合比相同的条件下，

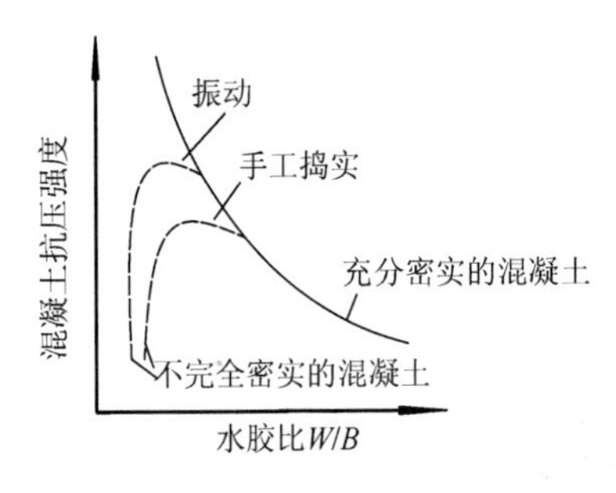

图 4.10 混凝土强度与水胶比的关系

所用的水泥强度等级越高，水泥石的强度及与骨料的黏结强度也越高，混凝土强度也越高。

在水泥品种和强度等级相同的条件下，混凝土强度主要取决于水胶比。水胶比越小，水泥石的强度及水泥与骨料的黏结强度也越大，从而使混凝土强度也越高。但水胶比过小，拌合物和易性不易保证，硬化后的强度反而降低。水胶比的大小对混凝土抗压强度的影响如图 4.10 所示。

根据大量试验结果及工程实践，混凝土强度与水泥强度、水胶比之间的关系可用经验公式(又称混凝土强度公式或鲍罗米公式)(4-3)表示：

$$f_{cu,o}=\alpha_a f_{ce}\left(\frac{B}{W}-\alpha_b\right) \tag{4-3}$$

式中：$f_{cu,o}$——混凝土 28d 龄期的立方体抗压强度(MPa)；

f_{ce}——水泥 28d 抗压强度实测值(MPa)；也可根据 3d 强度或快测强度推定 28d 强度；

当无水泥 28d 实测值时，可由式(4-4)计算：

$$f_{ce}=\gamma_c \cdot f_{ce,g} \tag{4-4}$$

式中：γ_c——水泥强度等级值的富余系数，可按实际统计资料确定(一般取 1.13)；

$f_{ce,g}$——水泥强度等级值(MPa)；

B/W——胶水比，即水胶比的倒数；

α_a，α_b——为回归系数，应根据工程所用的水泥、骨料，通过试验确定；当不具备上述统计资料时，其回归系数可按表 4-21 取值。

表 4-21 回归系数 α_a，α_b 选用表(JGJ 55—2011)

回归系数 \ 石子品种	碎石	卵石
α_a	0.53	0.49
α_b	0.20	0.13

混凝土强度公式一般只适用于流动性混凝土和低流动性混凝土，且强度等级小于 C60 的混凝土。利用强度公式，可根据水泥强度等级和水胶比来估算所配置混凝土的强度；也可根据所用的水泥强度等级和设计要求的混凝土强度等级来计算应采用的水胶比值。

② 骨料的影响。碎石表面粗糙有棱角，与水泥石黏结强度较高；卵石表面光滑，与水泥石黏结强度较低，所以在水泥强度等级和水胶比不变的条件下，用碎石拌制的混凝土强度高于用卵石拌制的混凝土。骨料的级配良好，针、片状及有害杂质含量少，且砂率合理，可使骨料空隙率小，组成密实的骨架，有利于混凝土强度的提高。

③ 养护条件。混凝土浇筑成型后必须在一定的时间内保持适当的温度和湿度，才能保

证水泥的充分水化，使混凝土的强度不断发展。养护温度高，水泥水化速度加快，混凝土强度发展也快；反之，在低温下混凝土强度发展缓慢，如图 4.11 所示。

当环境温度低于 0℃时，由于混凝土中的水分大部分结冰，不但水泥停止水化，混凝土的强度停止发展，同时还会受到冻胀破坏。因此，为了加快混凝土强度的发展，在工程中采用自然养护时，可以采取一定的措施，如覆盖养护(图 4.12)。另外，采用热养护，如蒸汽养护(图 4.13)，可以加速混凝土的硬化，提高混凝土的早期强度。

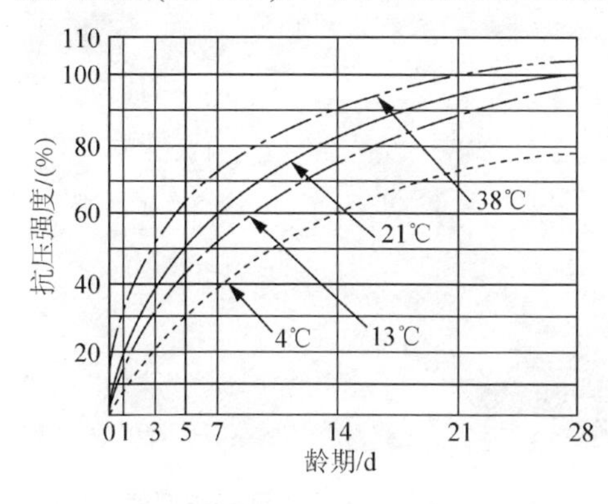

图 4.11 养护温度对混凝土强度的影响

图 4.12 混凝土覆盖养护

环境的湿度是保证水泥水化的另一重要条件。浇筑后的混凝土必须保持一定时间的湿润，如果湿度不够，水泥不能正常水化，就会造成混凝土的强度下降，而且形成的结构疏松，产生大量的干缩裂缝，影响混凝土的耐久性，如图 4.14 所示。

图 4.13 混凝土蒸汽养护

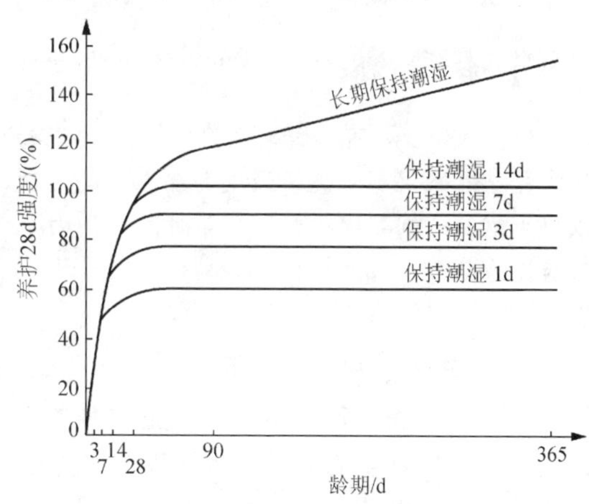

图 4.14 混凝土强度与保湿养护时间的关系

按《混凝土结构工程施工质量验收规范》(GB 50204—2002)的规定：a. 应在混凝土浇筑完毕的 12h 以内对混凝土加以覆盖并保温养护；混凝土浇水养护的时间，对采用硅酸盐水泥、普通硅酸盐水泥或矿渣硅酸盐水泥拌制的混凝土，不得少于 7d；b. 对掺用缓凝型外加剂或有抗渗要求的混凝土不得少于 14d，浇水次数应能保持混凝土处于湿润状态；c. 日平均气温低于 5℃时，不得浇水；d. 混凝土表面不便浇水养护时，可采用塑料布覆盖或涂刷养护剂(薄膜养生)，如图 4.15 和图 4.16 所示。

④ 龄期。在正常的养护条件下，混凝土的强度随龄期的增长而增大，一般早期(7～14d)

增长较快，以后逐渐变缓，28d 达到设计强度，以后强度发展逐渐缓慢，其增长过程可延续几年甚至几十年之久。

工程中，常通过混凝土的早期强度估测后期强度的发展，试验证明，在标准养护条件下，混凝土强度的发展大致与龄期的对数成正比例关系，可按式(4-5)推算：

图 4.15　混凝土采用塑料薄膜覆盖

图 4.16　混凝土采用喷洒养护剂养护

$$f_n = f_{28}\frac{\lg n}{\lg 28} \tag{4-5}$$

式中：f_n——nd 龄期时的混凝土抗压强度(MPa)，$n \geqslant 3$；

f_{28}——28d 龄期时的混凝土抗压强度(MPa)。

特别提示

根据式(4-5)，可由任意龄期($n \geqslant 3$d)的混凝土强度估算其 28d 强度值；或者由混凝土 28d 强度推算 28d 前混凝土达某强度需要养护的天数，由此可用来确定混凝土拆模、构件吊装、放松预应力钢筋、制品堆放、出厂等时间。但由于影响混凝土强度的因素很多，故此式估算的结果只能作为参考。

⑤ 施工方法和施工质量。混凝土的施工过程包括搅拌、运输、浇筑、振捣、现场养护等多个环节，受到各种不确定性随机因素的影响。施工方法的不同，在配料的准确、振捣密实程度、拌合物的离析、现场养护等方面会产生差异，施工单位的技术和管理水平都会造成混凝土强度的变化。因此，必须采取严格有效的控制措施和手段，以保证混凝土的施工质量。

⑥ 试验条件。混凝土强度检测时的试验条件的不同，如试件的尺寸、形状、表面状态及加荷速度等的不同，都会影响混凝土的强度检测值。

2) 提高混凝土强度的措施

(1) 采用高强度等级的水泥或早强型水泥。

(2) 采用低水胶比的干硬性混凝土。

(3) 采用湿热养护混凝土，如蒸汽养护、蒸压养护。

(4) 采用机械搅拌和机械振捣。

(5) 掺入外加剂和活性矿物掺合料。

3. 混凝土的耐久性

混凝土的耐久性是指混凝土抵抗环境介质作用并长久保持其良好的使用性能的能力。混凝土不仅应具有设计要求的强度，以保证其能安全地承受设计荷载，还应根据其周围的自然环境及使用条件，具有经久耐用的性能。混凝土的耐久性包括抗渗性、抗冻性、抗腐蚀性、抗碳化性及抗碱骨料反应等性能。

1) 抗渗性

抗渗性是指混凝土抵抗压力水渗透作用的能力。它不但关系到混凝土本身的防渗性能，还直接影响到混凝土的抗冻性、抗腐蚀性等其他耐久性指标。地下建筑、水池、水坝等必须要求混凝土具有一定的抗渗性。

混凝土的抗掺性用抗掺等级 Pn 表示，分为 P4、P6、P8、P10、P12 5 个等级，相应表示混凝土能抵抗 0.4MPa、0.6MPa、0.8MPa、1.0MPa、1.2MPa 的静水压力而不渗水。

2) 抗冻性

抗冻性是指混凝土在吸水饱和状态下，能经受多次冻融循环而不破坏，强度也不严重降低的性能。

混凝土的抗冻性由抗冻等级 Fn 表示。抗冻等级是采用龄期 28d 的试块在吸水饱和后，承受反复冻融循环，以抗压强度下降不超过 25%，而且质量损失不超过 5%时所能承受的最大冻融循环次数确定的。混凝土划分为 F10、F15、F25、F50、F100、F150、F200、F250、F300 9 个等级，分别表示混凝土能够承受的反复冻融循环次数为 10、15、25、50、100、150、200、250 和 300 次。不同使用环境和工程特点的混凝土，应根据要求选择相应的抗冻等级。

3) 混凝土的碳化

混凝土的碳化是指空气中的二氧化碳及水与水泥石中的氢氧化钙反应生成碳酸钙，从而使混凝土的碱度降低的过程。混凝土的碳化可使混凝土表面的强度适度提高，但对混凝土有更大的有害作用，碳化造成的碱度降低可使钢筋混凝土中的钢筋丧失碱性保护作用而发生锈蚀，锈蚀的生成物体积膨胀进一步造成混凝土的微裂。碳化还能引起混凝土的收缩，使碳化层处于受拉状态而开裂，降低混凝土的抗拉强度，如图 4.17 所示。

图 4.17 混凝土的碳化

4) 碱骨料反应

碱骨料反应是指水泥石中的碱(Na_2O 或 K_2O)与骨料中的活性氧化硅发生反应，生成碱-硅酸凝胶，此凝胶吸水膨胀会对混凝土造成膨胀开裂，使混凝土的耐久性严重下降。

产生碱骨料反应的原因为：① 水泥中碱(Na_2O 或 K_2O)的含量较高；② 骨料中含有活性氧化硅成分；③ 存在水分的作用。解决碱骨料反应的技术措施主要是选用低碱度水泥(含碱量<0.6%)；选用非活性骨料；降低混凝土的单位水泥用量，以降低单位混凝土的含碱量；在水泥中掺活性混合材料；防止水分侵入混凝土内部，如图 4.18 所示。

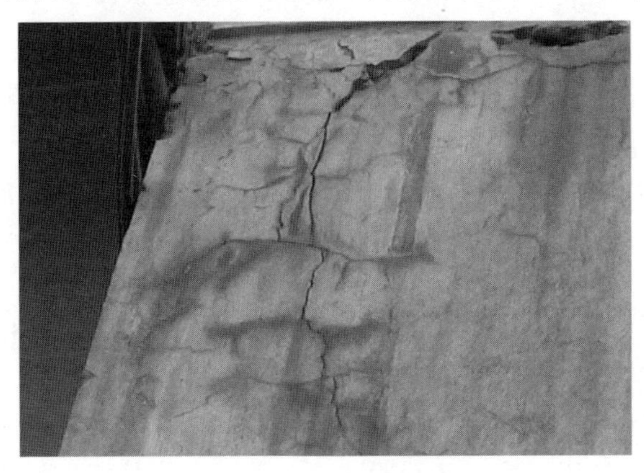

图 4.18　碳骨料反应

5) 提高混凝土耐久性的措施

混凝土所处环境和使用条件不同，对其耐久性的要求也不相同；但混凝土的密实度和孔隙构造是影响耐久性的主要因素，其次是原材料的性质、施工质量等。所以提高混凝土的耐久性主要应从以下几方面考虑。

(1) 根据混凝土工程的特点和所处环境条件，合理选择水泥品种。

(2) 控制混凝土的最大水胶比和最小水泥用量。水胶比的大小直接影响到混凝土的密实性，而保证水泥的用量也是提高混凝土密实性的关键。《普通混凝土配合比设计规程》(JGJ 55—2011)规定了工业与民用建筑所用混凝土的最大水胶比和最小水泥用量的限值见表 4-22。

表 4-22　混凝土的最大水胶比和最小胶凝材料用量限表(JGJ 55—2011)

环境类别	环境条件	最大水胶比	最小胶凝材料用量/(kg/m³)		
			素混凝土	钢筋混凝土	预应力混凝土
一	室内干燥环境； 无侵蚀性静水浸没环境	0.60	250	280	300
二 a	室内潮湿环境； 非严寒和非寒冷地区的露天环境； 非严寒和非寒冷地区与无侵蚀性的水或土壤直接接触的环境； 严寒和寒冷地区的冰冻线以下与无侵蚀的水或土壤直接接触的环境	0.55	280	300	300

续表

环境类别	环境条件	最大水胶比	最小胶凝材料用量/(kg/m³)		
			素混凝土	钢筋混凝土	预应力混凝土
二 b	干湿交替环境； 水位频繁变动环境； 严寒和寒冷地区的露天环境； 严寒和寒冷地区冰冻线以上与无侵蚀的水或土壤直接接触的环境	0.50	320		
三 a	严寒和寒冷地区冬季水位变动区环境； 寒风环境	≤0.45	330		
三 b	盐渍土环境； 受除冰盐作用环境； 海岸环境	≤0.45	330		

说明：配制 C15 级及其以下等级的混凝土，可不受本表限制。

(3) 选用质量良好、级配合格的骨料。

(4) 掺用减水剂、引气剂等外加剂，适量混合材料，以提高混凝土的密实度，改善孔隙构造。

(5) 严格控制混凝土施工质量，保证混凝土的均匀、密实等。

4.2 混凝土的应用

混凝土的应用主要表现在根据工程实际需要和工程所处环境条件，进行混凝土质量控制和混凝土配合比设计。

4.2.1 混凝土质量的控制

混凝土的质量是影响钢筋混凝土结构可靠性的一个重要因素，为保证结构安全可靠地使用，必须对混凝土的生产和合格性进行控制。生产控制是对混凝土生产过程的各个环节进行有效的质量控制，以保证产品质量的可靠。合格性控制是对混凝土质量进行准确的判断，目前采用的方法是用数理统计的方法，通过混凝土强度的检验评定来完成。

1. 混凝土生产的质量控制

混凝土的生产包括配合比设计、配料搅拌、运输浇筑、振捣养护等一系列过程。要保证生产出的混凝土的质量合格，必须从各个方面给予严格的控制。

1) 原材料的质量控制

混凝土是由多种材料混合制作而成的，任何一种组成材料的质量偏差或不稳定都会造成混凝土整体质量的波动。水泥要严格按其技术质量标准进行检验，并按有关条件进行品种的合理选用，特别要注意水泥的有效期；粗、细骨料应控制其杂质和有害物质的含量，若不符合应经处理并检验合格后方能使用；采用天然水现场进行搅拌的混凝土，拌和用水的质量应按标准进行检验。水泥、砂、石、外加剂等主要材料应检查产品合格证、出厂检验报告或进场复验报告。

2) 配合比设计的质量控制

混凝土应按行业标准《普通混凝土配合比设计规程》(JGJ 55—2011)的有关规定，根据混凝土的强度等级、耐久性和工作性等要求进行配合比设计。首次使用的混凝土配合比应进行开盘鉴定，其工作性能应满足设计配合比的要求。开始生产时应至少留置一组标准养护试件，作为检验配合比的依据。混凝土拌制前，应测定砂、石含水率，根据测试结果及时调整材料用量，提出施工配合比。生产时应检验配合比设计资料、试件强度试验报告、骨料含水率测试结果和施工配合比通知单。

3) 混凝土生产施工工艺的质量控制

混凝土的原材料必须称量准确，根据《混凝土结构工程施工质量验收规范》(GB 50204—2002)的规定，每盘称量的允许偏差应控制在水泥、掺合料±2%；粗、细骨料±3%；水、外加剂±2%，每工作班抽查不少于一次，各种衡器应定期检验。

混凝土的运输、浇筑及间歇的全部时间不应超过混凝土的初凝时间，要及时观察、检查施工记录。在运输、浇筑过程中要防止离析、泌水、流浆等不良现象，并分层按顺序振捣，严防漏振。

混凝土浇筑完毕后，应按施工技术方案及时采取有效的养护措施，并应随时观察并检查施工记录。

2. 混凝土合格性的评定

混凝土质量的合格性一般以抗压强度进行评定。混凝土的生产通常是连续而大量的，为提高质量检验的效率和降低检验的成本，通常采用在浇筑地点(浇筑现场)或混凝土出厂前(预拌混凝土厂)，随机抽样进行强度试验，用抽样的样本值进行数理统计计算，得出反映质量水平的统计指标来评定混凝土的质量及合格性的方法。大量的统计分析和试验的研究表明：同一等级的混凝土，在龄期、生产工艺和配合比基本一致的条件下，其强度分布可用正态分布来描述，如图4.19所示。正态分布曲线是一个中心对称曲线，对称轴的横坐标值为平均值，曲线左右半部的凹凸交界点(拐点)与对称轴间的偏离强度值即标准差σ，曲线与横轴间所围面积代表概率的总和，即100%。

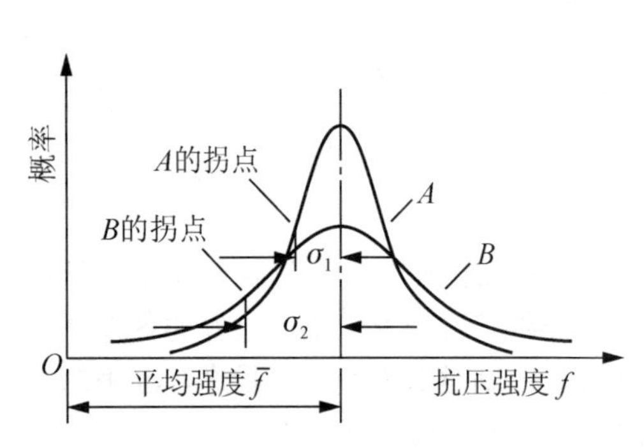

图4.19 混凝土强度正态分布曲线

用数理统计方法研究混凝土的强度分布及评定其质量的合格性时，常用强度平均值、标准差、变异系数、强度保证率等统计参数进行综合评定分布的统计量。

(1) 强度的平均值。强度的平均值代表某批混凝土的立方体抗压强度的平均值，即混凝土的配制强度值。

$$\overline{f}_{cu}=\frac{1}{n}\sum_{i=1}^{n}f_{cu,i} \tag{4-6}$$

式中：$\overline{f}_{cu}$——强度平均值；

n——试件组数；

$f_{cu,i}$——第i组抗压强度值(MPa)。

(2) 标准差。

$$\sigma=\sqrt{\frac{\sum_{i=1}^{n}(f_{cu,i}-\overline{f}_{cu})^2}{n-1}}=\sqrt{\frac{\sum_{i=1}^{n}(f_{cu,j}^2-\overline{f}_{cu}^2)}{n-1}} \tag{4-7}$$

式中：n——试件组数（$n \geqslant 25$）；

σ——n 组抗压强度的标准差(MPa)。

标准差说明混凝土强度的离散程度，为消除强度与强度平均值间偏差值正负的影响，采取了平方后再开方的方法，所以又称均方差。其值越大，正态分布曲线越扁平，说明混凝土的强度分布集中程度差，质量不均匀，越不稳定。

(3) 变异系数。

$$C_v=\frac{\sigma}{\overline{f}_{cu}} \tag{4-8}$$

变异系数说明混凝土强度的相对离散程度，也是用来评定混凝土质量均匀性的指标。变异系数越小，则说明混凝土质量越均匀，施工管理水平越高。

(4) 强度保证率。强度保证率是指在混凝土强度总体分布中，大于设计强度等级的概率，以正态分布曲线上大于某设计强度值的曲线下面积值表示，如图 4.20 所示。

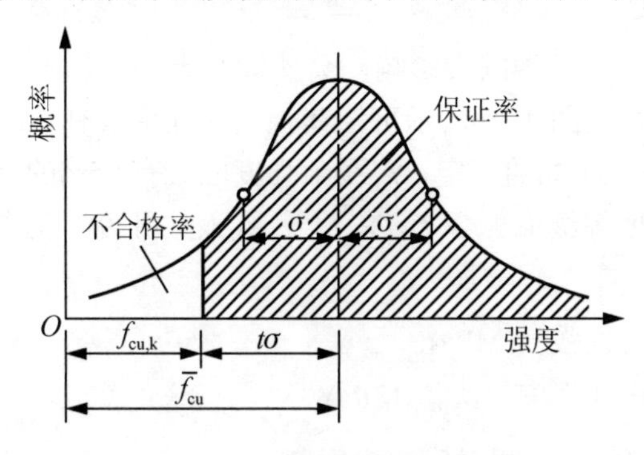

图 4.20　混凝土强度保证率

强度保证率 P(%)的计算方法如下。

$$\overline{f}_{cu}=f_{cu,k}+t\sigma$$

则

$$t=\frac{\overline{f}_{cu}-f_{cu,k}}{\sigma} \tag{4-9}$$

式中：t——概率度。

由概率度再根据正态分布曲线方程可求强度保证率 P(%)，或利用表 4-23 查出。

$$P=\frac{1}{\sqrt{2\pi}}\int_{t}^{+\infty}e^{-\frac{t^2}{2}}dt \tag{4-10}$$

表 4-23　不同 t 的保证率

t	0.00	0.50	0.84	1.00	1.20	1.28	1.40	1.60	1.645	1.70	1.81	1.88	2.00	2.05	2.33	3.00
P/(%)	50.0	69.2	80.0	84.1	88.5	90.0	91.9	94.5	95.0	95.5	96.5	97.0	97.7	99.0	99.4	99.87

根据《混凝土强度检验评定标准》(GBJ 107—1987)的规定，在统计周期内，根据混凝土强度的σ值和保证率P(%)，可将混凝土的生产质量水平按表4-24划分为3个等级。

表4-24　混凝土生产质量水平

评定指标 \ 生产单位 \ 混凝土强度等级 \ 生产质量水平		优良		一般		差	
		<C20	≥C20	<C20	≥C20	<C20	≥C20
混凝土强度标准差σ/MPa	预拌混凝土厂和预制混凝土构件厂	≤3.0	≤3.5	≤4.0	≤5.0	≤4.0	≤5.0
	集中搅拌混凝土的施工现场	≤3.5	≤4.0	≤4.5	≤5.5	≤4.5	≤5.5
强度不低于要求强度等级的百分率/(%)	预拌混凝土厂、预制混凝土构件厂及集中搅拌混凝土的施工现场	≥95		>85		≤85	

3. 混凝土配置强度

在配置混凝土时，由于各种因素影响，会使混凝土的质量出现不稳定现象。如果按设计强度等级配置混凝土，从图4.20所示可知其强度保证率只有50%。根据《普通混凝土配合比设计规程》(JGJ 55—2011)的规定，混凝土强度应具有95%的保证率，这就使得混凝土的配置强度必须高于强度等级值。令$f_{cu,o}=\overline{f}_{cu}$，代入式(4-9)，可得：

$$f_{cu,o}=f_{cu,k}+t\sigma \tag{4-11}$$

式中：$f_{cu,o}$——混凝土配置强度(MPa)；

$f_{cu,k}$——混凝土设计强度等级值(MPa)；

t——与要求的保证率相对应的概率度；

σ——混凝土强度标准差(MPa)。

查表4-23可知，当混凝土强度保证率为95%时，对应取$t=1.645$，混凝土配置强度为：

$$\sigma\ f_{cu,o}\geqslant f_{cu,k}+t\sigma\geqslant f_{cu,k}+1.645\sigma \tag{4-12}$$

当施工单位具有近期同一品种混凝土资料时，混凝土强度标准差σ可按式(4-7)计算。当混凝土强度等级为C20或C25时，如计算所得$\sigma<2.5$MPa，则取$\sigma=2.5$MPa。当混凝土强度等级高于C25时，如计算所得$\sigma<3.0$MPa，则取$\sigma=3.0$MPa。当施工单位无统计资料时，σ值可按表4-25取值。

表4-25　σ的取值

混凝土强度等级	<C20	C25～C45	C50～C55
σ/MPa	4.0	5.0	6.0

4.2.2　普通混凝土的配合比设计

混凝土配合比是指混凝土中各组成材料用量之间的比例关系，确定这种数量关系的工作，称为混凝土配合比设计。混凝土配合比设计包括配合比的计算、试配和调整。

1. 配合比及其表示方法

混凝土的配合比一般有两种表示方法。

(1) 一种是用 $1m^3$ 混凝土中各组成材料的实际用量，按顺序表示，如水泥 300kg、水 180kg、砂 660kg、石子 1200kg。

(2) 另一种是以各项材料相互间的质量比来表示(以水泥质量为 1)，将上例换算成质量比为：水泥∶砂∶石∶水=1∶2.20∶4.00∶0.60。

2. 混凝土配合比设计的基本要求

(1) 满足混凝土结构设计要求的强度等级。

(2) 满足混凝土施工所要求的和易性。

(3) 满足工程所处环境要求的耐久性。

(4) 在满足上面 3 项要求的前提条件下，考虑经济原则，节约水泥，降低成本。

3. 混凝土配合比设计的资料准备

在混凝土配合比设计之前，应通过调查研究，预先掌握下列基本资料。

(1) 了解工程设计要求的混凝土强度等级，以便确定混凝土的配制强度。

(2) 了解工程所处环境对混凝土耐久性的要求，以便确定所配制混凝土的最大水胶比和最小水泥用量。

(3) 了解结构构件的断面尺寸及钢筋配置情况，以便确定粗骨料的最大粒径。

(4) 了解混凝土的施工方法，以便选择混凝土拌合物的坍落度。

(5) 掌握各种原材料的性能指标，如水泥的品种、强度等级、密度，砂、石骨料的品种及规格、表观密度、级配等，拌和水的情况，外加剂的品种、掺量等。

4. 配合比设计的 3 个重要参数

混凝土配合比设计实质上就是确定水泥、水、砂子与石子这 4 种基本组成材料的相对比例关系，即水与胶凝材料之间的比例关系，用水胶比(W/B)表示；砂与石子之间的比例关系用砂率(β_s)表示；水泥浆与骨料之间的比例关系用单位用水量(m_w)表示。配合比设计要正确地确定出 3 个参数，才能保证配制出满足 4 项基本要求的混凝土。水胶比、单位用水量、砂率 3 个参数的确定原则如下。

(1) 在满足混凝土强度和耐久性基础上，确定混凝土的水胶比。

(2) 在满足混凝土施工要求的和易性的基础上，根据粗骨料的种类和规格确定混凝土的单位用水量。

(3) 砂率应以砂子填充石子空隙后略有富余的原则来确定。

5. 混凝土配合比设计的步骤

混凝土配合比的设计是一个计算、试配、调整的复杂过程，大致可分为初步计算配合比、基准配合比、实验室配合比、施工配合比 4 个设计阶段。

特别提示

首先根据选定的原材料及配合比设计的基本条件，参照理论和大量试验提供的参数进行计算，得到基本满足强度和耐久性要求的“初步配合比”；在初步计算配合比的基础上，通过试配、检测，进行和易性的调整，对配合比进行修正得出“基准配合比”；通过对水胶比的微量调整，在满足设计强度的前提下，确定一个水泥用量最少的方案，进一步调整得出“实验室配合比”；最后根据施工现场原材料情况(如砂、石的含水情况等)修正配合比，得出“施工配合比”即实际应用的配合比。

步骤一：初步配合比的确定

1) 确定混凝土配制强度($f_{cu,o}$)

在工程中配制混凝土时，如果所配制混凝土的强度 $f_{cu,o}$ 等于设计强度 $f_{cu,k}$ ，这时混凝土强度保证率只有50%。因此，为了保证工程混凝土具有设计所要求的95%的强度保证率，则在进行混凝土配合比设计时，必须使混凝土的配制强度大于设计强度。根据《普通混凝土配合比设计规程》(JCJ 55—2011)的规定，当混凝土的设计强度等级小于C60时，混凝土配制强度按式计算。

$$f_{cu,o} \geqslant f_{cu,k} + 1.645\sigma \tag{4-13}$$

当混凝土的设计强度等级不小于C60时，配置强度按式(4-14)计算：

$$f_{cu,o} \geqslant 1.5 f_{cu,k} \tag{4-14}$$

式中：$f_{cu,o}$——混凝土配制强度(MPa)；

$f_{cu,k}$——混凝土立方体抗压强度标准值，即混凝土的设计强度等级(MPa)；

σ——混凝土强度标准差(MPa)(查表4-25)。

2) 确定水胶比 W/B

当混凝土强度等级小于C60时，按混凝土强度公式计算水胶比：

$$f_{cu,o} = \alpha_a f_{ce}\left(\frac{B}{W} - \alpha_b\right)$$

则

$$\frac{W}{B} = \frac{a_a f_{ce}}{f_{cu,o} + a_a a_b f_{ce}} \tag{4-15}$$

为了使混凝土的耐久性符合要求，使计算所得的水胶比值不得超过表4-22中规定的最大水胶比值，若计算值大于表中规定的值，应取规定的最大水胶比值作为混凝土的水胶比值。

3) 确定单位用水量 m_{wo}

(1) 塑性和干硬性混凝土单位用水量。应根据粗骨料品种、粒径及施工要求的拌合物稠度(流动性)，分别按表4-26和表4-27选取。

表4-26　塑性混凝土的用水量

拌合物稠度		不同粒径时的用水量/(kg/m³)							
		卵石最大粒径/mm				碎石最大粒径/mm			
项　目	指标	10	20	31.5	40	16	20	31.5	40
坍落度/mm	10～30	190	170	160	150	200	185	175	165
	35～50	200	180	170	160	210	195	185	175
	55～70	210	190	180	170	220	205	195	185
	75～90	215	195	185	175	230	215	205	195

表 4-27 干硬性混凝土的用水量

拌合物稠度		不同粒径时的用水量/(kg/m^3)					
		卵石最大粒径/mm			碎石最大粒径/mm		
项目	指标	10	20	40	16	20	40
维勃稠度/s	16～20	175	160	145	180	170	155
	11～15	180	165	150	185	175	160
	5～10	185	170	155	190	180	165

注：1. 本表中用水量系采用中砂时的平均值。采用细砂时，每立方米混凝土用水量可增加5～10kg；采用粗砂时，则可减少5～10kg。

2. 掺用各种外加剂或掺合料时，用水量应相应调整。

3. 本表适用于混凝土水胶比在0.4～0.8范围的情况，当W/B<0.4时的混凝土用水量应通过试验确定。

(2) 流动性和大流动性混凝土用水量(按以下步骤确定)。

① 以表中坍落度 90mm 的用水量为基础，按坍落度每增大 20mm 用水量增加 5kg，计算出未掺外加剂时的混凝土用水量。

② 掺外加剂的混凝土用水量按下式计算：

$$m_{wa} = m_{ab}(1-\beta) \tag{4-16}$$

式中：m_{wa}——掺外加剂混凝土每立方米的用水量(kg)；

m_{ab}——未掺外加剂混凝土每立方米的用水量(kg)；

β——外加剂的减水率(%)，由试验确定。

4) 计算水泥用量 m_{co}

根据已确定的混凝土用水量 m_{wo} 和水胶比 W/B 值，可由下式计算出水泥用量 m_{co}，并复核耐久性。

$$m_{co} = \frac{m_{wo}}{W/B} \tag{4-17}$$

计算所得的水泥用量 m_{co} 应不低于表 4-22 中规定的最小胶凝材料用量。若计算值小于规定值，应取表中规定的最小胶凝材料用量值。

5) 确定合理砂率 β_s

合理砂率一般通过试验来确定。如无试验资料，可按骨料种类、规格及混凝土的水胶比(W/B)按表 4-28 选取。

表 4-28 混凝土的砂率

水胶比(W/B)	卵石最大粒径/mm			碎石最大粒径/mm		
/(%)	10	20	40	16	20	40
0.4	26～32	25～31	24～30	30～35	29～34	27～32
0.5	30～35	29～34	28～33	33～38	32～37	30～35
0.6	33～38	32～37	31～36	36～41	35～40	33～38
0.7	36～41	35～40	34～39	39～44	38～43	36～41

坍落度大于 60mm 的混凝土砂率，可在表 4-28 的基础上，按坍落度每增大 20mm，砂率增大 1%的幅度予以调整。坍落度小于 10mm 的混凝土其砂率应经试验确定。

6) 计算砂m_{so}、石m_{go}用量

砂、石用量可用质量法或体积法求得。

(1) 质量法。当原材料情况比较稳定时，所配制的混凝土拌合物的体积密度将接近一个固定值，这样可以先假设一个混凝土拌合物的质量m_{cp}，则有：

$$\begin{cases} m_{co}+m_{go}+m_{so}+m_{wo}=m_{cp} \\ \beta_s=\dfrac{m_{so}}{m_{go}+m_{so}}\times 100\% \end{cases} \tag{4-18}$$

式中：m_{cp}——1m³混凝土拌合物的假定质量(kg)，无资料时，其值可取2350～2450kg。

(2) 体积法。体积法的原理：假定混凝土拌合物的体积等于各组成材料绝对体积及拌合物中所含空气的体积之和，按下列公式计算1m³混凝土砂、石的用量。

$$\begin{cases} \dfrac{m_{co}}{p_c}+\dfrac{m_{go}}{p_g}+\dfrac{m_{so}}{p_s}+\dfrac{m_{wo}}{p_w}+0.01\alpha=1 \\ \beta_s=\dfrac{m_{so}}{m_{go}+m_{so}}\times 100\% \end{cases} \tag{4-19}$$

式中：p_c——水泥的密度(kg/m³)，可取2900～3100(kg/m³)；

p'_s、p'_g——砂、石的表观密度(kg/m³)；

p_w——水的密度(kg/m³)，可取1000kg/m³。

α——混凝土的含气量百分数，在不使用引气型外加剂时，可取α=1。

将已知和已求得的数据代入上述方程组，解方程组可得m_{so}、m_{go}。

通过以上步骤，可将1m³混凝土中的水泥、水、砂、石用量全部求出，从而得到初步配合比。

步骤二：基准配合比的确定

特别提示

初步配合比多是借助经验公式、图表计算或查表得到的，由此配制的混凝土要想满足设计，还需通过试验对其进行试配和调整来完成。

(1) 试配拌合物用量。混凝土试配时应采用工程中实际使用的原材料，混凝土的搅拌方法也宜与生产时使用的方法相同。试配时，每盘混凝土的最小搅拌量应符合表4-29的规定。当采用机械搅拌时，拌和量应不小于搅拌机额定搅拌量的1/4。

表4-29 混凝土试配时的最小搅拌量

粗骨料最大粒径/mm	≤31.5	40
拌合物数量/L	20	25

(2) 和易性检验与调整。根据试验用拌合物的数量，按初步配合比称量进行试拌，搅拌均匀后测定其坍落度，并观察黏聚性和保水性。当不符合要求时，可按以下原则进行调整。

当坍落度比设计要求值大或小时，应在保证水胶比不变的条件下相应调整用水量或砂率，重复测试，直到符合要求为止。然后提出和易性已满足要求的供检验混凝土强度用的基准配合比。

据经验，对于普通混凝土每增加(减少)10mm 坍落度，需增加(减少)水泥浆 2%～5%。

步骤三：实验室配合比(理论配合比)的确定

经过和易性调整得出的基准配合比，其水胶比不一定选用恰当，为了满足混凝土强度等级及耐久性要求，应对混凝土进行强度的复核。

混凝土强度试验时至少应采用 3 个不同的配合比，其中一个为基准配合比中的水胶比，另外两个配合比的水胶比值，宜较基准配合比中的水胶比分别增加和减少 0.05，其用水量与基准配合比基本相同，砂率值可分别增加和减小 1%。若发现不同水胶比的混凝土拌合物坍落度与要求值相差超过允许偏差，可通过适当增、减用水量进行调整。

制作混凝土强度试件时，应检验混凝土拌合物的和易性及实际表观密度($p_{c,t}$)，并以此结果作为代表这一配合的混凝土拌合物的性能。每种配合比应至少制作一组(3块)试件，并经标准养护28d，测其立方体抗压强度值。

特 别 提 示

需要时，可同时制作几组试件，供快速检验或较早龄期试压，以便提前定出混凝土配合比供施工使用。但应以标准养护 28d 强度的检验结果为依据调整配合比。

根据测出的混凝土强度与相应胶水比作图或计算求出与混凝土配制强度 $f_{cu,o}$ 相对应的胶水比，并按下列原则确定每立方米混凝土各材料用量。

(1) 用水量 m_w ——取基准配合比中用水量，并根据制作强度试件的测得的坍落度或维勃稠度值，进行调整。

(2) 水泥用量 m_c——以用水量乘以选定的胶水比计算而定。

(3) 粗、细骨料用量 m_g、m_s——取基准配合比中的粗、细骨料用量，并按定出的水胶比做适当调整。

经强度复核之后的配合比，还应根据混凝土表观密度的实测值($p_{c,t}$)和计算表现密度($p_{c,c}$)进行如下校正。

(1) 先计算出混凝土拌合物的计算体积密度 $p_{c,c}$ 。

$$p_{c,c} = m_c + m_s + m_g + m_w \tag{4-20}$$

(2) 再计算出校正系数 δ ：

$$\delta = \frac{p_{c,t}}{p_{c,c}} \tag{4-21}$$

特别提示

《普通混凝土配合比设计规程》(JGJ 55—2011)规定：当表观密度实测值与计算值之差的绝对值不超过计算值的2%时，可以不进行表观密度校正。

当二者之差超过2%时，应将配合比中各组成材料用量分别乘以校正系数δ，即为确定的实验室配合比。

步骤四：混凝土施工配合比的确定

混凝土实验室配合比中，砂、石是以干燥状态(砂子含水率<0.5%，石子含水率<0.2%)为基准进行计算的，实际工地上存放的砂、石因自然条件都含有一定的水分。因此，为保证混凝土质量，应根据现场砂石含水率对实验室配合比进行修正。修正后的配合比即为施工配合比。

假设现场砂的含水率为α%，石子的含水率为b%，则将上述实验室配合比换算成施工配合比为：

$$m_c' = m_c$$

$$m_s' = m_s(1+\alpha\%)$$

$$m_g' = m_g(1+b\%)$$

$$m_w' = m_w - m_s \times \alpha\% - m_g \times b\%$$

特别提示

施工现场骨料的含水率是经常变动的，因此在混凝土施工中应随时测定砂、石骨料的含水率，并及时调整混凝土配合比，以免出现因骨料含水量的变化而导致混凝土水胶比波动的现象，从而导致混凝土的强度、耐久性等性能的降低。

6. 混凝土配合比设计实例

某办公楼工程现浇室内钢筋混凝土柱，混凝土强度等级为C25。施工要求坍落度为30～50mm，混凝土采用机械搅拌和振捣。施工单位无历史统计资料。

1) 采用的原材料

水泥：强度等级为42.5的复合硅酸盐水泥，密度为3100kg/m³。

砂：中砂，M_x=2.5，表观密度为2650kg/m³。

石子：碎石，最大粒径D_{max}=20mm，表观密度为2700kg/m³。

水：自来水。

2) 任务要求

(1) 设计混凝土配合比(按干燥材料计算)。

(2) 求施工配合比(施工现场测定砂的含水率为3%，碎石含水率为1%)。

解：(1) 混凝土初步配合比计算。

① 确定混凝土配制强度$f_{cu,o}$。

$$f_{cu,o}=f_{cu,k}+1.645\sigma=25\text{MPa}+1.645\text{MPa}\times 5.0=33.2\text{MPa}$$

(其中的 σ 值由表 4-25 查得)

② 确定水胶比 W/B。

$$\text{水泥的实测强度值}\ f_{ce}=\gamma_c\times f_{ce,g}=1.13\times42.5\text{MPa}=48.0\ \text{MPa}$$

利用强度经验公式计算水胶比:

$$\frac{W}{B}=\frac{\alpha_a f_{ce}}{f_{cu,o}+a_a\alpha_b f_{ce}}=\frac{0.46\times48}{33.2+0.46\times0.07\times48}=0.64$$

由于钢筋混凝土柱处于干燥环境，按表 4-22 查得最大水胶比为 0.65，计算值 0.64 小于规定值，满足耐久性要求，所以取 W/B=0.64。

③ 确定单位用水量 m_{wo}。

查表 4-26，对于最大粒径 20mm 的碎石混凝土，当坍落度为 35～50mm 时，$1m^3$ 混凝土的用水量可选用 m_{wo}=195kg。

④ 计算水泥用量 m_{co}。

$$m_{co}=\frac{m_{wo}}{W/B}=\frac{195\text{kg}}{0.64}=305\text{kg}$$

由表 4-22 查得，最小水泥用量为 $260kg/m^3$，小于计算值，即水泥用量 m_{co}=305kg 满足耐久性要求，所以取 m_{co}=305kg。

⑤ 确定合理砂率 β_s。

查表 4-28，对于采用最大粒径 20mm 的碎石混凝土，当水胶比为 0.64 时，其合理砂率值可选用 β_s=38%。

⑥ 计算砂石用量 m_{so}、m_{go}。

a. 质量法。

假定 $1m^3$ 混凝土拌合物的表观密度为 $2400kg/m^3$，则

$$\begin{cases}305+195+m_{go}+m_{so}=2400\\ \dfrac{m_{so}}{m_{go}+m_{so}}=0.38\end{cases}$$

解得:

$$m_{so}=722\text{kg}\ ,\quad m_{go}=1178\text{kg}$$

b. 体积法。

$$\begin{cases}\dfrac{305}{3100}+\dfrac{m_{go}}{2700}+\dfrac{m_{so}}{2650}+\dfrac{195}{1000}+0.01\times1=1\\ \dfrac{m_{so}}{m_{go}+m_{so}}=0.38\end{cases}$$

解此联立方程，得:

$$m_{so}=711\text{kg}$$
$$m_{go}=1160\text{kg}$$

两种计算方法结果相近。

⑦ 混凝土初步配合比。

若按体积法，则 $1m^3$ 混凝土拌合物各材料用量分别为：水泥 m_{co}=305kg；砂 m_{so}=711kg；石子 m_{go}=1160kg；水 m_{wo}=195kg。

或表示为：m_{co} ∶ m_{so} ∶ m_{go} ∶ m_{wo} =1∶2.33∶3.80∶0.64。

(2) 调整和易性并确定混凝土基准配合比。

按表 4-29 的规定，根据混凝土初步配合比试拌混凝土 15L，其材料用量如下。

水泥：0.015×305kg=4.58kg

砂：0.015×711kg=10.67kg

石子：0.015×1160kg=17.40kg

水：0.015×195kg=2.93kg

经试拌并进行混凝土和易性检验，黏聚性、保水性良好，测得坍落度为 20mm，低于规定值 35～50mm，需调整坍落度。经试验，增加水泥浆 5%(需增加水泥 0.23kg，水 0.15kg)，测得坍落度为 40mm，符合施工要求。并测得拌合物的表观密度为 2410kg/m^3。试拌后各种材料的实际用量如下。

水泥：(4. 58+0. 23)kg=4. 81kg

砂：10.67kg

石子：17.40kg

水：(2.93+0.15)kg=3.08kg

总质量为：(4.81+10.67+17.40+3.08)kg=35.96kg

根据实测表观密度，计算出每立方米混凝土的各材料用量，得基准配合比：

$$m'_{co} = \frac{4.81\text{kg}}{35.96} \times 2410 = 322\text{kg}$$

$$m'_{wo} = \frac{3.08\text{kg}}{35.96} \times 2410 = 206\text{kg}$$

$$m'_{so} = \frac{10.67\text{kg}}{35.96} \times 2410 = 715\text{kg}$$

$$m'_{go} = \frac{17.4\text{kg}}{35.96} \times 2410 = 1166\text{kg}$$

基本配合比为：

水泥∶砂∶石子∶水=1∶2. 22∶3. 62∶0. 64。

(3) 确定混凝土实验室配合比。

在基本配合比的基础上，用 0. 59、0. 64、0. 69 共 3 种水胶比拌制 3 组不同的试件，经试拌调整满足和易性要求，并测出实际表观密度和 28d 龄期的抗压强度。通过比较，3 组中以水胶比为 0. 64 的一组混凝土既能满足配置强度要求，又比较节约水泥。

(4) 确定施工配合比。

由于施工现场砂石在自然环境中含有水，则用水量应扣除砂、石中所含水的质量，而砂、石则应增加其中水所占的质量，而水在这个过程中对水泥没有影响，故水泥质量不改变。

1m^3 混凝土中各材料用量为：

$$m'_{c} = m'_{co} = 322\text{kg}$$

$$m_s' = m_{so}' \times (1 + a\%) = 715\text{kg} \times (1 + 3\%) = 736\text{kg}$$
$$m_g' = m_{go}' \times (1 + b\%) = 1166\text{kg} \times (1 + 1\%) = 1178\text{kg}$$
$$m_w' = m_w - m_{so}' \times a\% - m_{go}' \times b\% = (206 - 715 \times 3\% - 1166 \times 1\%)\text{kg} = 173\text{kg}$$

施工配合比为：水泥∶砂∶石∶水=1∶2.29∶3.66∶0.54。

4.2.3 其他品种混凝土的应用

1. 轻骨料混凝土

用天然轻骨料(如浮石)或人造轻骨料(如陶粒)或工业废料轻骨料(如矿渣珠)加水泥和水拌制成的表观密度小于 1950kg/m^3 的混凝土称为轻骨料混凝土。轻骨料混凝土常以轻粗骨料的名称来命名，如粉煤灰陶粒混凝土、浮石混凝土、陶粒珍珠岩混凝土等。

1) 轻骨料混凝土的主要技术性质

(1) 和易性。轻骨料混凝土由于其轻骨料具有颗粒表观密度小、表面粗糙、总表面积大、易于吸水的特点，因此其拌合物的黏聚性和保水性好，但流动性差。过小的流动性会使捣实困难，过大的流动性则会使轻骨料上浮、离析。同时，因骨料吸水率大，使得混凝土中的用水量包括两部分：一部分被骨料吸收，其数量相当于骨料 1h 的吸水量，称为附加用水量；另一部分为使拌合物获得要求流动性的用水量，称为净用水量。

(2) 强度等级。轻骨料混凝土的强度等级按其立方体强度标准值划分为 LC5.0、LC7.5、LC10、LC15、LC20、LC25、LC30、LC35、LC40、LC45、LC50、LC55、LC60 共 13 个等级。

2) 轻骨料混凝土的分类

轻骨料混凝土具有一定的强度，同时又具有良好的保温隔热性能，按用途可分为保温轻骨料混凝土、结构保温轻骨料混凝土和结构轻骨料混凝土，见表 4-30。

表 4-30 轻骨料混凝土按用途分类

类别名称	混凝土强度等级的合理范围	混凝土密度等级的合理范围	用 途
保温轻骨料混凝土	LC5.0	≤800	主要用于保温的围护结构或热工构筑物
结构保温轻骨料混凝土	LC5.0～LC15	800～1400	主要用于既承重又保温的围护结构
结构轻骨料混凝土	LC15～LC50	1400～1950	主要用于承重构件或构筑物

3) 轻骨料混凝土施工

轻骨料混凝土的施工工艺基本上与普通混凝土相同，但由于轻骨料的堆积密度小、呈多孔结构、吸水率较大，配置而成的轻骨料混凝土也具有某些特征，因此，在施工过程中应充分重视，才能确保工程质量。轻骨料吸水量较大，会使混凝土拌合物的和易性难以控制，因此，在气温5℃以上的季节施工时，应对轻骨料进行预湿处理，在正式拌制混凝土前，应对轻骨料的含水率进行测定，及时调整拌和用水量。轻骨料混凝土宜采用强制式搅拌机拌制。拌合物的运输和停放时间不宜过长，否则，容易出现离析现象，浇筑后应及时注意养护。

4) 轻骨料混凝土的应用

由于具有质轻、比强度高、保温隔热性好、耐火性好、抗震性好等特点，适用于高层、大跨结构、耐火等级要求高的建筑、要求节能的建筑和旧建筑的加层等，如图4.21所示。

(a) 南京长江大桥轻骨料桥面板

(b) 陶粒混凝土砌块

图4.21　轻骨料混凝土的应用

2. 大体积混凝土

根据《普通混凝土配合比设计规程》(JGJ 55—2011)的规定：混凝土结构物实体最小尺寸等于或大于1m，或预计会因水泥水化热引起混凝土内外温差过大而导致裂缝的混凝土为大体积混凝土。

大体积混凝土特点是：结构厚实，混凝土量大，工程条件复杂(一般都是地下现浇钢筋混凝土结构)，施工技术要求高，水泥水化热较大(预计超过 25℃)，易使结构物产生温度变形。如采取控制温度措施不当，温度应力超过混凝土所能承受的拉力极限值时，则易产生裂缝。

大体积混凝土施工应合理选择混凝土配合比，宜选用水化热低的水泥、掺入适当的粉煤灰和外加剂、控制水泥用量，并应做好养护和温度测量。混凝土内部温度与表面温度的差值、混凝土外表面和环境温度的差值均不应超过25℃。

大体积混凝土主要用于大型基础、大型桥墩、大坝等，如图4.22所示。

(a) 混凝土重力坝

(b) 大体积基础施工

图4.22　大体积混凝土的应用

3. 泵送混凝土

可在施工现场通过压力泵及输送管道进行浇筑的混凝土称为泵送混凝土。由于泵送混凝土这种特殊的施工方法要求，混凝土除满足一般的强度、耐久性等要求外，还必须要满足泵送工艺的要求，即要求混凝土拌合物具有良好的可泵性。所谓可泵性是指混凝土拌合物顺利通过管道，摩擦阻力小、黏聚性好、不离析、不泌水、不堵塞管道等性能。

泵送混凝土要求流动性好，骨料粒径一般不大于管径的 1/3，需加入防止混凝土拌合物在泵送管道中离析和堵塞的泵送剂，以及使混凝土拌合物能在泵压下顺利通行的外加剂，减水剂、塑化剂、加气剂及增稠剂等均可用作泵送剂。加入适量的混合材料(如粉煤灰等)，可避免混凝土施工中拌合料分层离析、泌水和堵塞输送管道。泵送混凝土的原料中，粗骨料宜优先选用(卵石)。

泵送混凝土能一次连续完成水平和垂直运输，效率高，节约劳动力，适用于狭窄的施工现场、大体积混凝土结构物和高层建筑，如图 4.23 所示。

(a) 泵送混凝土浇筑现场

(b) 混凝土输送泵

图 4.23 泵送混凝土的应用

4. 透水性混凝土

透水性混凝土具有独特的、多孔渗水的结构。其透水性利用粗骨料之间的孔隙，使水能够浸入混凝土并能渗入混凝土中。当透水混凝土应用于公路或人行道时，雨水能透过混凝土迅速渗入到地表，还原成地下水，使地下水资源得到及时补充，保持土壤湿度，改善城市地表植物和土壤微生物的生存条件。

透水性混凝土也被认为是绿色建材，它的原材料可使用再生集料，而它本身也是可再生利用的。目前，透水性混凝土主要用于公园内道路、人行道、停车场、地下建筑工程以及各种新型体育场地等，如图 4.24 所示。

(a)

(b)

图 4.24 透水混凝土的应用

4.3 混凝土的取样与验收

4.3.1 混凝土用骨料的取样与验收

1. 砂、石的取样方法和取样数量

(1) 从料堆上取样时，取样部位应均匀分布。取样前先将取样部位表面铲除，然后从不同部位抽取大致等量的砂8份、石15份，各自组成一组样品。

(2) 从皮带运输机上取样时，应用接料器在皮带运输机机尾的出料处定时抽取大致等量的砂4份、石8份，各自组成一组样品。

(3) 从火车、汽车、货船上取样时，从不同部位和深度抽取大致等量的砂8份、石16份，各自组成一组样品。

(4) 除筛分析外，当其余检验项目存在不合格项时，应加倍取样进行复验。当复验仍有一项不满足标准要求时，应按不合格品处理。

对于每一单项检验项目，砂、石的每组样品取样数量应符合表4-31的规定。当需要做多项检验时，可在确保试样经一项试验后不致影响另一项试验的结果的前提下，用同一试样进行几项不同的试验。

每组试样应妥善包装，避免细料散失，防止污染，并附样品卡片，标明样品的编号、取样时间、代表数量、产地、样品量、要求检验项目及取样方式等。

表4-31 单项试验的最少取样数量

骨料种类 / 检验项目	砂	不同最大粒径的碎石或卵石取样量/kg							
		骨料最大粒径/mm							
		9.5	16.0	19.0	26.5	31.5	37.5	63.0	75.0
筛分析	4.4	8.0	15.0	16.0	20.0	25.0	32.0	50.0	64.0
表观密度	2.6	8.0	8.0	8.0	8.0	12.0	16.0	24.0	24.0
堆积密度	5.0	40.0	40.0	40.0	40.0	80.0	80.0	120.0	120.0
含泥量	4.4	8.0	8.0	24.0	24.0	40.0	40.0	80.0	80.0
泥块含量	20.0	8.0	8.0	24.0	24.0	40.0	40.0	80.0	80.0

2. 砂、石的缩分方法

检测时可按下列两种方法之一来对砂的样品进行缩分，以满足各项检验项目所需的数量。

(1) 用分料器缩分。如图4.25所示：将样品在潮湿状态下拌和均匀，然后将其通过分料器，留下两个接料斗中的一份，并将另一份再次通过分料器。重复上述过程，直至把样品缩分到试验所需量为止。

(2) 人工四分法缩分。将样品置于平板上，在潮湿状态下拌和均匀，并堆成厚度约为20mm的“圆饼”状，然后沿相互垂直的两条直径把“圆饼”分成大致相等的4份，取其对角的两份重新拌匀，再堆成“圆饼”状。重复上述过程，直至把样品缩分到试验所需量为止。

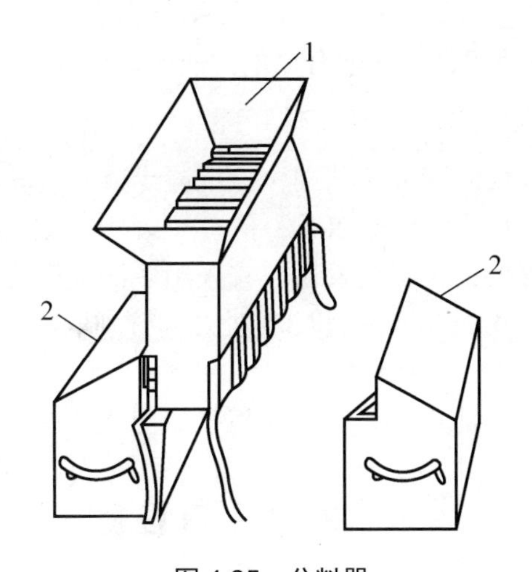

图 4.25 分料器

1—分料漏斗；2—接料斗

(3) 在碎石或卵石缩分时，应将样品置于平板上，在自然状态下拌和均匀，并堆成锥体，然后沿相互垂直的两条直径把锥体分成大致相等的 4 份，取其对角的两份重新拌匀，再堆成锥体。重复上述过程，直至把样品缩分到试验所需量为止。

(4) 砂、碎石或卵石的含水率、堆积密度、紧密密度检验所用的试样，可不经缩分，拌匀后直接进行试验。

3. 砂、石的验收

使用单位应按砂或石的同产地、同规格分批验收。采用大型工具(如火车、货船或汽车)运输的，以 400m³ 或 600t 为一验收批。采用小型工具(如拖拉机等)运输的，应以 200m³ 或 300t 为一验收批。不足上述数量者，应按一验收批进行验收。

当砂或石的质量比较稳定、进料量又较大时，可按 1000t 为一验收批。

每验收批砂石至少应进行颗粒级配、含泥量、泥块含量检验。对于碎石或卵石，还应检验针片状颗粒含量；对于海砂或有氯离子污染的砂，还应检验其氯离子含量；对于海砂，还应检验贝壳含量；对于人工砂及混合砂，还应检验石粉含量。对于重要工程或特殊工程，应根据工程要求，增加检测项目。对其他指标的合格性有怀疑时，应予以检验。

砂或石的数量验收，可按质量计算，也可按体积计算。

测定质量可用汽车地量衡或船舶吃水线为依据。测定体积可按车皮或船舶的容积为依据。采用其他小型工具运输时，可按量方确定。

4.3.2 混凝土强度和拌合物的取样

1. 混凝土强度的取样

(1) 混凝土强度试样应在混凝土的浇筑地点随机抽取。

(2) 试件的取样频率和数量应符合下列规定。

① 每 100 盘不超过 100m³ 的同配合比的混凝土，取样次数不得少于一次。

② 每一工作班拌制的同配合比的混凝土，不足 100 盘和 100m³ 时，其取样次数不得少于一次。

③ 当一次连续浇筑的同配合比混凝土超过 1000m³ 时，每 200m³ 取样应不少于一次。

④ 对房屋建筑，每一楼层、同一配合比的混凝土，取样不应少于一次。

2. 混凝土拌合物的取样

(1) 同一组混凝土拌合物的取样应从同一盘混凝土或同一车混凝土中取出。取样量应多于试验所需量的1.5倍，且不宜小于20L。

(2) 混凝土拌合物的取样应具有代表性，宜采用多次采样的方法。一般在同一盘混凝土或同一车混凝土中的约1/4处、1/2处和3/4处之间分别取样，从第一次取样到最后一次取样不宜超过15min，然后人工搅拌均匀。

(3) 从取样完毕到开始做混凝土拌合物(不包括成型试件)各项性能试验不宜超过5min。

4.4 混凝土的检测

4.4.1 混凝土用砂、石的检测

砂、石的必检项目：筛分析、密度、表观密度、含泥量、泥块含量。

1. 砂的筛分析(颗粒级配)检测

1) 检测目的

评定普通混凝土用砂的颗粒级配，计算砂的细度模数并评定其粗细程度，为混凝土配合比设计提供依据。掌握测试方法，正确使用所用仪器与设备，并熟悉其性能。

2) 检测准备

(1) 试样准备。用于筛分析的试样，其颗粒的公称粒径不应大于10.0mm。检测前应筛除大于9.50mm的颗粒，并计算筛余。称取经缩分后样品不少于550g两份，分别装入两个浅盘，在(105±5)℃的温度下烘干至恒质量，冷却至室温后备用。

(2) 检测仪器准备，主要准备以下内容。

① 方孔筛。孔径为150μm、300μm、600μm、1.18mm、2.36mm、4.75mm及9.50mm的筛各一只，并附有底盘和筛盖各1只。

② 天平。称量为1000g，感量为1g。

③ 鼓风烘箱。能使温度控制在(105±5)℃。

④ 其他仪器。摇筛机，浅盘和硬、软毛刷等。

3) 检测步骤

(1) 称取砂样500g(特细砂可称250g)，置于按筛孔大小顺序排列的套筛的最上一只筛(即4.75mm筛)上，加盖，将整套筛安装在摇筛机上，摇10min。

(2) 取下套筛，按筛孔大小顺序在清洁的浅盘上逐个用手筛，筛至每分钟通过量不超过试样总量的0.1%(0.5g)时为止。通过的颗粒并入下一号筛中，并和下一号筛中的试样一起进行手筛。按这样的顺序依次进行，直至所有的筛子全部筛完为止。

(3) 称出各筛的筛余量，试样在各号筛上的筛余量不得超过按式(4-22)计算出的剩留量，超过时应将该筛余砂样分成两份，再进行筛分，并以两次筛余量之和作为该号筛的筛余量。

$$m_r = \frac{A\sqrt{d}}{200} \tag{4-22}$$

式中：m_r——某一筛上的剩留量(g)；

A——筛面面积(mm^2)；

d——筛孔边长(mm)。

(4) 称取各筛筛余试样的质量，精确至 1g，所有各筛的分计筛余量和底盘中的剩余量之和与筛分前的试样总量相比，相差不得超过 1%。

4) 结果计算与评定

(1) 计算分计筛余百分率：各号筛的筛余量与试样总量之比，计算精确至 0.1%。

(2) 计算累计筛余百分率：该号筛的筛余百分率加上该号筛以上各筛余百分率之和，精确至 0.1%。

(3) 根据各筛两次检测累计筛余百分率的平均值，精确至 0.1%，评定颗粒级配。

(4) 砂的细度模数 M_x 按式(4-23)计算，精确至 0.01。

$$M_x = \frac{(A_2 + A_3 + A_4 + A_5 + A_6) - 5A_1}{100 - A_i} \tag{4-23}$$

式中：　M_x——细度模数；

A_1、$A_2 \cdots A_6$——分别为 4.75mm、2.36mm、1.18mm、0.60mm、0.30mm、0.15mm 筛的累计筛余百分率，代入公式计算时，A_i 不带%。

以两次检测结果的算术平均值作为测定值，精确至 0.1；如两次检测的细度模数之差大于 0.20 时，须重新检测。

2. *砂的表观密度检测*(标准法)

1) 检测目的

测定砂的表观密度，为计算砂的空隙率和混凝土配合比设计提供依据。掌握测试方法，正确使用所用仪器与设备，并熟悉其性能。

2) 检测准备

(1) 试样准备。将经缩分后不少于 660g 的样品装入浅盘，在温度为(105±5)℃的烘箱中烘干至恒量，并在干燥器内冷却至室温，分为大致相等的两份备用。

(2) 检测仪器准备，主要包括以下 4 种。

① 容量瓶，500mL。

② 天平，称量为 1000g，感量为 1g。

③ 鼓风烘箱，能使温度控制在(105±5)℃。

④ 干燥器、浅盘、滴管、毛刷、温度计等。

3) 检测步骤

(1) 称取上述试样 300g(m_0)，装入盛有半瓶冷开水的容量瓶中。

(2) 摇转容量瓶，使试样在水中充分摇动以排除气泡，塞紧瓶盖，静置 24h；然后用滴管小心加水至容量瓶 500mL 刻度线处，塞紧瓶塞，擦干瓶外水分，称其质量(m_1)，精确至 1g。

(3) 将瓶内水和试样全部倒出，洗净容量瓶内外壁，再向瓶内加入冷开水至瓶颈刻度线处，水温与上次水温相差不超过 2℃。塞紧瓶塞，擦干瓶外水分，称其质量(m_2)，精确至 1g。

4) 结果计算与评定

砂的表观密度按式(4-24)计算，精确至 10kg/m^3。

$$\rho_0=\left(\frac{m_0}{m_0+m_2-m_1}-\alpha_t\right)\times 1000 \tag{4-24}$$

式中：ρ_0——砂的表观密度(kg/m^3)；

m_0——烘干试样的质量(g)；

m_1——试样、水及容量瓶的总质量(g)；

m_2——水及容量瓶的总质量(g)；

α_t——水温对砂的表观密度影响的修正系数，见表4-32。

表4-32 不同水温对砂的表观密度影响的修正系数

水温/℃	15	16	17	18	19	20	21	22	23	24	25
α_t	0.002	0.003	0.003	0.004	0.004	0.005	0.005	0.006	0.006	0.007	0.008

表观密度取两次检测结果的算术平均值，精确至10kg/m^3；如两次检测结果之差大于20kg/m^3，需重新试验。

3. 砂的堆积密度检测

1) 检测目的

通过测定砂的堆积密度，为混凝土配合比设计和估计运输工具的数量或存放堆场的面积等提供依据。掌握测试方法，正确使用所用仪器与设备。

2) 检测准备

(1) 试样准备。先用4.75mm方孔筛过筛，然后取经缩分后的样品不少于3L，装入浅盘，置于温度为(105±5)℃的烘箱中烘干至恒量，待冷却至室温后，分成大致相等的两份备用。试样烘干后若有结块，应在试验前先予捏碎。

(2) 检测仪器准备。主要包括以下5类。

① 秤。称量5kg，感量5g。

② 容量筒。圆柱形金属筒，内径为108mm，净高为109mm，壁厚为2mm，筒底厚约为5mm，容积为1L。

③ 鼓风烘箱，能使温度控制在(105±5)℃。

④ 4.75mm方孔筛，垫棒(直径10mm、长500mm的圆钢)。

⑤ 直尺、浅盘、漏斗、料勺、毛刷等。

3) 检测步骤

(1) 松散堆积密度的测定。取一份试样，用漏斗(图4.24)或料勺，将它徐徐装入容量筒(漏斗出料口或料勺距容量筒筒口应不超过50mm)，直至试样装满并超出容量筒筒口，然后用直尺沿筒口中心线向两个相反方向刮平(试验过程应防止触动容量瓶)，称出试样与容量筒的总质量(m_2)，精确至1g。

(2) 紧密堆积密度的测定。取试样一份分两次装入容量筒：装完第一层后，在筒底垫一根直径为10mm的圆钢，按住容量筒，左右交替击地面25次；然后装入第二层，装满后用同样的方法进行颠实(但所垫放圆钢的方向与第一层的方向垂直)。再加试样直至超过筒口，然后用钢尺或直尺沿中心线向两个相反的方向刮平，称出试样与容量筒的总质量(m_2)，精确至0.1g。

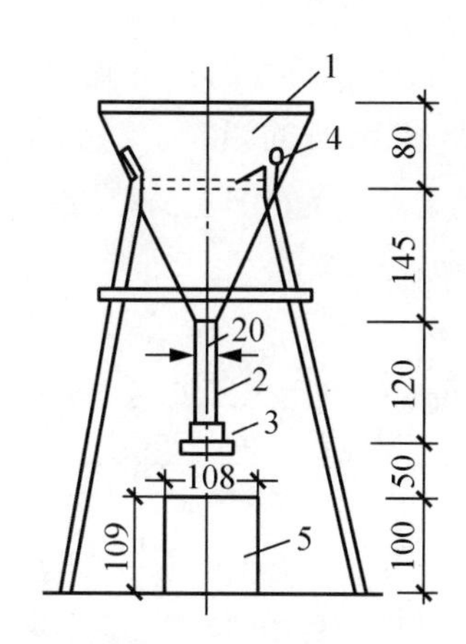

图 4.26　标准漏斗(单位：mm)

1—漏斗；2—ϕ20mm管子；3—活动门；4—筛；5—金属量筒

(3) 称出容量筒的质量(m_1)，精确至 1g。

4) 结果计算与评定

砂的松散或紧密堆积密度按式(4-25)计算，精确至 10kg/m^3。

$$\rho_L(\rho_c)=\frac{m_2-m_1}{V}\times 1000 \tag{4-25}$$

式中：$\rho_L(\rho_c)$——砂的松散或紧密堆积密度(kg/m^3)；

m_1——容量筒的质量(kg)；

m_2——试样与容量筒总质量(kg)；

V——容量筒的容积(L)。

以两次检测结果的算术平均值作为测定值，精确至 10kg/m^3。

4. *砂的含泥量检测(标准法)*

1) 检测目的

通过测定粗砂、中砂、细砂的含泥量，为评定砂的质量提供依据。

2) 检测准备

(1) 试样准备。样品缩分至 1100g，置于温度为(105±5)℃的烘箱中烘干至恒重，冷却至室温后，称取分别 500g(m_0)的试样两份备用。

(2) 检测仪器准备，主要包括以下 4 类。

① 天平。称量为 1000g，感量为 1g。

② 烘箱。温度控制范围为(105±5)℃。

③ 方孔筛。孔径为 75μm 及 1.18mm 的筛各一只。

④ 洗砂用的容器及烘干用的浅盘等。

3) 检测步骤

(1) 取烘干的试样一份置于容器中，并注入饮用水，使水面高出砂面约 150mm，充分拌匀后，浸泡 2h，然后用手在水中淘洗试样，使尘屑、淤泥和黏土与砂粒分离，并使之悬浮或溶于水中。缓缓地将浑浊液倒入 1.18mm、75μm 的套筛(1.18mm 筛放置于上面)上，滤去小于 75μm 的颗粒。检测前筛子的两面应先用水浸润，在整个过程中应小心防止砂粒流失。

(2) 再次向容器中加水，重复上述过程，直到筒内洗出的水清澈为止。

(3) 用水淋洗剩留在筛上的细粒，并将75μm筛放在水中(使水面略高出筛中砂粒的上表面)来回摇动，以充分洗除小于75μm的颗粒。然后将两只筛上剩留的颗粒和容器中已经洗净的试样一并装入浅盘，置于温度为(105±5)℃的烘箱中烘干至恒重。冷却至室温后，称试样的质量(m_1)，精确至0.1g。

4) 结果计算与评定

砂中含泥量按式(4-26)计算，精确至0.1%。

$$W_c = \frac{m_0 - m_1}{m_0} \times 100\% \tag{4-26}$$

式中：W_c——砂中含泥量(%)；

m_0——检测前的烘干试样质量(g)；

m_1——检测后的烘干试样质量(g)。

以两个试样检测结果的算术平均值作为测定值，两次结果之差大于0.5%时，应重新取样进行检测。

5. *砂的泥块含量检测*

1) 检测目的

测定砂的泥块含量，为评定砂的质量提供依据。

2) 检测准备

(1) 试样准备。将检测试样缩分至5000g，置于温度为(105±5)℃的烘箱中烘干至恒重，冷却至室温后，筛除小于1.18mm的颗粒，取筛上的砂不少于400g分为两份备用。特细砂按实际筛分量。

(2) 检测仪器准备，主要包括以下4类。

① 天平。称量为1000g，感量为1g；称量为5000g，感量为5g。

② 烘箱。温度控制范围为(105±5)℃。

③ 方孔筛。孔径为600μm及1.18mm的筛各1只。

④ 洗砂用的容器及烘干用的浅盘等。

3) 检测步骤

(1) 称取试样约200g(m_1)置于容器中，并注入饮用水，使水面高出砂面约150mm，充分拌匀后，浸泡24h，然后用手在水中碾碎泥块，再将试样放在600μm的筛上，用水淘洗，直至水清澈为止。

(2) 保留下来的试样应小心从筛里取出，装入水平浅盘后，置于温度为(105±5)℃的烘箱中烘干至恒重。冷却至室温后，称其质量(m_2)，精确至0.1g。

4) 结果计算与评定

砂中泥块含量按式(4-27)计算，精确至0.1%。

$$W_{c,L} = \frac{m_1 - m_2}{m_1} \times 100\% \tag{4-27}$$

式中：$W_{c,L}$——泥块含量(%)；

m_1——检测前的干燥试样质量(g)；

m_2——检测后的干燥试样质量(g)。

以两个试样检测结果的算术平均值作为测定值。

6. *碎石或卵石的筛分析检测*

1) 检测目的

通过筛分测定碎石或卵石的颗粒级配，以便于选择优质粗集料，达到节约水泥和改善混凝土性能的目的；掌握测试方法，正确使用所用仪器与设备，并熟悉其性能。

2) 检测准备

(1) 试样准备。检测前，应将样品缩分至表4-33所规定的试样最少质量，经烘干或风干后备用。

表4-33 粗集料筛分试验取样规定

最大公称粒径/mm	9.5	16.0	19.0	26.5	31.5	37.5	63.0	75.0
最少试样质量/kg	1.9	3.2	3.8	5.0	6.3	7.5	12.6	16.0

(2) 检测仪器准备，主要包括以下4类。

① 方孔筛。孔径为2.36mm、4.75mm、9.50mm、16.0mm、19.0mm、26.5mm、31.5mm、37.5mm、53.0mm、63.0mm、75.0mm及90.0mm的筛各一个，并附有筛底和筛盖。

② 鼓风烘箱。能使温度控制在(105±5)℃。

③ 天平和秤。天平的最大称量为5kg，感量为5g；秤的称量为20kg，感量为20g。

④ 其他。浅盘。

3) 检测步骤

(1) 称取按表4-33规定数量的试样一份，精确到1g。将试样倒入按孔径大小从上到下组合的套筛上。

(2) 将试样按筛孔大小顺序过筛，当每只筛上的筛余层厚度大于试样的最大粒径值时，应将该筛上的筛余试样分成两份，再次进行筛分，直至各筛每分钟通过量不超过试样总量的0.1%为止。

(3) 称出各号筛的筛余量，精确至试样总量的0.1%。各筛的分计筛余量和筛底剩余量的总和与筛分前测定的试样总量相比，其相差不得超过1%。

4) 结果计算与评定

(1) 计算分计筛余百分率(各筛上筛余量除以试样总量的百分率)，精确至0.1%。

(2) 计算各号筛上的累计筛余百分率(该号筛的分计筛余百分率加上该号筛以上各分计筛余百分率之和)，精确至1%。

(3) 根据各号筛的累计筛余百分率，评定该试样的颗粒级配。

7. *碎(卵)石的表观密度检测*

1) 检测目的

通过测定石子的表观密度，为计算石子的空隙率、评定石子质量和混凝土配合比设计提供依据；石子的表观密度可以反映骨料的坚实、耐久程度，因此是一项重要的技术指标。应掌握测试方法，正确使用所用仪器与设备，并熟悉其性能。

2) 检测准备

(1) 试样准备。按缩分法将试样缩分至略大于两倍于表4-34所规定的最小数量，经烘干或风干后筛除小于4.75mm的颗粒，洗刷干净后分成两份备用。

表 4-34　表观密度试验所需试样数量

最大公称粒径/mm	10.0	16.0	20.0	25.0	31.5	40.0	63.0	80.0
最少试样质量/kg	2.0	2.0	2.0	2.0	3.0	4.0	6.0	6.0

(2) 检测仪器准备，主要包括以下 6 类。

① 液体天平。称量 5kg，感量 5g，其型号及尺寸应能允许在臂上悬挂盛试件的吊篮，并在水中称重，如图 4.27 所示。

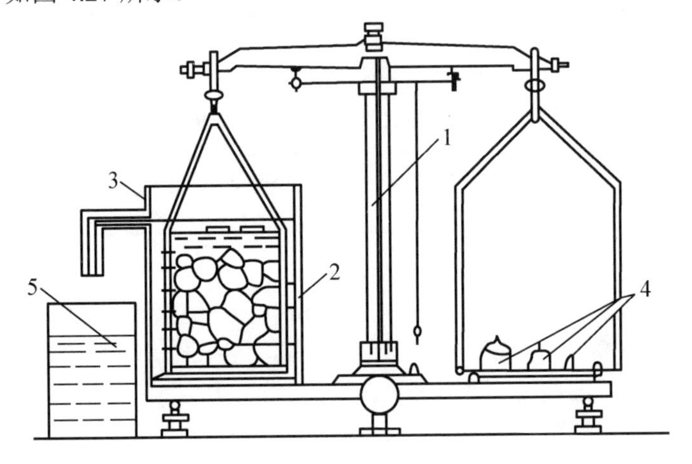

图 4.27　液体天平

1—5kg天平；2—吊篮；3—带有溢流孔的金属容器；4—砝码；5—容器

② 吊篮。直径和高度均为 150mm，由孔径为 1～2mm 的筛网或钻有 2～3mm 孔洞的耐锈蚀金属板制成。

③ 盛水容器(有溢水孔)。

④ 烘箱。恒温(105±5)℃。

⑤ 方孔筛。孔径 4.75mm。

⑥ 其他。温度计、浅盘、毛巾等。

3) 检测步骤

(1) 取试样一份装入吊篮，并浸入盛有水的容器中，液面至少高出试样表面 50mm。

(2) 浸水 24h 后，移放到称量用的盛水容器内，然后上下升降吊篮以排除气泡(试样不得露出水面)。吊篮每升降一次约 1s，升降高度为 30～50mm。

(3) 测定水温后(吊篮应全浸在水中)，准确称出吊篮及试样在水中的质量 m_2，精确至 5g，称量盛水容器中水面的高度由容器的溢水孔控制。

(4) 提起吊篮，将试样倒入浅盘，置于烘箱中烘干至恒重，冷却至室温，称出其质量 m_0，精确至 5g。

(5) 称出吊篮在同样温度水中的质量 m_1，精确至 5g。称量时盛水容器内水面的高度由容器的溢水孔控制。

检测时各项称量可以在 15～25℃范围内进行，但从试样加水静止的 2h 起至试验结束，其温度变化不得超过 2℃。

4) 结果计算与评定

(1) 石子的表观密度按式(4-28)计算，精确至 $10kg/m^3$。

$$\rho_0=\left(\frac{m_0}{m_0+m_1-m_2}-\alpha_t\right)\times 1000 \tag{4-28}$$

式中：ρ_0——石子的表观密度(kg/m^3)；

α_t——水温对石子表观密度影响的修正系数，见表 4-35；

m_0——烘干试样的质量(g)；

m_1——吊篮在水中的质量(g)；

m_2——吊篮及试样在水中的质量(g)。

表 4-35 不同水温下碎石或卵石的表观密度影响的修正系数

水温/℃	15	16	17	18	19	20	21	22	23	24	25
α_t	0.002	0.003	0.003	0.004	0.004	0.005	0.005	0.006	0.006	0.007	0.008

(2) 表观密度取两次检测结果的算术平均值作为测定值。如两次检测结果之差大于 $20kg/m^3$，须重新取样进行检测。对颗粒材质不均匀的试样，如两次检测结果之差大于 $20kg/m^3$，可取 4 次检测结果的算术平均值作为测定值。

8. *石子的堆积密度检测*

1) 检测目的

石子堆积密度的大小是粗骨料级配优劣和空隙率的重要标志，且是进行混凝土配合比设计的必要资料，或用以估计运输工具的数量及存放堆场面积等。通过试验应掌握测试方法，正确使用所用仪器与设备，并熟悉其性能。

2) 检测准备

(1) 试样准备。按表 4-31 规定取样，放入浅盘，在(105±5)℃的烘箱中烘干或风干后，拌匀分为大致相等的两份备用。

(2) 检测仪器准备，主要包括以下 4 类。

① 烘箱。能使温度控制在(105±5)℃。

② 磅秤。称量 100kg，感量 100g。

③ 容量筒。容量筒规格要求见表 4-36。

④ 其他。平头铁锹、垫棒(直径 25mm 的钢筋)、直尺等。

表 4-36 容量筒的规格要求

最大公称直径/mm	容量筒容积/L	容量筒规格		筒壁厚度/mm
		内径/mm	净高/mm	
9.5，16.0，19.0，26.5	10	208	294	2
31.5，37.5	20	294	294	3
53.0，63.0，75.0	30	360	294	4

3) 检测步骤

(1) 松散堆积密度的测定。取试样一份，置于平整干净的地板(或铁板)上，用平头铁锹铲起试样，从铁锹的齐口至容量筒上口的距离为50mm处，让试样自由落下，当容量筒上部试样呈锥体并向四周溢满时，停止加料。除去凸出容量筒表面的颗粒，以适当的颗粒填入凹陷处，使表面稍凸起部分和凹陷部分的体积大致相等。称出试样和容量筒的总质量 m_2。

试验过程中应防止触动容量筒。

(2) 紧密堆积密度的测定。取试样一份分 3 层装入容量筒。装完一层后，在桶底垫放一根直径为16mm的圆钢作为垫棒，将桶按住并左右交替颠击地面25次，再装入第二层，第二层装满后用同样的方法颠实(但筒底所垫钢筋的方向与第一层时的方向垂直)，然后再装入第三层，如法颠实。待3层试样装填完毕后，加料直至超过桶口，用钢筋沿筒口边缘滚转，用钢尺或直尺沿桶口边缘刮去高出的试样，并用适合的颗粒填平凹处，使表面凸起部分与凹陷部分的体积大致相等。称出试样和容量筒的总质量 m_2。

容量筒应放于平整坚硬的地面。

(3) 称出容量筒的质量 m_1。

4) 结果计算与评定

(1) 石子的松散堆积密度(ρ_L)或紧密堆积密度(ρ_c)按式(4–29)计算，精确至10kg/m^3。

$$\rho_L(\rho_c)=\frac{m_2-m_1}{V}\times 1000 \tag{4–29}$$

式中：ρ_L——石子的松散堆积密度(kg/m^3)；

ρ_c——石子的紧实堆积密度(kg/m^3)；

m_2——试样与容量筒总质量(g)；

m_1——容量筒的质量(g)；

V——容量筒的容积(L)。

(2) 以两次检测结果的算术平均值作为测定值。

4.4.2 混凝土拌合物的性能检测

1. 普通混凝土实验室拌和方法

1) 检测依据

《普通混凝土拌合物性能试验方法》(GB/T 50080—2002)。

2) 检测目的

学会混凝土拌合物的拌制方法，为测试和调整混凝土的性能，进行混凝土配合比设计打下基础。

3) 检测准备

(1) 试样准备，包括以下两项内容。

① 在实验室制备混凝土拌合物时，拌和时实验室的温度应保持在(20±5)℃，所用材

料的温度应与实验室温度保持一致。

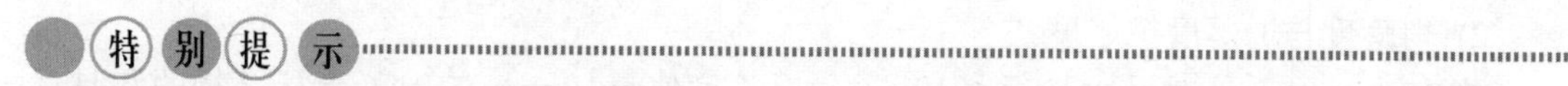

需要模拟施工条件下所用的混凝土时，所用原材料的温度宜与施工现场保持一致。

② 实验室拌和混凝土时，材料用量应以质量计。称量精度：骨料为±1%；水、水泥、掺合料、外加剂均为±0.5%。

(2) 仪器准备，主要包括以下4类。

① 混凝土搅拌机。容量75～100L，转速18～22r/min。

② 磅秤。称量50kg，感量50g。

③ 天平。称量5kg，感量5g。

④ 量筒、拌铲、盛器、拌板等。

4) 拌和方法

(1) 人工拌和法，其主要步骤如下。

① 按所定配合比备料，以全干状态为准。

② 将拌板和拌铲用湿布润湿后，将砂平摊在拌板上，然后倒入水泥，用拌铲自拌和板一端翻拌至另一端，然后再翻拌回来，如此反复至颜色拌匀，再加入石子，继续翻拌至均匀为止。

③ 将干混合料堆成堆，在中间作一凹槽，倒入已称量好的水(约一半)，翻拌数次，并徐徐加入剩下的水，继续翻拌，每翻拌一次，用拌铲在混合料上铲切一次，直至拌和均匀为止。

④ 拌和时间应严格控制，拌和从加水时算起，应大致符合下列规定。

a. 拌合物体积为30L以下时，4～5min。

b. 拌合物体积为30～50L时，5～9min。

c. 拌合物体积为51～75L时，9～12min。

⑤ 从试样制备完毕到开始做各项性能检测不宜超过5min。

(2) 机械拌和法，其主要步骤如下。

① 按所定配合比备料，以全干状态为准。

② 预拌一次，拌前先对混凝土搅拌机挂浆，即用按配合比要求的水泥、砂、水及少量石子，在搅拌机中搅拌(涮膛)，然后倒出多余砂浆。其目的是防止正式拌和时水泥浆挂失影响到混凝土的配合比。

③ 开动搅拌机，向搅拌机内依次加入石子、砂和水泥，先干拌均匀，再将水徐徐加入，全部加料时间不超过2min，水全部加入后，继续拌和2min。

④ 将拌合物从搅拌机中卸出，倾倒在拌板上，再经人工拌和1～2min，即可做混凝土拌合物各项性能检测。从试样制备完毕到开始做各项性能检测不宜超过5min。

2. 普通混凝土拌合物工作性(和易性)检测

1) 检测目的

通过测定混凝土拌合物的坍落度，同时评定混凝土拌合物的黏聚性和保水性，为混凝土配合比设计、混凝土拌合物质量评定提供依据；掌握《普通混凝土拌合物性能试验方法标准》(GB/T 50080—2002)的测试方法，正确使用所用仪器与设备，并熟悉其性能。

2) 坍落度与坍落度扩展度法

本方法适用于骨料最大粒径≤40mm、坍落度值≥10mm 的混凝土拌合物的和易性测定。

(1) 仪器准备，主要包括以下 3 类。

① 坍落度筒。由薄钢板或其他金属制成，形状和尺寸如图 4.28 所示，在坍落筒外 2/3 高度处安两个把手，下端两侧焊脚踏板。

② 捣棒。直径 16mm、长 650mm 的钢棒，端部应磨圆。

③ 直尺、小铲、漏斗等。

(2) 检测步骤，主要分为以下 4 类。

① 湿润坍落度筒及底板，在坍落度筒内壁和底板上应无明水。底板应放置在坚实水平面上，并把筒放在底板中心，然后用脚踩住两边的脚踏板，坍落度筒在装料时应保持固定的位置。

② 把按要求取得的混凝土试样用小铲分 3 层均匀地装入筒内，使之捣实后每层高度为筒高的 1/3 左右。每层用捣棒插捣 25 次。插捣应沿螺旋方向由外向中心进行，各次插捣应在截面上均匀分布。插捣筒边混凝土时，捣棒可以稍稍倾斜。插捣底层时，捣棒应贯穿整个深度，插捣第二层和顶层时，捣棒应插透本层至下一层的表面；浇灌顶层时，混凝土应灌到高出筒口。插捣过程中，如混凝土沉落到低于筒口，则应随时添加。顶层插捣完后，刮去多余的混凝土，并用抹刀抹平。

③ 清除筒边底板上的混凝土后，垂直平稳地提起坍落度筒。坍落度筒的提离过程应在 5～10s 内完成；从开始装料到提坍落度筒的整个过程应不间断地进行，并应在 150s 内完成。

④ 提起坍落度筒后，测量筒高与坍落后混凝土试体最高点之间的高度差，即为该混凝土拌合物的坍落度值，如图 4.29 所示。坍落度筒提离后，如混凝土发生崩坍或一边剪坏现象，则应重新取样另行测定；如第二次检测仍出现上述现象，则表示该混凝土和易性不好，应予记录备查。

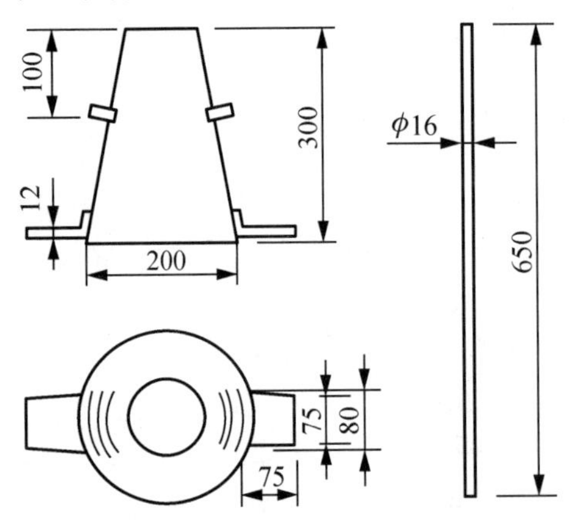

图 4.28　坍落度筒与捣棒

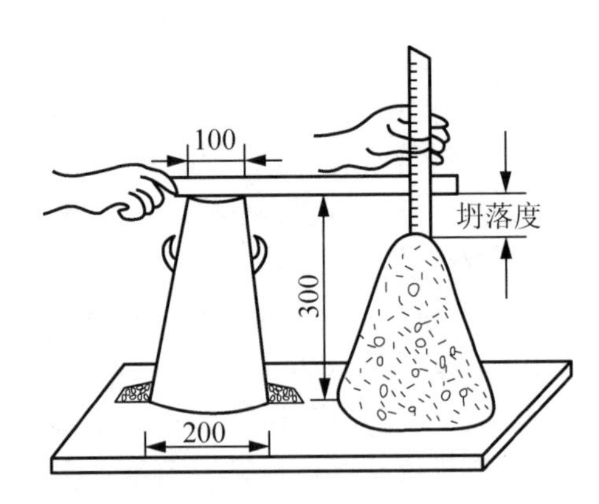

图 4.29　坍落度的测定

(3) 结果确定与处理，主要包括以下 3 方面。

① 坍落度≤220mm 时，混凝土拌合物合易性的评定标准如下。

a. 流动性。用坍落度值表示(单位：mm)，测量精确至 1mm，结果表达修约至 5mm。

b. 黏聚性。测定坍落度值后，用捣棒在已坍落的混凝土锥体侧面轻轻敲打，如锥体逐渐下沉，则表示黏聚性良好；如锥体倒塌、部分崩裂或出现离析现象，则表示黏聚性不好。

c. 保水性。提起坍落度筒后如有较多的稀浆从锥体底部析出，锥体部分的拌合物也因失浆而骨料外露，则表明拌合物保水性不好；如无这种现象，则表明保水性良好。

② 当坍落度＞220mm 时，混凝土拌合物和易性的评定标准如下。

a. 流动性。用坍落度值表示(单位：mm)，测量精确至 1mm，结果表达修约至 5mm。

b. 抗离析性。提起坍落度筒后，如果混凝土拌合物在扩展的过程中，始终保持其匀质性，不论是扩展的中心还是边缘，粗骨料的分布都是均匀的，也无浆体从边缘析出，则表示混凝土拌合物抗离析性良好；如果发现粗骨料在中央集堆或边缘有水泥浆析出，则表示此混凝土拌合物抗离析性不好。

③ 和易性的调整，其主要步骤如下。

a. 在按初步计算备好试样的同时，另外还需备好两份为坍落度调整用的水泥与水，备用的水泥与水的比例应符合原定的水胶比，其数量可各为原来用量的 5%与 10%。

b. 当测得的拌合物坍落度达不到要求，或黏聚性、保水性认为不满意时，可掺入备用的 5%与 10%的水泥与水；当坍落度过大时，可适量增加砂和石子，尽快拌和均匀，重新进行坍落度测定。

3) 维勃稠度法

本方法适用于骨料最大粒径≤40mm、维勃稠度在 5～30s 之间的混凝土拌合物的稠度测定。

(1) 仪器准备，主要包括以下两类。

① 维勃稠度仪如图 4.30 所示，由以下部分组成。

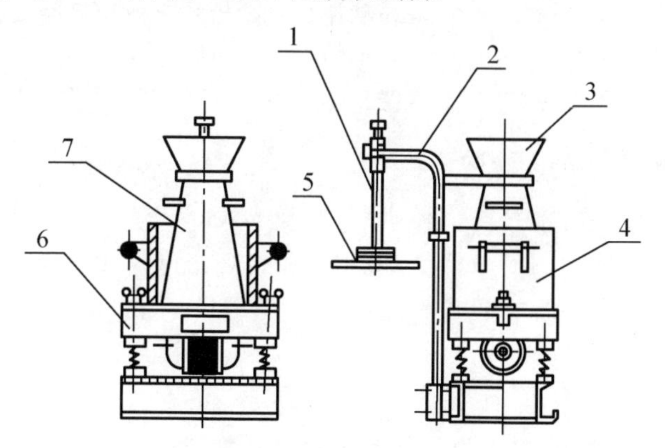

图 4.30 维勃稠度仪

1—测量杆；2—旋转架；3—漏斗；4—容器；5—透明圆盘；6—振动台；7—坍落度筒

a. 振动台。台面长 380mm、宽 260mm，支承在 4 个减振器上。台面底部安有频率为(50±3)Hz 的振动器。装有空容器时台面的振幅应为(0.5±0.1)mm。

b. 容器。由钢板制成，内径为(240±5)mm，高为(200±2)mm，筒壁厚 3mm，筒底厚 7.5mm。

c. 旋转架。与测杆及喂料斗相连。测杆下部安装有透明且水平的圆盘，并用测杆螺钉把测杆固定在套管中。旋转架安装在支柱上，通过十字凹槽来固定方向，并用定位螺钉来固定其位置。就位后，测杆或喂料斗的轴线应与容器的轴线重合。

d. 透明圆盘直径为(230±2)mm，厚度为(10±2)mm。荷重块直接固定在圆盘上。由测杆、圆盘及荷重块组成的滑动部分总质量应为(2750±50)g。

e. 坍落度筒及捣棒同坍落度检测，但筒没有脚踏板。

② 其他用具。秒表、小铲等。

(2) 检测步骤，主要分为如下。

① 维勃稠度仪应放置在坚实水平面上，用湿布把容器、坍落度筒、喂料斗内壁及其他用具润湿。

② 将喂料斗提到坍落度筒上方扣紧，校正容器位置，使其中心与喂料中心重合，然后拧紧固定螺钉。

③ 把混凝土拌合物试样用小铲分3层经喂料斗均匀地装入筒内，装料及插捣的方法同坍落度与坍落扩展度检测。

④ 把喂料斗转离，垂直地提起坍落度筒，此时应注意不使混凝土试体产生横向的扭动。

⑤ 把透明圆盘转到混凝土圆台体顶面，放松测杆螺钉，降下圆盘，使其轻轻接触到混凝土顶面。拧紧定位螺钉，并检查测杆螺钉是否已经完全放松。

⑥ 在开启振动台的同时用秒表计时，当振动到透明圆盘的底面被水泥浆布满的瞬间停止计时，并关闭振动台。

(3) 结果确定与处理。由秒表读出时间(s)即为该混凝土拌合物的维勃稠度值，精确至1s。如维勃稠度值＜5s或＞30s，则此种混凝土所具有的稠度已超过本仪器的适用范围。

特别提示

坍落度≤50mm或干硬性混凝土和维勃稠度＞30s的特干硬性混凝土拌合物的稠度可采用增实因数法来测定。

3. 普通混凝土拌合物的表观密度检测

1) 检测目的

测定混凝土拌合物捣实后的单位体积质量(即表观密度)，以此作为调整混凝土配合比的依据。掌握《普通混凝土拌合物性能试验方法标准》(GB/T 50080—2002)，正确使用仪器设备。

2) 检测设备

(1) 容量筒。金属制成的圆筒两旁装有提手。对骨料最大粒径不大于40mm的拌合物采用容积为5L的容量筒，其内径与内高均为(186±2)mm，筒壁厚为3mm；骨料最大粒径大于40mm时，容量筒的内径与内高均应大于骨料最大粒径的4倍。容量筒上缘及内壁应光滑平整，顶面与底面应平行并与圆柱体的轴垂直。

(2) 台秤。称量50kg，感量50g。

(3) 振动台、捣棒等。

3) 检测步骤

(1) 用湿布把容量筒内外擦干净，称出其质量m_1，精确至50g。

(2) 混凝土的装料及捣实方法应视拌合物的稠度而定。一般来说，坍落度不大于70mm

的混凝土，用振动台振实为宜；坍落度大于 70mm 的混凝土，用捣棒捣实为宜。

采用捣棒捣实时，应根据容量筒的大小决定分层与插捣次数：用 5L 容量筒时，混凝土拌合物应分两层装入，每层的插捣次数应为 25 次；用大于 5L 的容量筒时，每层混凝土的高度不应大于 100mm，每层插捣次数应按每 $100cm^2$ 截面不小于 12 次计算。各次插捣应由边缘向中心均匀地插捣，插捣底层时两捣棒应贯穿整个深度，插捣第二层时，捣棒应插透本层至下一层的表面；每一层捣完后用橡皮锤轻轻沿容器外壁敲打 5～10 次，进行振实，直至拌合物表面插捣孔消失并不见大气泡为止。

采用振动台振实时，应一次将混凝土拌合物灌到高出容量筒口。装料时可用捣棒稍加插捣，振动过程中如混凝土低于筒口，应随时添加混凝土，振动直至表面出浆为止。

(3) 用刮尺将筒口多余的混凝土拌合物刮去，表面如有凹陷应填平；将容量筒外壁擦净，称出混凝土试样与容量筒总质量 m_2，精确至 50g。

4) 结果确定与处理

混凝土拌合物的表观密度按式(4-30)计算，精确至 $10kg/m^3$。

$$\rho_{(0,\ t)} = \frac{m_2 - m_1}{V_0} \times 1000 \tag{4-30}$$

式中：$\rho_{(0,\ t)}$——混凝土的表观密度(kg/m^3)；

m_1——容量筒的质量(kg)；

m_2——容量筒和试样总质量(kg)；

V——容量筒的容积(L)。

4. 混凝土凝结时间的检测

1) 检测目的

测定混凝土拌合物的凝结时间，它对混凝土工程中混凝土的搅拌、运输及施工具有重要的参考作用。掌握《普通混凝土拌合物性能试验方法标准》(GB/T 50080—2002)，正确使用仪器设备。

2) 检测设备

(1) 贯入阻力仪。由加荷装置、测针、砂浆试样筒和标准筛组成，可以是手动的，也可以是自动的，如图 4.31 所示。贯入阻力仪应符合下列要求。

① 加荷装置。最大测量值应≥1000N，精度为±10N。

② 测针。长为 100mm，承压面积有 $100mm^2$、$50mm^2$、$20mm^2$ 共 3 种测针；在距贯入端 25mm 处刻有一圈标记。

③ 砂浆试样筒。上口径为 160mm，下口径为 150mm，净高为 150mm 的刚性不透水的金属圆筒，并配有盖子。

④ 标准筛。筛孔为 5mm 的符合现行国家标准《试验筛、金属丝编织网、穿孔板和电线型薄板 筛孔的基本尺寸》(GB/T 6005—2008)规定的金属圆孔筛。

图 4.31 混凝土贯入阻力仪

(2) 振动台、捣棒、秒表等。

3) 检测步骤

(1) 从实验室制备或现场取样的混凝土拌合物试样中，用 5mm 标准筛筛出砂浆，每次应筛净，然后将其拌和均匀。

(2) 将砂浆一次分别装入3个试样筒中，做3次检测。

取样混凝土坍落度不大于70mm的混凝土宜用振动台振实砂浆；取样混凝土坍落度大于70mm的宜用捣棒人工捣实。用振动台振实砂浆时，振动应持续到表面出浆为止，不得过振；用捣棒人工捣实时，应沿螺旋方向由外向中心均匀插捣25次，然后用橡皮锤轻轻敲打筒壁，直至插捣孔消失为止。振实或插捣后，砂浆表面应低于砂浆试样筒口约10mm；砂浆试样筒应立即加盖。

(3) 砂浆试样制备完毕，编号后应置于温度为(20±2)℃的环境中或现场同条件下待试，并在以后的整个测试过程中，环境温度应始终保持为(20±2)℃。现场同条件测试时，应与现场条件保持一致。在整个测试过程中，除在吸取泌水时或进行贯入检测外，试样筒应始终加盖。

(4) 凝结时间测定从水泥与水接触瞬间开始计时。根据混凝土拌合物的性能，确定测针检测时间。在一般情况下，基准混凝土在成型后2～3h、掺早强剂的混凝土在1～2h、掺缓凝剂的混凝土在4～6h后开始用测针测试，以后每隔0.5h测试一次，在临近初、终凝时可增加测定次数。

(5) 在每次测试前2min，将一片20mm厚的垫块垫入筒底一侧使其倾斜，用吸管吸去表面的泌水，吸水后平稳地复原。

(6) 测试时将砂浆试样筒置于贯入阻力仪上，测针端部与砂浆表面接触，然后在(10±2)s内均匀地使测针贯入砂浆(25±2)mm深度，记录贯入压力P，精确至10N；记录测试时间，精确至1min；记录环境温度，精确至0.5℃。

(7) 各测点的间距应大于测针直径的两倍且不小于15mm。测点与试样筒壁的距离应不小于25mm。

(8) 贯入阻力测试在0.2～28MPa之间应至少进行6次，直至贯入阻力大于28MPa为止。

(9) 在测试过程中应根据砂浆凝结状况，适时更换测针，更换测针宜按表4-37选用。

表4-37　测针选用规定表

贯入阻力/MPa	0.2～3.5	3.5～20	20～28
测针面积/mm^2	100	50	20

4) 结果确定与处理

(1) 贯入阻力按式(4-31)计算，精确至0.1MPa。

$$f_{PR}=\frac{P}{A} \tag{4-31}$$

式中：f_{PR}——贯入阻力(MPa)；

P——贯入压力(N)；

A——测针面积(mm^2)。

(2) 凝结时间宜通过线性回归方法确定。如图4.32所示，即将贯入阻力f_{PR}和时间t分别取自然对数$\ln(f_{PR})$和$\ln(t)$，然后把$\ln(f_{PR})$当作自变量、$\ln(t)$当作因变量作线性回归得到回归方程式：

$$\ln(t)=A+B\ln(f_{PR}) \tag{4-32}$$

式中：t——时间(min)；

f_{PR}——贯入阻力(MPa)；

A、B——线性回归系数。

根据式(4-32)求得当贯入阻力为 3.5MPa 时为初凝时间 t_s，贯入阻力为 28MPa 时为终凝时间 t_e。

$$t_s = e^{[A+B\ln(3.5)]} \tag{4-33}$$

$$t_e = e^{[A+B\ln(28)]} \tag{4-34}$$

式中：t_s——初凝时间(min)；

t_e——终凝时间(min)；

A、B——线性回归系数。

凝结时间也可用绘图拟合方法确定，如图 4.33 所示。以贯入阻力为纵坐标，经过的时间为横坐标(精确至 1min)，绘制出贯入阻力与时间之间的关系曲线，以 3.5MPa 和 28MPa 画两条平行于横坐标的直线，分别与曲线相交的两个交点的横坐标即为混凝土拌合物的初凝和终凝时间。

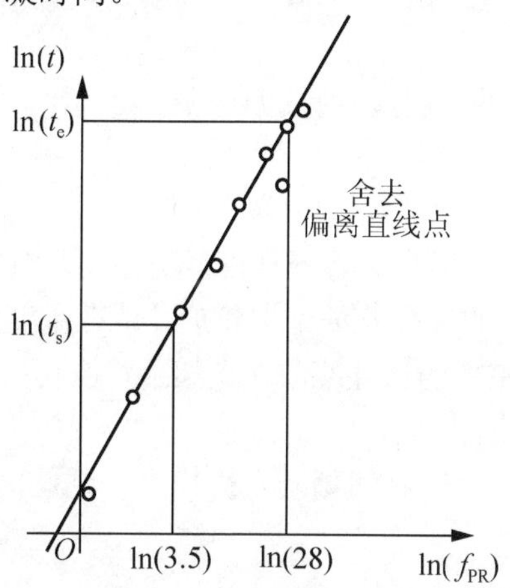

图 4.32 回归法确定凝结时间

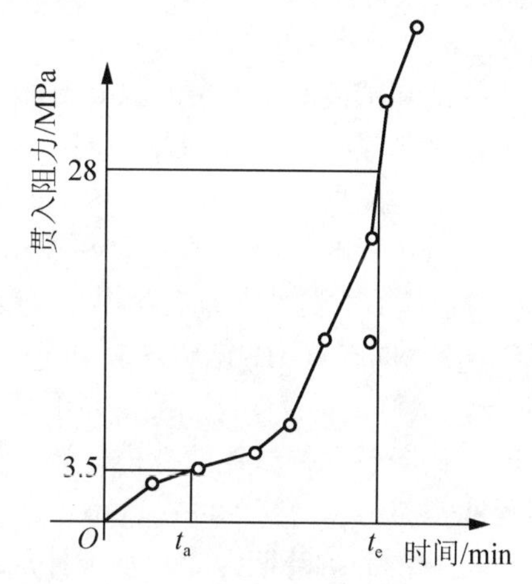

图 4.33 绘图法确定凝结时间

(3) 用 3 个检测结果的初凝和终凝时间的算术平均值作为此次检测的初凝和终凝时间。如果 3 个测值的最大值或最小值中有一个与中间值之差超过中间值的 10%，则以中间值为检测结果；如果最大值和最小值与中间值之差均超过中间值的 10%时，则此次检测无效。

凝结时间用 h 和 min 表示，并精确至 5min。

4.4.3 普通混凝土力学性能检测

1. 混凝土立方体抗压强度的检测

1) 检测目的

掌握《普通混凝土力学性能试验方法标准》(GB/T 50081—2002)及《混凝土强度检验评定标准》(GB/T 50107—2010)，根据检验结果判断材料的质量，确定、校核混凝土配合比，并为控制施工质量提供依据。

2) 检测准备

(1) 试样准备。主要分为试件制作和试件养护两项：

① 试件制作，主要过程描述如下。

a. 制作试件前应检查试模尺寸，拧紧螺栓并清刷干净，在其内壁涂上一薄层矿物油脂。普通混凝土立方体抗压强度检测所用立方体试件是以同一龄期者为一组，每组至少3个同时制作并共同养护的混凝土试件。

b. 试件的成型方法应根据混凝土拌合物的稠度来确定。坍落度大于70mm的混凝土拌合物采用捣棒人工捣实成型。将搅拌好的混凝土拌合物分两层装入试模，每层装料的厚度大约相同。插捣时用钢制捣棒按螺旋方向从边缘向中心均匀进行。插捣底层时，捣棒应达到试模底面；插捣上层时，捣棒应贯穿下层，深度约为20～30mm。并用镘刀沿试模内侧插捣数次。每层的插捣次数应根据试件的截面而定，一般为每100cm^{2}截面积不应少于12次。插捣后应用橡皮锤轻轻敲击试模四周，直至插捣棒留下的空洞消失为止。

坍落度不大于70mm的混凝土拌合物采用振动台振实成型。将搅拌好的混凝土拌合物一次装入试模，装料时用抹刀沿试模内壁略加插捣并使混凝土拌合物高出试模口，然后将试模放到振动台上，振动时应防止试模在振动台上自由跳动，振动应持续到混凝土表面出浆为止，且应避免过振。

c. 刮除试模上口多余的混凝土，待混凝土临近初凝时，用抹刀抹平。

② 试件养护，主要过程描述如下。

a. 试件成型后应立即用不透水的薄膜覆盖表面，以防止水分蒸发。

b. 采用标准养护的试件，应在温度(20±5)℃的环境中静置一昼夜至两昼夜，然后编号、拆模。拆模后的试件立即放在相对湿度为95%以上的标准养护室中养护，或在温度为(20±2)℃不流动的$Ca(OH)_2$饱和溶液中养护。标准养护室内的试件应放在支架上，彼此相隔10～20mm，试件表面应保持潮湿，并不得被水直接冲淋。

c. 同条件养护试件的拆模时间可与实际构件的拆模时间相同，拆模后，试件仍需保持同条件养护。

d. 标准养护龄期为28d(从搅拌加水开始计时)。

(2) 检测仪器准备，主要包括以下4类。

① 压力试验机。测量精度为±1%，试件破坏荷载应大于压力机全量程的20%且小于压力机全量程的80%。应具有加荷速度指示装置或加荷速度控制装置，并能均匀、连续加荷。试验机上下压板及试件之间可垫以钢垫板，其平面尺寸大于试件的承压面积。

② 试模。由铸铁或钢制成，应具有足够的刚度并拆装方便。试模内表面应进行机械加工，其不平整度应为每100mm不超过0.05mm，组装后各相邻面的不垂直度应不超过±0.5°。

③ 振动台。由铸铁或钢制成，振动频率为(50±3)Hz，空载振幅约为0.5mm。

④ 捣棒、金属直尺、抹刀等。

3) 检测步骤

(1) 试件从养护地点取出后，应尽快进行检测，以免试件内部的温湿度发生显著变化。将试件表面与上下承压板面擦干净。测量尺寸，并检查外观，试件尺寸测量精确到1mm，并据此计算试件的承压面积。

(2) 将试件安放在试验机的下压板或钢垫板上，试件的承压面应与成型时的顶面垂直。试件的中心应与试验机下压板中心对准。开动试验机，当上板与试件接近时，调整球座，使接触均衡。

(3) 在检测过程中应连续而均匀地加荷，混凝土强度等级＜C30时，其加荷速度为0.3～0.5MPa/s；若混凝土强度等级≥C30 且＜C60，加荷速度取为 0.5～0.8MPa/s；当混凝土强度等级＞C60时，加荷速度取为0.8～1.0MPa/s。当试件接近破坏而开始迅速变形时，停止调整试验机油门，直到试件破坏，并记录破坏荷载F(N)。

4) 结果计算与处理

(1) 混凝土立方体抗压强度按式(4-35)计算，精确至0.1MPa。

$$f_{cc}=\frac{F}{A} \tag{4-35}$$

式中：f_{cc}——混凝土立方体试件的抗压强度值(MPa)；

F——试件破坏荷载(N)；

A——试件承压面积(mm^2)。

(2) 以 3 个试件测值的算术平均值作为该组试件的抗压强度值(精确至 0.1MPa)。当 3 个测值中最大值或最小值中有一个与中间值的差值超过中间值的 15%时，则把最大值或最小值一并舍除，取中间值作为该组试件的抗压强度值。如最大值和最小值与中间值的差均超过中间值的 15%，则该组试件的检测结果作废。

(3) 混凝土立方体抗压强度是以150mm×150mm×150mm的立方体试件作为抗压强度的标准值。当混凝土强度等级＜C60时，用非标准试件测得的强度值均应乘以尺寸换算系数，其值为：对于200mm×200mm×200mm的试件，其换算系数为1.05；对于100mm×100mm×100mm的试件，其换算系数为 0.95。当混凝土强度等级≥C60 时，宜采用标准试件；采用非标准试件时，尺寸换算系数应由检测确定。

2. 混凝土抗折强度的检测

1) 检测目的

测定混凝土的抗折强度，评定其抗折性能，为确定混凝土的力学性能提供数据。

2) 检测准备

(1) 试样准备。当混凝土强度等级≥C60时，宜采用150mm×150mm×600(或者550)mm的棱柱体标准试件。当采用100mm×100mm×400mm的非标准试件时，应乘以尺寸换算系数0.85。

(2) 检测仪器准备。抗折试验机的测量精度为±1%，试件破坏荷载应大于压力机全量程的20%且小于压力机全量程的80%。应具有加荷速度指示装置或加荷速度控制装置，并能均匀、连续加荷。

试验机与试件接触的两个支座和两个加压头应具有直径为20～40mm的弧形顶面，并应至少比试件的宽度长10mm。支座立脚点固定铰支，其他应为滚动支点。

3) 检测步骤

(1) 试件从养护地取出后应及时进行检测，将试件表面擦干净，测量尺寸，并检查外观。试件尺寸测量精确至1mm，并据此进行强度计算。

(2) 如图4.34所示装置试件，安装尺寸偏差不得大于1mm。试件的承压面应为试件成型时的侧面。支座及承压面与圆柱的接触面应平稳、均匀，否则应垫平。

(3) 施加荷载应保持均匀、连续。当混凝土强度等级＜C30 时，加荷速度取 0.02～

0.05MPa/s；当混凝土强度等级≥C30 且＜C60 时，加荷速度取 0.05～0.08MPa/s；当混凝土强度等级＞C60 时，加荷速度取 0.08～0.10MPa/s，至试件接近破坏时，应停止调整试验机油门，直至试件破坏，然后记录破坏荷载 F(N)。

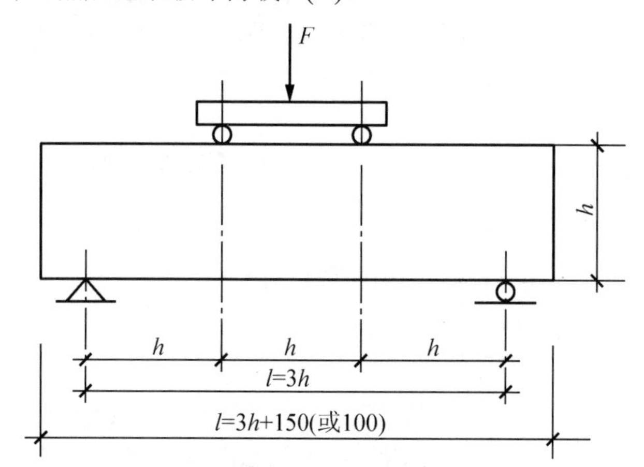

图 4.34　抗折试验

(4) 记录试件破坏荷载的试验机示值及试件下边缘断裂位置。

4) 结果计算与处理

(1) 若试件下边缘断裂位置处于两个集中荷载作用线之间，则试件的抗折强度按式(4-36)计算，精确至 0.1MPa。

$$f_{\mathrm{f}}=\frac{Fl}{bh^2} \tag{4-36}$$

式中：f_{f}——混凝土抗折强度(MPa)；

F——检测试件破坏荷载(N)；

l——支座间跨度(mm)；

h——检测试件截面高度(mm)；

b——检测试件截面宽度(mm)。

(2) 3 个试件中若有一个折断面位于两个集中荷载之外，则混凝土抗折强度值按另两个试件的检测结果计算。若这两个测值的差值不大于这两个测值的较小值的 15%，则该组试件的抗折强度值按这两个测值的平均值计算，否则该组试件的检测无效。若有两个试件的下边缘断裂位置位于两个集中荷载作用线之外，则该组试件检测无效。

(3) 当试件为尺寸为 100mm×100mm×400mm 的非标准试件时，应乘以尺寸换算系数 0.85；当混凝土强度等级＞C60 时，宜采用标准试件；使用非标准试件时，尺寸换算系数应由检测确定。

3. 混凝土劈裂抗拉强度的检测

1) 检测目的

测定混凝土试件的劈裂抗拉强度，评定其抗裂性能，为确定混凝土的力学性能提供依据。

2) 检测准备

(1) 试样准备。采用 150mm×150mm×150mm 的立方体标准试件，其最大集料粒径应不超过 40mm。也可采用边长为 100mm 和 200mm 的立方体非标准试件。在特殊情况下，还可采用ϕ 150mm×300mm 的圆柱体标准检测试件，或ϕ 100mm×200mm 和ϕ 200mm×400mm 的圆柱体非标准检测试件。

(2) 检测仪器准备，主要包括以下 5 类。

① 压力试验机。与混凝土抗压强度检测所用设备要求相同。

② 试模。与混凝土抗压强度检测所用设备要求相同。

③ 垫块。采用半径为 75mm 的钢制弧形垫块，其长度与试件相同，横截面尺寸如图 4.35(a)所示。

④ 垫条。三层胶合板制成，宽度为 20mm，厚度为 3～4mm，长度不小于试件长度，垫条不得重复使用。

⑤ 支架。采用钢支架，如图 4.35(b)所示。

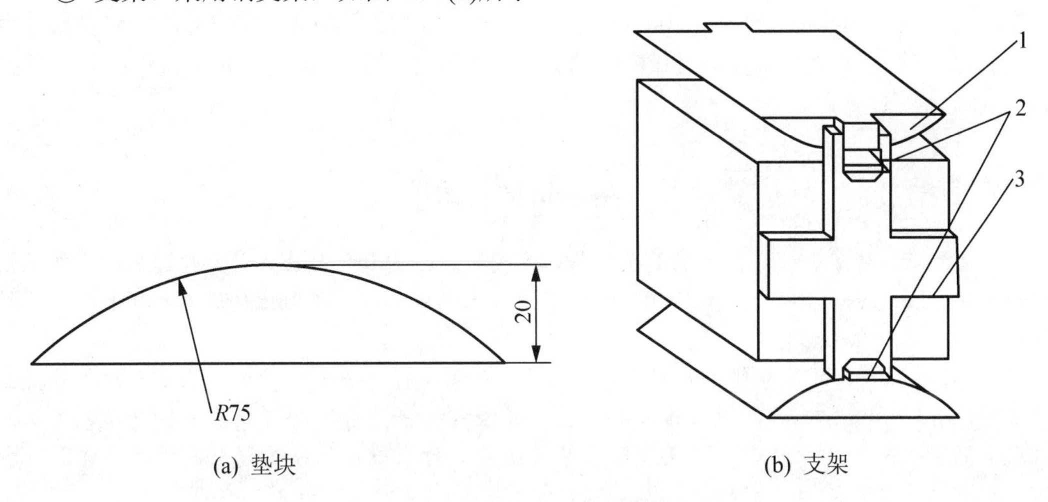

(a) 垫块　　(b) 支架

图 4.35　混凝土劈裂抗拉试验装置图

1—垫块；2—垫条；3—支架

3) 检测步骤

(1) 试件从养护地点取出后应及时进行检测，将试件表面与上下承压板面擦干净。在试件上画线定出劈裂面的位置，劈裂面应与试件的成型面垂直。测量劈裂面的边长(精确至 1mm)，计算出劈裂面的面积 A(mm^2)。

(2) 将试件放在试验机下压板的中心位置，劈裂承压面和劈裂面应与试件成型时的顶面垂直；在上、下压板与试件之间垫以圆弧形垫块及垫条各一条，垫块与垫条应与试件上、下面的中心线对准并与成型时的顶面垂直。宜把垫条及试件安装在定位架上使用，如图 4.35(b)所示。

(3) 开动试验机，当上压板与圆弧形垫块接近时，调整球座，使接触均衡。加荷应连续均匀，当混凝土强度等级＜C30 时，加荷速度取 0.02～0.05MPa/s；当混凝土强度等级≥C30 且＜C60 时，加荷速度取 0.05～0.08MPa/s；当混凝土强度等级＞C60 时，加荷速度取 0.08～0.10MPa/s，至试件接近破坏时，应停止调整试验机油门，直至试件破坏，然后记录破坏荷载 F(N)。

4) 检测结果与处理

(1) 混凝土劈裂抗拉强度应按式(4-37)计算，精确至 0.01MPa。

$$f_{ts}=\frac{2F}{\pi A}=0.637\frac{F}{A} \tag{4-37}$$

式中：f_{ts}——混凝土劈裂抗拉强度(MPa)；

F——检测试件破坏荷载(N)；

A——检测试件劈裂面面积(mm^2)。

(2) 以3个试件测值的算术平均值作为该组试件的强度值(精确至0.01MPa)；3个测值中的最大值或最小值中如有一个与中间值的差值超过中间值的15%，则把最大值及最小值一并舍除，取中间值作为该组试件的抗压强度值；如最大值与最小值与中间值的差均超过中间值的15%，则该组试件的检测结果无效。

(3) 混凝土劈裂抗拉强度以150mm×150mm×150mm的立方体试件的劈裂抗拉强度为标准值。采用100mm×100mm×100mm的非标准试件测得的劈裂抗拉强度值应乘以尺寸换算系数0.85；当混凝土强度等级≥C60时，宜采用标准试件；使用非标准试件时，尺寸换算系数应由检测确定。

本章小结

本章重点讲述了普通混凝土的组成材料、主要技术性质和配合比设计，普通混凝土及原材料的取样方法、进场验收标准和检测；介绍了混凝土的外加剂、混凝土的质量控制和其他品种的混凝土。

(1) 普通混凝土的基本组成材料是水泥、水、砂和石子，另外，外加剂已成为改善混凝土性质的极有效的措施之一，被视为混凝土的第五组成材料。它们在混凝土中各自起着不同的作用。混凝土所用的原材料必须满足国家有关规范、标准规定的质量要求，才能确保混凝土的质量。

(2) 混凝土的主要技术性质包括混凝土拌合物的和易性、硬化混凝土的强度、耐久性。混凝土拌合物的合易性包括流动性、黏聚性和保水性3方面。混凝土的强度包括抗压强度、抗拉强度、抗剪强度等，其中抗压强度较高，抗拉强度低。混凝土耐久性是一项综合的质量指标，包括抗渗性、抗冻性、抗侵蚀性、碳化能力及抗碱骨料反应等。混凝土要求有良好的和易性、较高的强度、良好的耐久性，这样才能设计配制出符合工程要求的混凝土。

(3) 混凝土的配合比设计就是围绕以下4个基本要求进行的：满足设计强度要求；适应工程施工条件下的和易性要求；满足使用条件下的耐久性要求；最大限度地降低工程造价。配合比设计的目的就是要确定$1m^3$混凝土中各组成材料的最佳用量。设计步骤为：先计算出初步配合比，再通过实验室拌制和调整，确定基准配合比和实验室配合比，最后再根据施工现场骨料的含水率换算成施工配合比。

(4) 混凝土外加剂是除混凝土4种基本材料之外的第五种重要组分。外加剂虽然掺入量较少(一般不超过水泥质量的5%)，但却能显著改善混凝土的性能。在实际工程中，要合理选择外加剂的品种，严格控制外加剂掺量，掺入方法要正确。

(5) 为了保证混凝土结构的可靠性，必须对混凝土进行质量控制，要对混凝土各个施工环节进行质量控制和检查，另外还要用数理统计方法对混凝土强度进行检验评定。

(6) 除了常用的普通混凝土外，其他品种的混凝土也日益得到广泛应用，如轻骨料混凝土、大体积混凝土、泵送混凝土、透水混凝土等。各种混凝土的性能、特点不同，分别适用于不同的环境中，在实际工程中应合理选用。

习题

一、填空题

1．普通混凝土是由(　　)、(　　)、(　　)和(　　)组成，以及必要时掺入(　　)。

2．在混凝土中，砂子和石子起(　　)作用，水泥浆在硬化前起(　　)作用，在硬化后起(　　)作用。

3．对混凝土用砂进行筛分析检测，其目的是测定砂的(　　)和(　　)。

4．粗骨料是指粒径大于(　　)的岩石颗粒，常有(　　)和(　　)两类。

5．石子的压碎指标值越小，则石子的强度越(　　)。

6．混凝土拌合物的和易性包括(　　)、(　　)和(　　)3个方面。其测定采用定量测定(　　)，方法是塑性混凝土采用(　　)法，单位为(　　)；干硬性混凝土采用(　　)法，单位为(　　)；采取直观经验评定(　　)和(　　)。

7．普通混凝土配合比设计中要确定的3个参数为(　　)、(　　)和(　　)。

8．混凝土强度检测的方法是：以边长为(　　)mm的立方体试件，在温度为(　　)℃、相对湿度为(　　)以上的条件下养护(　　)d，用标准检测方法测定的抗压强度值，用(　　)符号表示，单位为(　　)。

二、单项选择题

1．混凝土用粗骨料石子的最大粒径不得大于钢筋最小净间距的(　　)。

A．1/4　　B．2/4　　C．4/4　　D．3/4

2．若砂子的筛分曲线落在规定的3个级配区中的任一个区，则(　　)。

A．颗粒级配及细度模数都合格，可用于配制混凝土

B．颗粒级配合格，但可能是特细砂或特粗砂

C．颗粒级配不合格，细度模数是否合适不确定

D．颗粒级配不合格，但是细度模数符合要求

3．已知混凝土的砂石比为0.54，则砂率为(　　)。

A．0.35　　B．0.30　　C．0.54　　D．1.86

4．用维勃稠度法测定混凝土拌合物的流动性时，其值越大表示混凝土的(　　)。

A．流动性越大　　B．流动性越小

C．黏聚性越好　　D．保水性越差

5．施工所需要的混凝土拌合物坍落度的大小主要由(　　)来选取。

A．水胶比和砂率

B．构件的截面尺寸大小，钢筋疏密，捣实方式

C．骨料的性质、最大粒径和级配

D．水胶比和捣实方式

6．配制混凝土时，水胶比(W/B)过大，则(　　)。

A．混凝土拌合物的保水性变差　　B．混凝土拌合物的黏聚性变差

C．混凝土的耐久性和强度下降　　D．以上全是

7．试拌调整混凝土时，发现拌合物的保水性较差，应采用(　　)措施。

A．增加砂率　　B．减少砂率

C．增加水泥　　D．增加用水量

8．配制高强度混凝土时应选(　　)。

A．早强剂　　B．高效减水剂

C．引气剂　　D．膨胀剂

9．混凝土强度包括抗压、抗拉、抗弯及抗剪强度等，其中以(　　)强度为最高。

A．抗压　　B．抗拉

C．抗弯　　D．抗剪

10．混凝土的水胶比是根据(　　)要求确定的。

A．强度　　B．和易性

C．耐久性　　D．强度和耐久性

11．配置混凝土时，水泥强度等级的选择，应与(　　)相适应。

A．结构形式　　B．荷载情况

C．结构截面形式　　D．混凝土的设计强度等级

12．选择混凝土骨料时，应使其(　　)。

A．总表面积大，空隙率大　　B．总表面积小，空隙率大

C．总表面积小，空隙率小　　D．总表面积大，空隙率小

13．普通混凝土立方体强度测试，采用 100mm×100mm×100mm 的试件，其强度换算系数为(　　)。

A．0.90　　B．0.95　　C．1.05　　D．1.00

14．厚大体积混凝土工程适宜选用(　　)。

A．高铝水泥　　B．矿渣水泥

C．硅酸盐水泥　　D．普通硅酸盐水泥

三、多项选择题

1．在混凝土拌合物中，如果水胶比过大，则会造成(　　)。

A．拌合物的黏聚性和保水性不良　　B．产生流浆

C．有离析现象　　D．严重影响混凝土的强度

2．以下(　　)属于混凝土的耐久性。

A．抗冻性　　B．抗渗性

C．和易性　　D．抗腐蚀性

3．混凝土中水泥的品种是根据(　　)来选择的。

A．施工要求的和易性　　B．粗集料的种类

C．工程的特点　　D．工程所处的环境

4．影响混凝土和易性的主要因素有(　　)。

A．水泥浆的数量　　B．集料的种类和性质

C．砂率　　D．水胶比

5．在混凝土中加入引气剂，可以提高混凝土的(　　)。

A．抗冻性　　B．耐水性

C．抗渗性　　　　　　　　　　　　D．抗化学侵蚀性

四、名词解释

颗粒级配及粗细程度　石子最大粒径　石子间断级配　混凝土拌合物的和易性　砂率　混凝土减水剂　混凝土配合比

五、简答题

1．影响混凝土的和易性的主要因素有哪些？

2．在拌制混凝土拌合物的过程中，有人随意增加用水量。试简要说明混凝土的哪些性质会受到什么影响。

3．水胶比对混凝土性能有哪些影响？

4．为了节约水泥，在配制混凝土时应采取哪些措施？

5．影响混凝土强度的因素是什么？怎样影响？

6．混凝土采用减水剂可取得哪些经济技术效果？

六、计算题

1．某砂样 500g，筛分结果见表 4-38，试评定该砂的粗细程度与颗粒级配。

表 4-38　某砂样的筛分结果

方孔筛径/mm	9.50	4.75	2.36	1.18	0.60	0.30	0.15	<0.15
筛余量/g	0	16	40	100	160	100	80	4

2．混凝土计算配合比为 1∶2.13∶4.31，水胶比为 0.58，在试拌调整时，增加了 10%的水泥浆用量。试求：

(1) 该混凝土的基准配合比。

(2) 若已知以基准配合比配制的混凝土，每 $1m^3$ 需用水泥 320kg，求 $1m^3$ 混凝土中其他材料的用量。

3．已知混凝土经试拌调整后，各项材料的拌和用量为水泥 9.0kg、水 5.4kg、砂 19.8kg、碎石 37.8kg，测得混凝土拌合物的体积密度(容重)为 $2500kg/m^3$。

(1) 试计算 $1m^3$ 混凝土中各项材料的用量。

(2) 如上述配合比可以作为实验室配合比，施工现场砂子含水率为 3%，石子含水率为 1%，求施工配合比。

第5章

建筑砂浆

教学目标

本章介绍普通砂浆的主要技术性质和特种砂浆的种类及用途；砌筑砂浆的配合比设计。

本章要求

掌握砂浆的和易性、强度等级，能根据工程条件选择砂浆品种。重点掌握砌筑砂浆配合比计算。

了解特种砂浆的种类及其应用领域。

教学要求

能力目标	知识要点	权重	自测分数
1. 能根据用户要求进行砌筑砂浆配合比设计 2. 能根据工程性质正确选用砂浆类型 3. 能根据相关标准对砂浆的稠度、分层度、立方体抗压强度进行检测	砂浆的分类	10%	
	砌筑砂浆的组成材料	20%	
	砌筑砂浆的配合比设计	45%	
	特种砂浆的种类及用途	10%	
	依据砌体种类及抹灰部位选择砂浆的沉入度	10%	
	砂浆的取样方法	5%	

引　例

某工程准备采用砖砌刚性基础如图 5.1 所示。现需要你运用相关知识选择砂浆类型，选取砂浆的流动性，并进行配合比设计。

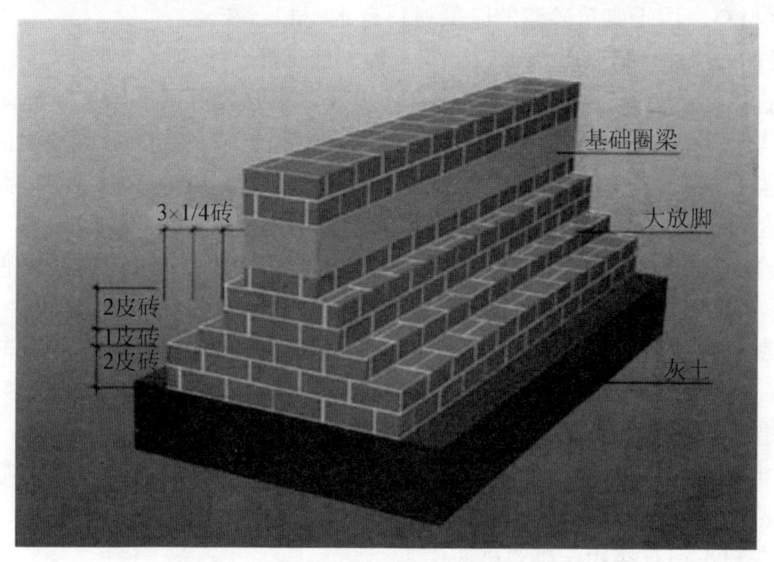

图 5.1　砖砌刚性基础

学习参考标准

《砌筑砂浆配合比设计规程》(JGJ/T 98—2010)。
《墙体饰面砂浆》(JC/T 1024—2007)。
《外墙外保温用聚合物砂浆质量检验标准》(DBJ 01—63—2002)。
《聚合物水泥防水砂浆》(JC/T 984—2005)。
《混凝土小型空心砌块和混凝土砖砌筑砂浆》(JC 860—2008)。
《预拌砂浆应用技术规程》(JGJ/T 223—2010)。
《建筑砂浆基本性能试验方法标准》(JGJ/T 70—2009)。
《贯入法检测砌筑砂浆抗压强度技术规程》(JGJ/T 136—2001)。

5.1 认识砂浆

建筑砂浆是由胶凝材料、细骨料、水以及根据性能确定的其他组分，按适当比例配合、拌制并经硬化而成的建筑工程材料。随着施工工艺的不断发展，除了现场配置砂浆外，目前还有专业生产厂生产的混拌砂浆或干拌砂浆。

建筑砂浆和混凝土的区别在于不含粗骨料。建筑砂浆按用途分为普通砂浆和特种砂浆，按所用胶凝材料分为水泥砂浆、石灰砂浆、水泥混合砂浆等。

5.1.1 普通砂浆

普通砂浆主要包括砌筑砂浆、抹灰砂浆和特种砂浆，主要用于承重墙、非承重墙中各种混凝土砖、粉煤灰砖和黏土砖的砌筑和抹灰。

1. *砌筑砂浆*

砌筑砂浆将砖、石、砌块等黏结成为砌体，起黏结、衬垫和传递应力的作用。

1) 砌筑砂浆的组成材料

(1) 胶凝材料。用于砌筑砂浆的胶凝材料有水泥和石灰。

① 水泥宜采用通用硅酸盐水泥或砌筑水泥，且应符合相应标准的规定。水泥强度等级应根据砂浆品种及强度等级要求进行选择。M15 及以下强度等级的砌筑砂浆宜采用 32.5 级的通用硅酸盐水泥或砌筑水泥。M15 以上强度等级的砌筑砂浆宜选用 42.5 级的普通硅酸盐水泥或硅酸盐水泥。水泥砂浆中水泥的用量不应小于 200kg/m^3，水泥混合砂浆中水泥与掺合料的总量宜为 350kg/m^3，预拌砂浆中水泥的用量不小于 200kg/m^3。

② 石灰膏和熟石灰应符合各自的质量要求。它们在砂浆中的主要作用是使砂浆具有良好的保水性，所以也称掺合料。

a. 生石灰熟化成石灰膏时，应用孔径不大于 3mm×3mm 的网过滤，熟化时间不得小于 7d；磨细生石灰粉的熟化时间不得小于 2d。沉淀池中储存的石灰膏，应采取防止干燥、冻结和污染的措施。严禁使用脱水硬化的石灰膏。

b. 制作电石膏的电石渣应用孔径不大于 3mm×3mm 的网过滤，检验时应加热至 70℃并保持 20min，没有乙炔气味后方可使用。

c. 消石灰粉不得直接用于砌筑砂浆中。

d. 石灰膏、电石膏试配时的稠度，应为(120±5)mm。

(2) 细骨料。砂宜选用中砂或人工砂，且应全部通过 4.75mm 的筛孔，其中毛石砌体宜选用粗砂。砂的含泥量不应超过 5%。使用人工砂时石粉含量应符合现行国家标准《建筑用砂》(GB/T 14684)中Ⅰ、Ⅱ类的要求。

(3) 水。拌制砂浆用水应符合现行国家标准《混凝土拌合用水标准》(JGJ 63)的规定。

(4) 外加剂及掺加料。外加剂进场(厂)时应具有质量证明文件，并应提供法定检测机构出具的砌体形式检验报告，其结果应符合现行国家标准《砌筑砂浆增塑剂》(JG/T 164)第 4.4 条的规定，并经砂浆性能试验合格后方可使用。

掺加料：为改善砂浆的和易性而加入的无机材料，如石灰膏、电石膏、粉煤灰、黏土膏等。

2) 砌筑砂浆的主要技术性质

(1) 新拌砂浆的和易性。砂浆的和易性是指砂浆是否容易在砖石等表面铺成均匀、连续的薄层，且与基层紧密黏结的性质，包括流动性和保水性两方面含义。

① 流动性。也称稠度，是指新拌砂浆在自重或外力作用下产生流动的性质。此性质用沉入度来表示。沉入度是以标准试锥在砂浆内自由沉入 10s 所沉入的深度，用砂浆稠度仪测定，详见检测部分。

影响砂浆流动性的因素主要有胶凝材料的种类和用量，用水量，以及细骨料的种类、颗粒形状、粗细程度与级配，除此之外，也与掺入的混合材料及外加剂的品种、用量有关。

通常情况下，基底为多孔吸水性材料，或在干热条件下施工时，应选择流动性大的砂浆。相反，基底吸水少，或湿冷条件下施工，应选流动性小的砂浆。具体稠度参见表 5-1。

② 保水性。是指砂浆保持水分的能力，以“分层度”和“保水率”表示。保水性不良的砂浆，使用过程中出现泌水、流浆，使砂浆与基底黏结不牢，且由于失水影响砂浆正常

的黏结硬化，使砂浆的强度降低。

表 5-1　砌筑砂浆稠度的选择

砌体的种类	砂浆稠度/mm
烧结普通砖砌体、粉煤灰砖砌体	70～90
烧结多孔砖、空心砖砌体、轻集料混凝土小型空心砌块、蒸压加气混凝土砌块	60～80
普通混凝土小型空心砌块砌体、加气混凝土砌块砌体、灰砂砖砌体	50~70
石砌体	30~50

影响砂浆保水性的主要因素是胶凝材料的种类和用量，砂的品种、细度和用水量。在砂浆中掺入石灰膏、粉煤灰等粉状混合材料，可提高砂浆的保水性。

保水率是反映砂浆泌水情况的指标，保水率高表示砂浆泌水就少，保水性能就好。砂浆保水率要求见表 5-2。

表 5-2　砌筑砂浆的保水率

砂浆种类	保水率/(%)
水泥砂浆	≥80
水泥混合砂浆	≥84
预拌砂浆	≥88

(2) 硬化砂浆的强度，包括以下两部分内容。

① 砂浆的强度等级。砂浆的强度等级是以边长为 70.7mm×70.7mm×70.7mm 的立方体试件，在标准条件[试件制作后应在室温为(20±5)℃的环境下静置(24±2)h，当气温较低时，可适当延长时间，但不应超过两昼夜，然后对试件进行编号、拆模。试件拆模后应立即放入温度为(20±2)℃，相对湿度为 90%以上的标准养护室]下养护 28d。按标准试验方法测得的。

水泥砂浆及预拌砂浆的强度等级可分为 M30、M25、M20、M15、M10、M7.5、M5 7 个等级，水泥混合砂浆的强度等级可分为 M15、M10、M7.5、M5 4 个等级。

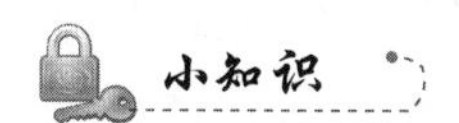

《砌筑砂浆配合比设计规程》征求意见稿(JGJ/T 98—2010)中第 4.0.2 条规定：现场拌制水泥砂浆及预拌砂浆的强度等级可分为 M5、M7.5、M10、M15、M20、M25、M30；水泥混合砂浆的强度等级可分为 M5、M7.5、M10、M15。

干混砂浆。经干燥筛分处理的细集料与水泥、保水增稠材料，以及根据需要掺入的外加剂、矿物掺合料等组分按一定比例在专业生产厂混合而成的固态混合物，在使用地点按规定比例加水或配套液体拌和使用。

湿拌砂浆。水泥、细集料、保水增稠材料、外加剂和水，以及根据需要掺入的矿物掺合料等组分按一定比例，在搅拌站经计量、拌制后，采用搅拌运输车运送至使用地点，放入专用容器储存，并在规定时间内使用完毕砂浆拌合物。

② 影响砂浆强度的因素。当原材料的质量一定时，砂浆的强度主要取决于水泥标号和水泥用量。此外，砂浆强度还受砂、外加剂、掺入的混合材料以及砌筑和养护条件等的影响。砂中泥及其他杂质含量多时，砂浆强度也受影响。

3) 砂浆配合比设计

砌筑砂浆配合比可通过查阅相关资料或手册来选择，必要时通过计算来确定。砂浆配合比过去用体积比表示。按《砌筑砂浆配合比设计规程》(JGJ/T 98—2000)的规定，砂浆配合比用质量比表示。

(1) 砂浆配合比设计，应满足下列基本要求。

① 新拌砂浆的和易性应满足施工要求，且新拌砂浆的体积密度：水泥砂浆不应小于1900kg/m^3；水泥混合砂浆不应小于1800kg/m^3。

② 砌筑砂浆的强度、耐久性应满足设计要求。

③ 经济上合理，水泥及掺合料用量较少。

(2) 砌筑砂浆配合比设计，包括以下5方面内容。

① 计算砂浆试配强度 $f_{m,0}$ (MPa)。

$$f_{m,0} = kf_2$$

式中：$f_{m,0}$——砂浆的试配强度，精确至0.1MPa；

f_2——砂浆抗压强度平均值，精确至0.1MPa；

k——系数，施工水平优良取1.15，施工水平一般取1.20，施工水平较差取1.25。

砌筑砂浆现场强度标准差的确定应符合下列规定。

a. 当有统计资料时(统计周期内同一品种砂浆试件的总组数，$n \geqslant 25$)，按下式计算：

$$\sigma = \sqrt{\frac{\sum_{i=1}^{n} f_{m,i}^2 - n\mu_{fm}^2}{n-1}}$$

式中：$f_{m,1}$——统计周期内同一品种砂浆第 i 组试件的强度(MPa)；

μ_{fm}——统计周期内同一品种砂浆 n 组试件强度的平均值(MPa)；

n——统计周期内同一品种砂浆试件的总组数，$n \geqslant 25$。

b. 当不具有近期统计资料时，砂浆现场强度标准差 σ 可按表5-3取用：

表5-3 砂浆强度标准差σ选用值

砂浆强度等级 / 施工水平	σ/MPa						
	M5	M7.5	M10	M15	M20	M25	M30
优 良	1.00	1.50	2.00	3.00	4.00	5.00	6.00
一 般	1.25	1.88	2.50	3.75	5.00	6.25	7.50
较 差	1.50	2.25	3.00	4.50	6.00	7.50	9.00

② 计算每立方米砂浆中的水泥用量 Q_c (kg)。

$$Q_c = \frac{1000 \cdot (f_{m,0} - \beta)}{\alpha \cdot f_{ce}}$$

式中：Q_c——每立方米砂浆的水泥用量，精确至1kg；

$f_{m,0}$——砂浆的试配强度，精确至 0.1MPa；

f_{ce}——水泥的实测强度，精确至 0.1MPa；

α、β——砂浆的特征系数，其中 α=3.03，β=−15.09。

在无法取得水泥的实测强度值时，可按下式计算 f_{ce}：

$$f_{ce}=\gamma_c \cdot f_{ce,k}$$

式中：$f_{ce,k}$——水泥强度等级对应的强度值；

γ_c——水泥强度等级值的富余系数，该值应按实际统计资料确定。无统计资料时可取 1.0。

③ 按水泥用量 Q_c 计算每立方米砂浆掺合料用量 Q_d (kg)。

$$Q_d=Q_A-Q_c$$

式中：Q_d——每立方米砂浆的掺合料用量，精确至 1kg；石灰膏、黏土膏使用时的稠度为(120±5)mm；

Q_A——每立方米砂浆中水泥和掺合料的总量，精确至 1kg，宜在 300～350kg 之间；

Q_c——每立方米砂浆的水泥用量，精确至 1kg。

④ 确定每立方米砂浆砂用量 Q_a(kg)。每立方米砂浆中的砂子用量应按干燥状态(含水率小于 0.5%)的堆积密度值作为计算值(kg)。

⑤ 按砂浆稠度选用每立方米砂浆用水量 Q_w(kg)。每立方米砂浆中的用水量，根据砂浆稠度等要求可选用 240～310kg。注：

a. 混合砂浆中的用水量不包括石灰膏或黏土膏中的水。

b. 当采用细砂或粗砂时，用水量分别取上限或下限。

c. 当稠度小于 70mm 时，用水量可小于下限。

d. 施工现场气候炎热或干燥季节，可酌量增加用水量。

(3) 砌筑砂浆配合比选用。水泥砂浆材料用量可按表 5-4 选用：

表 5-4 每立方米水泥砂浆材料用量

强度等级	每立方米砂浆水泥用量/kg	每立方米水泥砂浆砂子用量/kg	每立方米砂浆用水量/kg
M5	200~230	1m³ 砂子的堆积密度值	270~330
M7.5	230~260		
M10	260~290		
M15	290~330		
M20	340~400		
M25	360~410		
M30	430~480		

注：1. M15 及 M15 以下强度等级水泥砂浆，水泥强度等级为 32.5 级，M15 以上强度等级水泥砂浆，水泥强度等级为 42.5 级。

2. 根据施工水平合理选择水泥用量。

3. 当采用细砂或粗砂时，用水最分别取上限或下限。

4. 稠度小于 70mm 时，用水量可小于下限。

5. 施工现场气候炎热或干燥季节，可酌量增加用水量。

(4) 配合比试配、调整与确定，主要包括以下内容。

① 试配时应采用工程中实际使用的材料；机械搅拌。搅拌时间应自投料结束算起，并应符合下列规定。

a. 对水泥砂浆和水泥混合砂浆，不得小于120s。

b. 对掺用粉煤灰和外加剂的砂浆，不得小于180s。

② 按计算或查表所得配合比进行试拌时，应测定其拌合物的稠度和分层度，当不能满足要求时，应调整材料用量，直到符合要求为止。然后确定为试配时的砂浆基准配合比。

③ 试配时至少应采用3个不同的配合比，其中一个为第②条得出的基准配合比，其他配合比的水泥用量应按基准配合比分别增加及减少10%。在保证稠度、分层度合格的条件下，可将用水量或掺合料用量做相应调整。

④ 对3个不同的配合比进行调整后，应按现行行业标准《建筑砂浆基本性能试验方法标准》(JGJ/T 70—2009)的规定成型试件，测定砂浆强度；并选定符合试配强度要求的且水泥用量最低的配合比作为砂浆配合比。

【例题】 要求设计用于砌筑砖墙的水泥混合砂浆配合比。设计强度等级为M7.5，稠度为70～90mm。原材料的主要参数：32.5级矿渣水泥；中砂；堆积密度为1450kg/m^3；石灰膏稠度为120mm；施工水平一般。

解 (1) 计算砂浆试配强度$f_{m,0}$，即

$$f_{m,0}=kf_2$$

式中：f_2=7.5MPa，k=1.20

σ=1.88MPa(查表5-3)

$f_{m,0}$=1.20×7.5=9(MPa)

(2) 计算每立方米砂浆中的水泥用量Q_c。

$$Q_c=\frac{1000\,(f_{m,0}-\beta)}{\alpha\cdot f_{ce}}s$$

式中：$f_{m,0}$=9MPa

α=3.03，β=−15.09

f_{ce}=32.5MPa

Q_c=1000×(9+15.09)/(3.03×32.5)=245(kg/m^3)

(3) 按水泥用量Q_c计算每立方米砂浆掺合料用量Q_d。

$$Q_d=Q_A-Q_c$$

式中：Q_A=330kg/m^3

Q_d=330−245=85(kg/m^3)

(4) 确定每立方米砂浆砂用量Q_a。

$$Q_a=1450\text{kg/m}^3$$

(5) 按砂浆稠度选用每立方米砂浆用水量 Q_w，根据砂浆稠度要求，选择用水量为300kg/m^3，砂浆试配时各材料的用量比例为，即

水泥∶石灰膏∶砂=245∶85∶1450=1∶0.35∶5.92

2. 抹灰砂浆

抹灰砂浆的主要功用是保护建筑物墙体或其他部位的表面(如地面、天棚等)，并使其

平整美观。

抹灰砂浆与砌筑砂浆不同，它是以薄层大面积地涂抹在基层上，对它的主要技术要求不是强度，而是与基层的粘接力，所以需要胶凝材料的数量较多。抹灰砂浆与空气接触面积大，有利于气硬性胶凝材料的硬化，因而具有良好和易性的石灰砂浆得到广泛的应用。当然，在有防水、防潮要求时，仍须使用水泥砂浆。若基层为混凝土，宜用水泥混合砂浆；若基层为板条，则应在砂浆中掺入适当麻刀等纤维材料，以减少收缩开裂。

抹灰砂浆通常采用底、中、面 3 层抹灰的做法，底层抹灰的作用是与基层牢固地粘接，要求砂浆具有较高的流动性(沉入度 10～12cm)；中层主要起找平作用，较底层流动性稍低(沉入度 7～9cm)；面层砂浆流动性控制在 7～8cm，采用较细的砂(小于 1.25mm)。

5.1.2 特种砂浆

特种砂浆包括保温砂浆、加固砂浆、防水砂浆、自流平砂浆等，其用途也多种多样，广泛用于建筑外墙保温、室内装饰修补等。

1. 保温砂浆

保温砂浆是指由阻隔型保温材料和砂浆材料混合而成的，用于构筑建筑表面保温层的一种建筑材料。目前市面上的保温砂浆主要分为无机玻化微珠保温砂浆和胶粉聚苯颗粒保温砂浆。

1) 无机玻化微珠保温砂浆

无机玻化微珠保温砂浆(无机保温砂浆)是一种用于建筑物内外墙粉刷的新型保温节能砂浆材料，以无机玻化微珠(又称闭孔膨胀珍珠岩，如图 5.2 所示)作为轻骨料，加由胶凝材料、抗裂添加剂及其他填充料等组成的干粉砂浆，具有节能利废、保温隔热、防火防冻、耐老化及价格低廉等特点。

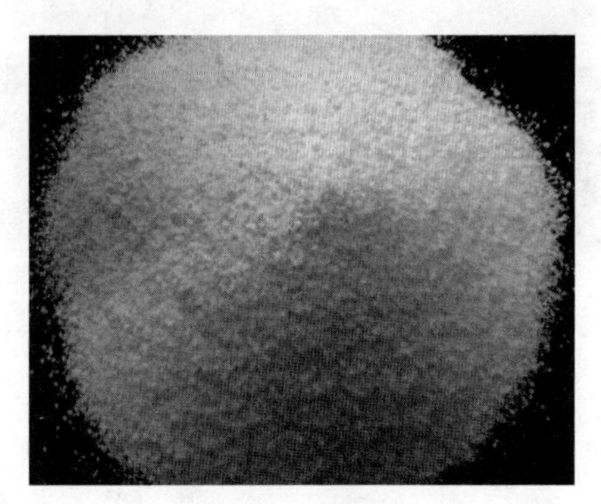

图 5.2 无机玻化微珠

(1) 性能特点描述如下。

① 温度稳定性和化学稳定性极佳。耐酸碱、不开裂、不脱落、与主体同寿命。

② 施工简便(同普通水泥砂浆抹灰)，综合造价低，绿色环保无公害。

③ 全封闭、无接缝、无空腔、阻止冷热桥产生，适用范围广。

④ 防火阻燃安全性能优异，不燃烧，耐温高达 1200℃以上，防霉变效果好。

⑤ 保温、隔热、隔声性能好。

⑥ 不老化，可与建筑物同寿命。

(2) 施工方法描述如下。

① 基层表面应无粉尘、无油污及影响粘接性能的杂物。

② 热天或基层干燥即可基层吸水量大时应用水湿润，使基层达到内湿外干，表面无明水。

③ 将保温系统专用界面剂按照水胶比 1∶4 搅拌均匀，批刮于基层上，并拉成锯齿状，厚度约为 3mm，或用喷涂方法也可。

④ 将无机保温砂浆按照水胶比 1∶1 搅拌成浆体，应搅拌均匀，无粉团。

⑤ 将无机保温砂浆根据节能要求进行粉抹，2cm 以上需分次施工，两遍抹灰间隔应在 24h 以上，用喷涂方法也可以。

⑥ 将抗裂砂浆涂抹于保温砂浆上，厚度为 2mm。

⑦ 在抗裂砂浆表面挂上抗碱网格布。

⑧ 最后在抗碱网格布上再次涂抹 2～3mm 厚度的抗裂砂浆。

⑨ 保护层施工完毕后，养护 2～3d(视气温而异)即可进行后序饰面层施工。

2) 胶粉聚苯颗粒保温砂浆

胶粉聚苯颗粒保温砂浆是一种双重组分的保温材料，主要由聚苯颗粒(图 5.3)加胶凝材料、抗裂添加剂及其他填充料等组成的干粉砂浆。

图 5.3 聚苯颗粒

2. 加固砂浆

面对公路、市政、建筑等构件的混凝土破损、剥落、锈蚀胀落、新浇混凝土的蜂窝等混凝土缺陷和病害，通常的修补方法是采用环氧砂浆进行表面涂抹修补。目前市面上常见的加固砂浆主要是环氧砂浆及其改良产品。

环氧砂浆是以环氧树脂为主剂，配以促进剂等一系列助剂，经混合固化后形成的一种高强度、高粘接力的固结体，具有优异的抗渗、抗冻、耐盐、耐碱、耐弱酸、防腐蚀性能及修补加固性能。

3. 防水砂浆

防水砂浆是一种抗渗性高的砂浆，通常是在水泥砂浆中掺入防水剂而成的。常用的防水剂有氯化物金属盐类防水剂、水玻璃类防水剂、金属皂类防水剂、无机铝盐防水剂、有机硅防水剂等。

4. 自流平砂浆

自流平砂浆是由特种水泥、精细骨料及多种添加剂组成的，与水混合后形成一种流动性强、高塑性的自流平地基材料。稍经刮刀展开，即可获得高平整基面。硬化速度快，24h即可在上行走，或进行后续工程(如铺木地板、金刚板等)，施工快捷、简便是传统人工找平所无法比拟的。自流平砂浆适用于混凝土地面的精找平及所有铺地材料，广泛应用于民间及商业建筑。

5.1.3 普通砂浆的应用

1. 砌筑砂浆

砌筑砂浆依据设计图纸选择其强度等级后，再根据砌体种类和周边环境选择适宜的流动性，流动性选择见表5-5。

表5-5 砂浆流动性选择表

砌体种类	各类砌体在不同气候和施工下的沉入度/mm				
	干燥气候	寒冷气候	抹灰工程	机械施工	手工操作
砖砌体	80～90	80～90	准备层	80～90	110～120
普通毛石砌体	70～80	70～80	底层	70～80	70～80
捣实毛石砌体	40～50	40～50	面层	70～80	90～100
炉渣混凝土砌块	>30～40	30～40	石膏浆面层	—	90～120

2. 抹灰砂浆

抹灰饰面所采用的砂浆品种，一般应按设计要求来选用。如无设计要求，则应符合下列规定。

(1) 室外墙面、门窗洞口的外侧壁、屋檐、勒脚、压檐墙等，用水泥砂浆或水泥混合砂浆。

(2) 湿度较大的房间和工厂车间，用水泥砂浆或水泥混合砂浆。

(3) 混凝土板和墙的底层抹灰，用水泥混合砂浆或水泥砂浆。

(4) 硅酸盐砌块的底层抹灰，用水泥混合砂浆。

(5) 板条、金属网顶棚和墙的底层和中层抹灰，用麻刀灰砂浆或纸筋石灰砂浆。

(6) 加气混凝土砌块和板的底层抹灰，用水泥混合砂浆或聚合物水泥砂浆(基层要做特殊处理，要先刷一道107胶封闭基层)。

5.1.4 特种砂浆的选用

特种砂浆的选用见表5-6。

表5-6 特种砂浆的选用

工程类型	砂浆种类
内、外墙保温	保温砂浆
各类砖墙、混凝土墙体加固	加固砂浆
内外墙、屋顶、地下室、浴室、卫生间防水	防水砂浆
厂房、住宅地面的耐磨基层、饰面面层	自流平砂浆

5.2 砂浆的应用

人类使用砂浆的历史可以追溯到几千年前，砂浆的发展大致经历了古代砂浆→罗马砂浆→近代砂浆→现代传统砂浆→现代建筑功能砂浆5个阶段。

在建筑工程中，建筑砂浆是一种用量大、用途广泛的建筑材料，如图5.4～图5.9所示。

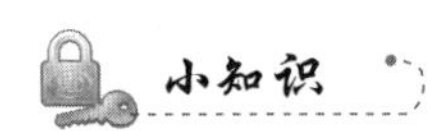

糯米砂浆。距今大约1500年前，古代中国的建筑工人通过将糯米汤与标准砂浆混合，发明了超强度的“糯米砂浆”。标准的砂浆成分是熟石灰，即经过煅烧或加热至高温，然后放入水中的石灰岩。

糯米砂浆或许是世界上第一种使用有机和无机原料制成的复合砂浆。糯米砂浆比纯石灰砂浆强度更大、更具耐水性。建筑工人利用糯米砂浆去修建墓穴、宝塔、城墙，其中一些建筑存在至今。有些古建筑物非常坚固，甚至现代推土机都难以推倒，还能承受强度很大的地震。

最新研究发现了一种名为支链淀粉的“秘密原料”，似乎是赋予糯米砂浆传奇性强度的主要原因。支链淀粉是发现于稻米和其他含淀粉食物中的一种多糖物或复杂的碳水化合物。分析研究表明，古代砌筑砂浆是一种特殊的有机与无机合成材料：无机成分是碳酸钙，有机成分则是支链淀粉。支链淀粉来自于添加至砂浆中的糯米汤。此外，砂浆中的支链淀粉起到了抑制剂的作用：一方面控制硫酸钙晶体的增长；另一方面生成紧密的微观结构，而后者是令这种有机与无机砂浆强度如此之大的原因。

罗马砂浆。古罗马人在继承希腊人生产和使用石灰的基础上，对石灰的使用工艺进行了改进。这种工艺不仅要在石灰中掺入砂子，还要掺入磨细的火山灰(在没有火山灰的地区，则掺入与火山灰具有同样效果的磨细碎砖)。这种“石灰—火山灰—砂子”三组分砂浆就是建筑史上大名鼎鼎的“罗马砂浆”。

图5.4 山海关长城(砌筑砂浆)

图5.5 某教学楼(抹灰砂浆)

图 5.6 某教工楼(保温砂浆)

图 5.7 某天桥加固(加固砂浆)

图 5.8 某厕所(防水砂浆)

图 5.9 地下停车场(自流平砂浆)

5.3 砂浆的取样与验收

5.3.1 取样数量

1. 施工现场取样单位

同一强度等级、同一配合比、同种原材料、同一台搅拌机的砂浆的取样单位应符合下列规定。

(1) 每一楼层或每 $250m^3$ 砌体。

(2) 基础砌体。

(3) 每一层建筑或每 $1000m^2$ 地面工程。

2. 样品数量

(1) 立方体抗压强度试验。一组试件，一组为 6 块。试块尺寸为 70.7mm×70.7mm×70.7mm。

(2) 稠度、密度、分层度、保水性、凝结时间等试验。取样量应不少于试验所需量的 4 倍。

5.3.2 取样方法

建筑砂浆试验用料应从同一盘砂浆或同一车砂浆中取样。施工中取样一般在使用地点的砂浆槽、砂浆运送车或搅拌机出料口处，至少从 3 个不同部位取样。现场取来的试样，试验前应人工搅拌均匀。

5.3.3 试样的制备

(1) 在实验室制备砂浆拌合物时，所用材料应提前 24h 运入室内。拌和时实验室的温度应保持在(20±5)℃。需要模拟施工条件下所用的砂浆时，所用原材料的温度宜与施工现场保持一致。

(2) 试验所用原材料应与现场使用材料一致。砂应通过公称粒径 5mm 筛。

(3) 实验室拌制砂浆时，材料用量应以质量计。称量精度：水泥、外加剂、掺合料等为±0.5%；砂为±1%。

(4) 在实验室搅拌砂浆时应采用机械搅拌，搅拌的用量宜为搅拌机容量的 30%～70%，搅拌时间不应少于 120s。掺有掺合料和外加剂的砂浆，其搅拌时间不应少于 180s。

5.4 砂浆的检测

《建筑砂浆基本性能试验方法标准》(JGJ/T 70—2009)规定：砂浆的基本性能检测有稠度检测、密度检测、分层度检测、保水性检测、凝结时间检测、立方体抗压强度检测、拉伸黏结强度检测、抗冻性能检测、收缩检测、含气量检测、吸水率检测、抗渗性能检测共 12 项。对于建筑砂浆，通常关注和易性和强度两个指标。

砂浆的必检项目有稠度、分层度、立方体抗压强度。

5.4.1 稠度检测

1. 检测目的

通过稠度检测，可以测得达到设计稠度时的加水量，或在现场对要求的稠度进行控制，以保证施工质量。

2. 检测准备

1) 试样准备

(1) 先拌适量砂浆(应与正式拌制时的砂浆配合比相同)，使搅拌机内壁黏附一薄层水泥砂浆，使正式拌制时的砂浆配合比成分准确，保证拌制质量。

(2) 称出各项材料用量，再将砂、水泥装入搅拌机内。

(3) 开动搅拌机，将水徐徐加入(混合砂浆需将石灰膏用水调稀至浆状)，搅拌约 3min(搅拌的用量不宜少于搅拌机容量的 20%，搅拌时间不宜少于 2min)。

(4) 将砂浆搅拌物倒入拌和铁板上，用拌铲翻拌大约两次，使之混合均匀。

2) 检测仪器准备

(1) 砂浆稠度仪。如图 5.10 所示，由试锥、容器和支座 3 部分组成。试锥由钢材或铜材制成，试锥高度为 145mm，锥底直径为 75mm，试锥连同滑竿的质量应为(300±2)g；盛载砂浆容器由钢板制成，筒高为 180mm，锥底内径为 150mm；支座分底座、支架及刻度显示 3 个部分，由铸铁、钢及其他金属制成。

(2) 钢制捣棒。直径 10mm、长 350mm，端部磨圆。

(3) 秒表等。

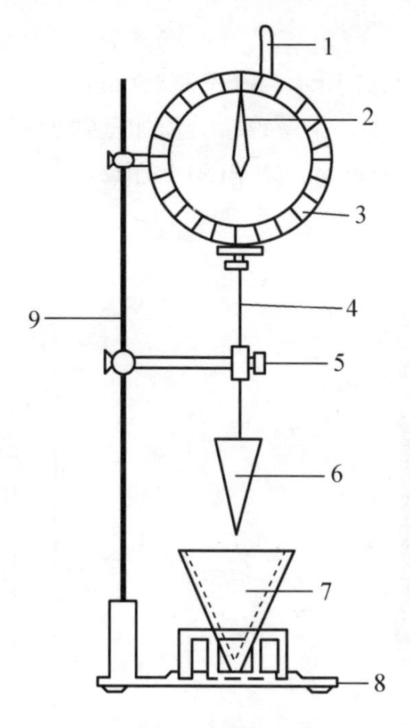

图 5.10 砂浆稠度仪

1—齿条测杆；2—摆针；3—刻度盘；4—滑杆；5—制动螺钉；6—试锥；7—盛装容器；8—底座；9—支架

3. 检测步骤

(1) 用少量润滑油轻擦滑杆，再将滑杆上多余的油用吸油纸擦净，使滑杆能自由滑动。

(2) 用湿布擦净盛浆容器和试锥表面，将砂浆拌合物一次装入容器，使砂浆表面低于容器口约 10mm 左右。用捣棒自容器中心向边缘均匀地插捣 25 次，然后轻轻地将容器摇动或敲击 5～6 下，使砂浆表面平整，然后将容器置于稠度测定仪的底座上。

(3) 拧松制动螺钉，向下移动滑杆，当试锥尖端与砂浆表面刚接触时，拧紧制动螺钉，使齿条侧杆下端刚接触滑杆上端，读出刻度盘上的读数(精确至 1mm)。

(4) 拧松制动螺钉，同时计时间，10s 时立即拧紧螺钉，将齿条测杆下端接触滑杆上端，从刻度盘上读出下沉深度(精确至 1mm)，二次读数的差值即为砂浆的稠度值。

(5) 盛装容器内的砂浆，只允许测定一次稠度，重复测定时，应重新取样测定。

4. 结果计算与评定

(1) 取两次检测结果的算术平均值，精确至 1mm。

(2) 如两次检测值之差大于 10mm，应重新取样测定。

5.4.2 分层度检测

1. 检测目的

通过稠度检测，可以测得达到设计稠度时的加水量，或在现场对要求的稠度进行控制，以保证施工质量。

2. 检测准备

1) 试样准备

与砂浆稠度检测试样制作相同。

2) 检测仪器准备

(1) 砂浆分层度筒。如图5.11所示：内径为150mm，上节高度为200mm，下节带底净高为100mm，用金属板制成，上、下层连接处需加宽到3～5mm，并设有橡胶垫圈。

(2) 振动台。振幅(0.5±0.05)mm，频率(50±3)Hz。

(3) 稠度仪、木槌等。

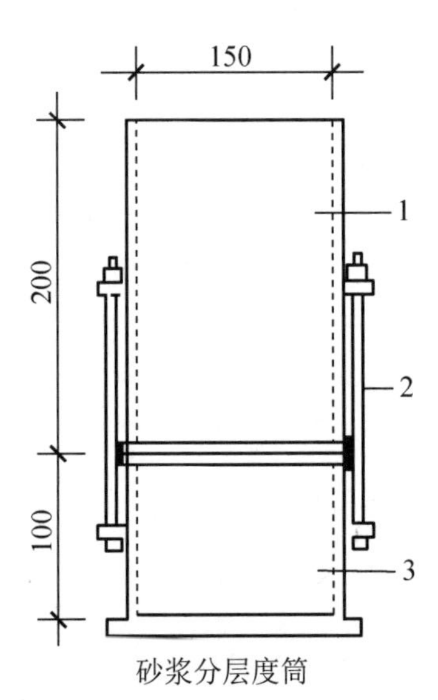

砂浆分层度筒

1—无底圆筒；2—连接螺栓；3—有底圆筒

图5.11 砂浆分层度筒

3. 检测步骤

(1) 首先测定砂浆拌合物的稠度。

(2) 将砂浆拌合物一次装入分层度筒内，待装满后，用木槌在容器周围距离大致相等的4个不同部位轻轻敲击1～2下，如砂浆沉落到低于筒口时，则应随时添加，然后刮去多余的砂浆，并用抹刀抹平。

(3) 静置30min后，去掉上节的200mm砂浆，剩余的100mm砂浆倒出放在拌和锅内拌2min，再进行一次稠度测试。前后测得的稠度之差即为该砂浆的分层度值(mm)。

4. 结果计算与评定

(1) 取两次检测结果的算术平均值作为该砂浆的分层度值。

(2) 两次分层度试验值之差如大于10mm，应重新取样测定。

5.4.3 立方体抗压强度检测

1. 检测目的

砂浆立方体抗压强度检测是评定砂浆强度等级的依据，是砂浆质量评定的主要指标。

2. 检测准备

1) 试样准备

(1) 采用立方体试件，每组试件 3 个。应用黄油等密封材料涂抹试模的外接缝，试模内涂刷薄层机油或脱模剂，将拌制好的砂浆一次性装满砂浆试模，成型方法根据稠度而定。当稠度≥50mm 时采用人工振捣成型，当稠度＜50mm 时采用振动台振实成型。

① 人工振捣。用捣棒均匀地由边缘向中心按螺旋方式插捣 25 次，插捣过程中如砂浆沉落低于试模口，应随时添加砂浆，可用油灰刀插捣数次，并用手将试模一边抬高 5～10mm 各振动 5 次，使砂浆高出试模顶面 6～8mm。

② 机械振动。将砂浆一次装满试模，放置到振动台上，振动时试模不得跳动，振动 5～10s 或持续到表面出浆为止；不得过振。

(2) 待表面水分稍干后，将高出试模部分的砂浆沿试模顶面刮去并抹平。

(3) 试件制作后应在室温为(20±5)℃的环境下静置(24±2)h，当气温较低时，可适当延长时间，但不应超过两昼夜，然后对试件进行编号、拆模。试件拆模后应立即放入温度为(20±2)℃、相对湿度为 90%以上的标准养护室中养护。养护期间，试件彼此间隔不小于 10mm，混合砂浆试件上面应覆盖以防有水滴在试件上。

2) 检测仪器准备

(1) 试模。尺寸为 70.7mm×70.7mm×70.7mm 的带底试模如图 5.12 所示，应具有足够的刚度并拆装方便。试模的内表面应机械加工，其不平整度应为每 100mm 不超过 0.05mm，组装后各相邻面的不垂直度应不超过±0.5°。

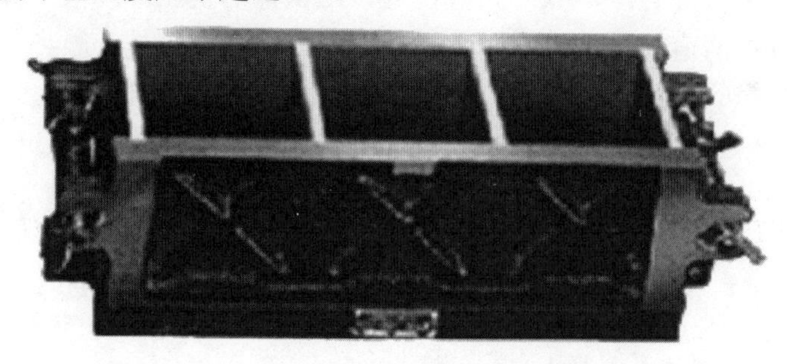

图 5.12 砂浆试模

(2) 钢制捣棒。直径为 10mm，长为 350mm，端部应磨圆。

(3) 压力试验机。精度为 1%，试件破坏荷载应不小于压力机量程的 20%，且不大于全量程的 80%。

(4) 垫板。试验机上、下压板及试件之间可垫以钢垫板，垫板的尺寸应大于试件的承压面，其不平整度应为每 100mm 不超过 0.02mm。

(5) 振动台。空载中台面的垂直振幅应为(0.5±0.05)mm，空载频率应为(50±3)Hz，空载台面振幅均匀度不大于 10%，一次试验至少能固定(或用磁力吸盘)3 个试模。

3. 检测步骤

(1) 试件从养护地点取出后应及时进行检测。检测前将试件表面擦拭干净，测量尺寸，检查其外观。并据此计算试件的承压面积，如实测尺寸与公称尺寸之差不超过 1mm，可按公称尺寸进行计算。

(2) 将试件安放在试验机的下压板(或下垫板)上，试件的承压面应与成型时的顶面垂直，试件中心应与试验机下压板(或下垫板)中心对准。开动试验机，当上压板与试件(或上垫板)接近时，调整球座，使接触面均衡受压。承压试验应连续而均匀地加荷，加荷速度应为每秒钟 0.25～1.5kN(砂浆强度不大于 5MPa 时，宜取下限，砂浆强度大于 5MPa 时，宜取上限)，当试件接近破坏而开始迅速变形时，停止调整试验机油门，直至试件破坏，然后记录破坏荷载。

4. 结果计算与评定

砂浆立方体抗压强度应按下式计算：

$$f_{m,cu}=k\frac{P}{A}$$

式中：$f_{m,cu}$——砂浆立方体试件抗压强度(MPa)；

k——换算系数，取 1.35；

P——试件破坏荷载(N)；

A——试件承压面积(mm^2)。

(1) 砂浆立方体试件抗压强度应精确至 0.1MPa。

(2) 以 3 个试件测值的算术平均值作为该组试件的砂浆立方体试件抗压强度平均值(精确至 0.1MPa)。

(3) 当 3 个测值的最大值或最小值中如有一个与中间值的差值超过中间值的 15%时，则把最大值及最小值一并舍除，取中间值作为该组试件的抗压强度值；如有两个测值与中间值的差值均超过中间值的 15%时，则该组试件的检测结果无效。

本章小结

本章主要介绍了砂浆的分类、和易性、强度等级和砌筑砂浆的配合比设计及砂浆性能的检测方法。

(1) 普通砂浆。主要包括砌筑砂浆、抹灰砂浆。主要用于承重墙、非承重墙中各种混凝土砖、粉煤灰砖和黏土砖的砌筑和抹灰。

砂浆的和易性是指砂浆是否容易在砖石等表面铺成均匀、连续的薄层，且与基层紧密黏结的性质，包括流动性和保水性两方面含义。

砌筑砂浆的强度等级分为 M30、M25、M20、M15、M10、M7.5、M5 共 7 个等级。

(2) 特种砂浆。包括保温砂浆、加固砂浆、防水砂浆、自流平砂浆等，其用途也多种多样，广泛用于建筑外墙保温、室内装饰修补等。

习题

一、填空题

1．普通砂浆主要包括(　　)和(　　)，主要用于承重墙、非承重墙中各种混凝土砖、粉煤灰砖和黏土砖的砌筑和抹灰。

2．砂浆的和易性包括流动性和保水性两方面含义，其中流动性用来表示(　　)。

3．抹灰砂浆通常采用(　　)、(　　)、(　　)3 层抹灰的做法，底层抹灰的作用是与基层牢固地黏结，要求砂浆的沉入度(　　)。

4．特种砂浆包括(　　)、(　　)、(　　)等，其用途也多种多样，广泛用于建筑外墙保温、室内装饰修补等。

二、选择题

1．新拌砂浆的和易性包含(　　)两个方面的含义。

A．黏聚性、流动性　　B．保水性、流动性

C．黏聚性、保水性　　D．收缩性、保水性

2．环氧砂浆属于(　　)。

A．保温砂浆　　B．防水砂浆

C．加固砂浆　　D．自流平砂浆

3．干燥气候下的普通毛石砌体，砌筑砂浆的流动性应选择(　　)。

A．沉入度 30～40mm　　B．沉入度 80～90mm

C．沉入度 40～50mm　　D．沉入度 70～80mm

三、计算题

要求设计用于砌筑砖墙的水泥混合砂浆配合比。设计强度等级为M10，稠度为70～90mm。原材料的主要参数：32.5 级矿渣水泥；中砂；堆积密度为 1450kg/m^3；石灰膏稠度为 120mm；施工水平一般。

第6章

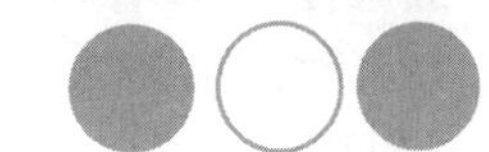

墙体材料

教学目标

本章介绍砌筑墙体三大材料(砌墙砖、墙用砌块和墙用板材)的基本知识。

本章要求

掌握各种墙体材料的品种、主要技术性能及应用范围，能根据工程环境选择最佳墙体材料。重点掌握砌墙砖和墙用砌块的性能和应用。

了解墙体材料的发展趋势。

教学要求

能力要求	知识要点	权重	自测分数
1. 能用目测法鉴别过火砖和欠火砖	烧结普通砖的技术要求及质量评定	20%	
2. 能根据砖、砌块的尺寸估算材料的需求量	烧结多孔砖、烧结空心砖的技术要求及质量评定	15%	
3. 能根据相关标准对普通烧结砖进行尺寸偏差及外观质量检测，并能根据相关指标判定砖的质量等级	烧结砖、非烧结砖的性能特点和应用	10%	
	砌墙砖的取样和验收、尺寸偏差检测、外观质量检查、抗压强度检测	30%	
4. 会进行砖的抗压强度检测，并能根据检测数据判定砖的强度等级	墙用砌块的技术要求及应用	10%	
	墙用板材的种类	5%	
5. 能对墙体材料进行取样送检、进场验收工作 6. 能分析和处理施工中由于墙体材料质量等原因导致的工程技术问题	各类墙用板材的技术要求及应用	10%	

引 例

某施工现场根据施工进度要求运来一批墙体材料如图 6.1 所示。现在需要你运用相关知识、规范和检测方法对这批墙体材料进行外观尺寸、质量及强度等方面的验收，以便判断进场墙体材料是否合格，能否用于工程中？

图 6.1 某施工现场的墙体材料

学习参考标准

《烧结普通砖》(GB 5101—2003)。
《烧结多孔砖》(GB 13544—2011)。
《烧结空心砖和空心砌块》(GB 13545—2014)。
《蒸压灰砂砖》(GB 11945—1999)。
《炉渣砖》(JC/T 525—2007)。
《粉煤灰砖》(JC 239—2001)。
《砌墙砖试验方法》(GB/T 2542—2012)。
《混凝土砌块和砖试验方法》(GB/T 4111—2013)。

6.1 认识墙体材料

墙体在建筑工程中起着承重、分隔和围护的作用，是建筑材料中的一个重要组成部分，在房屋的质量、工程造价方面都占有相当高的比例，同时它也是一种量大面广的传统性地方材料。因此，合理地选择墙体材料对建筑物的功能、安全及经济等均具有重要意义。

我国传统的烧结黏土砖一直处于我国墙体材料中的主导地位，其生产消耗了大量的土地资源和煤炭资源，造成严重的环境破坏和污染。目前，随着我国墙体材料的改革，相继出现了很多节能、利废、保护环境和改善建筑功能的新型墙体材料，主要产品如：空心砖、多孔砖、煤矸石砖、粉煤灰砖、灰砂砖、页岩砖等砖类；水泥混凝土砌块、轻骨料混凝土砌块、加气混凝土砌块、石膏砌块等砌块类；GRC 板、石膏板、各种纤维增强墙板及复合墙板等墙板。

用于墙体的材料总体归纳为砌墙砖、砌块和板材3大类。

6.1.1 砌墙砖

砌墙砖是指以黏土、工业废料或其他地方资源为主要原材料，按不同工艺制成的，在建筑上用来砌筑承重和非承重墙体的砖。砌墙砖按生产工艺分为烧结砖和非烧结砖两类。

1. 烧结砖

烧结砖是以黏土、页岩、煤矸石、粉煤灰等为主要原料，经成型、干燥及焙烧而成的。烧结砖包括烧结普通砖、烧结多孔砖及烧结空心砖。

1) 烧结普通砖

根据《烧结普通砖》(GB 5101—2003)的规定：烧结普通砖是以黏土、页岩(黏土岩的构造变种)、煤矸石(采煤和洗煤过程中排除的以 Al_2O_3、SiO_2 为主要成分的黑灰色岩石)或粉煤灰为主要原料，经制坯和焙烧而成的普通砖。

特别提示

烧结普通砖按主要原料分为黏土砖(N)、页岩砖(Y)、煤矸石砖(M)、粉煤灰砖(F)等；按生产工艺不同可分为烧结砖和非烧结砖；按有无空洞又可分为空心砖和实心砖。

(1) 烧结普通砖的生产。生产工艺流程为：采土→调制→制坯→干燥→焙烧→成品。焙烧是制砖工艺的关键环节。焙烧温度不宜过高或过低，一般控制在900～1100℃之间。

特别提示

如果焙烧温度过高或时间过长，则易产生过火砖。过火砖的特点为色深、敲击声清脆、强度较高、吸水率低、变形大等。反之，如果焙烧温度过低或时间不足，则易产生欠火砖。欠火砖的特点为色浅、敲击声哑，强度低、吸水率大、耐久性差等。两者均属于不合格产品。

小知识

当砖窑中焙烧时为氧化气氛，黏土中所含的氧化物被氧化成三氧化铁(Fe_2O_3)而使砖呈红色，称为红砖。若在氧化气氛中烧成后，再在还原气氛中闷窑，红色 Fe_2O_3 还原成青灰色氧化亚铁(FeO)，砖呈青灰色，称为青砖。青砖一般较红砖致密、耐碱、耐久性好，但其燃料消耗多，价格较红砖贵。

当黏土中含有石灰质($CaCO_3$)时，井焙烧制成的黏土砖易发生石灰爆裂现象。黏土中若含有可溶性盐类，还会使砖砌体发生盐析现象(也称泛霜)。

近年来，我国采用了内燃砖法。将煤渣、含碳量高的粉煤灰等工业废料掺入制坯的土中作为内燃料。当砖焙烧到一定温度时，内燃料也在坯体内燃烧，烧成的砖叫做内燃砖。这种方法可以节省大量的燃料和黏土原料。内燃砖燃烧均匀，表观密度小，导热系数低，且强度可提高约20%，从而达到变废为宝、减少环境污染的目的。

(2) 烧结普通砖的主要技术性能指标。根据《烧结普通砖》(GB 5101—2003)的规定，主要有以下几项技术性能指标。

① 规格。烧结普通砖的外形为直角六面体，其公称尺寸为240mm×115mm×53mm，如图6.2所示。按技术指标分为优等品(A)、一等品(B)及合格品(C)3个质量等级。

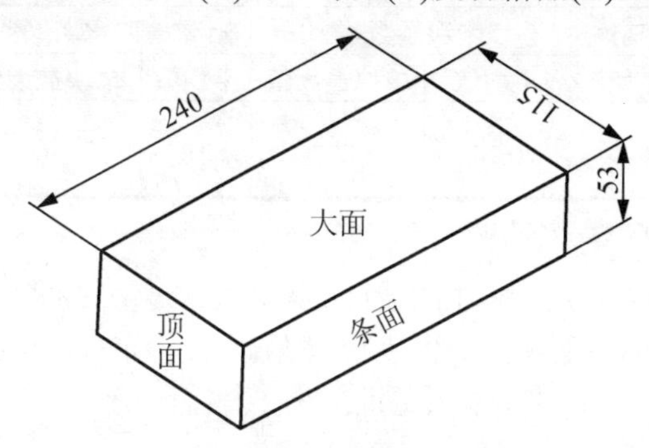

图6.2 烧结普通砖的规格(单位：mm)

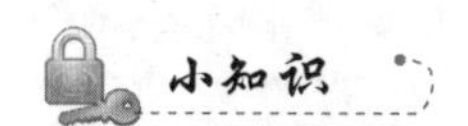

理论上，$1m^3$砖砌体大约需要标准尺寸的砖多少块?

答案：____。

② 强度等级。烧结普通砖按抗压强度分为MU30、MU25、MU20、MU15、MU10共5个强度等级。各强度等级砖的强度值的规定见表6-1。

表6-1 烧结普通砖的强度等级(GB 5101—2003) 单位：MPa

强度等级	抗压强度平均值 $\overline{f}$ ≥	变异系数 δ ≤0.21	变异系数 δ >0.21
		强度标准值 f_k≥	单块最小抗压强度值 f_{min}≥
MU30	30.0	22.0	25.0
MU25	25.0	18.0	22.0
MU20	20.0	14.0	16.0
MU15	15.0	10.0	12.0
MU10	10.0	6.5	7.5

③ 抗风化性能。抗风化性能是指材料在干湿变化、温度变化、冻融变化等物理因素作用下不破坏并保持原有性质的能力，常用抗冻性、吸水率及饱和系数等指标来评定。《烧结普通砖》(GB 5101—2003)规定：严重风化区中的黑龙江、吉林、辽林、内蒙古、新疆等省区的砖必须进行冻融试验，其他省区砖的抗风化性能符合表6-2规定时可不做冻融试验，否则，必须进行冻融试验。冻融试验后，每块砖样不允许出现裂纹、分层、掉皮、掉角等现象；质量损失不得大于2%。

表6-2 烧结普通砖抗风化性能(GB 5101—2003)

砖种类	严重风化区				非严重风化区			
	5h沸煮吸水率/(%)≤		饱和系数≤		5h沸煮吸水率/(%)≤		饱和系数≤	
	平均值	单块最大值	平均值	单块最大值	平均值	单块最大值	平均值	单块最大值
黏土砖	18	20	0.85	0.87	19	20	0.88	0.90
粉煤灰砖①	21	23			23	25		

续表

砖种类	严重风化区				非严重风化区			
	5h 沸煮吸水率/(%)≤		饱和系数≤		5h 沸煮吸水率/(%)≤		饱和系数≤	
	平均值	单块最大值	平均值	单块最大值	平均值	单块最大值	平均值	单块最大值
页岩砖 煤矸石砖	16	18	0.74	0.77	18	20	0.78	0.80

① 粉煤灰掺入量(体积比)小于 30%时，按黏土砖规定判定。

④ 泛霜。泛霜是砖在使用过程中的盐析现象。砖内过量的可溶性盐类受潮吸水而溶解，随水分蒸发而沉积于砖的表面，形成白色粉状附着物，影响建筑物的美观。如果溶盐为硫酸盐，当水分蒸发呈晶体析出时，产生膨胀，使砖表面剥落。

标准规定：优等品无泛霜，一等品不允许出现中等泛霜，合格品不允许出现严重泛霜。

⑤ 石灰爆裂。石灰爆裂是指砖中夹杂有石灰石，砖吸水后，由于石灰逐渐熟化膨胀而产生的爆裂现象。这种现象影响砖的质量，并降低砌体强度。不同质量等级的砖，其石灰爆裂区域应满足标准规定。

(3) 烧结普通砖的应用。烧结普通砖具有一定的强度、良好的绝热隔声性能、较好的耐久性、原材料来源广泛、价格低廉等特点。它是应用历史最久、应用范围最广的建筑材料之一。在建筑工程中主要用作墙体材料，也可作砌筑砖柱、拱、烟囱、过梁及基础等，如图 6.3 所示。还可以与轻骨料混凝土、岩棉、加气混凝土等复合使用，砌成两面为砖、中间填以轻质材料的复合墙体。在砌筑中适当配置钢筋或钢丝网，可代替钢筋混凝土柱、过梁等。烧结普通砖优等品用于清水墙的砌筑，一等品、合格品用于混水墙的砌筑。中等泛霜的砖不能用于潮湿的部位。

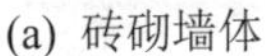
(a) 砖砌墙体

(b) 砖拱

图 6.3　烧结普通砖的应用

烧结普通砖中的黏土砖，自重大、能耗高、尺寸小、施工效率低、抗震性能差等。更严重的是，黏土砖的生产需大量毁田，使我国本来就有限的土地资源更加紧张。所以近来我国大力推广墙体材料改革，很多地方政府已下令逐步禁止黏土砖的生产，要求因地制宜地发展新型墙体材料。以粉煤灰、煤矸石等工业废料蒸压砖以及各种砌块、板材来代替黏土砖，以减少农田的损失和对生态环境的破坏。

2) 烧结多孔砖和烧结空心砖

随着高层建筑的发展，对烧结砖提出了减轻自重、提高绝热和吸声性能的要求。用多孔砖和空心砖代替实心砖可使建筑自重减轻 1/3 左右，节约黏土约 20%～30%，节约能耗 10%～20%，施工效率提高 40%，造价降低 20%，并大大改善了墙体热工性能。

(1) 烧结多孔砖(图 6.4)和烧结空心砖(图 6.5)的主要技术要求见表 6-3。

表 6-3　烧结多孔砖和空心砖的主要技术要求

项　目	烧结多孔砖	烧结空心砖
生产原料	以黏土、页岩或煤矸石为主要原料、经焙烧而成	
孔洞率	≥15%，孔为竖孔	≥35%，孔为横孔
规格尺寸	M 型：190mm×190mm×90mm P 型：240mm×115mm×90mm	290mm×190(140)mm×90mm 240mm×180(175)mm×115mm
强度等级	MU30、MU25、MU20、MU15、MU10 共 5 个强度等级	按抗压强度划分为 MU10.0、MU7.5、MU5.0、MU3.5、MU2.5 共 5 个强度等级
质量等级	按尺寸偏差、外观质量、物理性能等分为优等品(A)、一等品(B)和合格品(C)	
密度等级	无	按体积密度分为 800 级、900 级、1000 级、1100 级
产品标记	产品名称+品种+规格+强度等级+质量等级+标准编号顺序 如：规格尺寸 290mm×140mm×90mm、强度等级 MU25、优等品的黏土砖 标记：烧结多孔砖 N(290×140×90) MU25A　GB 13544	产品名称+类别+规格+密度等级+强度等级+质量等级+标准编号顺序 如：规格尺寸 290mm×140mm×90mm、密度等级 800、强度等级 MU7.5、优等品的页岩空心砖 标记：烧结空心砖 Y(290×140×90)800　MU7.5A GB 13545

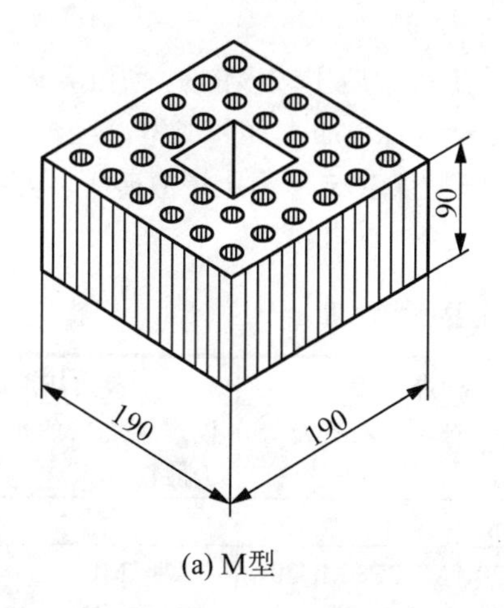

(a) M型

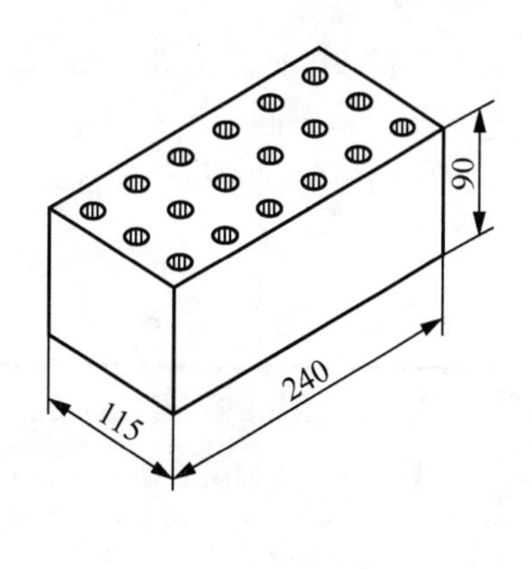

(b) P型

图 6.4　烧结多孔砖

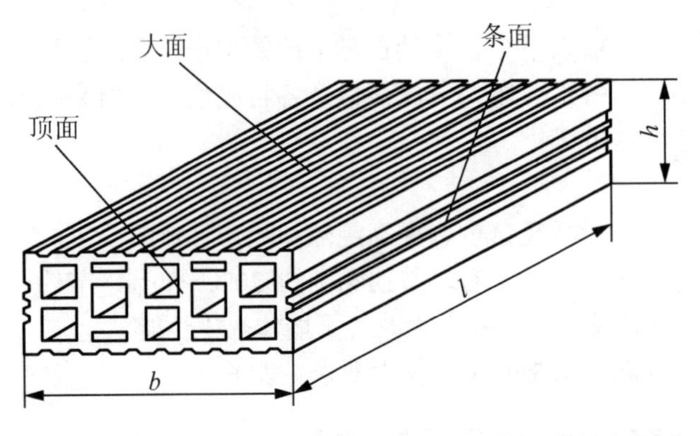

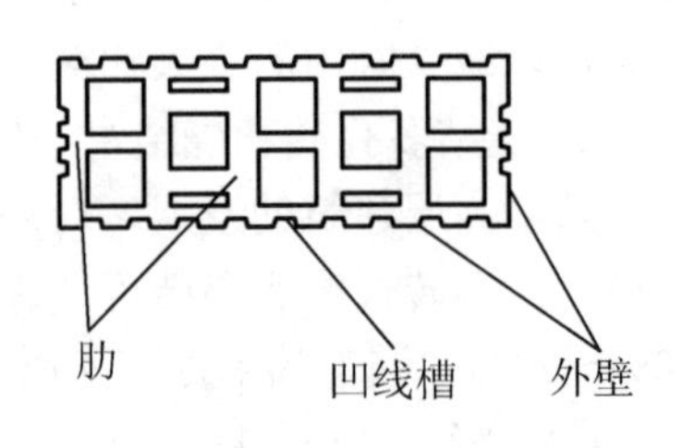

图 6.5　烧结空心砖

l—长度；b—宽度；h—高度

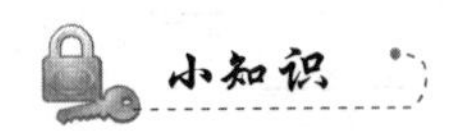

小知识

规范上规定空心砖上的凹线槽的深度为多少？其作用是什么？

答案：________________________________。

(2) 多孔砖和空心砖的应用。烧结多孔砖因其强度较高，绝热性能优于普通砖，一般用于砌筑 6 层以下建筑物的承重墙；烧结空心砖主要用于非承重的填充墙和隔墙。地面以下或室内防潮层以下的砌体不得使用多孔砖和空心砖。常温砌筑应提前 1～2d 浇水湿润，砌筑时砖的含水率宜控制在 10%～15%。

特别提示

烧结多孔砖和烧结空心砖在运输、装卸过程中，应避免碰撞，严禁倾卸和抛掷。堆放时应按品种、规格、强度等级等分别堆放整齐，不得混杂，堆置高度不宜超过 2m。

2. 非烧结砖

不经焙烧而制成的砖均为非烧结砖。目前建筑工程中应用较多的是蒸压(养)砖。蒸压(养)砖属硅酸盐制品，是以砂子、粉煤灰、炉渣、页岩和石灰加水拌和成型，经蒸压(养)而制成的砖，根据所用原材料不同有蒸压灰砂砖、蒸压粉煤灰砖、蒸压炉渣砖等。其技术指标见表 6-4。

表 6-4　非烧结砖的主要技术性质

项目名称	蒸压灰砂砖	蒸压粉煤灰砖	蒸压炉渣砖
生产原料	以石灰和砂为主要原料	以粉煤灰、石灰、石膏及骨料为原料	以煤燃烧后的炉渣(煤渣)为原料
规格	同普通黏土砖　240mm×115mm×53mm		
强度等级	分为 MU25、MU20、MU15、MU10 共 4 个强度等级	分为 MU30、MU25、MU20、MU15、MU10 共 5 个强度等级	分为 MU25、MU20、MU15、MU10 共 4 个强度等级
质量等级	根据尺寸偏差和外观质量分为优等品(A)、一等品(B)和合格品(C)		

续表

项目名称		蒸压灰砂砖	蒸压粉煤灰砖	蒸压炉渣砖
应用情况	不同点	MU25、MU20、MU15 的砖用于基础及其他建筑；MU10 的砖仅可用于防潮层以上的建筑	用于基础或容易受干湿交替或者冻融作用部位时，必须使用 MU15 及以上强度等级的砖	可用于基础和一般工程的内墙和非承重外墙
	共同点	不得用于长期受热(200℃以上)、受急冷急热和有酸性介质侵蚀的建筑部位		

6.1.2 墙用砌块

砌块是指砌筑用的、形体大于砌墙砖的人造块材，多为直角六面体。砌块按产品规格可分为大型(主规格高度大于 980mm)、中型(主规格高度为 380～980mm)和小型(主规格高度为 115～380mm)砌块；按生产工艺可分为烧结砌块和蒸压(养)砌块；按其主要原材料可分为普通混凝土砌块、轻骨料混凝土砌块、硅酸盐混凝土砌块、石膏砌块等。

砌块为一种新型墙体材料，可充分利用地方资源和工业废料，生产工艺简单，适应性强，砌筑方便灵活，可提高施工效率，减轻房屋自重，改善墙体功能。因此，推广和使用砌块是墙体材料的一种发展方向。

1. 蒸压加气混凝土砌块(代号 ACB)

蒸压加气混凝土砌块是以钙质材料(水泥、石灰等)和硅质材料(矿渣和粉煤灰)为主要材料，并加入铝粉作加气剂，经磨细、配料、搅拌、浇筑、发气、静停、切割、蒸压养护等工序而制成的多孔轻质材料，简称为加气混凝土砌块。

1) 加气混凝土砌块的技术要求

根据《蒸压加气混凝土砌块》(GB/T 11968—2006)的规定，其主要技术指标如下。

(1) 规格尺寸。砌块长度为 600mm、宽度为 100mm、120mm、125mm、150mm、180mm、200mm、240mm、250mm、300mm，高度为 200mm、240mm、250mm、300mm，如图 6.6 所示。

图 6.6 蒸压加气混凝土砌块示意图

(2) 强度等级与密度等级。加气混凝土砌块按抗压强度分为 A1.0、A2.0、A2.5、A3.5、A5.0、A7.5、A10.0 共 7 个等级，见表 6-5；按干体积密度分为 B03、B04、B05、B06、B07、B08 共 6 个等级，见表 6-6；按外观质量、尺寸偏差、干密度、抗压强度分为优等品(A)、合格品(B)两个级别，见表 6-7。

表 6-5 加气混凝土砌块的抗压强度(GB/T 11968—2006)

强度等级	立方体抗压强度/MPa		强度等级	立方体抗压强度/MPa	
	平均值≥	单组最小值≥		平均值≥	单组最小值≥
A1.0	1.0	0.8	A5.0	5.0	4.0
A2.0	2.0	1.6	A7.5	7.5	6.0
A2.5	2.5	2.0	A10.0	10.0	8.0
A3.5	3.5	2.8			

表 6-6 加气混凝土砌块的干密度(GB/T 11968—2006)

干密度级别		B03	B04	B05	B06	B07	B08
干密度/(kg/m³)	优等品(A)≤	300	400	500	600	700	800
	合格品(B)≤	325	425	525	625	725	825

表 6-7 加气混凝土砌块的强度等级(GB/T 11968—2006)

干密度级别		B03	B04	B05	B06	B07	B08
强度等级	优等品(A)	A1.0	A2.0	A3.5	A5.0	A7.5	A10.0
	合格品(B)			A2.5	A3.5	A5.0	A7.5

(3) 产品标识。蒸压加气混凝土砌块的产品标识由强度等级、干密度级别、等级、规格尺寸及标准编号 5 部分组成。

如强度等级为 A5.0、干密度级别为 B06、优等品、规格尺寸为 600mm×200mm×250mm 的蒸压加气混凝土砌块，其标识为：

ACB A5.0 B06 600×200×250(A) GB 11968—2006。

2) 加气混凝土砌块的应用

加气混凝土砌块具有轻质、保温及耐火性好，易于加工、抗震性强、隔声性好、施工方便等特点。它适用于低层建筑的承重墙、多层建筑的隔墙和高层框架结构的填充墙，也可用于复合墙板和屋面结构中，如图 6.7 所示。在无有效的防护措施时，不得用于水中或高湿度和有侵蚀介质的环境中，也不得用于建筑物的基础和温度高于 80℃的建筑部位。

(a)

(b)

图 6.7 加气混凝土砌块用于砌筑隔墙

2. 蒸养粉煤灰砌块(代号FB)

粉煤灰砌块又称粉煤灰硅酸盐砌块，是以粉煤灰、石灰、石膏和骨料(炉渣、硬矿渣)等原料，按照一定比例加水搅拌、振动成型，再经蒸汽养护而制成的密实砌块。

根据《粉煤灰砌块》(JC 238—1991)的规定，其主要技术要求如下。

(1) 规格。粉煤灰砌块的外形尺寸有880mm×380mm×240mm和880mm×430mm×240mm两种。砌块端面应加灌浆槽，坐浆面(铺浆面)宜设抗剪槽，形状如图 6.8 所示。

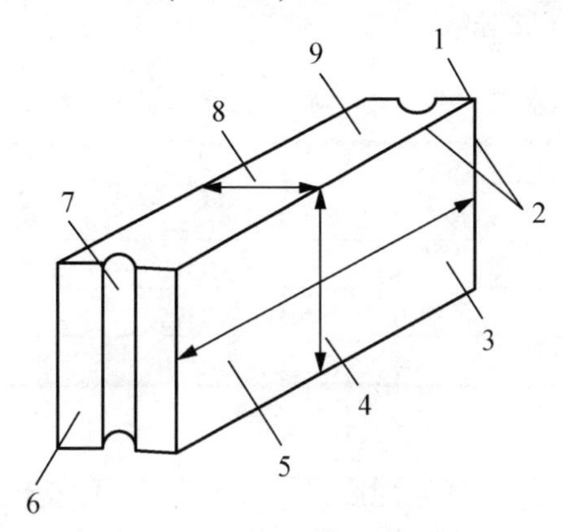

图 6.8 粉煤灰砌块形状示意图

1—角；2—棱；3—侧面；4—高度；5—长度；6—端面；7—灌浆槽；8—宽度；9—坐浆面

(2) 等级划分。主要有两种划分方式：

强度等级：按立方体试件的抗压强度分为 MU10 和 MU13 两个强度等级。

质量等级：按外观质量、尺寸偏差和干缩性能分一等品(B)、合格品(C)两个质量等级。

(3) 粉煤灰砌块的应用。粉煤灰砌块适用于工业与民用建筑的墙体和基础，但不宜用于具有酸性侵蚀介质的、密封性要求高及受较大振动影响的建筑物(如锻锤车间)，也不宜用于经常处于高温(如炼钢车间)和经常处受潮环境下的承重墙。

3. 混凝土小型空心砌块(代号 NHB)

混凝土小型空心砌块是由水泥、砂、石、水等普通混凝土材料制成的。空心率应不小于 25%。常用的混凝土砌块外形如图 6.9 所示。

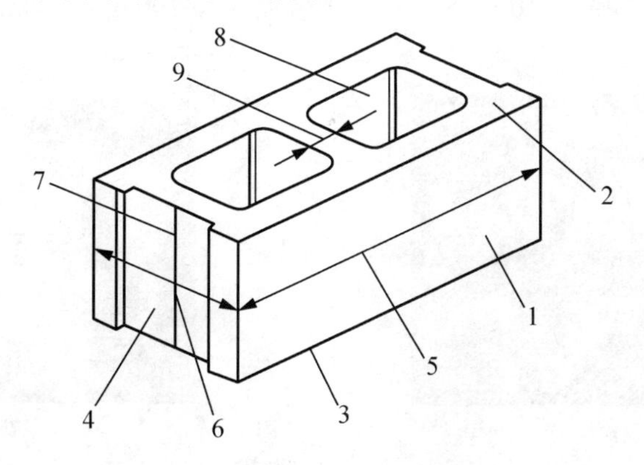

图 6.9 小型空心砌块示意图

1—条面；2—坐浆面(肋厚较小的面)；3—铺浆面(肋厚较大的面)；4—顶面；5—长度；6—宽度；7—高度；8—壁；9—肋

1) 混凝土小型砌块的技术要求

根据《普通混凝土小型空心砌块》(GB/T 8239—2014)的规定，其主要技术要求如下。

(1) 规格。混凝土小型空心砌块的主规格为390mm×190mm×190mm及390mm×240mm×190mm等。

(2) 强度等级与质量等级描述如下。按砌体抗压强度分为MU3.5、MU5.0、MU7.5、MU10.0、MU15.0、MU20.0共6个等级。按其尺寸偏差和外观质量分为优等品(A)、一等品(B)和合格品(C)3个质量等级见表6-8。

表6-8 混凝土小型空心砌块抗压强度(GB/T 8239—2014)

强度等级	砌块抗压强度/MPa		强度等级	砌块抗压强度/MPa	
	5块平均值≥	单块最小值≥		5块平均值≥	单块最小值≥
MU3.5	3.5	2.8	MU10	10.0	8.0
MU5.0	5.0	4.0	MU15	15.0	12.0
MU7.5	7.5	6.0	MU20	20.0	16.0

2) 应用

混凝土小型空心砌块适用于建造地震设计烈度为8度及8度以下地区的一般民用与工业建筑物的墙体(建筑外墙填充、内墙隔断、内外墙承重)，也可以用于围墙、桥梁、花坛等市政设施，用途十分广泛。为了防止或避免小砌块因失水而产生的收缩导致墙体开裂，使用时应注意：小砌块采用自然养护时，必须养护28d后方可使用；出厂时小砌块的相对含水率必须严格控制在国家标准要求范围内；小砌块在施工现场堆放时，必须采用防雨措施；砌筑前，小砌块不允许浇水预湿。

4. 轻骨料混凝土小型空心砌块(代号LHB)

轻骨料混凝土小型空心砌块是以陶粒、膨胀珍珠岩、浮石、火山渣、煤渣、炉渣等各种轻粗骨料和水泥、水按一定比例混合、经拌和成型、养护制成的一种轻质墙体材料。

1) 轻骨料混凝土小型空心砌块的技术要求

根据《轻集料混凝土小型空心砌块》(GB/T 15229—2011)的规定，其主要技术指标如下。

(1) 规格。轻骨料混凝土小型空心砌块，按其孔的排数分为中排孔(1)、双排孔(2)、三排孔(3)和四排孔(4)，如图6.10所示。其主规格尺寸为390mm×190mm×190mm，其他规格尺寸可由供需双方商定。

(a)　　　　(b)

图6.10 轻骨料混凝土小型空心砌块

(2) 等级。按抗压强度分为 MU1.5、MU2.5、MU3.5、MU5.0、MU7.5、MU10.0 共 6 个等级。按其密度分为 500、600、700、800、900、1000、1200、1400 共 8 个等级。按尺寸偏差、外观质量分为优等品(A)、一等品(B)和合格品(C)3 个等级。

2) 应用

轻骨料混凝土小型空心砌块因其轻质、高强、绝热性能好、抗振性能好等特点，而广泛应用于非承重结构的围护和框架结构的填充墙，也可用于既承重又保温或专门保温的墙体。

5. 石膏砌块(代号 TKP)

石膏砌块是以建筑石膏为主要原材料，经加水搅拌、浇筑成型和干燥制成的轻质建筑石膏制品。生产中允许加入纤维增强材料或轻集料，也可加入发泡剂，有实心、空心和夹心砌块 3 种，如图 6.11 所示。

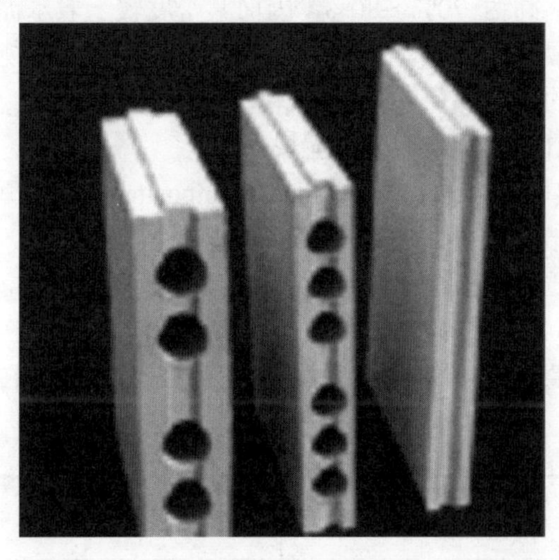

图 6.11 石膏砌块

石膏砌块轻质、绝热吸声、不然、可锯可钉、表面平坦光滑，后期不用抹灰，多用于非承重隔墙。砌筑前可按实地尺寸排块，当场锯切。砌筑用黏结料一般为石膏粉加少量胶配制，也可加适量中砂。

6.1.3 墙用板材

随着建筑结构体系的改革和大开间多功能框架结构的发展，各种轻质和复合墙用板材也不断出现。以板材为墙体的建筑体系具有轻质、节能、施工方便、快捷、使用面积大、开间布置灵活等特点。因此，墙用板材具有良好的发展前景。墙用板材的品种很多，主要有以下几类。

1. 水泥类墙用板材

1) 蒸压加气混凝土板

蒸压加气混凝土板是以水泥、石灰、硅砂等为主要原料再根据结构要求配置添加不同数量经防腐处理的钢筋网片的一种轻质多孔材料。

(1) 品种与规格见表 6-9。

表6-9　蒸压加气混凝土板的品种与规格

品　　种		屋面板(代号 JWB)	外墙板(代号 JQB)	隔墙板(代号 JGB)
规格	长度	1800～6000mm	1500～6000mm	按设计要求
	厚度	150mm、170mm、180mm、200mm、240mm、250mm		75mm、100mm、120mm
	宽度	500mm、600mm		

(2) 等级。板按加气混凝土干体积密度分为05、06、07、08级。板按尺寸偏差和外观质量分为优等品(A)、一等品(B)和合格品(C)3个等级，如玻璃纤维增强水泥板(GRC板)、轻骨料混凝土墙板等。

(3) 应用。蒸压加气混凝土板经高温高压、蒸汽养护，反应生产出的板材具有大量微小的非连通气孔，孔隙率高达70%～80%，因而其密度较一般水泥质材料小，且具有良好的耐火、防火、隔声、隔热、保温、施工效率高等无与伦比的性能，是我国目前应用广泛并具有广阔前景的新型的绿色环保建筑材料。

2) GRC轻质隔墙板(玻璃纤维增强水泥板)

GRC空心轻质墙板(Glass-fiber Reinforced Composite)是以耐碱玻璃纤维作增强材，硫铝酸盐低碱度水泥为胶结材并掺入适宜集料构成基材，通过喷射、立模浇筑、挤出、流浆等生产工艺而制成的轻质、高强高韧、多功能的新型无机复合材料。一类是GRC轻质平板；另一类是GRC轻质空心条板。

GRC轻质多孔隔墙跳板的型号按板的厚度分为60型、90型、120型，其规格见表6-10。

表6-10　轻质多孔隔墙条板规格　　单位：mm

型号＼项目	*L*	*B*	*T*	*a*	*b*
60型	2500～2800	600	60	2～3	20～30
90型	2500～3000	600	90	2～3	20～30
120型	2500～3500	600	120	2～3	20～30

注：其他规格尺寸可由供需双方协商确定。

GRC多孔板具有质量轻、强度高、耐热、隔声、不燃、加工方便等优点，适用于民用与工业建筑的分室、分户、厨房、厕浴间、阳台等非承重的内外墙体部位；也可作用建筑物的内隔墙与吊顶板。

2. *石膏类墙用板材*

石膏类板材具有轻质、绝热、吸声、防火、尺寸稳定及可钉、可锯、可刨、可用螺钉紧固、施工安装方便等性能，在建筑工程中得到广泛的应用，是一种很有发展前途的新型建筑材料。品种如纸面石膏板、纤维石膏板、石膏空心条板等。

1) 纸面石膏板

纸面石膏板是以建筑石膏为主要原料，掺入适量添加剂与纤维做板芯，以特制的板纸为护面，经加工制成的轻质板材。纸面石膏板按其用途可分为普通纸面石膏板(P)、耐水纸面石膏板(S)和耐火纸面石膏板(H)3类。

(1) 普通纸面石膏板。象牙白色板芯，灰色纸面是最为经济与常见的品种。它适用于无特殊要求的使用场所，使用场所连续相对湿度不超过65%。因为价格的原因，很多人喜欢使用9.5mm厚的普通纸面石膏板来做吊顶或间墙，但是由于9.5mm普通纸面石膏板比较薄、强度不高，在潮湿条件下容易发生变形，因此建议选用12mm以上的石膏板。同时，使用较厚的板材也是预防接缝开裂的一个有效手段。

(2) 耐水纸面石膏板。其板芯和护面纸均经过了防水处理，根据国标的要求，耐水纸面石膏板的纸面和板芯都必须达到一定的防水要求(表面吸水量不大于160g，吸水率不超过10%)。耐水纸面石膏板适用于连续相对湿度不超过95%的使用场所，如卫生间、浴室等。

(3) 耐火纸面石膏板。其板芯内增加了耐火材料和大量玻璃纤维，如果切开石膏板，可以从断面处看见很多玻璃纤维。质量好的耐火纸面石膏板会选用耐火性能好的无碱玻纤，一般的产品都选用中碱或高碱玻纤。

2) 纤维石膏板

纤维石膏板(或称石膏纤维板，无纸石膏板)是一种以建筑石膏粉为主要原料，以各种纤维为增强材料的一种新型建筑板材。

纤维石膏板十分便于搬运，不易损坏。由于纵横向强度相同，故可以垂直及水平安装。纤维石膏板的安装及固定，除了与纸面石膏板一样用螺钉、圆钉固定，使施工更为快捷与方便。一般的纸面石膏板的安装系统均可用于纤维石膏板。纤维石膏板的装饰可用各类墙纸、墙布、各类涂料及各种墙砖等。在板的上表面可做成光洁平滑或经机械加工成各种图案形状。或经印刷成各种花纹，或经压花成带凹凸不平的花纹图样。

3. 复合墙板

以单一材料制成的板材，常因其材料本身的局限性而使其应用受到限制。如质量较轻、保温、隔声效果较好的石膏板、加气混凝土板、纸面草板、麦秸板等，因其耐水差或强度较低所限，通常只能用于非承重内隔墙，而水泥类板材虽有足够的强度，耐久性，但其自重大、隔声保温性能较差。为此，可用两种或两种以上的材料组成复合墙板，集单一材料的优点于一身，就可得到综合性能优良的墙体材料，如钢丝网架水泥夹芯板、金属夹心板材等。

1) 钢丝网架水泥夹芯板

钢丝网架水泥夹芯板是以选用强化钢丝焊接而成的三维笼为构架，中间填充阻燃聚苯乙烯泡沫塑料保温芯材，拼装后，两侧涂抹聚合物水泥砂浆面层材料而成的一种建筑板材，其构造如图6.12所示。

钢丝网架水泥夹芯板材类产品较多，市面上的泰柏板、钢丝网架夹芯板、GY板、舒乐合板、3D板和万力板等。

钢丝网架水泥夹芯板具有节能、质量轻、强度高、防火、抗振、隔热、隔声、抗风化、耐腐蚀的优良性能，并有组合性强、易于搬运、适用面广、施工简便等特点。产品广泛用于建筑业、装饰业内隔墙、围护墙、保温复合外墙和双轻体系(轻板、轻框架)的承重墙，以用楼面、屋面、吊顶和新旧楼房加层、卫生间隔墙。

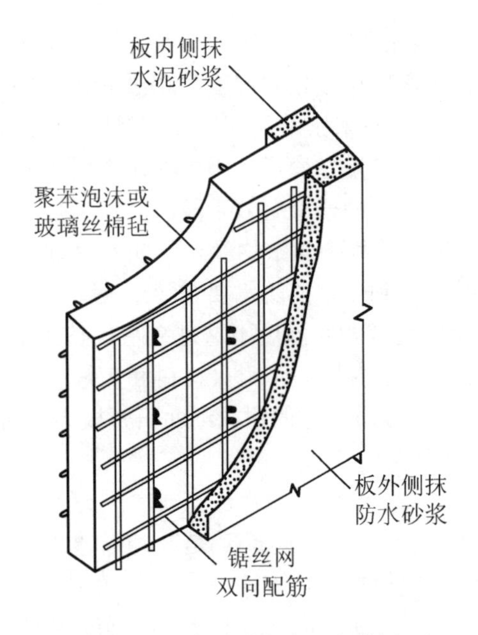

图 6.12　钢丝网架水泥夹芯板

2) 金属面夹芯板

金属面夹芯板是以阻燃型材料(聚苯乙烯泡沫、岩棉、聚氨酯)为芯材，以彩色涂层钢板为面材，用黏结剂复合而成的。其钢板分压型和平板两种。一般厚度为 40～250mm，宽度为 1150mm 或 1200mm，如图 6.13 所示。

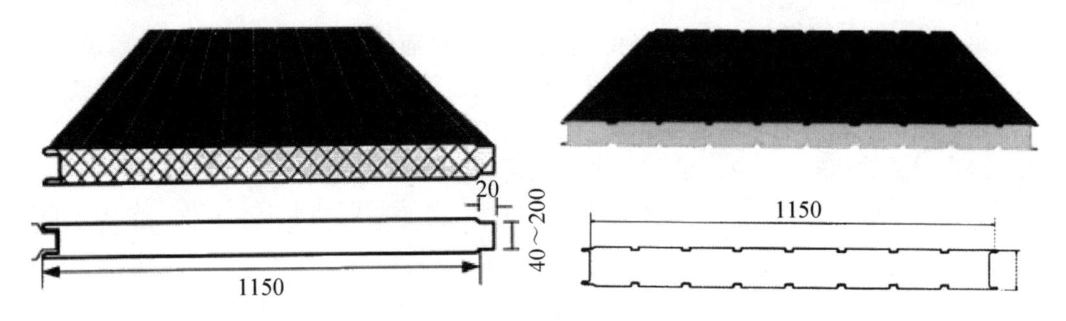

图 6.13　金属面夹芯板

金属夹芯板具有质量轻、强度高、绝热性好、施工方便、可多次拆卸、可变换地点重复安装使用、耐久性好等特点。因此，应用非常广泛，普遍用于冻库、仓库、工厂车间、办公楼、活动房、战地医院、展览场馆等的墙体和屋面。

6.2　墙体材料的应用

我国墙体材料中的砖最早出现于奴隶社会的末期和封建社会的初期，真正大量使用砖开始于秦朝。秦始皇统一中国后，兴都城、建宫殿、修驰道、筑陵墓，烧制和应用了大量的砖。砖在国内和国外都占有很重要的地位，所修建的建筑都具有长远意义。

在我国古代砖是明代修建长城所用的主要建筑材料。长城砖均为青灰色，沙泥质。由于各窑口土质不同，个别砖含杂质量较大。长城砖按其形制和用途可分为长砖、方砖、垛口砖、望孔砖、射孔砖、旗杆砖及城墙上截断流水使其排出墙体的流水砖槽，而在长砖和方砖中又有带文字砖和无文字砖两类，如图6.14所示。

砖在国外建筑上的应用，如俄罗斯红场9座教堂均为圆顶塔楼，中央主塔高47m，周围是8座高低、形状、色彩、图案、装饰各不相同的葱头式穹隆。教堂用红砖砌成，白色石构件装饰，穹隆顶金光闪烁，配以鲜艳的红、黄、绿色，如图6.15所示。

图6.14 长城

图6.15 俄罗斯红场

在近代，砖主要用在墙体材料中，如砖混结构中的墙体，如图6.16和图6.17所示。

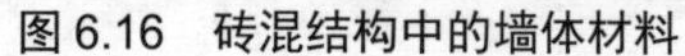

图6.16 砖混结构中的墙体材料

图6.17 正在修建的房屋

青砖营造的江南水乡的建筑风格和浓厚的古建筑氛围，如图6.18和图6.19所示。

墙用砌块、墙用板材在建筑中应用非常广泛，如图6.20所示。

图 6.18　江南建筑

图 6.19　古建筑

(a) 粉煤灰砌块作为填充墙

(b) 纸面石膏板吊顶

(c) 灾后重建的活动板房

(d) 金属夹芯板办公楼

图 6.20　墙用砌块、墙用板材的应用

知识链接

“墙体革命”黏土砖淡出历史舞台

我国耕地面积仅占国土面积的 10%，不到世界平均水平的一半。我国房屋建筑材料中 70%是墙体材料，其中黏土砖占据主导地位，生产黏土砖每年耗用黏土资源达 10 多亿立方米，同时，我国每年生产黏土砖消耗 7000 多万吨标准煤。如果实心黏土砖产量继续增长，不仅增加了墙体材料的生产能耗，而且导致新建建筑的采暖和空调能耗大幅度增加，将严重加剧能源供需矛盾。

推进墙体材料革新和推广节能建筑是改善建筑功能、提高资源利用效率和保护环境的重要措施。采用优质新型墙体材料建造房屋，建筑功能将得到有效改善，舒适度显著上升，可以提高建筑的质量和居住条件，满足经济社会发展和人民生活水平提高的需要。另外，我国每年产生各类工业固体废物 1 亿多吨，累计堆存量已达几十亿吨，不仅占用了大量土地，其中所含的有害物质严重污染着周围的土壤、水体和大气环境。加快发展以煤矸石、粉煤灰、建筑渣土、冶金和化工废渣等固体废物为原料的新型墙体材料，是提高资源利用率、改善环境、促进循环经济发展的重要途径。

逐步禁止生产和使用实心黏土砖。已限期禁止生产、使用实心黏土砖(包括瓦，下同)的 170 个城市要向逐步淘汰黏土制品推进，并向郊区城镇延伸。其他城市要按照国家的统一部署，分期分批禁止或限制生产、使用实心黏土砖，并逐步向小城镇和农村延伸。其中，经济发达地区城市和人均耕地面积低于 0.8 亩的城市，要逐步禁止生产和使用实心黏土砖；黏土资源较为丰富的西部地区，要推广发展黏土空心制品，限制生产和使用实心黏土砖；在新型墙体材料基本能够满足工程建设需要的地区，要禁止生产黏土砖。力争到 2006 年年底，使全国实心黏土砖年产量减少 800 亿块。到 2010 年年底，所有城市禁止使用实心黏土砖，全国实心黏土砖年产量控制在 4000 亿块以下。

6.3 墙体材料取样与验收

6.3.1 取样数量

砌墙砖应以同一产地、同一规格组批，具体规定见表 6-11。

表 6-11 砌墙砖组批原则与取样规定

材料名称	组批原则	取样规定
烧结普通砖	每 1.5 万块为一验收批，不足 15 万块也按一批计	每一验收批随机抽取试样一组(10 块)
烧结多孔砖	每 3.5 万块为一验收批，不足 3.5 万块也按一批计	
烧结空心砖(非承重)空心砌块	每 3 万块为一验收批，不足 3 万块也按一批计	每一验收批随机抽取试样一组(5 块)
非烧结普通砖	每 5 万块为一验收批，不足 5 万块也按一批计	每一验收批随机抽取试样一组(10 块)
粉煤灰砖	每 10 万块为一验收批，不足 10 万块也按一批计	每一验收批随机抽取试样一组(20 块)
蒸压灰砂砖		每一验收批随机抽取试样一组(10 块)
蒸压灰砂空心砖		从外观合格的砖样中，用随机抽取法抽取两组 10 块(NF 砖为两组 20 块)进行抗压强度试验和抗冻性试验

注：NF 为规格代号，尺寸为 240mm×115mm×53mm。

6.3.2 取样方法

(1) 按预先确定好的抽样方案在成品堆垛中随机抽取。

(2) 试件的外观质量必须符合成品的外观指标。

(3) 若对试验结果有怀疑，可加倍抽取试样进行复试。

6.4 墙体材料的检测

1. 检测准备

1) 试样制备

检验样品数为 20 块，按《砌墙砖试验方法》(GB/T 2542—2012)规定的检验方法进行。其中每一尺寸测量不足 0.5mm 时按 0.5mm 计，每一方向尺寸以两个测量值的算术平均值表示。

2) 检测仪器准备

(1) 砖用卡尺。如图 6.21 所示，其分度值为 0.5mm。

(2) 钢直尺。分度值为 1mm。

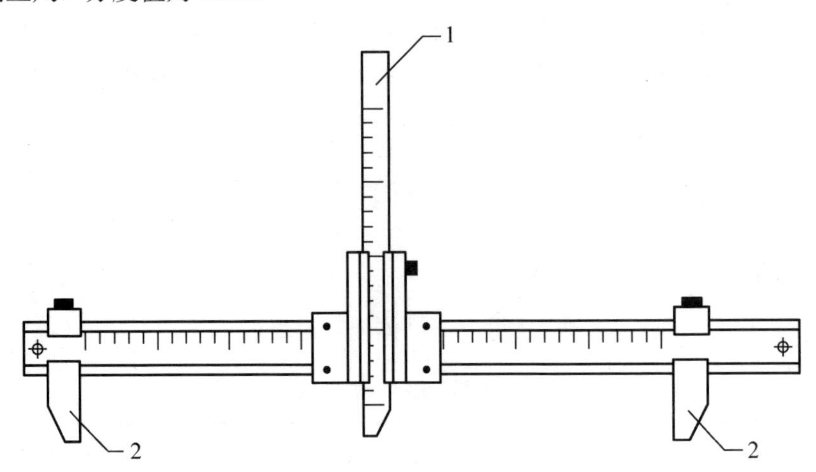

图 6.21 砖用卡尺

1—垂直尺；2—支脚

2. 尺寸偏差检测

长度应在砖的两个大面的中间处分别测量两个尺寸；宽度应在砖的两个大面的中间处分别测量两个尺寸；高度应在两个条面的中间处分别测量两个尺寸，如图 6.22 所示。当被测处有缺损或凸出时，可在其旁边测量，但应选择不利的一侧，精确至 0.5mm。

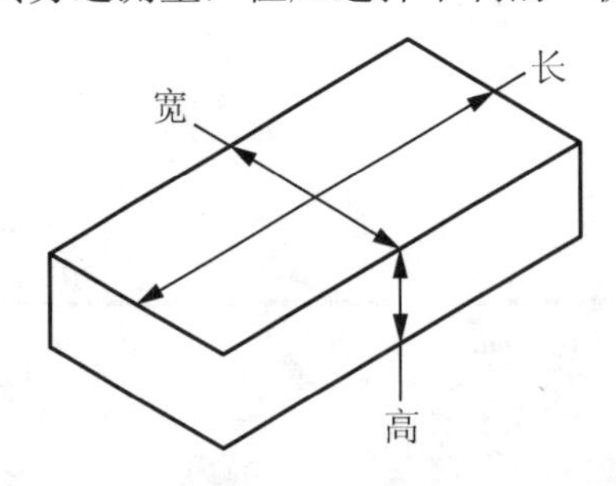

图 6.22 尺寸量法

1) 检测结果

每一方向尺寸以两个测量值的算术平均值表示。样本平均偏差是 20 块试样同一方向 40 个测量尺寸的算术平均值减去其公称尺寸的差值，样本极差是抽检的 20 块试样中同一方向 40 个测量尺寸中最大测量值与最小测量值之差值。

2) 允许偏差砖的尺寸

允许偏差砖的尺寸偏差应符合表 6-12 的规定。

表 6-12 尺寸允许偏差 单位：mm

公称尺寸	优等品		一等品		合格品	
	样本平均偏差	样本极差≤	样本平均偏差	样本极差≤	样本平均偏差	样本极差≤
240	±2.0	6	±2.5	7	±3.0	8
115	±1.5	5	±2.0	6	±2.5	7
53	±1.5	4	±1.6	5	±2.0	6

3. 外观质量检测

1) 色差检验

抽试样后，把装饰面朝上随机分两排并列，在自然光下距离砖样 2m 处目测。

2) 缺损

缺棱掉角在砖上造成的破损程度，以破损部分对长、宽、高 3 个棱边的投影尺寸来度量，称为破坏尺寸，如图 6.23 所示。缺损造成的破坏面是指缺损部分对条、顶面(空心砖为条、大面)的投影面积，如图 6.24 所示。空心砖内壁残缺及肋残缺尺寸以长度方向的投影尺寸来度量。

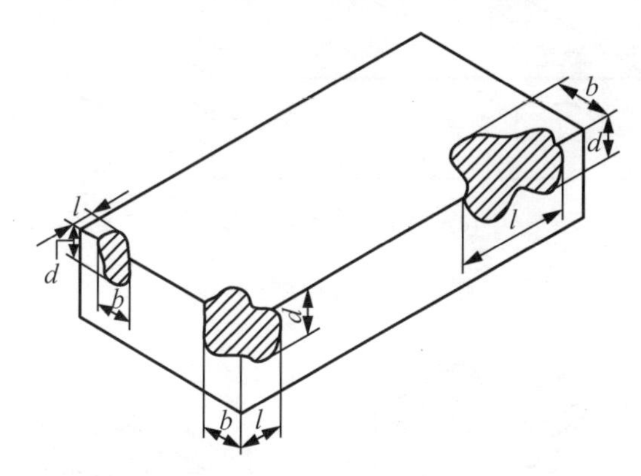

图 6.23 缺棱掉角砖的破坏尺寸量法(单位：mm)

l—长度方向的投影量；b—宽度方向的投影量；d—高度方向的投影量

3) 裂纹

裂纹分为长度方向、宽度方向和水平方向 3 种，以被检测方向上的投影长度表示。如果裂纹从一个面延伸到其他面上时，则累计其延伸的投影长度，如图 6.25 所示。当多孔砖的孔洞与裂纹相通时，则将孔洞包括在裂纹内一并检测，如图 6.26 所示。裂纹长度以在 3 个方向上分别测得的最长裂纹作为检测结果。

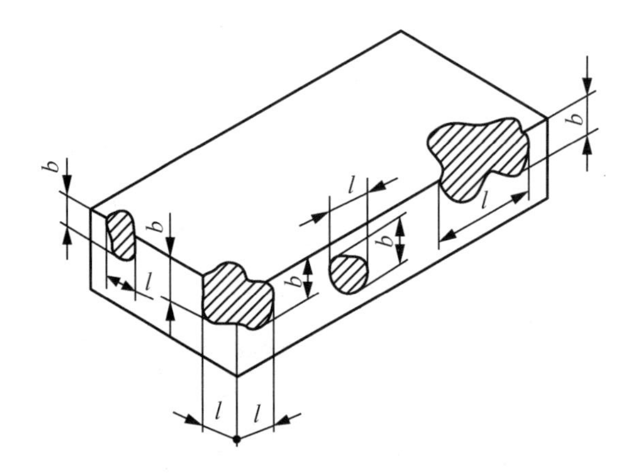

图6.24　缺损在条、顶面上造成破坏的尺寸量法

l—长度方向的投影量；*b*—宽度方向的投影量；*d*—高度方向的投影量

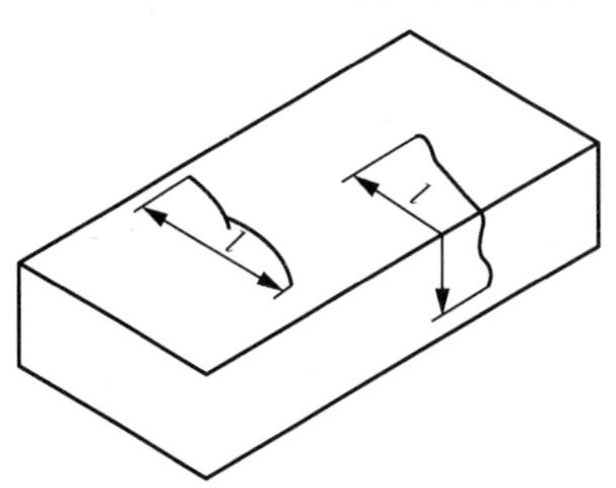

(a) 宽度方向裂纹长度量法

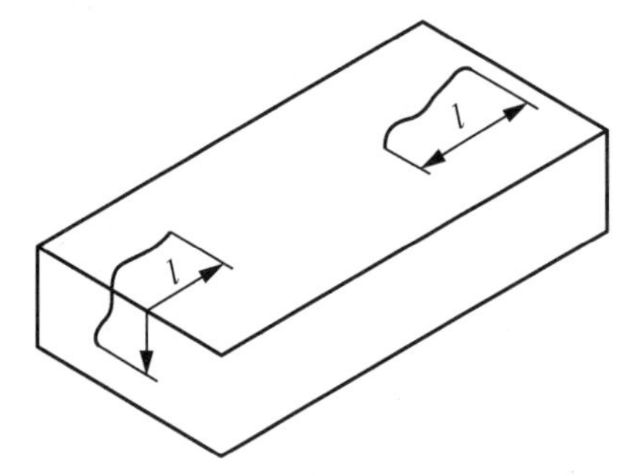

(b) 长度方向裂纹长度量法

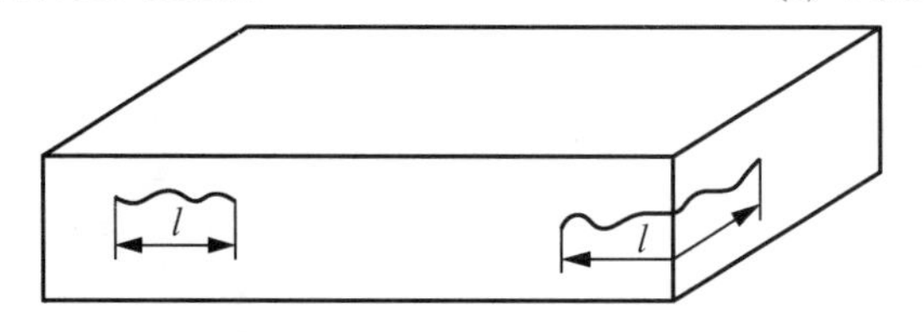

(c) 水平方向裂纹长度量法

图6.25　砖裂纹长度量法

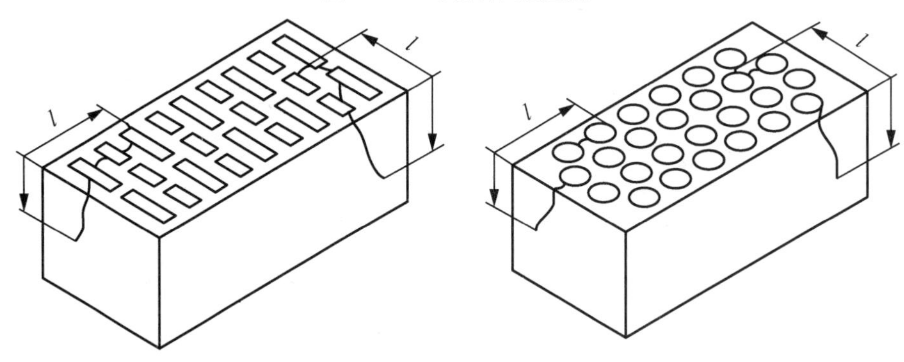

图6.26　多孔砖裂纹通过孔洞时的尺寸量法

l—裂纹总长度

4) 弯曲

弯曲分别在大面和条面上检测，检测时将砖用卡尺的两只脚沿棱边两端放置，择其弯曲最大处将垂直尺推至砖面，如图6.27所示。但不应将因杂质或碰伤造成的凹陷计算在内，以弯曲检测中测得的较大者作为检测结果。

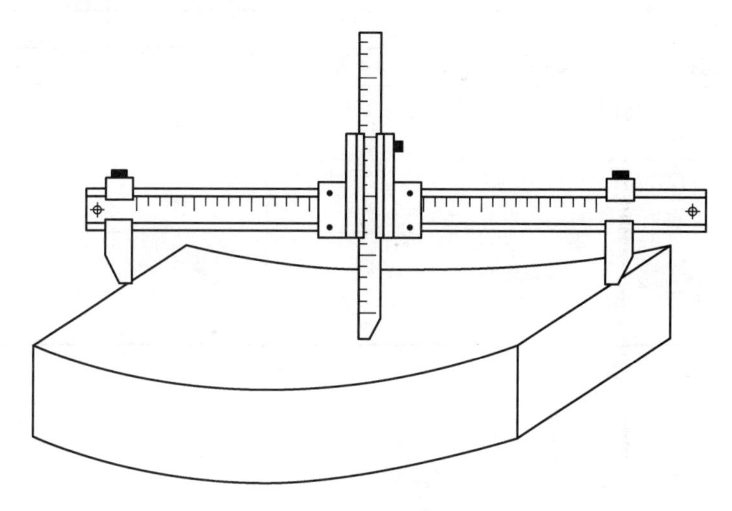

图6.27 砖的弯曲量法

5) 砖杂质凸出高度量法

杂质在砖面上造成的凸出高度，以杂质距砖面的最大距离表示。检测时将砖用卡尺的两只脚置于杂质凸出部位两边的砖平面上，以垂直尺检测，如图6.28所示。

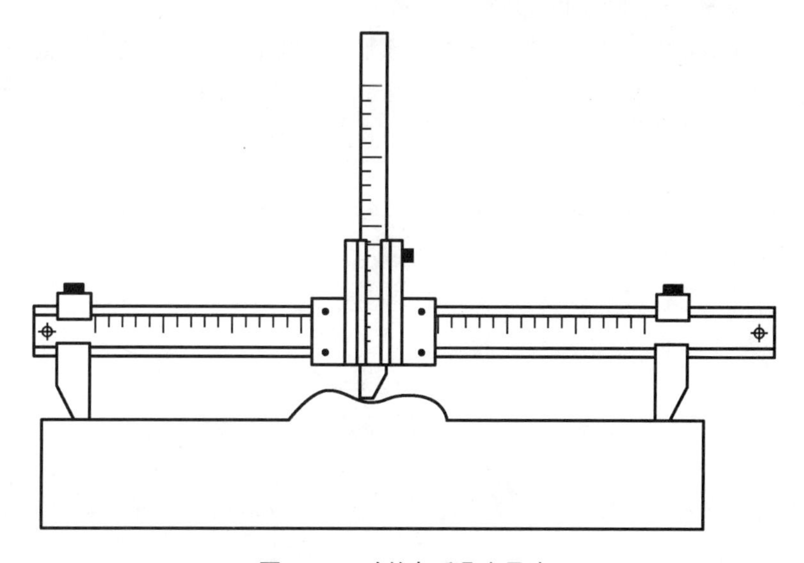

图6.28 砖的杂质凸出量法

6) 砖的外观质量

外观质量见表6-13。

表 6-13　外观质量　　单位：mm

项　目		优等品	一等品	合格
两条面高度差　≤		2	3	4
弯曲　≤		2	3	4
杂质凸出高度　≤		2	3	4
缺棱掉角的 3 个破坏尺寸　不得同时大于		5	20	30
裂纹长度≤	(1)大面上宽度方向及其延伸至条面的长度	30	60	80
	(2)大面上长度方向及其延伸至顶面的长度或条顶面上水平裂纹的长度	50	80	100
完整面[①]	不得少于	二条面和二顶面	一条面和一顶面	
颜色		基本一致		

① 凡有下列缺陷之一者，不得称为完整面：

a. 缺损在条面或顶面上造成的破坏面尺寸同时大于 10mm×10mm；

b. 条面或顶面上裂纹宽度大于 1mm，其长度超过 30mm；

c. 压陷、粘底、焦花在条面或顶面上的凹陷或凸出超过 2mm，区域尺寸同时大于 10mm×10mm。

注：为装饰而施加的色差，凹凸纹、拉毛、压花等不算作缺陷。

4. 砖抗折强度的检测

1) 检测仪器准备(包括以下几类)

① 材料检测试验机。示值相对误差不大于±1%，其下压板应为球形铰支座，预期最大破坏荷载应在量程的 20%～80%之间。

② 抗折夹具。抗折试验的加荷形式为三点加荷，其上压辊和直支辊的曲率半为15mm，下支辊应有一个为铰接固定。

③ 钢直尺。分度值为 1mm。

2) 试样准备(包括以下几类)

① 试样数量。按产品标准的要求确定。

② 试样处理。非烧结砖应放在温度为(20±5)℃的水中浸泡 24h 后取出，用湿布拭去其表面水分进行抗折强度检测；粉煤灰和矿渣砖在养护结束后 24～36h 内进行检测；烧结砖不需浸水及其他处理，直接进行检测。

3) 检测步骤

① 按尺寸测量的规定，测量试样的宽度和高度尺寸各两个，分别取其算术平均值，精确至 1mm。

② 调整抗折夹具下支辊的跨距为砖规格长度减去 40mm，但规格长度为 190mm 的砖样其跨距为 160mm。

③ 将试样大面平放在下支辊上，试样两端面与下支辊的距离应相同。当试样有裂纹或凹陷时，应使有裂纹或凹陷的大面朝下放置，以 50～150N/s 的速度均匀加荷，直至试样断裂，记录最大破坏荷载 F。

4) 结果计算与评定

每块试样的抗折强度 R_c 按式(6-1)计算，精确至 0.01MPa。

$$R_c = \frac{3FL}{2BH^2} \tag{6-1}$$

式中：R_c——砖样试块的抗折强度(MPa)；

F——最大破坏荷载(N)；

L——跨距(mm)；

H——试样高度(mm)；

B——试样宽度(mm)。

检测结果以试样抗折强度的算术平均值和单块最小值表示，精确至 0.01MPa。

5. 抗压强度检测

1) 检测仪器准备

① 材料试验机。示值相对误差不大于±1%，其下压板应为球形铰支座，预期最大破坏荷载应在量程的 20%～80%之间。

② 抗压试件制备平台。试件制备平台必须平整水平，可用金属或其他材料制作。

③ 水平尺。规格为 250～350mm。

④ 钢直尺。分度值为 1mm。

⑤ 振动台。分度值为 1mm。

⑥ 制样模具、砂浆搅拌机和切割设备。

2) 试样制备

① 烧结普通砖，其步骤如下。

a．将试样切断或锯成两个半截砖，断开后的半截砖长不得小于 100mm；如果不足 100mm，应另取备用试样补足，如图 6.29 所示。

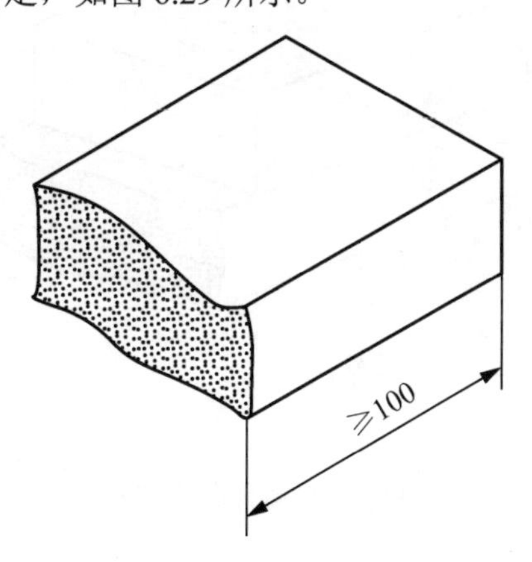

图 6.29 半截砖长度(单位：mm)

b．在试样制备平台上将已断开的半截砖放入室温的净水中浸 10～20min 后取出，并以断口相反方向叠放，两者中间抹以厚度不超过 5mm 的水泥净浆黏结，上下两面用厚度不超过 3mm 的同种水泥浆抹平。水泥浆用 32.5 级或 42.5 级的普通硅酸盐水泥调制，稠度要适宜。制成的试件上、下两面需相互平行，并垂直于侧面，如图 6.30 所示。

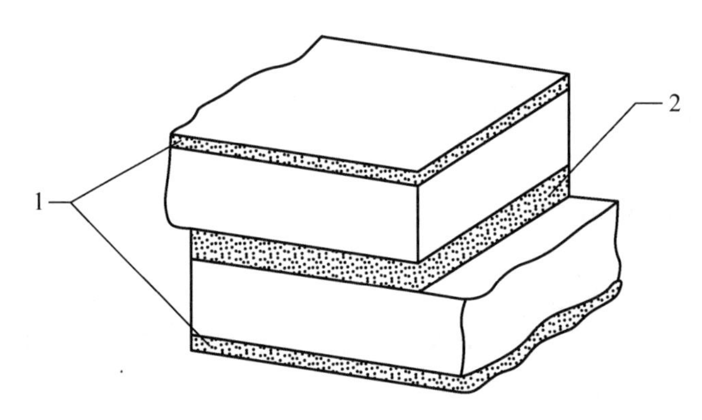

图 6.30　水泥净浆层厚度

1—净浆层厚 3mm；2—净浆层厚 5mm

② 多孔砖、空心砖。试件制作采用坐浆法操作。即用玻璃板罩于试件制备平台上，其上铺一张湿的垫纸，纸上铺一层厚度不超过 5mm 的用 42.5 级普通硅酸盐水泥制成的稠度适宜的水泥净浆，再将经水中浸泡 10～20min 的试样平稳地将受压面放在水泥浆上，在另一受压面上稍加压力，使整个水泥层与砖的受压面相互黏结，砖的侧面应垂直于玻璃板。待水泥浆适当凝固后，连同玻璃板翻放在另一铺纸放浆的玻璃板上，再进行坐浆，其间用水平尺校正玻璃板的水平。

③ 非烧结砖。同一块试样的两半截砖断口相反叠放，叠合部分不得小于 100mm，如图 6.31 所示，即为抗压强度试件。如果不足 100mm 则应剔除，另取备用试样补足。

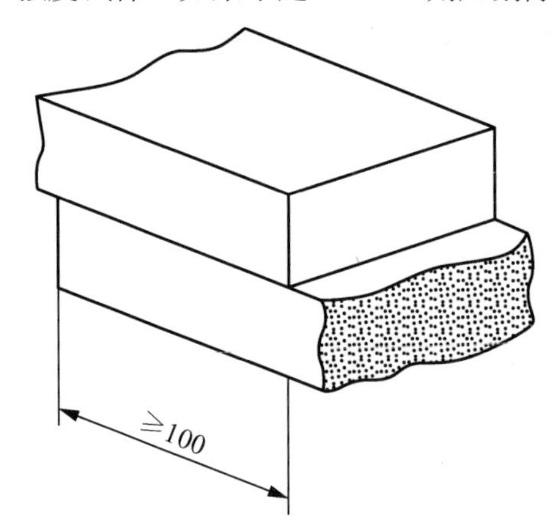

图 6.31　半截砖叠合(单位：mm)

3) 试件养护

① 抹面试件置于不低于 10℃的不通风室内养护 3d。

② 非烧结砖不需通风养护，直接进行试验。

4) 检测步骤

① 测量每个试件连接面或受压面的长、宽尺寸各两个，分别取其平均值，精确至 1mm。

② 将试件平放在加压板的中央，垂直于受压面加荷，加荷过程应均匀平稳，不得发生冲击或振动，加荷速度以 2～6kN/s 为宜。直至试件破坏为止，记录最大破坏荷载 F。

5) 结果计算与评定

每块试样的抗压强度 R_p 按式(6-2)计算(精确至 0.1MPa)。

$$R_p = \frac{F}{LB} \tag{6-2}$$

式中：R_p——砖样试件的抗压强度(MPa)；

F——最大破坏荷载(N)；

L——试件受压面(连接面)的长度(mm)；

B——试件受压面(连接面)的宽度(mm)。

试验结果以试样抗压强度的算术平均值和单块最小值表示，精确至 0.1MPa。

本章小结

墙体材料是建筑物必不可少的组成材料。根据工程实际合理选用墙体材料对建筑物的功能、造价和安全等有重要意义。本章重点介绍了墙体材料中砌墙砖、墙用砌块、墙用板材 3 种材料的主要技术性质和应用，同时介绍了墙体材料的发展方向和开发节能环保墙体材料的前景和意义。

(1) 砌墙砖。砌墙砖分烧结砖和非少烧结砖两大类。其中烧结砖包括烧结普通砖、烧结多孔砖和烧结空心砖。其中烧结砖具有强度高、耐久性好、取材方便、生产工艺简单、价格低廉等优势，但生产需消耗大量的土地资源和燃料，即将被禁止或限制生产和使用；因此重视使用多孔砖和空心砖，充分利用工业废料生产非烧结砖。非烧结砖的种类很多，常用的有灰砂砖、粉煤灰砖和炉渣砖。

(2) 墙用砌块。砌块主要有粉煤灰砌块、蒸压加气混凝土砌块、混凝土小型空心砌块、轻骨料混凝土小型空心砌块、石膏砌块等。墙用砌块具有质量轻、保温隔热性能好、施工效率高等特点，广泛用于工业与民用建筑中的非承重墙中。

(3) 墙用板材。墙用板材有石膏类板材、水泥类板材和复合墙板等。墙用板材具有轻质高强、耐久性好、施工效率高、保温隔热性好等诸多优点，因此被广泛地应用于冻库、仓库、工厂车间、办公楼、活动房、战地医院、展览场馆等的墙体和屋面。

习题

一、填空题

1．墙体材料主要有(　　)、(　　)、(　　)3 类。

2．砌墙砖按有无孔洞和孔洞率大小分为(　　)、(　　)和(　　)3 种；按生产工艺不同分为(　　)和(　　)。

3．与烧结多孔砖相比，烧结空心砖的孔洞尺寸较(　　)，主要适用于(　　)墙。

4．烧结普通砖的标准尺寸是(　　)mm×(　　)mm×(　　)mm。理论上，$1m^3$ 砖砌体大约需要(　　)块砖。

二、选择题

1．烧结普通砖的强度等级是按(　　)来评定的。

A．抗压强度及抗折强度　　B．大面及条面抗压强度

C．抗压强度平均值及单块最小值　　D．抗压强度平均值及标准值

2．欠火砖的特点是(　　)。

A．色浅、敲击声脆、强度低　　B．色浅、敲击声哑、强度低

C．色深、敲击声脆、强度低　　D．色深、敲击声哑、强度低

3．人工鉴别过火砖与欠火砖的常用方法是(　　)。

A．根据砖的强度　　B．根据砖颜色的深浅及打击声音

C．根据砖的外形尺寸　　D．根据砖的表面状况

三、简答题

1．烧结普通砖、烧结多孔砖和烧结空心砖各自的强度等级、质量等级是如何划分的？各自的规格尺寸是多少？主要的适用范围是什么？

2．烧结普通砖和烧结空心砖有何区别？推广使用多孔砖、空心砖有什么意义？

3．常用板材产品有哪些？它们的主要用途有哪些？

四、计算题

有一批烧结普通砖，经抽样 10 块做抗压强度试验，结果列于表 6-14。试确定该砖的强度等级。

表 6-14　某样本的抗压强度

砖编号	1	2	3	4	5	6	7	8	9	10
破坏荷载/kN	254	270	218	183	238	259	225	280	220	250

第7章

建筑钢材

教学目标

本章介绍建筑钢材的分类、技术性能、技术标准、选用原则、钢材的保管以及质量检测等内容。

本章要求

了解钢材的冶炼方法和化学成分对钢材性能的影响。

掌握钢材的主要力学性能(拉伸、冷弯、冲击韧性)和工艺性能(冷加工、时效)。

掌握常用建筑钢材的分类、标准和应用。

掌握建筑钢材的取样和检测方法。

了解钢材锈蚀的机理，掌握施工中对钢材防锈和防火的处理措施。

教学要求

能力要求	知识要点	权重	自测分数
1. 能根据工程特点正确选用钢材，具有鉴别钢材质量的能力 2. 能根据钢材不同的性能特点合理选用结构钢或钢筋混凝土用钢筋的品种 3. 能识别钢结构用钢和钢筋混凝土用钢的牌号，牌号确定钢材的性能 4. 会进行钢材的进场验收和取样送检工作	钢的冶炼、钢材的分类	10%	
	建筑钢材的力学性能	10%	
	建筑钢材的工艺性能	10%	
	建筑钢材的标准和选用	35%	

续表

能力要求	知识要点	权重	自测分数
5. 能根据相关标准对建筑钢材进行质量检测，并能根据相关指标判定钢材的质量等级 6. 具有分析和处理施工中由于建筑钢材质量等原因导致的工程技术问题的能力	钢材的锈蚀与防止	5%	
	钢材的取样与验收	15%	
	钢材的检测	15%	

引　例

某建筑施工现场根据施工进度要求运来一批钢材，如图 7.1 所示。现在需要你运用相关知识、规范和检测方法对这批钢材进行外观尺寸、质量及强度等方面的验收，以便判断进场钢材是否合格，能否用于工程中？

图 7.1　建筑钢材

学习参考标准

《碳素结构钢》(GB/T 700—2006)。

《低碳钢热轧圆盘条》(GB/T 701—2008)。

《冷轧带肋钢筋》(GB 13788—2008)。

《预应力混凝土用钢丝》(GB/T 5223—2014)。

《预应力混凝土用钢绞线》(GB/T 5224—2014)。

《低合金高强度结构钢》(GB/T 1591—2008)。

《金属材料　拉伸试验　第 1 部分：室温试验方法》(GB/T 228.1—2010)。

《金属材料　弯曲试验方法》(GB/T 232—2010)。

7.1　认识建筑钢材

建筑钢材是指用于钢结构的各种型钢(如角钢、工字钢、槽钢、钢管等)、钢板和用于钢筋混凝土结构中的各种钢筋、钢丝和钢绞线等。

钢材是在严格的技术控制下生产的材料，具有品质均匀、性能可靠、强度高，塑性和韧性好，可以承受冲击和振动荷载，能够切割、焊接、铆接，便于装配等优点，因此，被广泛用于工业与民用建筑中，是主要的建筑结构材料之一。

钢材的缺点是易锈蚀，需经常维护，维护费高，且耐火性差。

7.1.1 钢的分类

钢是由生铁冶炼而成的。生铁是一种铁-碳合金，其中碳的含量为2.06%～6.67%，磷、硫等杂质的含量较高。生铁硬而脆，无塑性和韧性，不能进行焊接、锻造、轧制等加工。炼钢的原理就是将熔融的生铁进行氧化，使碳的含量降低到一定的限度，同时把其他杂质含量也降低到允许范围内。所以在理论上凡含碳量在2%以下，有害杂质含量较少的铁-碳合金都称为钢。

钢的品种很多，可以从不同的角度进行分类。

1. 按冶炼方法分类

在炼钢的过程中，采用的炼钢方法不同，除掉杂质的程度就不同，所得钢的质量也有差别。建筑钢材按冶炼方法不同一般分转炉钢、平炉钢和电炉钢3种。

2. 按脱氧程度分类

钢在冶炼过程中不可避免地产生部分氧化铁并残留在钢水中，降低了钢的质量，因此，在铸锭过程中要进行脱氧处理，脱氧程度不同，钢材的性能就不同，见表7-1。因此，钢材按脱氧程度不同，又可分为沸腾钢、镇静钢和特殊镇静钢。

表7-1 不同脱氧程度钢的特点及代号

钢种名称	脱氧程度	铸锭时的特点	性　能	应　用	代号
沸腾钢	不完全	有大量气泡逸出，钢液表面状似沸腾	组织不够致密，有气泡夹杂，化学成分偏析较大，钢材的匀质性较差，所以其质量较差，但成品率高，成本低	用于一般建筑工程	F
镇静钢	完全	锭模内钢液平静地凝固	组织致密，化学成分均匀，性能稳定，塑性、韧性好，具有良好的可焊性；产率较低，成本较高	承受振动冲击荷载的结构或重要的焊接钢结构	Z
特殊镇静钢	充分彻底	非常平静	特殊镇静钢的质量和性能均优于镇静钢，成本也高于镇静钢	特别重要的结构工程	TZ

3. 按化学成分分类

钢是以铁为主要元素，含碳量一般在2%以下，并含有其他元素的材料。钢按化学成分分为非合金钢、低合金钢和合金钢3类。

1) 非合金钢

非合金钢是铁-碳合金，其中含有少量杂质元素(如硫、磷等)和在脱氧过程中引进的一些元素(如硅、锰等)。非合金钢有碳素结构钢和高级碳素结构钢两类。

2) 低合金钢

低合金钢是在碳素钢中加入某些合金元素(锰、硅、钒、钛等)，一般含量小于 3.5%，用于改善钢的性能或使其获得某些特殊性能。

3) 合金钢

合金钢是为了改善钢的某些性能而特意加入一定量合金元素的钢。根据钢中所含合金元素的种类，合金钢又可分为锰钢、硅锰钢、铬钢、铬锰钢等很多类。

4. 按质量等级分类

根据钢材中硫、磷的含量，将钢材分为普通质量钢、优质钢和特殊质量钢 3 个等级。

5. 按用途分类

按主要用途，将钢分为结构钢、工具钢和特殊钢等。

(1) 结构钢。主要用于建筑结构、机械制造等。

(2) 工具钢。主要用于制作刀具、量具、模具等。

(3) 特殊钢。具有特殊物理、化学或机械性能的钢，如不锈钢、耐热钢、耐磨钢等。

7.1.2 建筑钢材的主要品种

钢经过加工生产成为钢材，建筑钢材是建筑工程中使用的各种钢材的通称。建筑钢材按用途分为钢结构用钢材(如各类型钢、钢板、钢管等)和钢筋混凝土结构用钢材(如各类钢筋、钢丝、钢绞线等)两类，各类钢材的主要品种见表 7-2。

表 7-2 建筑钢材的主要品种

建筑钢材种类	主要品种	
钢结构用钢材	型钢	热轧工字钢、热轧槽钢、热轧等边角钢、热轧不等边角钢等
	钢板	热轧厚板(厚度大于 4mm)、热轧薄板(厚度为 0.35～4mm)、压型钢板等
	钢管	焊接钢管、无缝钢管
钢筋混凝土结构用钢材	钢筋	热轧光圆钢筋、热轧带肋钢筋、热处理钢筋、热轧带肋钢筋等
	钢丝	光圆钢丝、螺旋肋钢丝、刻痕钢丝
	钢绞线	1×2、1×3、1×7 结构钢绞线；Ⅰ级松弛钢绞线、Ⅱ级钢绞线

7.1.3 建筑钢材的主要技术性能

建筑钢材的主要技术性能包括力学性能和工艺性能。

1. 力学性能

1) 拉伸性能

拉伸是建筑钢材的主要受力形式，因此拉伸性能是表示钢材性能和选用钢材的重要依据。

低碳钢的拉伸性能是建筑钢材最重要的性能，通过对钢材进行拉伸试验所测得的屈服强度、抗拉强度和伸长率是钢材的 3 个重要技术指标。将低碳钢制成一定规格的试件，放在材料机上进行拉伸试验。钢材从受拉到拉断，经历了以下 4 个阶段。如图 7.2 所示反映了低碳钢(软钢)的应力-应变关系。

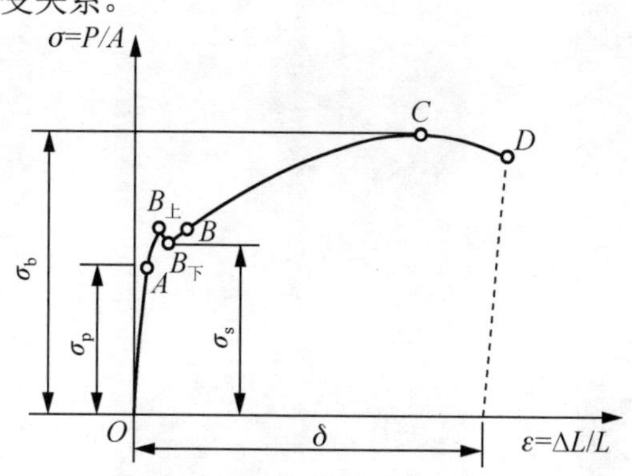

图 7.2 低碳钢拉伸 $\sigma-\varepsilon$ 曲线

(1) 弹性阶段(*OA* 段)。*OA* 段呈直线关系，即随荷载增加，应力和应变成正比关系。若去掉荷载，应力和应变可沿 *AO* 线回到原点，试件能恢复原状。这种性质即为弹性，该阶段为弹性阶段。与 *A* 点相对应的为弹性极限，用 σ_p 表示。在 *OA* 线上应力与应变的比值为一常数，即弹性模量 $E(E=\sigma/\varepsilon)$。弹性模量反映钢材抵抗弹性变形的能力，是钢材计算结构受力变形的重要指标。

(2) 屈服阶段(*AB* 段)。当荷载增大，试件应力超过 σ_p 后，应变增加的速度超过了应力增加的速度，应力-应变不再呈正比关系，开始产生塑性变形。当达到图中的 $B_上$点时，钢材抵抗不住所加的外力，发生“屈服”现象，即应力在小范围内波动，而应变迅速增加，直到 *B* 点为止。$B_上$称为屈服上限，屈服阶段应力的最低值用 $B_下$点对应的应力表示，称为屈服强度或屈服点，用 σ_s 表示。屈服强度在实际工作中有很重要的意义，钢材受力达到屈服强度以后，变形迅速发展，尽管尚未断裂破坏，但因变形过大已不能满足使用要求。因此，屈服强度表示钢材在工作状态允许达到的应力值，是结构设计中钢材强度取值的依据。

(3) 强化阶段(*BC*段)。当荷载超过屈服点后，钢材内部组织结构发生变化，抵抗变形的能力又重新提高，故称为强化阶段。当达到 *C* 点时，应力达到极限值，称为抗拉强度，以 σ_b 表示。

抗拉强度不作为设计时的强度取值，但屈服强度与抗拉强度的比值(即屈强比 σ_s/σ_b)却能反映钢材的利用率和结构的安全可靠性。屈强比小，钢材的利用率低，造成钢材的浪费；但屈强比过大，其结构的安全可靠程度降低，当使用中发生突然超载的情况时，容易产生破坏。因此，需要在保证结构安全可靠性的前提下，尽可能地提高钢材的屈强比。建筑结构钢合理的屈强比一般在 0.60～0.75 范围内。

(4) 颈缩阶段(*CD* 段)。当钢材强化达到最高点 *C* 点以后，试件抵抗塑性变形的能力迅速降低，塑性变形迅速增加。试件的断面在薄弱处急剧缩小，产生“颈缩现象”而断裂，如图 7.3 所示。

将拉断后的试件在断口处拼合，量出拉断后标距的长度(L_1)，标距的伸长值与原始标距(L_0)的百分比称为伸长率 δ，如图 7.4 所示。

伸长率是衡量钢材塑性变形的重要指标，δ值越大，说明钢材塑性越好。而一定的塑性变形能力可保证应力重新分布，避免应力集中，钢材用于结构的安全性越大。

(a)

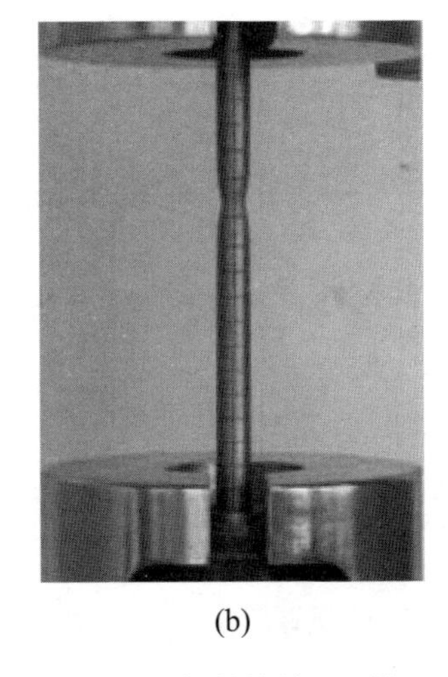
(b)

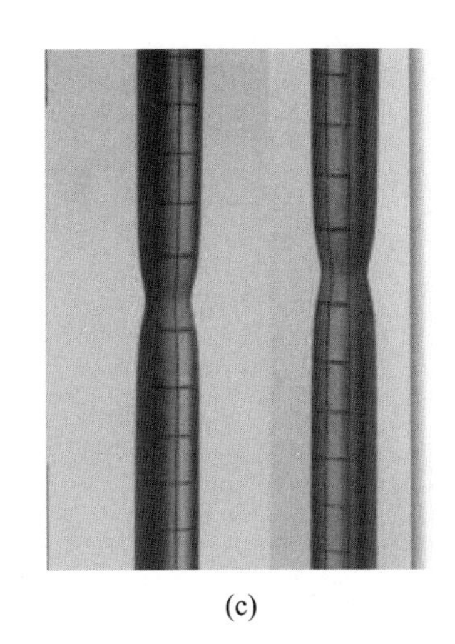
(c)

图 7.3　钢筋拉伸及颈缩

$$\delta=\frac{L_1-L_0}{L_0}\times100\%$$

钢材拉伸时塑性变形在试件标距内的分布是不均匀的，颈缩处的伸长较大，故原始标距(L_0)与直径(d_0)之比越大，颈缩处的伸长值在总伸长值中所占的比例就越小，则计算所得伸长率也越小。通常钢材拉伸试件取 L_0=5d_0 或 L_0＝10d_0，其伸长率分别用 δ_s 和 δ_{10} 表示。对于同一种钢材，其 $\delta_5>\delta_{10}$。

高碳钢(硬钢)材质硬脆，抗拉强度高，塑性变形小，没有明显的屈服现象，难以直接测定屈服强度，如图 7.5 所示。规范中规定以产生残余变形为原标距长度的 0.2%时，所对应的应力值作为屈服强度，用 $\delta_{0.2}$ 表示，称条件屈服点(或名义屈服点)。

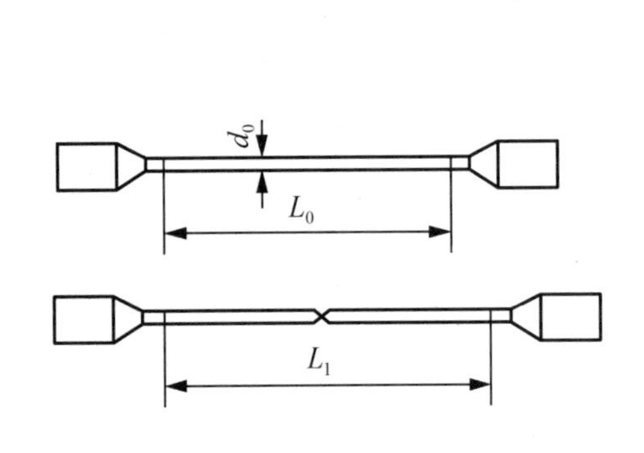

图 7.4　钢材拉伸试件

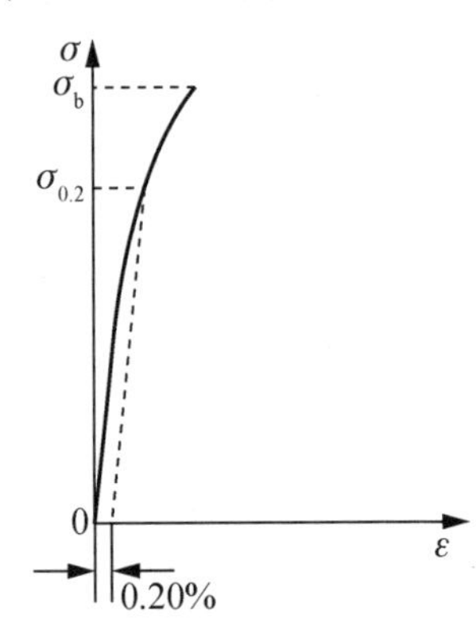

图 7.5　高碳钢拉伸 $\sigma-\varepsilon$ 曲线

2) 冲击韧性

冲击韧性是指钢材抵抗冲击荷载的能力。冲击韧性指标是通过标准试件的弯曲冲击韧性试验确定的，如图 7.6 所示。以摆锤冲击试件，将试件冲断时缺口处单位截面面积上所消耗的功作为钢材的冲击韧性指标，用 α_k(J/cm^2)表示，α_k 值越大，冲击韧性越好。

钢材的化学成分、内在缺陷、加工工艺及环境温度都会影响钢材的冲击韧性，因此，对于直接承受动荷载，而且可能在负温下工作的重要结构，必须按照有关规范的要求，进行钢材的冲击韧性检验。

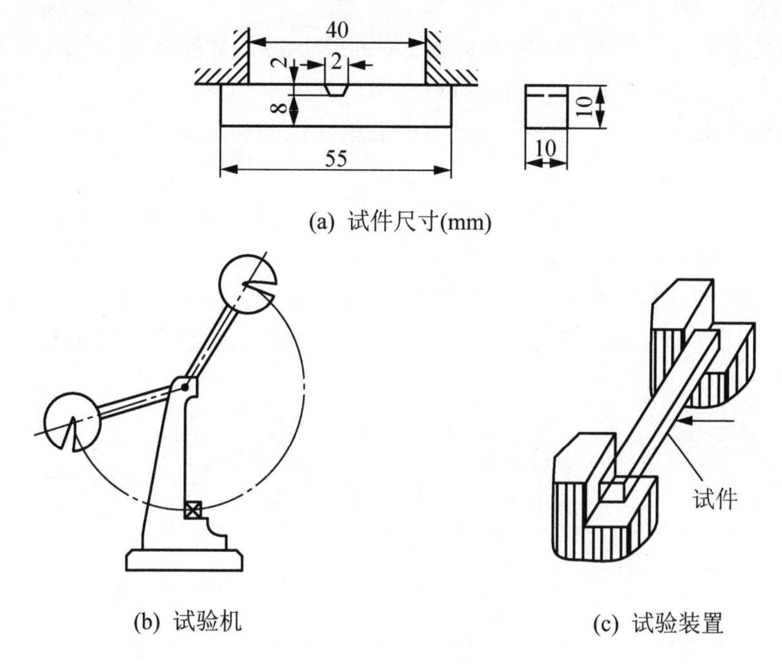

(a) 试件尺寸(mm)

(b) 试验机

(c) 试验装置

图 7.6 冲击韧性试验

3) 硬度

硬度是指钢材表面抵抗硬物压入产生局部变形的能力。硬度的测定方法常采用布氏法，其原理如图 7.7 所示。将直径为 D 的硬质钢球粒在一定荷载 P(N)作用下压入被测钢件光滑的表面，持续一定时间后卸去荷载，测量被压钢件表面上的压痕直径 d，以压痕表面积(mm^2)除荷载 P，即为布氏硬度值 HB。HB 值越大，表示钢材越硬。用硬度和抗拉强度间较固定的关系，可以通过测定硬度值来推知钢材的抗拉强度。各类钢材的布氏硬度 HB 与抗拉强度之间有如下近似关系：当 HB<175 时，$\sigma_b \approx 0.36\text{HB}$；当 175<HB<450 时，$\sigma_b \approx 0.35\text{HB}$。

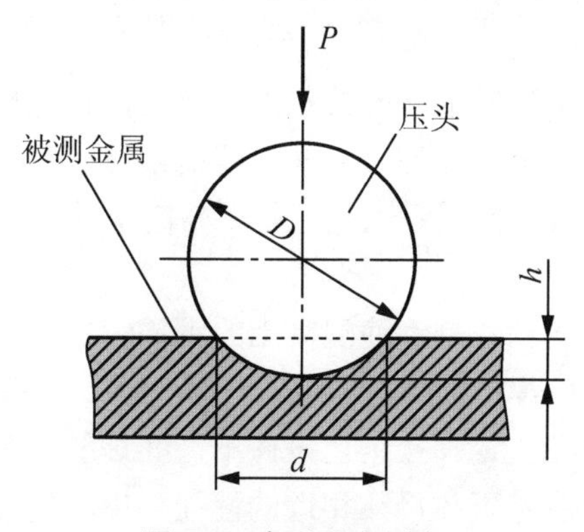

图 7.7 布氏硬度测定

2. 工艺性能

钢材的工艺性能是指钢材在加工过程中表现出的性能。良好的工艺性能，可以保证钢材顺利通过各种加工，而使钢材制品的质量不受影响。建筑钢材的主要工艺性能有冷弯、冷加工强化和时效、焊接等。

1) 冷弯性能

冷弯性能是指钢材在常温下承受弯曲变形的能力。冷弯性能是钢材的重要工艺性能。

建筑工程中，常常要把钢板、钢筋等材料弯曲成要求的形状，冷弯性能试验就是通过模拟钢材弯曲加工来进行的。通过检查被弯曲后钢件拱面和两侧面是否出现裂纹、起层或断裂来判定是否合格。

钢材的冷弯性能是以试验时的弯曲角度(α)和弯心直径(d)为指标表示的。钢材冷弯试验是通过直径(或厚度)为 a 的试件，采用标准规定的弯心 d(d=na)，弯曲到规定的角度(180°或 90°)时，检查弯曲处有无裂纹、断裂及起层等现象，若无，则认为冷弯性能合格，如图 7.8 所示。钢材冷弯时的弯曲角度越大，弯心直径越小，则表示其冷弯性能越好。

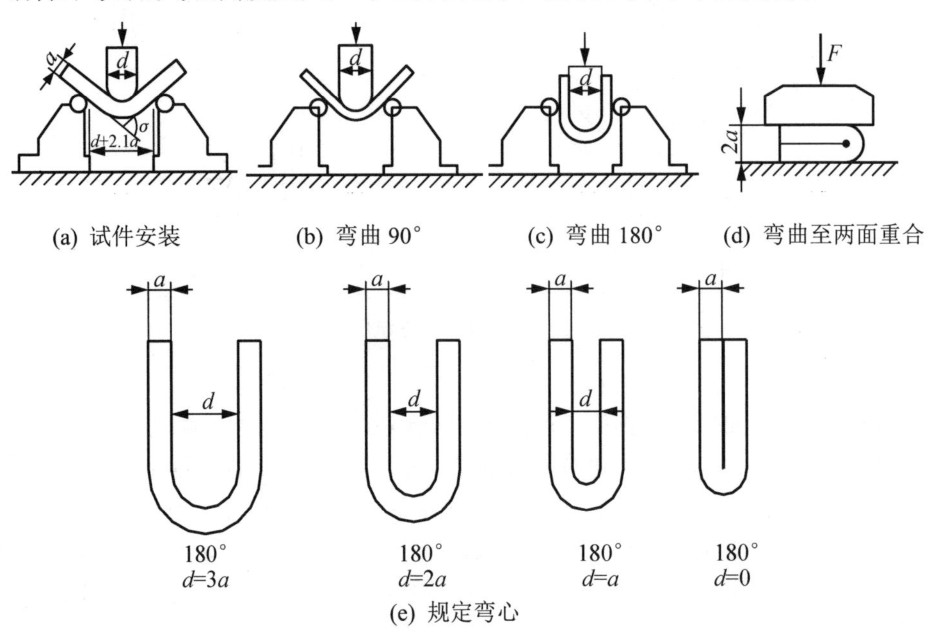

图 7.8　钢材冷弯及规定弯心

通过冷弯试验，更有助于暴露钢材的某些内在缺陷，它能揭示钢材是否存在内部组织不均匀、内应力和夹杂物等缺陷。对焊接构件，能揭示焊接在受弯表面存在未熔合、微裂纹及夹杂物等问题，因此，对焊接质量也是一种严格的检验。

2) 可焊性

建筑工程中，无论是钢结构还是钢筋混凝土的钢筋骨架、接头及埋件连接件等，绝大多数是采用焊接方式连接的。焊接的质量取决于焊接工艺、焊接材料及钢材的焊接性能。

钢材的可焊性是指钢材在一定焊接工艺条件下，在焊缝及其附近过热区是否产生裂缝及脆硬倾向，焊接后接头强度是否与母体相近的性能。钢材的可焊性主要受化学成分及其含量的影响。含碳量小于 0.3%的钢材具有良好的可焊性，超过 0.3%，焊接的硬脆倾向增加；硫含量过高会使焊接处产生热裂纹，出现热脆性；杂质含量增加会使可焊性降低；锰、钒等化学元素也会增大焊接的硬脆倾向，降低可焊性。

3) 钢材的冷加工强化与时效处理

(1) 冷加工强化处理。将钢材在常温下进行冷拉、冷拔、冷轧、冷扭等，使之产生塑性变形，从而提高其屈服强度，但钢材的塑性和韧性降低，这个过程称为钢材的冷加工强化处理。

冷加工强化的原因：钢材在冷加工时，其内部应力超过了屈服强度，造成晶格滑移，使晶格的缺陷增多，晶格严重畸变，对其他晶格的进一步滑移产生阻碍作用，使得钢材的屈服强度提高，而随着可以利用的滑移面的减少，钢材的塑性和韧性随之降低。

(2) 时效。将冷加工处理后的钢材，在常温下存放 15～20d，或加热至 100～200℃后保持一定时间(2～3h)，其屈服强度、抗拉强度及硬度进一步提高，而塑性和韧性也进一步降低的现象称为时效。前者称为自然时效，后者称为人工时效。

因时效而导致钢材性能改变的程度称为时效敏感性。时效敏感性大的钢材，经时效后，其韧性、塑性改变较大。因此，承受振动、冲击荷载作用的重要结构(如吊车梁、桥梁)应选用时效敏感性小的钢材。

钢材经冷加工时效处理后的性能变化较大，在其应力-应变图上可明显看到，如图 7.9 所示。图中 O、A、B、C、D 是未经冷拉加工强化和时效处理试件的应力-应变曲线，将钢材拉伸至超过屈服点达到强化阶段的任意点 K，然后卸去荷载，由于试件已经产生塑性变形，当拉力撤销后，所以曲线沿 KO' 下降而不能回到原点。若将此试件立即重新拉伸，则新的应力-应变曲线为 $O'KCD$ 虚线，即 K 点称为新的屈服点，屈服强度得到了提高，而塑性、韧性降低。如在 K 点卸去荷载后不是立即重新拉伸，而将试件进行时效处理后再进行拉伸，则应力应变曲线将成为 $O'KK_1C_1D_1$，这表明钢材经冷拉和时效处理后，屈服强度进一步提高，抗拉强度也有所提高，塑性和韧性进一步降低。

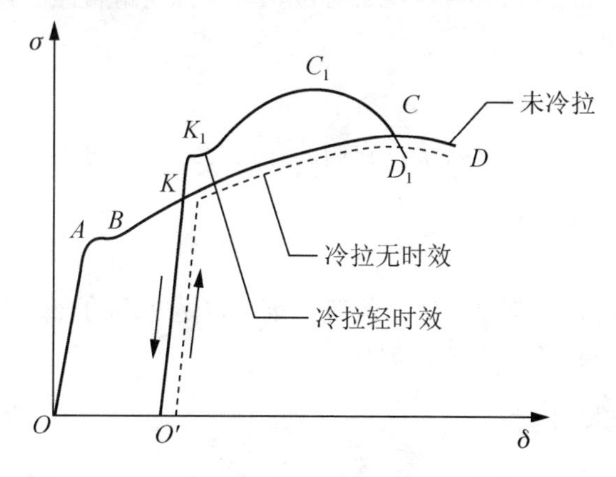

图 7.9　钢筋冷拉时效

钢筋采用冷加工具有明显的经济效益。钢筋经冷拉后，一般屈服强度可提高 20%～25%，冷拔钢丝屈服强度可提高 40%～70%，由此可适当减小钢筋混凝土结构的设计截面，或减少混凝土中的配筋数量，从而达到节约钢材的目的。钢筋冷拉还有利于简化施工工序。冷拉盘条钢筋时，开盘、调直、除锈等工序可一并完成。

7.1.4 化学成分对钢材性能的影响

钢是铁-碳合金，钢中除铁、碳两种基本元素外，还含有其他的一些元素，这些元素也会对钢材的性能和质量产生影响。

1. 碳

碳(C)是决定钢性能的重要元素。当含碳量小于 0.8%时，随含碳量的增加，钢的屈服强度、抗拉强度和硬度提高，而塑性和韧性下降。当含碳量增加时，钢的可焊性下降，冷脆性和时效敏感性增加，并使钢的抗腐蚀性下降。

2. 硅

硅(Si)是钢中的有益元素，是炼钢时作为脱氧剂而加入的。硅是钢的主要合金元素，能提高钢的强度，而对钢的塑性和韧性影响不大，特别是当其含量小于 1%时，对塑性和韧性基本上无影响。但含硅量超过 1%时，钢材的冷脆性要增加，可焊性变差。

3. 锰

锰(Mn)也是炼钢时为了脱氧而加入的，是低合金钢的主要合金元素。含量小于 1%时，能提高钢的强度，且对钢的塑性和韧性影响不大。锰还可以起脱氧去硫的作用，能消除钢的热脆性，改善钢的热加工性能。但锰含量较高时，将显著降低钢的可焊性。

4. 硫、磷

硫(S)、磷(P)是钢中有害元素。

磷可使钢的强度、耐腐蚀性和耐磨性提高，但会使钢的塑性和韧性显著降低，特别是使钢在低温下的韧性显著降低，即使钢的冷脆性显著增加。磷也降低钢的可焊性。但磷可使钢的耐腐蚀性提高，使用时须与铜等其他元素配合。

硫元素的存在使钢的冲击韧性、疲劳强度、可焊性及耐腐蚀性降低，在钢热加工时易引起脆裂，称为热脆性。

5. 氧、氮

氧(O)、氮(N)是钢中的有害杂质。它们的存在会降低钢的塑性、韧性、冷弯性能和可焊性。

6. 钒、铌、钛

钒(V)、铌(Nb)、钛(Ti)都是炼钢时的脱氧剂，也是常用的合金元素，适量加入钢中可改善钢的组织，提高钢的强度和改善韧性。

7.1.5 钢材的锈蚀与防止

1. 钢材的锈蚀

钢材的锈蚀是指钢的表面与周围介质发生化学作用或电化学作用而遭到的破坏。锈蚀不仅使其截面减少，降低承载力，而且由于局部腐蚀造成应力集中，易导致结构破坏。若受到冲击荷载或反复荷载的作用，将产生锈蚀疲劳，使疲劳强度大大降低，甚至出现脆性断裂。

1) 化学锈蚀

化学锈蚀是指钢与周围介质(如氧气、二氧化碳、二氧化硫和水等)直接发生化学作用，生成疏松的氧化物而引起的锈蚀。在干燥环境中化学锈蚀的速度缓慢，但在干湿交替的情况下，锈蚀速度大大加快。

2) 电化学锈蚀

电化学锈蚀是钢材与电解质溶液接触而产生电流，形成微电池从而引起锈蚀。钢材本身含有铁、碳等多种成分，在表面介质的作用下，各成分的电极电位不同，形成许多微电池，铁元素失去电子成为 Fe^{2+}离子进入介质溶液，与溶液中的 OH^{-}离子结合生成 $Fe(OH)_2$，使钢材遭到锈蚀。

钢材在大气中的腐蚀，实际上是化学锈蚀和电化学锈蚀共同作用所致，但以电化学锈蚀为主。

2. 钢材锈蚀的防止

钢材的锈蚀的原因既有内因(材质)又有外因(环境介质的作用)，因此要减少钢材的锈蚀可以从改变钢材本身的易腐蚀性、隔离环境中的侵蚀性介质或改变钢材表面状况三方面考虑。

1) 采用耐候钢

耐候钢即耐大气腐蚀钢。耐候钢是在钢中加入少量的铜、铬、镍、钼等合金元素而制成的。这种钢在大气作用下，能在表面形成保护层，起到耐腐蚀作用，同时保持钢材具有良好的焊接性能。

2) 非金属覆盖

非金属覆盖是在钢材表面用非金属材料作为保护膜，如涂敷涂料、塑料和搪瓷等，与环境介质隔离，从而起到保护作用。

3) 金属覆盖

金属覆盖是用耐腐蚀性好的金属，以电镀或喷涂的方法覆盖在钢材的表面，提高钢材的耐腐蚀能力，常用方法为镀锌、镀锡、镀铜和镀铬等。

4) 钢筋混凝土用钢筋的防锈

在钢筋混凝土中的钢筋，由于水泥水化会产生大量的氢氧化钙，使混凝土的碱度较高(pH 一般为 12 以上)，这可在钢筋表面形成碱性氢化膜(钝化膜)对钢筋起保护作用。但随着碳化的行为，混凝土的 pH 降低，钢筋表面的钝化膜破坏失去对钢筋的保护作用。

7.2 建筑钢材的应用

建筑钢材可分为钢结构用型钢和钢筋混凝土结构用钢筋。各种型钢和钢筋的性能主要取决于所用钢种及其加工方式。

7.2.1 钢结构用钢材

钢结构用钢主要包括碳素结构钢和低合金高强度结构钢。一般采用热轧工艺生产各种不同尺寸规格的型钢(角钢、工字钢、槽钢等)、钢板、钢带等，如图 7.10 所示。

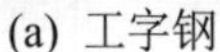
(a) 工字钢　(b) C形钢　(c) 角钢

图7.10　型钢

1. *碳素结构钢*

现行国家标准《碳素结构钢》(GB/T 700—2006)具体规定了它的牌号表示方法、代号和符号、技术要求、试验方法、检验规则等。

1) 牌号表示方法

标准中规定：钢的牌号由代表屈服强度的字母Q、屈服强度数值、质量等级符号和脱氧方法符号4个部分按顺序组成。碳素结构钢按屈服强度的数值分为195、215、235、275(MPa)4种；按硫、磷杂质的含量由多到少分为A、B、C、D四个质量等级；按照脱氧方法不同，分别用F表示沸腾钢、Z表示镇静钢、TZ表示特殊镇静钢。对于镇静钢Z和特殊镇静钢TZ，在钢的牌号中可予省略。

如Q235-A·F表示屈服强度为235MPa的A级沸腾钢；屈服强度为215MPa的C级镇静钢表示为Q215-C。

2) 技术要求

碳素结构钢的技术要求包括化学成分、力学性能、冶炼方法、交货状态及表面质量5个方面，碳素结构钢的化学成分、力学性能、冷弯试验指标应符合表7-3、表7-4、表7-5的要求。碳素结构钢的冶炼方法采用氧气转炉法或电炉法，一般为热轧、控轧或正火状态交货，表面质量也应符合标准的规定。

表7-3　碳素结构钢的化学成分(GB/T 700—2006)

牌号	统一数字代号①	等级	厚度或直径/mm	脱氧方法	化学成分(质量分数)/(%)				
					C	Si	Mn	P	S
Q195	U11952	—	—	F、Z	0.12	0.30	0.50	0.035	0.040
Q215	U12152	A	—	F、Z	0.15	0.35	1.20	0.045	0.050
	U12155	B							0.045
Q235	U12352	A	—	F、Z	0.22	0.35	1.40	0.045	0.050
	U12355	B			0.22②				0.045
	U12358	C		Z	0.17			0.040	0.040
	U12359	D		TZ				0.035	0.035

续表

牌号	统一数字代号①	等级	厚度或直径/mm	脱氧方法	化学成分/(%)				
					C	Si	Mn	P	S
Q275	U12752	A	—	F、Z	0.24	0.35	1.50	0.045	0.050
	U12755	B	—	Z	0.21			0.045	0.045
			—		0.22				
	U12758	C	—	Z	0.20			0.040	0.040
	U12759	D	—	TZ				0.035	0.035

① 表中为镇静钢、特殊镇静钢牌号的统一数字，沸腾钢牌号的统一数字代号如下。

Q195F-U11950。

Q215AF-U12150，Q215BF-U12153。

Q235AF-U12350，Q235BF-U12353。

Q275AF-U12750。

注：经需方同意，Q235B的碳含量可不大于0.22%。

表 7-4　碳素结构钢的力学性能(GB/T 700—2006)

牌号	等级	拉伸试验													冲击试验(V 形缺口)	
		屈服强度① σ_s/MPa，不小于						抗拉强度② σ_b/MPa	伸长率 δ_5/(%)						温度/°C	冲击吸收功(纵向)/J，不小于
		钢材厚度(直径)/mm							钢材厚度(直径)/mm							
		≤16	>16～40	>40～60	>60～100	>100～150	>150～200		≤40	>40～60	>60～100	>100～150	>150～200			
Q195	—	195	185	—	—	—	—	315～430	33	—	—	—	—		—	—
Q215	A	215	205	195	185	175	165	335～450	31	30	29	27	26		—	—
	B														+20	27
Q235	A	235	225	215	215	195	185	370～500	26	25	24	22	21		—	—
	B														+20	27③
	C														0	
	D														−20	
Q275	A	275	265	255	245	225	215	410～540	22	21	20	18	17		—	—
	B														+20	27
	C														0	
	D														−20	

① Q195的屈服强度值仅供参考，不作为交货条件。

② 厚度大于100mm的钢材，抗拉强度下限允许降低20MPa。宽带钢(包括剪切钢板)抗拉强度上限不作为交货条件。

③ 厚度小于25mm的Q235B级钢材，如供方能保证冲击吸收功值合格，经需方同意，可不做检验。

表 7-5　碳素结构钢的冷弯试验指标(GB/T 700—2006)

牌　号	试样方向	冷弯试验(试样宽度 $B=2\alpha$①，180°)	
		钢材厚度(或直径)②/mm	
		≤60	>60～100
		弯心直径 d	
Q195	纵	0	—
	横	0.5α	

续表

牌　号	试样方向	冷弯试验(试样宽度 $B=2\alpha$ ①，180°)	
		钢材厚度(或直径)②/mm	
		≤60	>60～100
		弯心直径 d	
Q215	纵	0.5α	1.5α
	横	α	2α
Q235	纵	α	2α
	横	1.5α	2.5α
Q275	纵	1.5α	2.5α
	横	2α	3α

① B为试样宽度，α为试样厚度(直径)。

② 钢材厚度(或直径)大于100mm时，弯曲试验由双方协商确定。

3) 各类牌号钢材的性能和应用

由上述表中可知，钢材随牌号的增大，含碳量增加，强度和硬度相应提高，而塑性和韧性则降低，冷弯性能变差，同时可焊性也降低。

建筑工程中应用最广泛的是Q235号钢，其含碳量为0.17%～0.22%，属低碳钢，具有较高的强度，良好的塑性、韧性及可焊性，综合性能好，能满足一般钢结构和钢筋混凝土用钢的要求，且成本较低。在钢结构中主要使用Q235钢轧制成的各种型钢、钢板。

Q235-A级钢。一般仅用于承受静荷载作用的结构。

Q235-C、Q235-D级钢。可用于重要的焊接结构。Q235-D级钢含有足够的形成细晶粒的元素，同时对硫、磷等有害元素控制严格，其冲击韧性很好，具有较强的抗冲击、抗振动荷载的能力，尤其适宜在较低温度下使用。

Q195、Q215号钢。强度较低、塑性和韧性较好，易于冷加工，常用于轧制薄板和盘条，制造钢钉、铆钉、螺栓及铁丝等。Q215号钢经冷加工后可代替Q235号钢使用。

Q275号钢。强度较高，但塑性、韧性较差，可焊性也差，不易焊接和冷弯加工，可用于轧制钢筋或作螺栓配件等，但更多用于机械零件和工具等。

2. 低合金高强度结构钢

低合金高强度结构钢是在碳素结构钢的基础上添加少量的一种或几种合金元素(总含量小于5%)的一种结构钢。所加元素主要有锰(Mn)、硅(Si)、钒(V)、钛(Ti)、铌(Nb)、铬(Cr)、镍(Ni)及稀土元素，其目的是提高钢的屈服强度、抗拉强度、耐磨性、耐蚀性及耐低温性能等。因此，它是综合性能较为理想的建筑钢材，尤其在大跨度、承受动荷载和冲击荷载的结构中更适用。另外，与使用碳素钢相比，可节约钢材20%～30%，而成本并不是很高。

1) 低合金高强度结构钢的牌号表示方法

根据国家标准《低合金高强度结构钢》(GB/T 1591—2008)的规定，低合金高强度结构钢共有8个牌号。其牌号的表示方法由屈服强度字母Q、屈服强度数值、质量等级(分A、B、C、D、E五级)3个部分组成，屈服强度数值共分为345、390、420、460、500、550、

620、690(MPa)共 8 种，质量等级按照硫、磷等杂质含量由多到少分为 A、B、C、D、E 五级。

2) 标准与选用

低合金高强度结构钢的化学成分、力学性能见表 7-6～表 7-9。

表 7-6 低合金高强度结构钢的化学成分(GB/T 1591—2008)

牌号	质量等级	化学成分[①,②](质量分数)/(%)														
		C	Si	Mn	P	S	Nb	V	Ti	Cr	Ni	Cu	N	Mo	B	Als
					不大于											不小于
Q345	A	≤0.20			0.035	0.035										—
	B				0.035	0.035										
	C		≤0.50	≤1.70	0.030	0.030	0.07	0.15	0.20	0.30	0.50	0.30	0.012	0.10	—	0.015
	D	≤0.18			0.030	0.025										
	E				0.025	0.020										
Q390	A				0.035	0.035										—
	B				0.035	0.035										
	C	≤0.20	≤0.50	≤1.70	0.030	0.030	0.07	0.20	0.20	0.30	0.50	0.30	0.015	0.10	—	0.015
	D				0.030	0.025										
	E				0.025	0.020										
Q420	A				0.035	0.035										—
	B				0.035	0.035										
	C	≤0.20	≤0.50	≤1.70	0.030	0.030	0.07	0.20	0.20	0.30	0.80	0.30	0.015	0.20	—	0.015
	D				0.030	0.025										
	E				0.025	0.020										
Q460	C				0.030	0.030										
	D	≤0.20	≤0.60	≤1.80	0.030	0.025	0.11	0.20	0.20	0.30	0.80	0.55	0.015	0.20	0.004	0.015
	E				0.025	0.020										
Q500	C				0.030	0.030										
	D	≤0.18	≤0.60	≤1.80	0.030	0.025	0.11	0.12	0.20	0.60	0.80	0.55	0.015	0.20	0.004	0.015
	E				0.025	0.020										
Q550	C				0.030	0.030										
	D	≤0.18	≤0.60	≤2.00	0.030	0.025	0.11	0.12	0.20	0.80	0.80	0.80	0.015	0.30	0.004	0.015
	E				0.025	0.020										
Q620	C				0.030	0.030										
	D	≤0.18	≤0.60	≤2.00	0.030	0.025	0.11	0.12	0.20	1.00	0.80	0.80	0.015	0.30	0.004	0.015
	E				0.025	0.020										
Q690	C				0.030	0.030										
	D	≤0.18	≤0.60	≤2.00	0.030	0.025	0.11	0.12	0.20	1.00	0.80	0.80	0.015	0.30	0.004	0.015
	E				0.025	0.020										

① 型材及棒材P、S含量可提高0.005%，其中A级钢上限可为0.045%。

② 当细化晶粒元素组合加入时，20(Nb＋V＋Ti)≤0.22%，20(Mo＋Cr)≤0.30%。

表 7-7　低合金高强度结构钢的拉伸性能(GB/T 1591—2008)

牌号	质量等级	拉伸试验[①,②,③]																					
		以下公称厚度(直径，边长)下屈服强度/MPa									以下公称厚度(直径，边长)下抗拉强度/MPa							断后伸长率 δ/(%) 公称厚度(直径，边长)					
		≤16mm	>16～40mm	>40～63mm	>63～80mm	>80～100mm	>100～150mm	>150～200mm	>200～250mm	>250～400mm	≤40mm	>40～63mm	>63～80mm	>80～100mm	>100～150mm	>150～250mm	>250～400mm	≤40mm	>40～63mm	>63～100mm	>100～150mm	>150～250mm	>250～400mm
Q345	A B	≥345	≥335	≥325	≥315	≥305	≥285	≥275	≥265	—	470～630	470～630	470～630	470～630	450～630	450～600	—	≥20	≥19	≥19	≥18	≥17	—
	C																	≥21	≥20	≥20	≥19	≥18	
	D E									≥265							450～600						≥17
Q390	A B C D E	≥390	≥370	≥350	≥330	≥330	≥310	—	—	—	490～650	490～650	490～650	490～650	470～620	—	—	≥20	≥19	≥19	≥18	—	—
Q420	A B C D E	≥420	≥400	≥380	≥360	≥360	≥340	—	—	—	520～680	520～680	520～680	520～680	500～650	—	—	≥19	≥18	≥18	≥18	—	—
Q460	C D E	≥460	≥440	≥420	≥400	≥400	≥380	—	—	—	550～720	550～720	550～720	550～720	530～700	—	—	≥17	≥16	≥16	≥16	—	—
Q500	C D E	≥500	≥480	≥470	≥450	≥440	—	—	—	—	610～770	600～760	590～750	540～730	—	—	—	≥17	≥17	≥17	—	—	—
Q550	C D E	≥550	≥530	≥520	≥500	≥490	—	—	—	—	670～830	620～810	600～790	590～780	—	—	—	≥16	≥16	≥16	—	—	—
Q620	C D E	≥620	≥600	≥590	≥570	—	—	—	—	—	710～880	690～880	670～860	—	—	—	—	≥15	≥15	≥15	—	—	—
Q690	C D E	≥690	≥670	≥660	≥640	—	—	—	—	—	770～940	750～920	730～900	—	—	—	—	≥14	≥14	≥14	—	—	—

① 当屈服不明显时，可测量$R_{P0.2}$代替下屈服强度。
② 宽度不小于600mm的扁平材，拉伸试验取横向试样；宽度小于600mm的扁平材、型材及棒材取纵向试样，断后伸长率最小值相应提高1%(相对值)。
③ 厚度>250～400mm的数值适用于扁平材。

表 7-8　夏比(V 形)冲击试验的试验温度和冲击吸收能量(GB/T 1591—2008)

<table>
<tr><th rowspan="3">牌号</th><th rowspan="3">质量等级</th><th rowspan="3">试验温度/℃</th><th colspan="3">冲击吸收能量(kV_2)/J (纵向)</th></tr>
<tr><th colspan="3">公称厚度(直径、边长)</th></tr>
<tr><th>12～150mm</th><th>＞150～250mm</th><th>＞250～400mm</th></tr>
<tr><td rowspan="4">Q345</td><td>B</td><td>20</td><td rowspan="4">≥34</td><td rowspan="4">≥27</td><td rowspan="2">—</td></tr>
<tr><td>C</td><td>0</td></tr>
<tr><td>D</td><td>-20</td><td rowspan="2">27</td></tr>
<tr><td>E</td><td>-40</td></tr>
<tr><td rowspan="4">Q390</td><td>B</td><td>20</td><td rowspan="4">≥34</td><td rowspan="4">—</td><td rowspan="4">—</td></tr>
<tr><td>C</td><td>0</td></tr>
<tr><td>D</td><td>-20</td></tr>
<tr><td>E</td><td>-40</td></tr>
<tr><td rowspan="4">Q420</td><td>B</td><td>20</td><td rowspan="4">≥34</td><td rowspan="4">—</td><td rowspan="4">—</td></tr>
<tr><td>C</td><td>0</td></tr>
<tr><td>D</td><td>-20</td></tr>
<tr><td>E</td><td>-40</td></tr>
<tr><td rowspan="3">Q460</td><td>C</td><td>0</td><td rowspan="3">≥34</td><td rowspan="3">—</td><td rowspan="3">—</td></tr>
<tr><td>D</td><td>-20</td></tr>
<tr><td>E</td><td>-40</td></tr>
<tr><td rowspan="3">Q500、Q550、Q620、Q690</td><td>C</td><td>0</td><td>≥55</td><td>—</td><td>—</td></tr>
<tr><td>D</td><td>-20</td><td>≥47</td><td>—</td><td>—</td></tr>
<tr><td>E</td><td>-40</td><td>≥31</td><td>—</td><td>—</td></tr>
</table>

表 7-9　弯曲试验(GB/T 1591—2008)

<table>
<tr><th rowspan="3">牌号</th><th rowspan="3">试样方向</th><th colspan="2">180° 弯曲试验
d=弯曲直径，a=试样厚度(直径)</th></tr>
<tr><th colspan="2">钢材厚度(直径，边长)</th></tr>
<tr><th>≤16mm</th><th>＞16～100mm</th></tr>
<tr><td>Q345
Q390
Q420
Q460</td><td>宽度不小于 600mm 的扁平材，拉伸试验取横向试样，宽度小于 600mm 的扁平材、型材及棒材取纵向试样</td><td>2α</td><td>3α</td></tr>
</table>

在钢结构中常采用低合金高强度结构钢轧制的型钢和钢板来建筑桥梁、高层及大跨度建筑。在重要的钢筋混凝土结构或预应力钢筋混凝土结构中，主要应用低合金钢加工成的热轧带肋钢筋。

3. 钢结构用型钢

钢结构构件一般应直接选用各种型钢。构件之间可直接或附接钢板进行连接。连接方式有铆接、螺栓连接或焊接。所用母材主要是碳素结构钢及低合金高强度结构钢。

型钢有热轧和冷轧成型两种。钢板也有热轧(厚度为 0.35～200mm)和冷轧(厚度为 0.2～

5mm)两种。

1) 热轧型钢

热轧型钢有角钢(等边和不等边)、工字钢、槽钢、T 形钢、H 形钢、L 形钢等。

我国建筑用热轧型钢主要采用碳素结构钢 Q235-A 钢，其强度适中，塑性及可焊性较好，成本低，适合建筑工程使用。在钢结构设计规范中，推荐使用的低合金钢主要有 Q345(16Mn)及 Q390(15MnV)两种，用于大跨度、承受动荷载的钢结构中。

2) 冷弯薄壁型钢

通常是用 2～6mm 的厚薄钢板冷弯或模压而成，有角钢、槽钢等开口薄壁型钢及方形、矩形等空心薄壁型钢，主要用于轻型钢结构中，如图 7.11 所示。

(a)

(b)

图 7.11 冷弯薄壁型钢在轻型钢结构中的应用

3) 钢板、压型钢板

用光面轧辊轧制而成的扁平钢材，以平板状态供货的称钢板，以卷状供货的称钢带。按轧制温度不同，分为热轧和冷轧两种；热轧钢板按厚度分为厚板(厚度大于 4mm)和薄板(厚度为 0.35～4mm)两种；冷轧钢板只有薄板(厚度 0.2～4mm)一种。

建筑用钢板及钢带主要是碳素结构钢。一些重型结构、大跨度桥梁、高压容器等也采用低合金钢板。一般厚板可用于焊接结构；薄板可用作屋面或墙面等围护结构，或用作涂层钢板的原材料；钢板还可用来弯曲为型钢。

薄钢板冷压或冷轧成波形、双曲形、V 形等形状，称为压型钢板。彩色钢板(又称有机涂层薄钢板)、镀锌薄钢板、防腐薄钢板等都可用来制作压型钢板。其特点是单位质量轻、强度高、抗震性能好、施工快、外形美观等。它主要用于围护结构、楼板、屋面等，如图 7.12 所示。

(a)

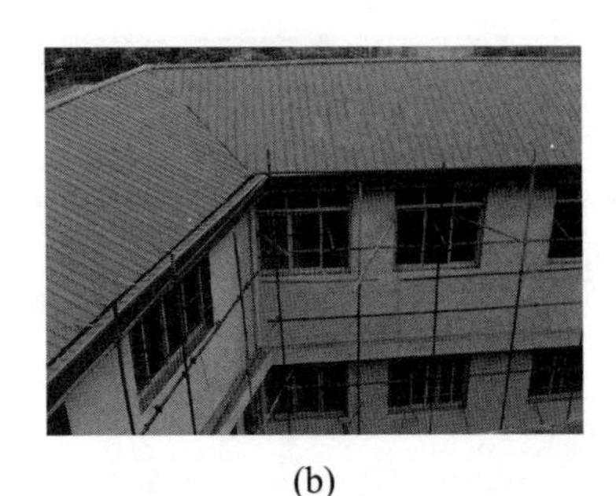

(b)

图 7.12 压型钢板及其应用

7.2.2 钢筋混凝土结构用钢材

钢筋混凝土结构用的钢筋、钢丝和钢绞线，主要由碳素结构钢或低合金结构钢轧制而成。其主要品种有热轧钢筋、冷加工钢筋、热处理钢筋、预应力混凝土用钢丝和钢绞线。钢筋通常按直条交货，直径不大于 12mm 的钢筋也可按盘卷(也称盘条)供货。直条钢筋长度一般为 6m 或 9m。

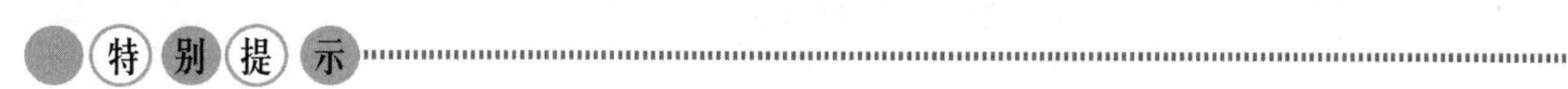

一般把直径为 3～5mm 的称为钢丝，直径为 6～12mm 的称为细钢筋，直径大于 12mm 的称为粗钢筋。为了便于识别，钢筋直径一般都相差 2mm 及 2mm 以上。

1. 热轧钢筋

经热轧成型并自然冷却的钢筋，称为热轧钢筋。它是建筑工程中用量最大的钢材品种之一，主要用于钢筋混凝土和预应力混凝土结构的配筋。

热轧钢筋主要用 Q235 碳素结构钢轧制的光圆钢筋和用合金轧制的带肋钢筋两类。热轧光圆钢筋其表面平整光滑、截面为圆形；而热轧带肋钢筋表面通常带有两条纵肋和沿长度方向均匀分布的横肋。带肋钢筋按肋纹的形状分为月牙肋和等高肋，如图 7.13 所示。月牙肋的纵横肋不相交，而等高肋则纵横肋相交。月牙肋钢筋有生产简便、强度高、应力集中、敏感性小、疲劳性能好等优点，但其与混凝土的黏结锚固性能稍逊于等高肋钢筋。

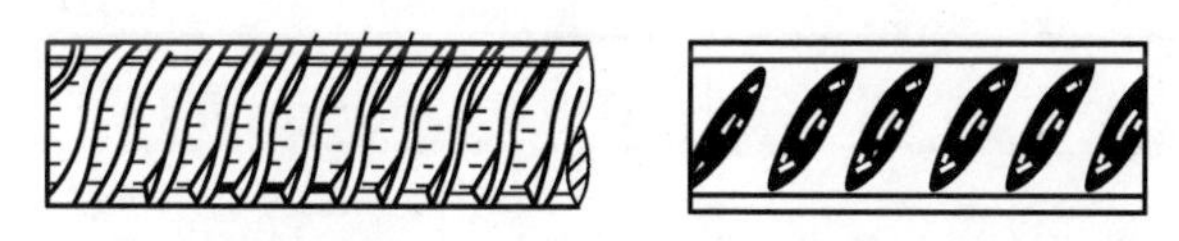

(a) 等高肋　　(b) 月牙肋

图 7.13　带肋钢筋外形

热轧光圆钢筋以氧气转炉、电炉冶炼，可以是直条或盘卷交货，按盘卷交货的钢筋，每根盘条质量应不小于 500kg，每盘质量应不小于 1000kg。其公称直径 1 范围为 6～22mm，热轧带肋钢筋通常是以直条状进行交货，也可以是盘卷交货，每盘应是一条钢筋，允许每批有 5%的盘数(不足两盘的允许有两盘)由两条钢筋组成。钢筋的公称直径范围为 6～50mm。

根据《钢筋混凝土用热轧光圆钢筋》(GB 1499.1—2008)和《钢筋混凝土用热轧带肋钢筋》(GB 1499.2—2007)的规定，热轧钢筋的牌号、牌号构成及等级见表 7-10，力学性能和冷弯性能应符合表 7-11 的标准。

表 7-10　热轧钢筋的牌号表示

产品名称	牌　号	牌号构成	英文字母含义
热轧光圆钢筋	HPB235	HPB+屈服强度特征值构成	HPB — 热轧光圆钢筋(Hot Rolled Plain Bars)的英文简称
	HPB300		
普通热轧带肋钢筋	HRB335	HRB+规定的屈服强度最小值构成	HRB — 热轧带肋钢筋(Hot Rolled Ribbed Bars)的英文简称
	HRB400		
	HRB500		

续表

产品名称	牌　号	牌号构成	英文字母含义
细晶粒热轧带肋钢筋	HRBF335 HRBF400 HRBF500	由 HRBF+规定的屈服强度最小值构成	HRBF—在热轧带肋钢筋的英文缩写后加“细”的英文(Fine)首位字母

表 7-11　热轧钢筋的性能(GB 1499.2—2007)

牌　号	屈服强度/MPa	抗拉强度/MPa	断后伸长率/(%)	最大力总伸长率/(%)	冷弯试验 180°	
	≥				公称直径 α /mm	弯心直径 d
HPB235	235	370	25.0	10.0	α	$d=\alpha$
HPB300	300	420				
HRB335 HRBF335	335	455	17	7.5	6～25	3α
					28～40	4α
					>40～50	5α
HRB400 HRBF400	400	540	16		6～25	4α
					28～40	5α
					>40～50	6α
HRB500 HRBF500	500	630	16		6～25	6α
					28～40	7α
					>40～50	8α

特别提示

带肋钢筋应在其表面轧上牌号标志，还可依次轧上经注册的厂名(商标)和直径毫米数字，如图 7.14 所示。

直径不大于 10mm 的钢筋，可不轧制标志，可采用挂标牌方法，如图 7.15 所示。

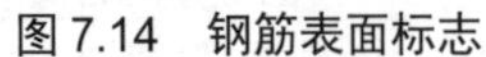

图 7.14　钢筋表面标志

图 7.15　钢筋标牌

钢筋牌号以阿拉伯数字加英文字母表示，HRB335 、HRB400、HRB500 分别以 3、4、5 表示，HRBF335、HRBF400、HRBF500 分别以 C3、C4、C5 表示。厂名以汉语拼音字头表示，直径毫米数以阿拉伯数字表示。例如，4 CW 25，其中 4 表示 HRB400 级钢(如果是 3 表示 HRB335 级钢)；CW 表示川威钢铁厂；25 表示钢筋直径。

有较高要求的抗震结构适用牌号为：在表 7-10 中已有牌号后加 E(例如：HRB400E、

HRBF400E)。

① HPB235 级钢筋。是用 Q235 碳素结构钢轧制而成的光圆钢筋。它的强度较低，但具有塑性好、伸长率高(δ_5>25%)、便于弯折成型、容易焊接等特点。它的使用范围很广，可用作中、小型钢筋混凝土结构的主要受力钢筋，构件的箍筋，钢、木结构的拉杆等；也可作为冷轧带肋钢筋的原材料；盘条还可作为冷拔低碳钢丝原材料。

② HRB335、HRB400 级钢筋。用低合金镇静钢和半镇静钢轧制，以硅、锰作为主要固溶强化元素。其强度较高，塑性和可焊性较好。钢筋表面轧有通长的纵肋和均匀分布的横肋，从而加强了钢筋混凝土之间的黏结力。用 HRB335、HRB400 级钢筋作为钢筋混凝土结构的受力钢筋，比使用 HPB235 级钢筋可节省钢材 40%～50%，因此，广泛用于大、中型钢筋混凝土结构的主筋。冷拉后也可作预应力筋。

③ HRB500 级钢筋。用中碳低合金镇静钢轧制而成，其中以硅、锰为主要合金元素，使之在提高强度的同时保证其塑性和韧性。它是房屋建筑的主要预应力钢筋。

2. 预应力混凝土热处理钢筋

预应力混凝土用热处理钢筋，是用热轧带肋钢筋经淬火和回火调质热处理而成的钢筋，代号为RB150。按外形分为有纵肋和无纵肋两种，但都有横肋。钢筋热处理后卷成盘，使用时开盘钢筋自行伸直，按要求的长度切断。不能用电焊切断，也不能焊接，以免引起强度下降或脆断。热处理钢筋在预应力结构中使用，具有与混凝土黏结性能好、应力松弛率低、施工方便等优点。预应力混凝土热处理钢筋力学性能见表 7-12。

表 7-12 预应力混凝土热处理钢筋力学性能

公称直径/mm	牌 号	屈服强度 $\sigma_{0.2}$/MPa	抗拉强度 σ_b/MPa	伸长率 δ_{10}/(%)	松弛性能 r	
					1000h	10h
6	$40Si_2Mn$	≥1325	≥1470	≥6	松弛值≤3.5%	松弛值≤1.5%
8	$48Si_2Mn$					
10	$45Si_2Gr$					

3. 冷轧带肋钢筋

热轧圆盘条经冷轧后，在其表面带有沿长度方向均匀分布的三面或两面横肋的钢筋，即称为冷轧带肋钢筋。钢筋冷轧后允许进行低温回火处理。根据《冷轧带肋钢筋》(GB 13788—2008)的规定，冷轧带肋钢筋的牌号由 CRB 和抗拉强度最小值表示，C、R、B 分别为冷轧(Cold Rolled)、带肋(Ribbed)、钢筋(Bars)3 个词的英文首位字母，数值为抗拉强度的最小值。冷轧带肋钢筋分为 CRB550、CRB650、CRB800、CRB970 共 4 个牌号。冷轧带肋钢筋的力学性能和工艺性能应符合表 7-13 的规定。

表 7-13 冷轧带肋钢筋力学性能和工艺性能(GB 13788—2008)

牌 号	屈服强度 $\sigma_{0.2}$/MPa≥	抗拉强度/MPa≥	伸长率/(%)		弯曲试验 180°	反复弯曲次数	应力松弛初始应力应相当于公称抗拉强度的 70%
			$\delta_{11.3}$	δ_{100}			1000h 松弛率 r/(%)≤
CRB550	500	550	8.0	—	d=3α	—	—
CRB650	585	650	—	4.0	—	3	8

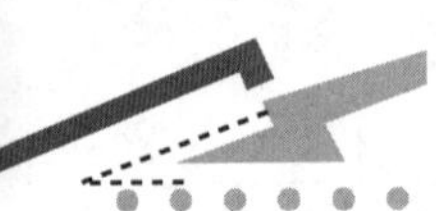

续表

牌　号	屈服强度 $\sigma_{0.2}$/MPa≥	抗拉强度 /MPa≥	伸长率/(%)		弯曲试验 180°	反复弯曲次数	应力松弛初始应力应相当于公称抗拉强度的 70%
			$\delta_{11.3}$	δ_{100}			1000h 松弛率 r/(%)≤
CRB800	720	800	—	4.0	—	3	8
CRB970	875	970	—	4.0	—	3	8

特别提示

CRB550 钢筋的公称直径范围为 4～12mm，CRB650 及以上牌号钢筋的公称直径为 4mm、5mm、6mm。冷轧带肋钢筋用于普通混凝土结构时，与热轧圆盘条钢筋相比，强度提高 17%左右，可节约钢材 30%左右；用于预应力混凝土结构时，与冷拔低碳钢丝相比较，具有强度高、塑性好、与混凝土黏结牢固、节约钢材、质量稳定等优点。

CRB550 为普通钢筋混凝土用钢筋，其他牌号宜用在预应力混凝土结构中。

4. 低碳钢热轧圆盘条

低碳钢经热轧工艺轧成圆形断面并卷成盘状的连续长条。大多通过卷线机卷成盘卷供应，也称为盘圆或线材，是目前应用最广、用量最大的线材。按用途范围：供拉丝等深加工及其他一般用途的低碳钢热轧圆盘条，如图 7.16 所示。

图 7.16　低碳钢热轧圆盘条

根据《低碳钢热轧圆盘条》(GB/T 701—2008)的规定，低碳钢热轧圆盘条以氧气转炉、电炉冶炼，以热轧状态交货，每卷盘条的质量不应少于 1000kg，每批允许有 5%的盘数(不足两盘的允许有两盘)由两根组成，但每根盘条的质量不少于 300kg，并且有明显的标识。

低碳钢热轧圆盘条的力学性能和工艺性能应符合表 7-14 的规定。

表 7-14　低碳钢热轧圆盘条的力学性能和工艺性能(GB/T 701—2008)

牌　号	力学性能		冷弯试验 180° d=弯心直径 α =试样直径
	抗拉强度/MPa	断后伸长率 $\delta_{11.3}$/(%)	
	≥		
Q195	410	30	d=0
Q215	435	28	d=0

续表

牌　号	力学性能		冷弯试验 180° d=弯心直径 α =试样直径
	抗拉强度/MPa	断后伸长率 $\delta_{11.3}$/(%)	
	≥		
Q235	500	23	d= 0.5α
Q275	540	21	d=1.5α

5. 预应力混凝土用钢丝和钢绞线

1) 预应力混凝土用钢丝

根据《预应力混凝土用钢丝》(GB/T 5223—2014)的规定，预应力混凝土用钢丝按加工状态分为冷拉钢丝(代号为 WCD)和消除应力钢丝两类。消除应力钢丝按松弛性能又分为低松弛级钢丝(代号为 WLR)和普通松弛级钢丝(代号为 WNR)。冷拉钢丝是用盘条通过拔丝模或轧辊经冷加工而成的产品，以盘卷供货。冷加工后的钢丝进行消除应力处理，就得到消除应力钢丝。若钢丝在塑性变形下(轴应变)进行的短时热处理，得到的为低松弛钢丝；若钢丝通过矫直工序后在适当温度下进行的短时热处理，得到的就是普通松弛钢丝。消除应力钢丝的塑性比冷拉钢丝好。

预应力混凝土用钢丝按外形分为光圆钢丝(代号为 P)、螺旋肋钢丝(代号为 H)和刻痕钢丝(代号为 I)3 种。螺旋肋钢丝表面沿长度方向上有规则间隔的肋条，如图 7.17 所示；刻痕钢丝表面沿着长度方向上有规则间隔的压痕，如图 7.18 所示。刻痕钢丝和螺旋肋钢丝与混凝土的黏结力好。

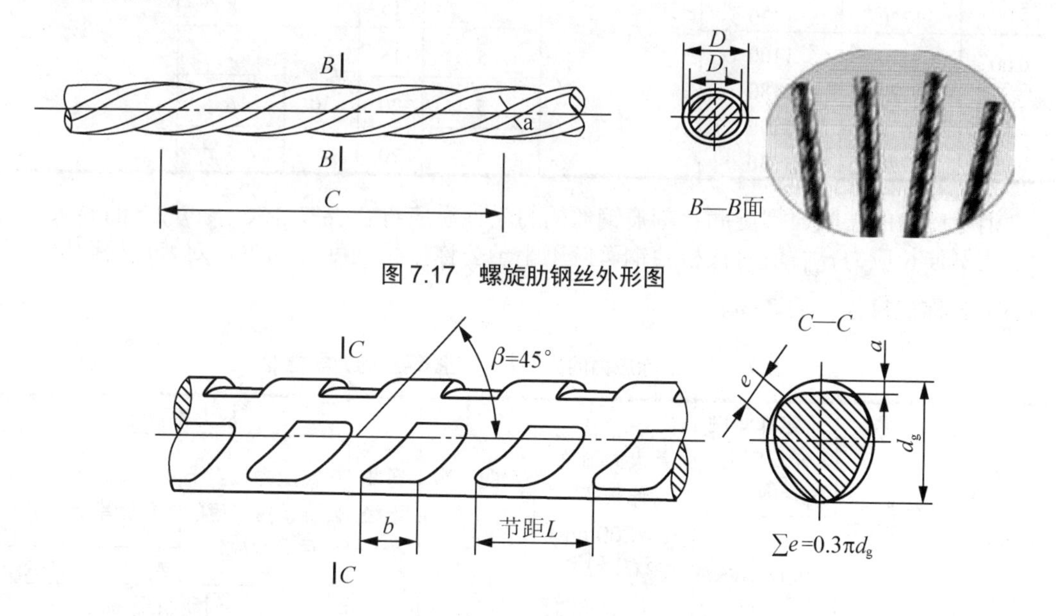

图 7.17　螺旋肋钢丝外形图

图 7.18　三面刻痕钢丝外形示意图

特别提示

预应力混凝土用钢丝产品标记应包含预应力钢丝、公称直径、抗拉强度等级、加工状态代号、外形代号、标准号等内容。

如直径为6.00mm，抗拉强度为1570MPa的冷拉光圆钢丝，其标记为：
预应力钢丝6.00-1570-WCD-P-GB/T 5223—2014。

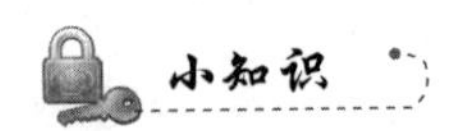

直径为7.00mm，抗拉强度为1570MPa低松弛的螺旋肋钢丝的标记是什么？
答案：______________________________。

预应力冷拉钢丝的力学性能应符合表7-15的要求。规定非比例伸长应力$\sigma_{p0.2}$值不小于公称抗拉强度的75%。除抗拉强度、规定非比例伸长应力外，对压力管道用钢丝还需进行断面收缩率、扭转次数、松弛率的检验；对其他用途钢丝还需进行断后伸长率、弯曲次数的检验。

表7-15 冷拉钢丝的力学性能(GB/T 5223—2002)

公称直径 d_n/mm	抗拉强 σ_b /MPa≥	规定非比例伸长应力 $\sigma_{p0.2}$ /MPa≥	最大力下总伸长率 (L_0=200mm) δ_{gt} /(%)≥	弯曲次数 (次/180°) ≥	弯曲半径 R/mm	断面收缩率 ψ /(%) ≥	每210mm扭矩的扭转次数 n ≥	初始应力相当于70%公称抗拉强度时，1000h后应力松弛率 r/(%)≤
3.00	1470 1570 1670 1770	1100 1180 1250 1330	1.5	4	7.5	—	—	8
4.00				4	10	35	8	
5.00				4	15		8	
6.00	1470 1570 1670 1770	1100 1180 1250 1330		5	15	30	7	
7.00				5	20		6	
8.00				5	20		5	

消除应力的光圆、螺旋肋、刻痕钢丝的力学性质应符合表7-16、表7-17的要求。规定非比例伸长应力$\sigma_{p0.2}$值对低松弛钢丝应不小于公称抗拉强度的88%，对普通松弛钢丝应不小于公称抗拉强度的85%。

表7-16 消除应力的光圆及螺旋肋钢丝的力学性能

公称直径 d_n/mm	抗拉强 σ_b /MPa≥	规定非比例伸长应力 $\sigma_{p0.2}$ /MPa≥		最大力下总伸长率 (L_0=200mm) δ_{gt} /(%)≥	弯曲次数 (次/180°) ≥	弯曲半径 R/mm	应力松弛性能		
							初始应力相当于公称抗拉强度的百分数/(%)	1000h后应力松弛率 r/(%)≥	
		WLR	WNR					WLR	WNR
							对所有规格		
4.00	1470 1570 1670 1770 1860	1290 1380 1470 1560 1640	1250 1330 1410 1500 1580	3.5	3	10	60 70 80	1.0 2.0 4.5	4.5 8.0 12.0
4.80					4	15			

续表

公称直径 d_n/mm	抗拉强 σ_b /MPa≥	规定非比例伸长应力 $\sigma_{p0.2}$ /MPa≥		最大力下总伸长率 (L_0=200mm) δ_{gt} /(%)≥	弯曲次数 (次/180°) ≥	弯曲半径 R/mm	应力松弛性能		
							初始应力相当于公称抗拉强度的百分数/(%)	1000h 后应力松弛率 r/(%)≥	
		WLR	WNR					WLR	WNR
							对所有规格		
5.00					4	15			
6.00	1470	1290	1250		4	15			
	1570	1380	1330						
6.25	1670	1470	1410		4	20			
7.00	1770	1560	1500		4	20			
8.00	1470	1290	1250		4	20			
9.00	1570	1380	1330		4	25			
10.00	1470	1290	1250		4	25			
12.00					4	30			

表 7-17 消除应力的刻痕钢丝的力学性能

公称直径 d_n/mm	抗拉强 σ_b /MPa≥	规定非比例伸长应力 $\sigma_{p0.2}$ /MPa≥		最大力下总伸长率 (L_0=200mm) δ_{gt} /(%)≥	弯曲次数 (次/180°) ≥	弯曲半径 R/mm	应力松弛性能		
							初始应力相当于公称抗拉强度的百分数/(%)	1000h 后应力松弛率 r/(%)≥	
		WLR	WNR					WLR	WNR
							对所有规格		
≤5.0	1470	1290	1250	3.5	3	15	60	1.5	4.5
	1570	1380	1330						
	1670	1470	1410						
	1770	1560	1500				70	2.5	8.0
	1860	1640	1580						
＞5.0	1470	1290	1250	—	3	20	80	4.5	12.0
	1570	1380	1330						
	1670	1470	1410						
	1770	1560	1500						

预应力混凝土用钢丝质量稳定、安全可靠、无接头、施工方便，主要用于大跨度的屋架、薄腹架、吊车梁或桥梁等大型预应力混凝土构件，还可用于轨枕、压力管道等预应力混凝土构件。

2) 预应力混凝土用钢绞线

根据《预应力混凝土用钢绞线》(GB/T 5224—2014)的规定，钢绞线按原材料和制作方法的不同，有标准型钢绞线、刻痕钢绞线和模拔型钢绞线 3 种。标准型钢绞线是由冷拉光圆钢丝捻制成的钢绞线，刻痕钢绞线是由刻痕钢丝捻制成的钢绞线(代号 I)，模拔型钢绞线是捻制后再经冷拔而成的钢绞线(代号 C)。按照捻制结构的不同，钢绞线分为 5 种结构类型，其代号为：1×2、1×3、1×3I、1×7 和(1×7)C，其中 1×2、1×3、1×7 分别指用 2 根、3 根和 7 根钢丝捻制而成的钢绞线，如图 7.19 所示。1×3I 是指用 3 根刻痕钢丝捻制而成的钢绞线；

(1×7)C 是指用 7 根钢丝捻制又经模拔的钢绞线。

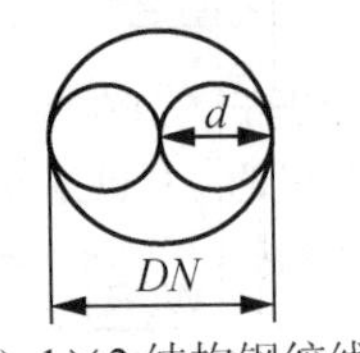

(a) 1×2 结构钢绞线

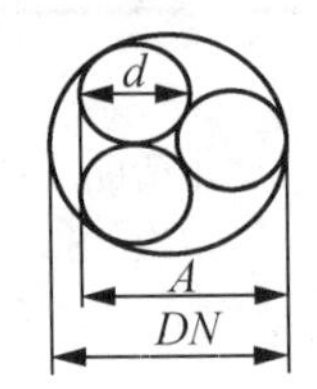

(b) 1×3 结构钢绞线

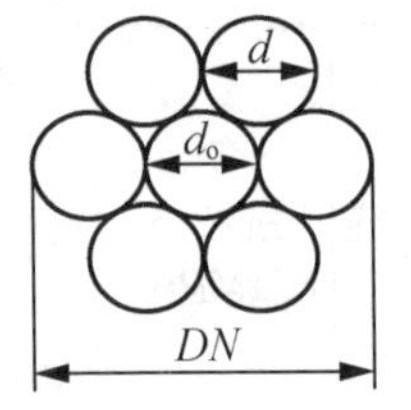

(c) 1×7 结构钢绞线

图 7.19 预应力钢绞线截面图

DN—钢绞线直径(mm)；d_0—中心钢丝直径(mm)；
d—外层钢丝直径(mm)；*A*—1×3结构钢绞线测量尺寸(mm)

预应力混凝土用钢绞线产品标记应包含预应力钢绞线、结构代号、公称直径、强度等级、标准号等内容。

如：公称直径为 15.20mm，强度级别为 1860MPa 的 7 根钢丝捻制的标准型钢绞线，其标记为预应力钢绞线 1×7-15.20-1860 -GB/T 5224—2014。

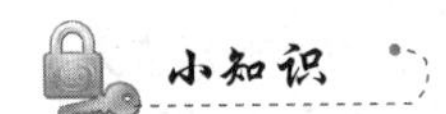

(1) 公称直径为 8.74mm，强度级别为 1670MPa 的 3 根刻痕钢丝捻制的钢绞线的标记是什么？

答案：__________________________。

(2) 公称直径为 12.70mm，强度级别为 1860MPa 的 7 根钢丝捻制又经模拔钢绞线的标记是什么？

答案：__________________________。

钢绞线与其他配筋材料相比，具有强度高、柔韧性好、质量稳定、成盘供应不需接头、施工简便等优点，适用于大荷载、大跨度、曲线配筋的预应力钢筋混凝土结构，如图 7.20 所示。

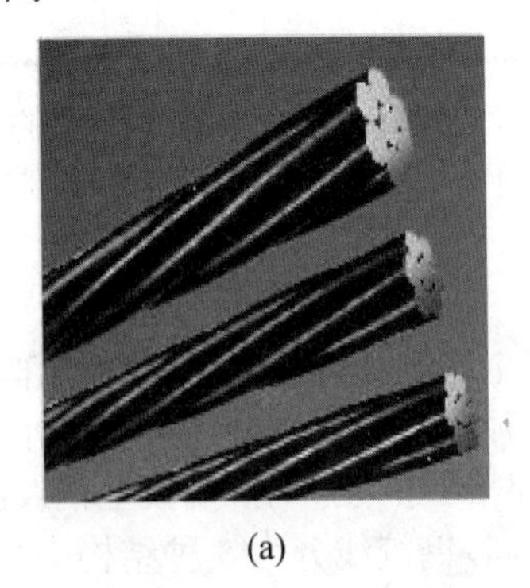

(a)

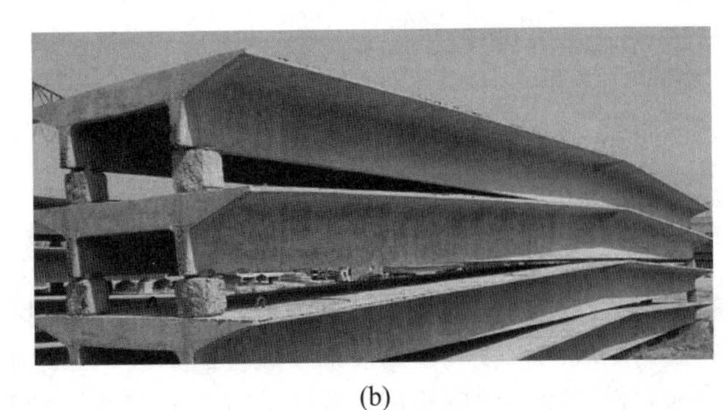

(b)

图 7.20 大跨度预应力板

7.3 建筑钢材的取样与验收

7.3.1 建筑钢材的取样方法与取样数量

1. 组批规则

钢筋应按批进行检查和验收，每批由同一牌号、同一炉罐号、同一尺寸的钢筋组成。每批质量通常不大于60t。超过60t的部分，每增加40t(或不足40t的余数)，增加一个拉伸试验试样和一个弯曲试验试样。

允许由同一牌号、同一冶炼方法、同一浇注方法的不同炉罐号组成混合批。各炉罐号含碳量之差不大于0.02%，含锰量之差不大于0.15%，混合批的质量不大于60t。

2. 批量

按同一牌号、同一规格、同一炉罐号、同一交货状态的每60t钢筋为一验收批，不足60t按一批计。

3. 取样数量

(1) 每批直条钢筋应做两个拉伸检测、两个弯曲检测。碳素结构钢每批应做一个拉伸检测、一个弯曲检测。

(2) 每批盘条钢筋应做一个拉伸检测、两个弯曲检测。

(3) 逐盘或逐捆做一个拉伸检测，CRB550级每批做两个弯曲检测，CRB650级及以上每批做两个反复弯曲检测。

4. 取样方法

每批任选两根钢筋，于每根距端部500mm处各取一套试样(两根试件)，每套试样中一根做拉伸检测，另一根做冷弯检测。在拉伸检测中，如果其中有一根试件的屈服点、抗拉强度和伸长率3个指标中有一个指标达不到钢筋标准规定的数值，应再抽取双倍(4根)钢筋，制成双倍(4根)试件重新做检测。复检时，如仍有一根试件的任意一个指标达不到标准要求，则不论该指标在第一次检测中是否达到标准要求，拉伸检测项目也判为不合格。在冷弯检测中，如有一根试件不符合标准要求，应同样抽取双倍钢筋，制成双倍试件重新检测，如仍有一根试件不符合标准要求，冷弯检测项目即为不合格。整批钢筋不予验收。

7.3.2 建筑钢材的验收

钢筋应有出厂质量证明书或试验报告单，每捆(盘)钢筋均应该有标牌。进场钢筋应按批(炉罐)号及直径分批验收，验收内容包括标牌内容与出厂合格证上是否一致，外观检查(尺寸、表面状态)等，并按有关规定抽样做机械性能检测，包括拉伸试验和冷弯试验两个项目。两个项目中如有一个项目不合格，该批钢筋即为不合格品。如使用中钢筋有脆断、焊接性能不良或机械性能显著不正常时，还应进行化学分析。

特别提示

钢筋拉伸和弯曲检测不允许车削加工，检测时温度为10～35℃。如温度不在此范围，应在检测记录和报告中注明。

7.4 建筑钢材的检测

7.4.1 钢筋拉伸检测

1. 检测目的

测定钢筋的屈服强度、抗拉强度、伸长率3个指标，作为检验和评定钢筋强度等级的主要技术依据，确定钢筋的应力-应变曲线。掌握《金属材料 拉伸试验 第1部分：室温试验方法》(GB/T 228.1—2010)和钢筋强度等级的评定方法。

2. 检测准备

1) 检测试件制备

(1) 拉伸检测用钢筋试件不得经过车削加工，可以用两个或一系列等分小冲点或细画线标出原始标距(标记不应影响试样断裂)，测量标距长度 L_0，精确至0.1mm，如图7.21所示。

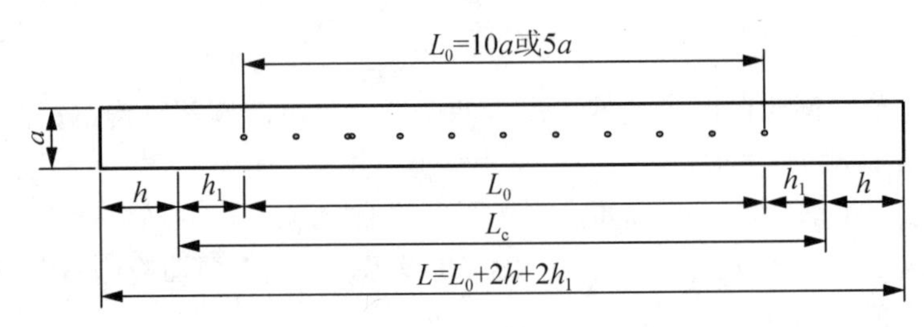

图7.21 钢筋拉伸试验试件

a—试样原始直径；L_0—标距长度；h_1—取(0.5～1)a；h—夹具长度

(2) 根据钢筋的公称直径按表7-18选取公称横截面积 A(mm^2)。

表7-18 钢筋的公称横截面积

公称直径/mm	公称横截面积/mm²	公称直径/mm	公称横截面积/mm²
8	50.27	22	380.1
10	78.54	25	490.9
12	113.1	28	615.8
14	153.9	32	804.2
16	201.1	36	1018
18	254.5	40	1257
20	314.2	50	1964

2) 检测仪器准备

(1) 万能材料试验机。示值误差不大于1%。量程的选择：试验时达到最大荷载时，指针最好在第三象限(180°～270°)内，或者数显破坏荷载在量程的50%～75%之间。

(2) 钢筋打点机或画线机、游标卡尺(精度为0.1mm)等。

3. 检测步骤

(1) 将试件上端固定在试验机上夹具内，调整试验机零点，装好描绘器、纸、笔等，再用下夹具固定试件下端。

(2) 开动试验机进行拉伸，拉伸速度为：屈服前应力增加速度为 10MPa/s；屈服后试验机活动夹头在荷载下移动速度不大于 0.5 L_c/min(L_c= L_0+2h_1)，直至试件拉断。

(3) 拉伸过程中，测力度盘指针停止转动时的恒定荷载，或第一次回转时的最小荷载，即为屈服荷载 F_s(N)。向试件继续加荷直至试件拉断，读出最大荷载 F_b(N)。

(4) 测量试件拉断后的标距长度 L_1。将已拉断的试件两端在断裂处对齐，尽量使其轴线位于同一条直线上。

如拉断处距离邻近标距端点大于 $L_0/3$，可用游标卡尺直接量出 L_1。如拉断处距离邻近标距端点小于或等于 $L_0/3$，可按下述移位法确定 L_1：在长段上自断点起，取等于短段格数得 B 点，再取等于长段所余格数[偶数如图 7.22(a)]之半得 C 点；或者取所余格数[奇数如图 7.22(b)]减 1 与加 1 之半得 C 与 C_1 点。则移位后的 L_1 分别为 $AB+2BC$ 或 $AB+BC+BC_1$。

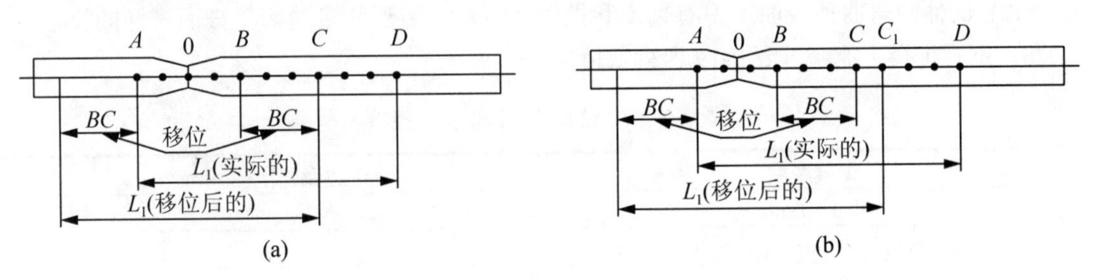

图 7.22 用移位法计算标距

如果直接测量所求得的伸长率能达到技术条件要求的规定值，则可不采用移位法。

4. 结果计算与评定

(1) 钢筋的屈服强度 σ_s 和抗拉强度 σ_b。按下式计算：

$$\sigma_s=\frac{F_s}{A} \qquad \sigma_b=\frac{F_b}{A}$$

式中：σ_s、σ_b——分别为钢筋的屈服强度和抗拉强度(MPa)；

F_s、F_b——分别为钢筋的屈服荷载和最大荷载(N)；

A——试件的公称横截面积(mm^2)。

当 σ_s、σ_b 大于 1000MPa 时，应计算至 10MPa，按“四舍六入五单双法”修约；为 200～1000MPa 时，计算至 5MPa，按“二五进位法”修约；小于 200MPa 时，计算至 1MPa，小数点数字按“四舍六入五单双法”处理。

(2) 钢筋的伸长率 δ_5 或 δ_{10}。按下式计算：

$$\delta_5(\text{或}\delta_{10}) =\frac{L_1-L_0}{L_0}\times 100\%$$

式中：δ_5、δ_{10}——分别为 $L_0=5a$ 或 $L_0=10a$ 时的伸长率(精确至 1%)；

L_0——原标距长度 $5a$ 或 $10a$(mm)；

L_1——试件拉断后直接量出或按移位法的标距长度(mm，精确至 0.1mm)。

如试件在标距端点上或标距处断裂，则试验结果无效，应重做试验。

7.4.2 钢筋的弯曲(冷弯)性能检测

弯曲检测是以圆形、方形、矩形或多边形横截面试样在弯曲装置上经受弯曲塑性变形，不改变加力方向，直至达到规定的弯曲角度。弯曲检测时，试样两臂的轴线保持在垂直于弯曲轴的平面内。如为弯曲180°角的弯曲检测，按照相关产品标准的要求，可以将试样弯曲至两臂直接接触或两臂相互平行且相距规定距离，可使用垫块控制规定距离。

检测一般在室温10～35℃范围内进行，对温度要求严格的检测，温度应为(23±5)℃。

1. 检测目的

通过检验钢筋的工艺性能评定钢筋的质量。掌握《金属材料　弯曲试验方法》(GB/T 232—2010)钢筋弯曲(冷弯)性能的测试方法和钢筋质量的评定方法，正确使用仪器设备。

2. 检测准备

1) 检测试件制备

(1) 试样加工时，应去除由于剪切或火焰切割或类似的操作而影响了材料性能的部分。

(2) 试件的弯曲外表面不得有划痕和损伤。方形、矩形和多边形横截面试样的棱边应倒圆，倒圆半径不能超过表7-19所列数值。

表7-19　试样的棱边倒圆半径

试样厚度	棱边倒圆半径/mm
小于10mm	1
大于或等于10mm且小于50mm	1.5
大于或等于50mm	3

棱边倒圆时不应形成影响检测结果的横向毛刺、伤痕或刻痕。如果试验结果不受影响，允许试样的棱边不倒圆。

(3) 弯曲试件长度根据试件直径和弯曲试验装置而定。

2) 检测设备准备

压力机或万能试验机，配有以下装置之一。

(1) 配有两个支辊和一个弯曲压头的支辊式弯曲装置，如图7.23(a)、(b)所示。

(2) 配有一个V形模具和一个弯曲压头的V形模具式弯曲装置，如图7.24所示。

(3) 虎钳式弯曲装置，如图7.25所示。

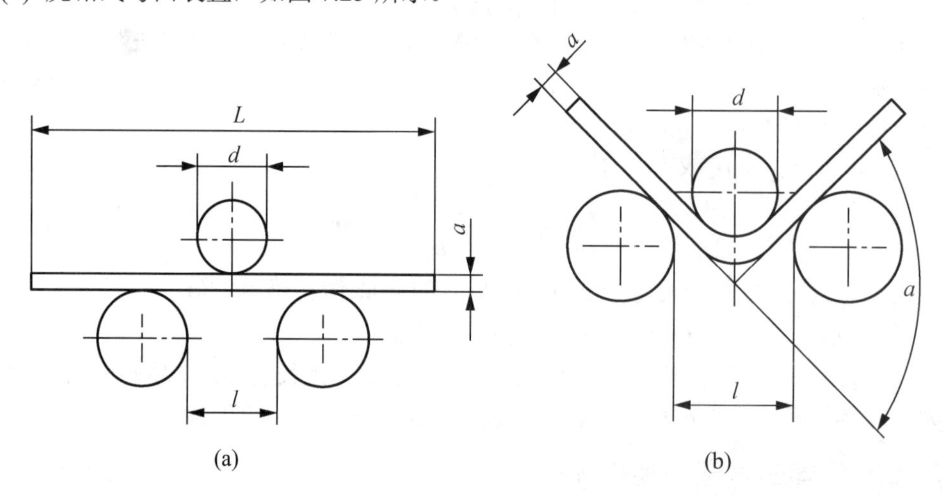

图7.23　支辊式弯曲装置

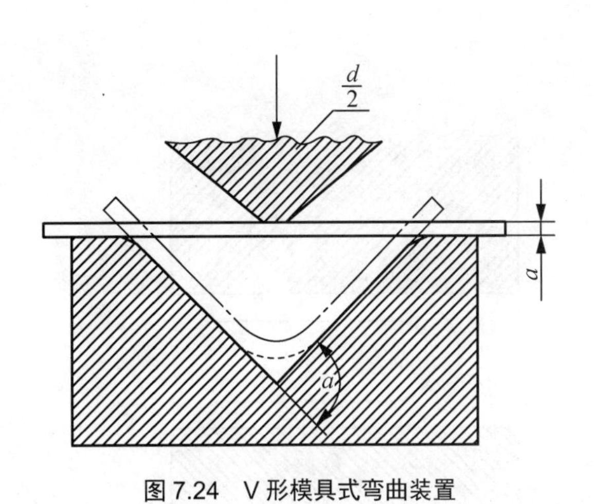

图 7.24 V 形模具式弯曲装置

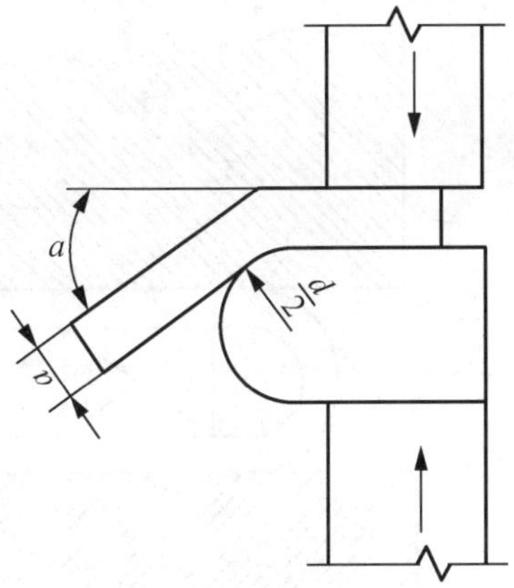

图 7.25 虎钳式弯曲装置

3. 检测步骤

1) 半导向弯曲

试样一端固定，绕弯曲压头进行弯曲，可以绕过弯曲压头，直至达到规定的弯曲角度。

2) 导向弯曲

(1) 将试件放于两支辊或 V 形模具上，试样轴线应与弯曲压头轴线垂直，弯曲压头在两支座之间的中点处对试样连续施加力使其弯曲，直至达到规定的弯曲角度，如图 7.26 所示。

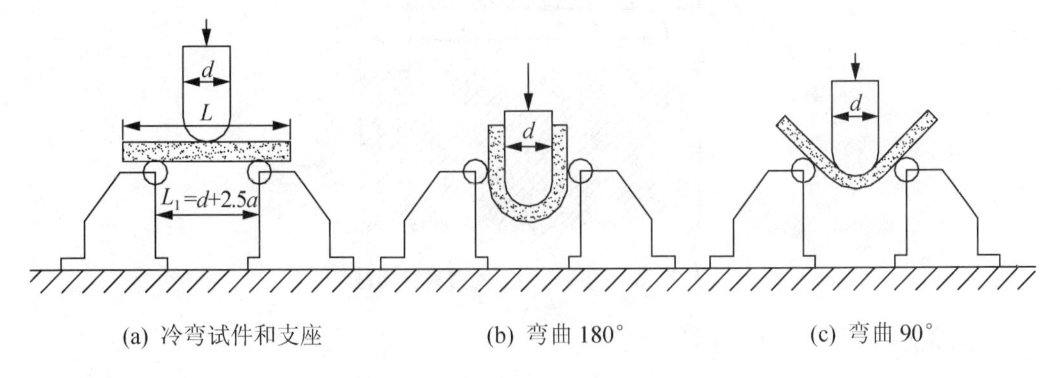

图 7.26 钢筋冷弯试验装置示意图

(2) 首先对试样进行初步弯曲，然后将试样置于两平行压板之间，连续施加力压其两端进一步弯曲，直至两臂平行如图 7.27 所示。检测时可以加或不加内置垫块，垫块厚度等于规定的弯曲压头直径。

(3) 首先对试样进行初步弯曲，然后将试样置于两平行压板之间，连续施加力压其两端使进一步弯曲，直至两臂直接接触，如图 7.28 所示。

3) 结果计算与评定

(1) 弯曲后，按有关标准规定检查试样弯曲外表面，进行结果评定。

(2) 有关标准未作具体规定时，检查试样的外表面，弯曲检测后不使用放大仪器观察，试样弯曲外表面无可见裂纹，则评定试样合格。

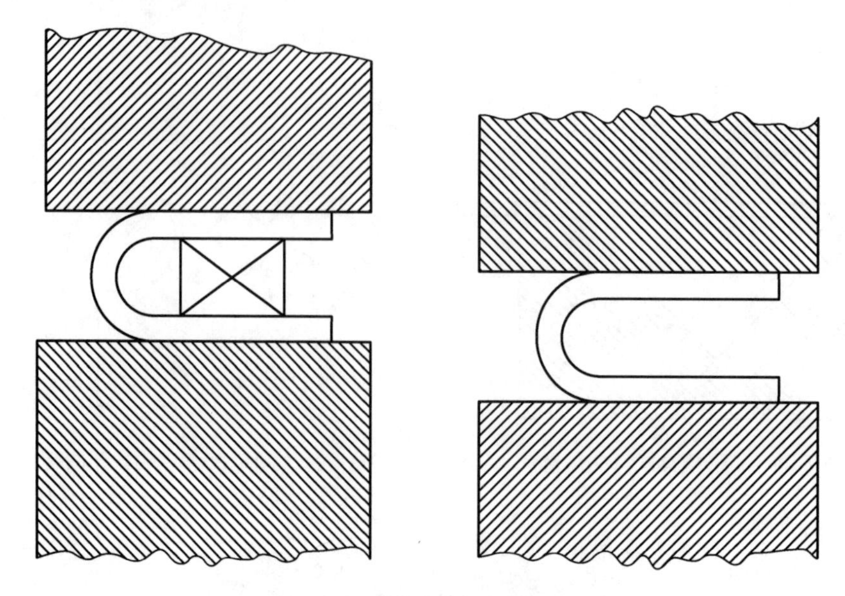

图7.27　试样弯曲至两臂平行

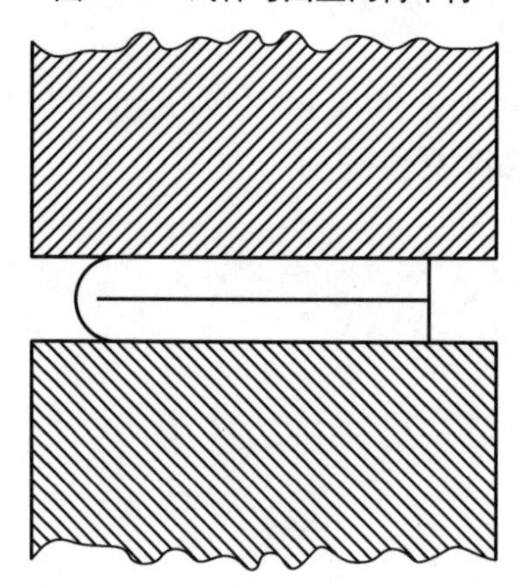

图7.28　试样弯曲至两臂直接接触

知识链接

“鸟巢”使用的钢筋

2003年4月，经过严格的评审程序和群众投票，由瑞士赫尔佐格和德梅隆设计事务所、ARUP工程顾问公司及中国建筑设计研究院设计联合体共同设计的“鸟巢”方案，最终中选。

其形态如同孕育生命的“巢”，它更像一个摇篮，寄托着人类对未来的希望。所以，又称“鸟巢”。鸟巢总投资30多亿元人民币，建筑面积25.8万m^2，奥运期间，可容纳91000人同时观看比赛，其中临时座席11000个，是北京奥林匹克公园内的标志性建筑，也是北京市最大的、具有国际先进水平的多功能体育场。

“鸟巢”的外形结构主要由门式钢架组成，共有24根桁架柱，建筑顶面长轴为332.3m，短轴为296.4m，最高点高度为68.5m，最低点高度为42.8m。大跨度的屋盖支撑在24根桁架柱之上，柱距为37.96m。主桁架围绕屋盖中间的开口放射形布置，只有22榀主桁架直通或接近直通。

整个建筑抛弃了传统意义的支撑立柱，而大量采用由钢板焊接而成的箱形构件，这种结构凝炼了中国传统的建筑技术结晶，在结构布局、构建截面形式、材料利用率等方面均进行了较大幅度的调整与优化。

24根桁架柱托起了世界最大的屋顶结构，成为了全世界建筑业的一大壮举，更是人类建筑文明史上的惊人杰作。“鸟巢”的成功，不仅是建筑设计中的力学经典，更是材料学上的国际尖端科技成果。

“鸟巢”是国内在建筑结构上首次使用Q460规格钢材的建筑，如图7.29所示。这次使用的钢板厚度达到110mm，在中国材料史上绝无仅有，在国家标准中，Q460的最大厚度也只是100mm。以前这种钢一直靠进口。但是，作为北京2008奥运会开幕式的体育场馆，作为中国国家体育场，其栋梁之材显然只能由中国人自己生产。

国家体育场这个用钢铁编织成的“鸟巢”，一共用了4.4×10^4t钢材，在这4×10^4多吨钢材中，有680t最为特殊，它就是由我国宽厚钢板科研生产基地舞阳钢铁有限责任公司研发生产的110mm厚的Q460E－Z35高强度建筑结构用钢。撑起了“国家体育场”的钢骨脊梁。

图7.29　Q460规格的钢材

2006年9月17日中午11点10分，设在国家体育场钢结构中78个点上的156个千斤顶同时缓缓回落，钢结构主桁架与内圈24个支撑负载联调千斤顶完全分离，举世瞩目的2008年北京奥运会主会场——国家体育场(即“鸟巢”)完成了钢结构施工最后、最重要的一个环节——钢结构卸载。

卸载后整个钢结构像长有24只脚的钢铁巨无霸，完全依靠自身力量站起，矗立在地球上。

作为鸟巢结构施工最具难度、最为关键的工序，它的成功标志着鸟巢钢结构的设计、结构、施工是科学的、合理的、可行的，意味着鸟巢真正从图纸转化为实体(图7.30)，展现了中国人自主创新的能力。

Q460E的研发生产，不仅是舞钢人的光荣，也是中国人的光荣，“中国造”钢材作为撑起“鸟巢”的铁骨钢筋，代表着中国从钢铁大国向钢铁强国转变，也表明了科技创新这面旗帜真正飘扬在钢铁这个国家支柱产业上。

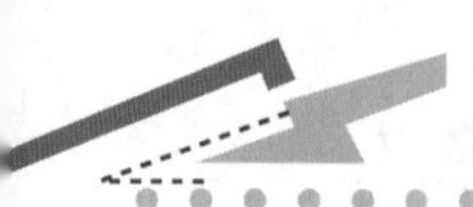

图7.30 “鸟巢”整体

本章小结

钢材是现代建筑工程中重要的结构材料。正确选用钢材对工程质量影响巨大，因此，应结合工程特点选用适合的钢材品种。

钢材的性质主要取决于其化学成分。钢的化学成分主要是铁和碳，此外还有少量的杂质元素。建筑用钢主要是承受拉力、压力、弯曲、冲击等外力的作用，在这些力的作用下，钢材既要有一定的强度和硬度，也要有一定的塑性和韧性。

建筑钢材的技术性质主要包括抗拉性能、冲击性能、硬度、耐疲劳性、冷弯性能和焊接性能。其中，前4项为力学性质，后2项为工艺性质。钢材的强度等级主要根据抗拉性能(屈服点、抗拉强度、伸长率)和冷弯性能来确定。建筑材料的屈服点是结构设计中强度的取值依据，钢材的伸长率反映其塑性变形的能力。

建筑工程用钢材包括钢结构用钢和钢筋混凝土结构用钢两类。最常用的钢结构用钢有碳素结构钢、低合金钢及各种型材、钢板、钢管等。最常用的混凝土结构用钢有热轧钢筋、冷拉热轧钢筋、冷轧带肋钢筋、热处理钢筋及预应力钢丝、钢绞线等。其中热轧钢筋是最主要的品种。

钢材具有强度高、韧性和塑性好、可焊可铆、易于加工、便于装配等优点，但钢材容易锈蚀、防火性能较差，在使用时应重点注意钢材的防火和防锈蚀处理。

习题

一、填空题

1．低碳钢的受拉破坏过程，可分为(　　)、(　　)、(　　)和(　　)4个阶段。

2．建筑工程中常用的钢种有(　　)和(　　)两类。

3．钢中(　　)为有益元素，(　　)为有害元素，其中含有害元素(　　)较多呈热脆性，含有害元素(　　)较多呈冷脆性。

4．钢材的硬度常用(　　)法测定，其符号为(　　)。

5．碳素结构钢牌号的含义是：Q表示(　　)；Q后面的数字表示(　　)；数字后的A、B、C、D表示(　　)；牌号末尾的F表示(　　)。

二、选择题

1．在钢的分类中，沸腾钢、镇静钢、特殊镇静钢质量的高低排序正确的是(　　)。

A．镇静钢>特殊镇静钢>沸腾钢

B．镇静钢>沸腾钢>特殊镇静钢

C．特殊镇静钢>镇静钢>沸腾钢

D．沸腾钢>镇静钢>特殊镇静钢

2．钢结构设计时，以(　　)作为设计计算取值的依据。

A．屈服强度　　B．抗拉强度

C．抗压强度　　D．弹性极限

3．随着含碳量的提高，钢材的强度随之提高，其塑性和韧性(　　)。

A．降低　　B．提高　　C．不变　　D．不一定

4．钢材拉断后的伸长率表示钢材的(　　)指标。

A．弹性　　B．塑性　　C．强度　　D．冷弯性能

5．钢材的主要技术指标：屈服强度、抗拉强度、伸长率是通过(　　)试验来确定的。

A．拉伸　　B．冲击韧性　　C．冷弯　　D．硬度

6．使钢材产生热脆性的有害元素是(　　)。

A．锰(Mn)　　B．硫(S)　　C．硅(Si)　　D．碳(C)

7．建筑结构钢合理的屈强比一般为(　　)。

A．0.50～0.65　　B．0.60～0.75

C．0.70～0.85　　D．0.80～0.95

8．HRB335 与 HRBF335 的区别在于(　　)。

A．前者是普通热轧带肋钢筋，后者为热轧光圆钢筋

B．前者是细晶粒热轧带肋钢筋，后者为普通热轧带肋钢筋

C．前者是热轧光圆钢筋，后者为热轧带肋钢筋

D．前者是普通热轧带肋钢筋，后者为细晶粒热轧带肋钢筋

9．热轧钢筋的级别越高，则其(　　)。

A．屈服强度、抗拉强度越高，塑性越好

B．屈服强度、抗拉强度越高，塑性越差

C．屈服强度、抗拉强度越低，塑性越好

D．屈服强度、抗拉强度越低，塑性越差

10．下列有关钢材的叙述中，正确的是(　　)。

A．钢与生铁的区别是钢的含碳量应小于 2.0%

B．钢材的耐火性好

C．低碳钢是含碳量小于 0.60%的碳素钢

D．沸腾钢的可焊性和冲击韧性较镇静钢好

11．下列(　　)属于钢材的工艺性能。

A．抗拉强度与硬度　　B．冷弯性能与焊接性能

C．冷弯性能与冲击韧性　　D．冲击韧性与抗拉性能

12．钢筋混凝土混凝土结构中，为了防止钢筋锈蚀，下列叙述中错误的是(　　)。

A．确保足够的保护层厚度　　　　B．严格控制钢筋的质量

C．增加氯盐的含量　　　　　　　D．掺入亚硝酸盐

13．普通碳素结构钢按(　　)分为A、B、C、D四个质量等级。

A．硫、磷杂质的含量由多到少　　B．硫、磷杂质的含量由少到多

C．碳的含量由多到少　　　　　　D．硅、锰的含量由多到少

三、名词解释

屈强比　时效　断后伸长率　沸腾钢　Q235-A

四、简答题

1．钢中化学成分对钢材的性能有什么影响？

2．低碳钢受拉时的应力-应变图中，分为哪几个阶段？各阶段有何特点及表示指标如何？

3．什么是屈强比？其在工程中的实际意义是什么？

4．脱氧程度对钢材的性能有什么影响？

5．什么是钢材的冷弯性能？其表示指标是什么？冷弯试验的目的是什么？

6．什么是钢材的冷加工强化和时效处理？钢材经冷加工强化的时效处理后，其性能有何变化？工程中采取此措施有何实际意义？

7．碳素结构钢的牌号如何表示？为什么Q235号钢广泛用于工程中？

8．钢材的锈蚀原因及防止措施有哪些？

9．今有一批直径为16mm的3号圆光面钢筋，抽样截取一根试件进行抗拉试验，这根试件的力学性能如下：屈服荷载为51.5kN；极限荷载为78.8kN；原标矩长度为160mm，拉断后的标距尺寸如图7.31所示。试估算此批钢筋是否合格。

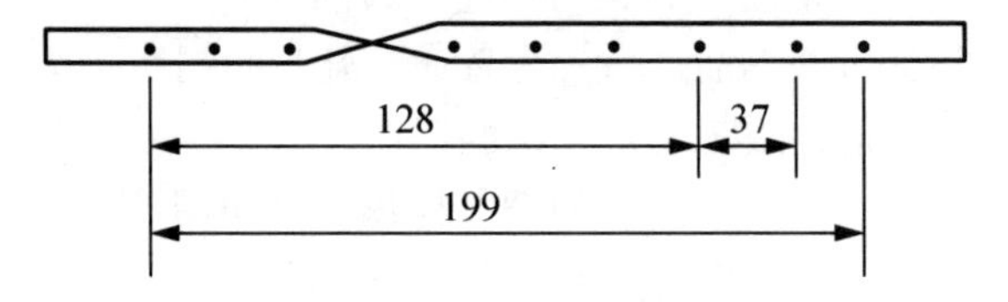

图7.31　圆光面钢筋尺寸

第8章

建筑防水材料

教学目标

本章介绍沥青、防水卷材、防水涂料等防水材料的基本知识。

本章要求

掌握防水材料主要产品的种类、技术性能及应用范围，能根据工程环境选择最佳防水材料。

重点掌握沥青、防水卷材、防水涂料的性能和应用。

了解防水材料的发展趋势。

教学要求

<table>
<tr><th>能力要求</th><th>知识要点</th><th>权重</th><th>自测分数</th></tr>
<tr><td rowspan="7">1. 能辨别石油沥青与煤沥青
2. 能根据工程特点选用防水材料
3. 能根据相关标准对防水材料进行质量检测
4. 能分析和处理施工中由于防水材料的质量等原因导致的工程技术问题</td><td>沥青的技术要求及质量评定</td><td>15%</td><td></td></tr>
<tr><td>防水卷材的技术要求及质量评定</td><td>15%</td><td></td></tr>
<tr><td>防水卷材的性能特点和应用</td><td>10%</td><td></td></tr>
<tr><td>防水涂料的技术要求及质量评定</td><td>15%</td><td></td></tr>
<tr><td>防水涂料的性能特点和应用</td><td>10%</td><td></td></tr>
<tr><td>防水材料的选用</td><td>15%</td><td></td></tr>
<tr><td>防水材料的检测</td><td>20%</td><td></td></tr>
</table>

引　例

常见建筑防水材料如图 8.1 所示。

(a)

(b)

图 8.1　防水材料

某施工现场根据施工进度要求运来一批防水材料，现需要你运用相关知识、规范和试验方法对这批防水材料进行相关方面的验收，以便判断进场防水材料是否合格，能否用于工程中？

学习参考标准

《建筑防水材料产品质量监督抽查实施规范》(CCGF 304—2010)。
《建筑防水涂料试验方法》(GB/T 16777—2008)。
《建筑石油沥青》(GB/T 494—2010)。
《聚氯乙烯(PVC)防水卷材》(GB 12952—2011)。
《氯化聚乙烯防水卷材》(GB 12953—2003)。
《弹性体改性沥青防水卷材》(GB 18242—2008)。
《沥青复合胎柔性防水卷材》(JC/T 690—2008)。
《沥青软化点测定法(环球法)》(GB/T 4507—2014)。
《沥青针入度测定法》(GB/T 4509—2010)。
《沥青延度测定法》(GB/T 4508—2010)。
《石油沥青取样法》(GB/T 11147—2010)。
《聚合物乳液建筑防水涂料》(JC/T 864—2008)。
《建筑防水涂料试验方法》(GB/T 16777—2008)。

8.1　认识防水材料

防水材料是指在建筑物中能防止雨水、地下水和其他水分渗透作用的材料。按其构造做法可分为构件自身防水和防水层防水两大类。防水材料层的做法又分为刚性材料防水和柔性材料防水。刚性材料防水采用防水砂浆、抗渗混凝土或预应力混凝土等；柔性防水采用铺设防水卷材、涂抹防水涂料。多数建筑物采用柔性材料防水做法。国内外使用沥青为防水材料已有很久的历史，直到现在，沥青基防水材料依然是应用最广的防水材料。近年来，随着建筑业的发展，防水材料发生了巨大变化，特别是各种高分子材料的出现，传统的沥青基防水材料已逐渐向新型的高聚物改性沥青防水材料和合成高分子防水材料方向发展；防水层的构造也由多层向单层发展；施工方法由热熔法向冷贴法发展。

8.1.1 沥青

沥青是一种有机胶凝材料，具有防潮、防水、防腐的性能，广泛用作交通、水利及工业与民用建筑工程中的防潮、防腐、防水材料。

沥青材料可分为地沥青和焦油沥青两大类。地沥青包括天然沥青和石油沥青；焦油沥青包括煤沥青、木沥青、泥炭沥青、页岩沥青。工程中使用最多的是煤沥青和石油沥青。石油沥青的防水性能好于煤沥青，但是煤沥青的防腐和黏结性能较石油沥青好。

1. *石油沥青*

石油沥青是石油经蒸馏提炼出各种轻质油品(汽油、煤油等)及润滑油以后的残留物，经过再加工得到的褐色或黑褐色的黏稠状液体或固体状物质，略有松香味，能溶于多种有机溶剂，如三氯甲烷、四氯化碳等。

1) 石油沥青的分类

按原油的成分分为石蜡基沥青、沥青基沥青和混合基沥青。按石油加工方法不同分为残留沥青、蒸馏沥青、氧化沥青、裂解沥青和调和沥青。按用途划分为道路石油沥青、建筑石油沥青和普通石油沥青。

2) 石油沥青的组分

石油沥青(图 8.2)的成分非常复杂，在研究沥青的组成时，将其中化学成分相近、物理性质相似而具有特征的部分划分为若干组，即组分。各组分的含量多少会直接影响沥青的性能。一般分为油分、树脂、地沥青质三大组分，此外，还有一定的石蜡固体。各组分的主要特征及作用见表 8-1。

图 8.2 常温下的石油沥青

表 8-1　石油沥青的组分及其主要特征

组　分	状态	颜　色	密度/(g/cm^3)	含　量	作　用
油分	黏性液体	淡黄色至黄褐色	<1	40%～60%	使沥青具有流动性
树脂	黏稠固体	红褐色至黑褐色	≥1	15%～30%	使沥青具有良好的黏性和塑性
地沥青质	粉末颗粒	深褐色至黑褐色	>1	10%～30%	能提高沥青的黏性和耐热性含量提高，塑性降低

油分和树脂可以互溶，树脂可以浸润地沥青质。以地沥青质为核心，周围吸附部分树脂和油分，构成胶团，无数胶团均匀地分布在油分中，形成胶体结构(溶胶结构、溶胶-胶结构、凝胶结构)。

石油沥青中各组分不稳定，会因环境中的阳光、空气、水等因素作用而变化，油分、树脂减少，地沥青质增多，这一过程称为“老化”。这时，沥青层的塑性降低，脆性增加，变硬，出现脆裂，失去防水、防腐蚀效果。

3) 石油沥青的技术性质

(1) 黏滞性。黏滞性是指沥青材料在外力作用下抵抗发生黏性变形的能力。半固体和固体沥青的黏性用针入度表示，液体沥青的黏性用黏滞度表示。黏滞度和针入度是划分沥青牌号的主要指标。

黏滞度是液体沥青在一定温度下经规定直径的孔，漏下 50mL 所需的秒数。其测定示意图如图 8.3 所示。黏滞度常以符号 C_t^d 表示，其中，d 为孔径(mm)，t 为试验时沥青的温度(℃)。黏滞度大时，表示沥青的黏性大。

针入度是指在温度为 25℃的条件下，以 100g 的标准针，经 5s 沉入沥青中的深度，每 0.1mm 为 1 度。其测定示意图如图 8.4 所示。针入度越大，流动性越大，黏性越小。针入度大致在 5～200 度之间。

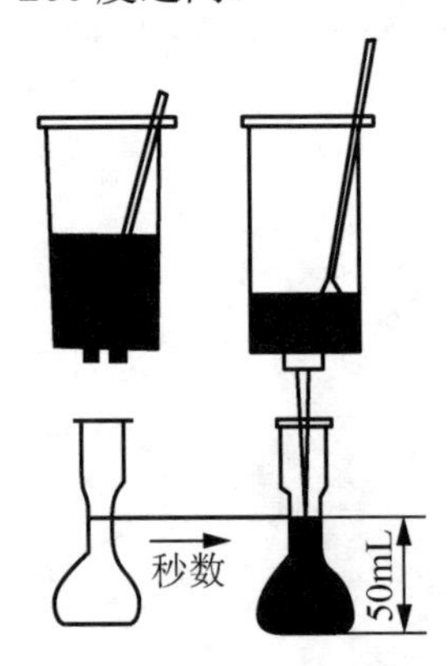

图 8.3　黏滞度测定

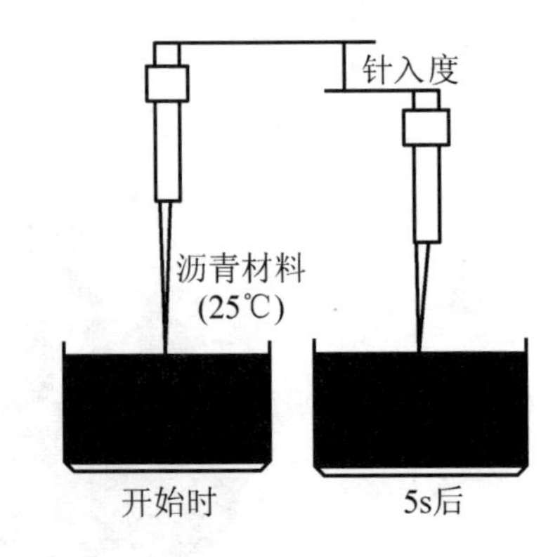

图 8.4　针入度测定

(2) 塑性。塑性是指沥青在外力作用下变形的能力。用延伸度表示，简称延度。塑性表示沥青开裂后的自愈能力及受机械力作用后的变形而不破坏的能力。

石油沥青的塑性大小与组分有关。石油沥青中树脂含量较多，且其他组分含量适当时，则塑性较大。影响沥青塑性的因素有温度和沥青膜层厚度。温度升高，塑性增大，膜层越厚，塑性越高。反之，膜层越薄，则塑性越差。当膜层厚度薄至 1μm 时，塑性消失，即接近于弹性。在常温下，塑性较好的沥青在产生裂缝时，也可能由于特有的黏塑性，而自行愈合。故塑性还反映了沥青开裂后的自愈能力。沥青之所以能用来制造性能良好的柔性防水材料，很大程度上取决于沥青的塑性。沥青的塑性对冲击振动有一定的吸收能力，能减少摩擦时的噪声，故沥青也是一种优良的地面材料。

延度的测定方法是将标准延度“8”字试件(图 8.5)，在一定温度(25℃)和一定拉伸速度(50mm/min)下，将试件拉断时延伸的长度，用 cm 表示，称为延度。延度越大，塑性越好。

(3) 温度敏感性。温度敏感性是指沥青在高温下，黏滞性和塑性随温度而变化的快慢程度。变化程度越大，沥青的温度稳定性越差。

石油沥青中沥青质含量较多时，在一定程度上能够减少其温度敏感性(即提高温度稳定性)，当沥青中含蜡量较多时，则会增大温度敏感性。建筑工程上要求选用温度敏感性较小的沥青材料，因而在工程使用时往往加入滑石粉、石灰石粉或其他矿物填料来减小其温度敏感性。

温度稳定性用“软化点”来表示，即沥青材料由固态变为具有一定流动性的膏状体时的温度。通常用“环球法”测定软化点，如图 8.6 所示。将经过熬制，已脱水的沥青试样，装入规定尺寸的铜环中，试样上放置规定尺寸和质量的钢球，放在盛水或甘油的容器中，以 5℃/min 的升温速度，加热至沥青软化，下垂达 25mm 时的温度(℃)即为软化点。软化点越高，表明沥青的温度敏感性越小。

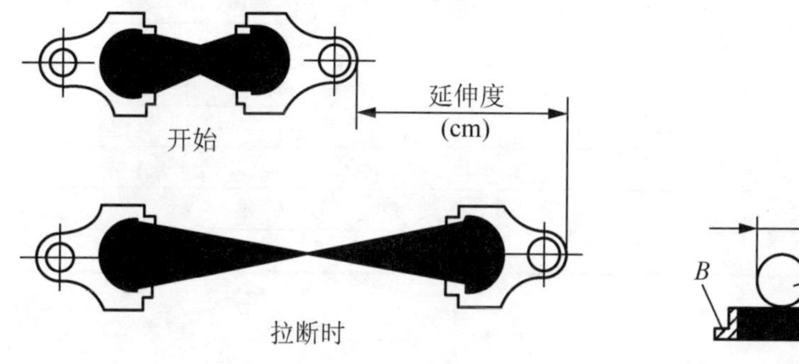

图 8.5 “8”字延度试件

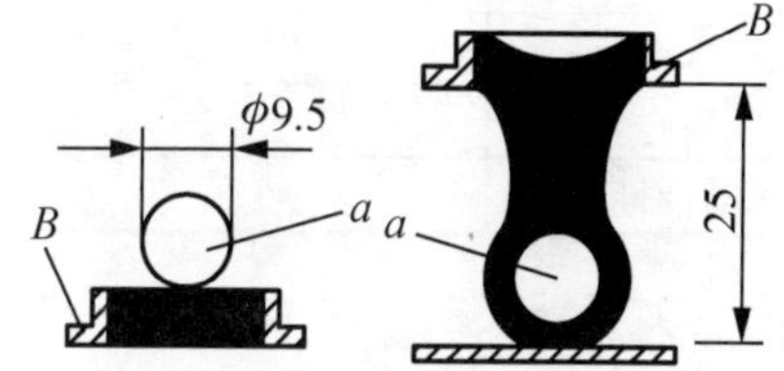

图 8.6 软化点测定

沥青的软化点大致在 50～100℃之间。软化点越高，沥青的耐热性越好，但软化点过高，不易加工和施工，冬季易产生脆裂现象；软化点低的沥青，夏季高温时易产生流淌而变形。

(4) 大气稳定性。大气稳定性是指石油沥青在温度、阳光、空气等的长期作用下性能的稳定程度。大气稳定性好的沥青，沥青层的耐久性就好，耐用时间就长。

石油沥青的大气稳定性用“蒸发损失率”或“针入度比”表示。蒸发损失率是将石油沥青试样加热到 160℃恒温 5h 测得蒸发前后的质量损失率。针入度比是指蒸发后的针入度与蒸发前的针入度的比值。石油沥青的蒸发损失率不超过 1%；建筑石油沥青的针入度比不小于 75%。

上述四大指标是评定沥青质量的主要指标。此外，还有闪点、燃点、溶解度等，都对沥青的使用有影响。

2. 煤沥青

煤沥青(图 8.7)是炼焦或生产煤气的副产品。与石油沥青相比，煤沥青具有的特点见表 8-2。煤沥青中含有酚，有毒，但防腐性好，适用于地下防水层或作防腐蚀材料。

图 8.7 煤沥青

表 8-2 石油沥青与煤沥青的主要区别

性 质	石油沥青	煤沥青
密度/(g/cm^3)	近于 1.0	1.25～1.28
锤击	韧性较好	韧性差，较脆
颜色	灰亮褐色	浓黑色
溶解	易溶于汽油、煤油中，呈棕黑色	难溶于汽油、煤油中，呈黄绿色
温度敏感性	较好	较差
燃烧	烟少无色，有松香味，无毒	烟多，黄色，臭味大，有毒
防水性	好	较差(含酚，能溶于水)
大气稳定性	较好	较差
抗腐蚀性	差	较好

3. 改性沥青

对沥青进行氧化、乳化、催化，或者掺入橡胶、树脂、矿物料等物质，使得沥青的性质得到不同程度的改善，所得到的产品称为改性沥青。

1) 橡胶改性沥青

掺入橡胶(天然橡胶、丁基橡胶、氯丁橡胶、丁苯橡胶、再生橡胶)使沥青具有一定的橡胶特性，改善其气密性、低温柔性、耐化学腐蚀性、耐光性、耐气候性、耐燃烧性，可制作卷材、片材、密封材料或涂料。

2) 树脂改性沥青

用树脂改性沥青可以提高沥青的耐寒性、耐热性、黏结性和不透水性。常用的树脂有聚乙烯树脂、聚丙烯树脂、酚醛树脂等。

3) 橡胶和树脂改性沥青

同时加入橡胶和树脂，可使沥青同时具备橡胶和树脂的特性，性能更加优良。它主要用于制作片材、卷材、密封材料、防水涂料。

4) 矿物填充料改性沥青

它是指为了提高沥青的粘接力和耐热性，降低沥青的温度敏感性，扩大沥青的使用温度范围，加入一定数量矿物填充料(滑石粉、石灰粉、云母粉、硅藻土)的沥青。

8.1.2 防水卷材

防水卷材如图 8.8 所示。它是一种可卷曲的片状制品。其尺寸大，施工效率高，防水效果好，耐用年限长，产品具有良好的延伸性、耐高温性，以及较高的抗拉强度、抗撕裂能力。按组成材料分为沥青防水卷材、高聚物改性沥青防水卷材、合成高分子防水卷材 3 大类。防水卷材施工如图 8.9 所示。

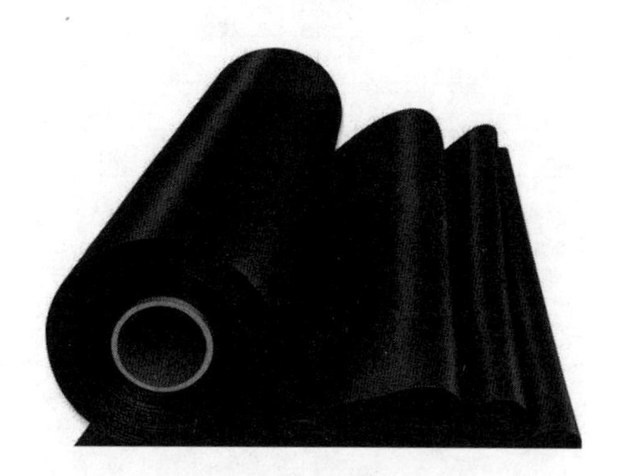

图 8.8 防水卷材

图 8.9 防水卷材施工

1. 沥青防水卷材

沥青防水卷材是在基胎(原纸或纤维织物等)上浸涂沥青后，在表面撒布粉状(称为“粉毡”)或片状(称为“片毡”)隔离材料制成的一种防水卷材。沥青类防水卷材有石油沥青纸胎油毡、石油沥青玻璃纤维(或玻璃布)胎油毡、铝箔面油毡、改性沥青聚乙烯胎防水卷材、沥青复合胎防水卷材等品种。

1) 石油沥青纸胎防水卷材(图 8.10)

纸胎油毡是采用低软化点石油沥青浸渍原纸，用高软化点沥青涂盖油纸的两面，再撒以隔离材料而制成的一种纸胎油毡。

图 8.10 石油沥青纸胎防水卷材

国标《石油沥青纸胎油毡》(GB 326—2007)规定：油毡按卷重和物理性能分为 I 型、II 型、III型，油毡幅宽为 1000mm，其他规格可由供需双方商定。每卷油毡的总面积为(20±0.3)m^2。按产品的名称、类型和标准号顺序标记。如III型石油沥青纸胎油毡标记为：油毡III型 GB 326—2007。I、II 型油毡适用于辅助防水、保护隔离层、临时性建筑防水、建筑防潮及包装等；III型油毡适用于防水等级为III级屋面工程的多层防水。物理力学性能见表8-3。

表8-3　石油沥青纸胎油毡的物理性能(GB 326—2007)

项　目		指　标		
		Ⅰ型	Ⅱ型	Ⅲ型
卷重/(kg/卷)≥		17.5	22.5	28.5
单位面积浸涂材料总量/(g/m²)≥		600	750	1000
不透水性	压力/MPa≥	0.02	0.02	0.10
	保持时间/min≥	20	30	30
吸水率/(%)≤		3.0	2.0	1.0
耐热度/℃		85±2，2h涂盖层无滑动、流淌和集中性气泡		
拉力/纵向/(N/50mm)≥		240	270	340
柔度/℃		18±2，绕ϕ20mm棒或弯板无裂痕		

2) 石油沥青玻璃纤维油毡(简称玻纤油毡，如图8.11所示)和玻璃布油毡

玻纤油毡是采用玻璃纤维薄毡为胎基，浸涂石油沥青，表面撒以矿物粉料或覆盖以聚乙烯薄膜等隔离材料制成的一种防水卷材。其指标应符合《石油沥青玻璃纤维胎防水卷材》(GB/T 14686—2008)的规定，柔性好(在0～10℃弯曲无裂纹)，耐化学微生物的腐蚀，寿命长。

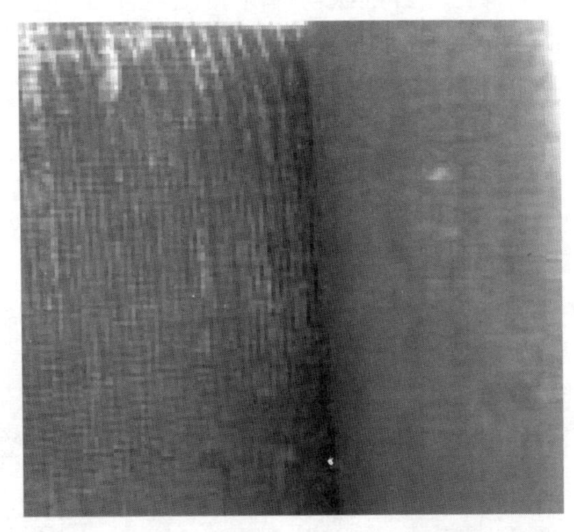

图8.11　石油沥青玻璃纤维油毡

玻璃布油毡是采用玻璃布为胎基，浸涂石油沥青，表面撒以矿物粉料或覆盖以聚乙烯薄膜等隔离材料制成的一种防水卷材。根据国标规定规格宽为1.0m，按力学性能分为Ⅰ、Ⅱ型。每卷油毡的总面积为10m^{2}和20m^2。玻璃布油毡具有拉力大及耐霉菌性好，适用于要求强度高及耐霉菌性好的防水工程，柔韧性也比纸胎油毡好，易于在复杂部位粘贴和密封，主要用于铺设地下防水、防潮层、金属管道的防腐保护层。

3) 沥青复合胎柔性防水卷材(图8.12)

沥青复合胎柔性防水卷材是指以沥青(用橡胶、树脂等高聚物改性)为基料，以两种材料复合为胎体，细砂、矿物粒(片)料、聚酯膜、聚乙烯膜等为覆面材料，以浸涂、辊压工

艺而制成的防水卷材。按胎体分为沥青聚酯毡、玻纤网格布复合胎柔性防水卷材沥青玻纤毡、玻纤网格布复合胎柔性防水卷材沥青涤棉无纺布、聚乙烯膜复合胎柔性防水卷材。规格尺寸有长 10m、7.5m；宽 1000mm、1100mm；厚度 3mm、4mm。按物理性能分为一等品(B)和合格品(C)。其性能指标应符合《沥青复合胎柔性防水卷材》(JC/T 690—2008)中的规定。

图 8.12　沥青复合胎柔性防水卷材

4) 铝箔面油毡(图 8.13)

铝箔面油毡是用玻璃纤维毡为胎基，浸涂氧化沥青，表面用压纹铝箔贴面，底面撒以细颗粒矿物料或覆盖以聚乙烯(PE)膜制成的防水卷材。它具有美观效果及能反射热量和紫外线的功能，能降低屋面及室内温度，阻隔蒸汽的渗透，用于多层防水的面层和隔气层。其性能指标应符合《铝箔面石油沥青防水卷材》(JC/T 504—2007)中的规定。

(a)

(b)

图 8.13　铝箔面油毡

2. 高聚物改性沥青防水卷材

高聚物改性沥青防水卷材是以合成高分子聚合物改性沥青为涂盖层，纤维织物或纤维毡为基胎，粉状、粒状、片状或薄膜材料为防粘隔离层制成的防水卷材，具有耐热、耐寒、耐腐蚀、抗老化、热塑性好、抗拉力大、延伸率高、抗撕裂性强等优点。常用品种有弹性体改性沥青防水卷材、塑性体改性沥青防水卷材、改性沥青聚乙烯胎防水卷材、自粘橡胶沥青防水卷材等，高聚物改性沥青有 SBS、APP、PVC 等。

1) 弹性体改性沥青肪水卷材

弹性体改性沥青防水卷材是以 SBS 热塑性弹性体作改性剂，以聚酯毡或玻纤毡为胎基，两面覆盖以聚乙烯膜(PE)、细砂(S)、矿物粒料(M)制成的卷材，简称 SBS 卷材。

《弹性体改性沥青防水卷材》(GB 18242—2008)规定：按材料性能将卷材分为 I 型和 II 型，卷材公称宽度为 1000mm；其厚度按所用增强材料(胎基)和覆面隔离材料不同而有所区别，聚酯毡的厚度有 3mm、4mm、5mm 三种，玻纤毡的厚度有 3mm、4mm 两种。玻纤增强聚酯毡的厚度有 5mm 一种。材料性能见表 8-4。

表 8-4　弹性体改性沥青防水卷材材料性能表

项　目		指　标				
		I 型		II 型		
		PY	G	PY	G	PYG
可溶物含量/(g/m^2)≥	2mm	2100				—
	3mm	2900				—
	4mm	3500				
	试验现象	—	胎基不燃	—	胎基不燃	—
不透水性 30min		0.3MPa	0.2MPa	0.3MPa		
耐热性	℃	90		105		
	≤	2				
	试验现象	无滴淌、滴落				
最大拉力时伸长率/(%)≥		30	—	40		—
低温柔性(无裂纹)/℃		-5	-15	-5	-15	
热老化	拉力保持率/(%)≥	90				
	延伸率保持率/(%)≥	80				
	低温柔性，无裂纹/℃	-15		-20		
	尺寸变化率/(%)≤	0.7	—	0.7	—	0.3
	质量损失/(%)≤	1.0				

SBS 卷材属高性能的防水材料，它保持了沥青防水的可靠性和橡胶的弹性，提高了柔韧性、延展性、耐寒性、粘附性、耐气候性，具有良好的耐高、低温性能，可形成高强度防水层。它耐穿刺、硌伤、撕裂和疲劳，出现裂缝能自我愈合，能在寒冷气候条件下热熔搭接，密封可靠。

SBS 卷材广泛应用于各种领域和类型的防水工程，最适用于以下工程：工业与民用建筑的常规及特殊屋面防水；工业与民用建筑的地下工程的防水、防潮及室内游泳池等的防水；各种水利设施及市政工程防水。

2) 塑性体(APP)改性沥青防水卷材

塑性体改性沥青防水卷材是指以聚酯毡或玻纤毡为胎基，无规聚丙烯(APP)或聚烯烃类聚合物作改性剂，两面覆以隔离材料所制成的防水卷材，简称 APP 卷材。卷材的品种、规格、外观要求同 SBS 卷材；其物理力学性能应符合《塑性体改性沥青防水卷材》(GB 18243—2008)的规定见表 8-5。

表 8-5 塑性体(APP)改性沥青防水卷材物理力学性能

胎基		聚酯毡		玻纤毡	
型号		Ⅰ型	Ⅱ型	Ⅰ型	Ⅱ型
可溶物含量/(g/m²)≥	2mm	—		1300	
	3mm	2100			
	4mm	2900			
不透水性	压力/MPa≥	0.3		0.2	0.3
	保持时间/min≥	30		30	
耐热度 (无滑动、流淌、滴落)/℃≥		110	130	110	130
拉力/(N/50mm)≥	纵向	450	800	350	500
	横向			250	300
最大拉力时伸长率/(%)≥		25	40	—	
低温柔度(无裂纹)/℃		−5	−15	−5	−15
撕裂强度/N≥	纵向	250	350	250	350
	横向			170	200
人工加速老化	外观	一级、无滑动、流淌、滴落			
	纵向拉力保持率/(%)≥	80			
	低温柔度，无裂纹/℃	3	−10	3	−10

APP 卷材具有良好的防水性能、耐高温性能和较好的柔韧性(耐-15℃不裂)，能形成高强度、耐撕裂、耐穿刺的防水层，耐紫外线照射，耐久寿命长。APP 卷材采用热熔法粘接，可靠性强。

APP 卷材广泛用于各种领域和类型的防水，尤其是工业与民用建筑的屋面及地下防水、地铁、隧道桥和高架桥上沥青混凝土桥面的防水，需用专用胶粘剂粘接。

3) 冷自粘橡胶改性沥青防水卷材

这种卷材是用 SBS 和 SBR 等弹性体及沥青材料为基料，并掺入增塑增黏材料和填充材料，采用聚乙烯膜或铝箔为表面材料或无表面覆盖层，底表面或上下表面涂覆硅质隔离、防黏的材料制成的可自行粘接的防水材料，可节省胶粘剂。

《自粘聚合物改性沥青防水卷材》(GB 23441—2009)规定：每卷面积有 20m²、10m²、5m² 共 3 种；宽度有 920mm 和 1000mm 共 2 种，厚度有 2.2mm、2.0mm、1.5mm 共 3 种。按表面材料分为聚乙烯膜、铝箔、无膜 3 种。这种卷材具有良好的柔韧性、延展性，适应基层变形能力强，不需要胶粘剂。采用聚乙烯膜作为覆面材料时，适用于非外露的屋面防水；采用铝箔作为覆面材料时，适用于外露的防水工程，具有防水、热反射的效果，耐高温性好。

3. 合成高分子类防水卷材

合成高分子类防水卷材是以合成树脂、合成橡胶或橡胶-塑料共混体等为基料，加入适量的化学助剂和添加剂，经过混炼(塑炼)压延或挤出成型、定型、硫化等工序制成的防水卷材(片材)，属高档防水材料。《高分子防水材料　第 1 部分：片材》(GB 18173.1—2012)规定了其类别及主要性能，见表 8-6、表 8-7。

表 8-6　片材的分类

分　　类		代号	主要原材料
均质片	硫化橡胶类	JL1	三元乙丙橡胶
		JL2	橡胶(橡塑)共混
		JL3	氯丁橡胶、氯磺化聚乙烯、氯化聚乙烯等
		JL4	再生胶
	非硫化橡胶类	JF1	三元乙丙橡胶
		JF2	橡塑共混
		JF3	氯化聚乙烯
	树脂类	JS1	聚氯乙烯等
		JS2	乙烯乙酸乙烯、聚乙烯等
		JS3	乙烯乙酸乙烯改性沥青共混等
复合片	硫化橡胶类	FL	乙丙、丁基、氯丁橡胶、氯磺化聚乙烯
	非硫化橡胶类	FF	氯化聚乙烯、乙丙、丁基、氯丁橡胶、氯磺化聚乙烯等
	树脂类	FS1	聚氯乙烯/织物
		FS2	聚乙烯、乙烯乙酸乙烯共聚物等/织物
自粘片	硫化橡胶类	ZJL1	三元乙丙/自粘料
		ZJL2	橡塑共混/自粘料
		ZJL3	(氯丁橡胶、氯磺化聚乙烯、氯化聚乙烯等)/自粘料
		ZFL	(三元乙丙、丁基、氯丁橡胶、氯磺化聚乙烯等)/织物/自粘料
	非硫化橡胶类	ZJF1	三元乙丙/自粘料
		ZJF2	橡塑共混/自粘料
		ZJF3	氯化聚乙烯/自粘料
		ZFF	(氯化聚乙烯、三元乙丙、丁基、氯丁橡胶、氯磺化聚乙烯)/织物/自粘料
	树脂类	ZJS1	聚氯乙烯/自粘料
		ZJS2	(乙烯乙酸乙烯共聚物、聚乙烯等)/自粘料
		ZJS3	乙烯乙酸乙烯共聚物与改性沥青共混等/自粘料
		ZFS1	聚氯乙烯/织物/自粘料
		ZFS2	(聚乙烯、乙烯乙酸乙烯共聚物等)/织物/自粘料
异形片	树脂类(防排水保护板)	YS	高密度乙烯，改性聚丙烯，高抗冲聚苯乙烯等
点(条)粘片	树脂类	DS1/TS1	聚氯乙烯/织物
		DS2/TS2	(乙烯乙酸乙烯共聚物、聚乙烯等)/织物
		DS3/TS3	乙烯乙酸乙烯共聚物与改性沥青共混等/织物

表 8-7 片材的主要性能

<table>
<tr><th colspan="3" rowspan="3">品 种</th><th colspan="7">主要指标</th></tr>
<tr><th colspan="2">断裂拉伸强度/MPa(均质片)/(N/cm)(复合片)</th><th colspan="2">扯(胶)断伸长率(%)</th><th rowspan="2">撕裂强度/(kN/m)(均质片)/N(复合片)≥</th><th rowspan="2">不透水性30min无渗漏</th><th rowspan="2">低温弯折/℃(无裂纹)</th></tr>
<tr><th>常温(23℃)≥</th><th>60℃≥</th><th>常温(23℃)≥</th><th>低温(−20℃)≥</th></tr>
<tr><td rowspan="9">均质片</td><td rowspan="3">硫化橡胶类</td><td>JL1</td><td>7.5</td><td>2.3</td><td>450</td><td>200</td><td>25</td><td>0.3MPa</td><td>−40</td></tr>
<tr><td>JL2</td><td>6.0</td><td>2.1</td><td>400</td><td>200</td><td>24</td><td>0.3MPa</td><td>−30</td></tr>
<tr><td>JL3</td><td>6.0</td><td>1.8</td><td>300</td><td>170</td><td>23</td><td>0.2MPa</td><td>−30</td></tr>
<tr><td rowspan="3">非硫化橡胶类</td><td>JF1</td><td>4.0</td><td>0.8</td><td>400</td><td>200</td><td>18</td><td>0.3MPa</td><td>−30</td></tr>
<tr><td>JF2</td><td>3.0</td><td>0.4</td><td>200</td><td>100</td><td>10</td><td>0.2MPa</td><td>−20</td></tr>
<tr><td>JF3</td><td>5.0</td><td>1.0</td><td>200</td><td>100</td><td>10</td><td>0.2MPa</td><td>−20</td></tr>
<tr><td rowspan="3">树脂类</td><td>JS1</td><td>10</td><td>4</td><td>200</td><td>150</td><td>40</td><td>0.3MPa</td><td>−20</td></tr>
<tr><td>JS2</td><td>16</td><td>6</td><td>550</td><td>350</td><td>60</td><td>0.3MPa</td><td>−35</td></tr>
<tr><td>JS3</td><td>14</td><td>5</td><td>500</td><td>300</td><td>60</td><td>0.3MPa</td><td>−35</td></tr>
<tr><td rowspan="4">复合片</td><td>硫化橡胶类</td><td>FL</td><td>80</td><td>30</td><td>300</td><td>150</td><td>40</td><td>0.3MPa</td><td>−35</td></tr>
<tr><td>非硫化橡胶类</td><td>FF</td><td>60</td><td>20</td><td>250</td><td>50</td><td>20</td><td>0.3MPa</td><td>−20</td></tr>
<tr><td rowspan="2">树脂类</td><td>FS1</td><td>100</td><td>40</td><td>150</td><td>—</td><td>20</td><td>0.3MPa</td><td>−30</td></tr>
<tr><td>FS2</td><td>60</td><td>30</td><td>400</td><td>300</td><td>50</td><td>0.3MPa</td><td>−20</td></tr>
</table>

橡胶类有三元乙丙橡胶卷材、丁基橡胶卷材、氯化聚乙烯卷材、氯磺化聚乙烯卷材、氯丁橡胶卷材、再生橡胶卷材；树脂类有聚氯乙烯卷材、聚乙烯卷材、乙烯共聚物卷材；橡塑共混类有氯化聚乙烯-橡胶共混卷材、聚丙烯-乙烯共聚物卷材。

1) 三元乙丙橡胶防水卷材(EPDM)

这种卷材是以三元乙丙橡胶或掺入适量丁基橡胶为基料，加入各种添加剂而制成的高弹性防水卷材。有硫化型(JL)和非硫化型(JF)两类。规格：厚度为 1.0mm、1.2mm、1.5mm、1.8mm、2.0mm；宽度为 1000mm、1200mm；长度为 20m。

三元乙丙橡胶防水卷材的耐老化性能好、使用寿命长(30～50 年)、耐紫外线、耐氧化、弹性好、质轻、适应变性能力强，拉伸性能、抗裂性优异，耐高温、低温性能好，能在严寒或酷热环境中使用，应用历史较长，应用技术成熟，是一种重点发展的高档防水卷材。

三元乙丙橡胶防水卷材在工业及民用建筑的屋面工程中，适用于外露防水层的单层或多层防水，如易受振动、易变形的建筑防水工程，有刚性保护层或倒置式的屋面、地下室、桥梁及隧道的防水。

2) 聚氯乙烯防水卷材(PVC 卷材)

PVC 卷材是以聚氯乙烯树脂为主要基料支撑的防水卷材。按有无复合层分为 N 类(无复合层)、L 类(纤维单面复合)、W 类(织物内增强)。按物理性能分为Ⅰ型、Ⅱ型。其具体性能要求应符合《聚氯乙烯(PVC)防水卷材》(GB 12952—2011)的规定。

PVC 卷材的拉伸强度高，伸长率大，对基层的伸缩和开裂变形适应性强；卷材幅面宽，焊接性好；具有良好的水蒸气扩散性，冷凝物容易排出；耐穿透、耐蚀、耐老化；低温柔性和耐热性好。PVC 卷材可用于各种屋面防水、地下防水及旧屋面维修工程。

3) 氯化聚乙烯-橡胶共混防水卷材

以氯化聚乙烯树脂和丁苯橡胶的混合体为基料，加入各种添加剂加工而成，简称共混卷材，属硫化型高档防水卷材。

卷材的厚度有1.0mm、1.2mm、1.5mm、1.8mm、2.0mm，幅宽有1000mm、1200mm，长度为20m，其物理性能应符合《高分子防水卷材　第1部分：片材》(GB 18173.1—2012)的规定。这种卷材具有高伸长率、高强度，耐臭氧性能和耐低温性能好，耐老化性、耐水和耐蚀性强。其性能优于单一的橡胶类或树脂类卷材，对结构基层的变形适应能力大，适用于屋面的外露和非外露防水工程，地下室防水工程，水池、土木建筑的防水工程等。

8.1.3　防水涂料

防水涂料是以沥青、合成高分子等为主体，在常温下呈无定形流态或半固态，涂布在构筑物表面，通过溶剂挥发或反应固化后能形成坚韧防水膜的材料的总称。

按主要成膜物质可划分为沥青类、高聚物改性沥青类、合成高分子类、水泥类4种。按涂料的液态类型，可分为溶剂型、水乳型、反应型3种。按涂料的组分可分为单组分和双组分2种。

1. 沥青类防水涂料

这类涂料的主要成膜物质是沥青，包括溶剂型和水乳型两种，主要品种有冷底子油、沥青胶、水性沥青基防水涂料。

1) 冷底子油

冷底子油是将建筑石油沥青(30号、10号或60号)加入汽油、柴油或将煤沥青(软化点为50～70℃)加入苯，熔和而成的沥青溶液。一般不单独作为防水材料使用，作为打底材料与沥青胶配合使用可以增加沥青胶与基层的粘接力。常用配合比为：①石油沥青，汽油=30∶70。②石油沥青，煤油或柴油=40∶60。一般现用现配，用密闭容器储存，以防溶剂挥发。

2) 沥青胶(玛碲脂)

沥青胶是为了提高沥青的耐热性，降低沥青层的低温脆性，在沥青材料中加入填料进行改性而制成的液体。粉状填料有石灰石粉、白云石粉、滑石粉、膨润土等，纤维状填料有木质纤维、石棉屑等。该产品主要有耐热性、柔韧性、粘接力3种技术指标，见表8-8。

表8-8　石油沥青胶的技术指标

项　目	标　号					
	S-60	S-65	S-70	S-75	S-80	S-85
耐热度	用2mm厚沥青胶粘合两张沥青油纸，在不低于下列温度(℃)，于45°的坡度上，停放5h，沥青胶结料不应流出，油纸不应滑动					
	60	65	70	75	80	85
黏结力	将两张用沥青胶粘贴在一起的油纸揭开时，若被撕开的面积超过粘贴面积的一半，则认为不合格；否则认为合格					
柔韧性	涂在沥青油纸上的厚沥青胶层，在(18±2)℃时围绕下列直径(mm)的圆棒以5s时间且匀速弯曲成半周，沥青胶结料不应有开裂					
	10	15	15	20	25	30

3) 水性沥青基防水涂料

水性沥青基防水涂料是指乳化沥青及在其中加入各种改性材料的水乳型防水材料，主要用于Ⅲ、Ⅳ级防水等级的屋面防水及厕浴间、厨房防水。

我国的主要品种有AE-1、AE-2型两大类。AE-1型是以石油沥青为基料，用石棉纤维或其他矿物填充料改性的水性沥青厚质防水涂料，如水性沥青石棉防水涂料、水性沥青膨润土防水涂料，价格低廉，可以在潮湿基层上施工；AE-2型是用化学乳化剂配成的乳化沥青，掺入氯丁胶乳或再生橡胶等橡胶改性的水性沥青基薄质防水涂料，其性能指标应符合《水性沥青基防水涂料》(JC/T 408—2005)的规定，见表8-9。按其质量分为一等品和合格品。

表8-9 水性沥青防水涂料的技术指标

项目		AE-1类		AE-2类	
		一等品	合格品	二等品	合格品
外观		黑色或黑灰色均质膏体或黏稠液体。搅匀，分散在水溶液中无沥青丝	黑色或黑灰色均质膏体或黏稠液体。搅匀，分散在水溶液中无明显沥青丝	黑色或蓝褐色均质液体。搅匀，搅拌棒不粘任何颗粒	黑色或蓝褐色均质液体。搅匀，搅拌棒不粘任何颗粒
固体含量/(%)≥		50		43	
延伸性/mm≥	无处理	5.5	4.0	6.0	4.5
	处理后	4.0	3.0	4.5	3.5
柔韧性/℃		5±1	10±1	-15±1	-10±1
		无裂纹无断裂			
耐热性		(80±2)℃(无流淌、起泡和滑动)			
黏结力/MPa≥		0.2			
不透水性		不透水			
抗冻性		20次无开裂			

这类材料的质量检验项目有固含量、延伸性、柔韧性、黏结性、不透水性和耐热性等指标，经检验合格后才能用于工程中。

2. 高聚物改性沥青防水涂料

高聚物改性沥青防水涂料是以高聚物改性沥青为基料制成的水乳型或溶剂型防水涂料，有再生胶改性沥青防水涂料、水乳型氯丁橡胶沥青防水涂料、SBS橡胶改性沥青防水涂料等。

1) 再生胶改性沥青防水涂料

分为JC-1和JG-2两类冷胶料。JG-I型是溶剂型再生胶改性沥青防水胶粘剂，以渣油(200号或60号道路石油沥青)与废开司粉(废轮胎里层带线部分磨成的细粉)加热熬制，加入高标号的汽油而制成，执行《溶剂型橡胶沥青防水涂料》(JC/T 852—1999)的规定，见表8-10。JC-2型是水乳型的双组分防水冷胶料，属反应固化型。A液为乳化橡胶，B液为阴离子型乳化沥青，分别包装，现用现配，在常温下施工，维修简单，具有优良的防水、抗渗性能，温度稳定性好，但涂层薄，需多道施工(低于5℃不能施工)，加衬中碱玻璃丝或无纺布可做防水层。性能指标见表8-9中AE-2类的标准。

表 8-10　溶剂型橡胶沥青防水涂料的技术性能

项　目	技术性能		项　目	技术性能	
	一等品	合格品		一等品	合格品
外观	黑色黏稠液体		不透水性	动水压 0.2MPa，3h 不透水	
耐热性(80℃，5h)	无流淌、鼓泡、滑动				
黏结力/MPa	＞0.20		抗裂性	基层裂缝≤0.8mm，涂膜不裂	
低温柔性(2h 绕直径为 10mm 的圆棒，无裂痕)	-15℃	-10℃	固体含量	≥48%	

2) 氯丁橡胶改性沥青防水涂料

有溶剂型和水乳型两类，可用于Ⅱ、Ⅲ、Ⅳ级屋面防水。溶剂型氯丁橡胶改性沥青防水涂料是将氯丁橡胶和石油沥青溶于芳烃溶剂(苯或二甲苯)中形成的一种混合胶体溶液。它具有较好的耐高、低温性能，粘接性好，干燥成膜速度快，按抗裂性及低温柔性可分为一等品和合格品。其性能指标应符合《溶剂型橡胶沥青防水涂料》(JC/T 852—1999)的规定，见表 8-10。

水乳型氯丁橡胶改性沥青防水涂料是以阳离子氯丁胶乳和阴离子沥青乳液混合而成的。其涂膜层强度高，耐候性好，抗裂性好；以水代替溶剂，成本低，无毒。其技术指标见表 8-9 中的 AE-2 类材料的规定。

3. 合成高分子类防水涂料

合成高分子类防水涂料是以合成橡胶或合成树脂为主要成膜物质，加入其他辅料配制而成的单组分或多组分防水涂料，主要有聚氨酯(单、多组分)、硅橡胶、水乳型、丙烯酸酯、聚氯乙烯、水乳型三元乙丙橡胶防水涂料等。

1) 聚氨酯防水涂料

聚氨酯防水涂料又称聚氨酯涂膜防水材料，按组分分为单组分(S)、多组分(M)两种，按拉伸性能分Ⅰ、Ⅱ两类。该涂膜有透明、彩色、黑色等品种，具有耐磨、装饰及阻燃等性能。多组分聚氨酯涂膜防水涂料的技术性能应符合《聚氨酯防水涂料》(GB/T 19250—2013)的规定，见表 8-11。在实际工程中应检验其涂膜表干时间、含固量、常温断裂延伸率及断裂强度、粘接强度和低温柔性等指标，合格后方能使用。该涂料主要用于防水等级为Ⅰ、Ⅱ、Ⅲ级的非外露屋面、墙体及卫生间的防水防潮工程，地下围护结构的迎水面防水，地下室、储水池、人防工程等的防水，是一种常用的中高档防水涂料。

表 8-11　多组分聚氨酯防水涂料的技术性能

项　目	技术指标	
	Ⅰ类	Ⅱ类
断裂延伸率/(%)≥	450	450
拉伸时老化	加热时和紫外线老化，应无裂纹及变形	
低温弯折性/℃≤	-35℃无裂纹	-35℃无裂纹
不透水性	0.3 MPa，30min，不透水	
固体含量/(%)	≥92%	
适用时间	≥20min，黏度≤10^5 MPa·s	

续表

项目		技术指标	
		Ⅰ类	Ⅱ类
表干时间/h		≤8h，不黏手	
实干时间/h		≤24h，无黏着	
加热时伸缩率/(%)	≤	1.0	
	≥	4.0	4.0
拉伸强度/MPa≥		1.9	2.45

2) 丙烯酸酯防水涂料

丙烯酸酯防水涂料是以纯丙烯酸共聚物、改性丙烯酸或纯丙烯酸乳液为主要成分，加入适量填料、助剂及颜料等配制而成的，属合成树脂类单组分防水涂料。这类防水涂料的最大优点是具有优良的耐候性、耐热性和耐紫外线性，在-30～80℃范围内性能基本无多大变化。延伸性好，能适应基层的开裂变形。装饰层具有装饰和隔热效果。

施工工程中的检验项目与聚氨酯防水涂料相同，主要用于防水等级为Ⅰ、Ⅱ、Ⅲ级的屋面和墙体的防水防潮工程、黑色防水屋面的保护层、厕浴间的防水。

4. 聚合物水泥基防水涂料(JS 复合防水涂料)

该涂料以丙烯酸酯等聚合物乳液和水泥为主要原料，加入其他外加剂制得的双组分水性防水涂料。该涂料分为Ⅰ型和Ⅱ型两种，Ⅰ型是以聚合物为主的防水涂料，用于非长期浸水环境下的建筑防水工程。Ⅱ型是以水泥为主的防水涂料，适用于长期浸水环境下的建筑防水工程。

涂料的含固量、表干时间、实干时间、低温柔性、常温拉伸断裂延伸率及强度、不透水性和粘接性等指标应符合《聚合物水泥防水砂浆》(JC/T 984—2011)的要求。该涂料适用于工业及民用建筑的屋面工程，厕浴间厨房的防水防潮工程，地面、地下室、游泳池、罐槽的防水。

8.2 防水材料的选用

8.2.1 石油沥青的选用

1. 石油沥青的技术标准

石油沥青的技术标准有《建筑石油沥青》(GB/T 494—2010)、《道路石油沥青》(NB/SH/T 0522—2010)。石油沥青牌号主要以针入度指标范围及相应的软化点和延伸度来划分，建筑石油沥青按针入度不同分为 10 号、30 号和 40 号 3 个牌号，见表 8-12。

表 8-12 建筑石油沥青技术标准

项目		质量指标		
		10 号	30 号	40 号
针入度(25℃，100g，5s)/0.1mm		10～25	26～35	36～50
延度(25℃，5cm/min)/cm	不小于	1.5	2.5	3.5
软化点(环球法)/℃	不低于	95	75	60

续表

项　目		质量指标		
		10号	30号	40号
溶解度(三氯乙烷、三氯乙烯、四氯化碳或苯)/(%)	不小于	99.5		
蒸发损失(163℃，5h)/(%)	不大于	1		
蒸发后针入度比/(%)	不小于	65		
闪电(开口)/℃	不低于	230		

2. 石油沥青的选用原则

根据工程特点、使用部位和环境条件的要求，对照石油沥青的技术性质指标，在满足使用要求的前提下，尽量选用较大牌号的品种，以保证正常使用条件下具有较长的使用年限。

建筑石油沥青具有良好的防水性、粘接性、耐热性及温度稳定性，但其黏度大，延伸变形性能较差，主要用于屋面和各种防水工程，并用来制造防水卷材，配制沥青胶和沥青涂料。

选用时，根据工程条件及环境特点，确定沥青的主要技术要求。一般情况下，屋面沥青防水层要求具有较好的粘接性、温度敏感性和大气稳定性，因此，要求沥青的软化点应高于当地历年来达到的最高气温20℃以上，以保证夏季高温不流淌；同时要求具有耐低温能力，以保证冬季低温不脆裂。用于地下防潮、防水工程的沥青要求黏性大、塑性和韧性好，但对其软化点要求不高，以保证沥青层与基层粘接牢固，并能适应结构的变形，抵抗尖锐物的刺入，保持防水层完整，不被破坏。

在施工现场，应掌握沥青形态、牌号的鉴别方法，见表8-13。

表8-13　石油沥青的外观及牌号鉴别

项　目		鉴别方法
沥青形态	固态	敲碎，检查其断口，色黑而发亮的质好；暗淡的质差
	半固态	即膏状体，取少许，拉成细丝，丝越长越好
	液态	黏性强，有光泽，没有沉淀和杂质的较好；也可用一小木条插入液体中，轻轻搅动几下，提起，丝越长越好
沥青牌号	30号	用铁锤敲，成为较大的碎块
	10号	用铁锤敲，成为较小的碎块，表面色黑有光泽

当单独使用一种牌号沥青不能满足工程的耐热性要求时，用两种或三种沥青进行掺配。掺配量用下式计算：

$$\text{较软沥青的掺量}(\%)=\frac{\text{较硬沥青的软化点}-\text{要求沥青的软化点}}{\text{较硬沥青的软化点}-\text{较软沥青的软化点}}\times 100\%$$

较硬沥青的掺量(%)=100%-较软沥青的掺量

按确定的配比进行试配，测定掺配后沥青的软化点，最终掺量以试配结果(掺量-软化点曲线)来确定符合要求软化点的配比。如用 3 种沥青进行掺配，可先计算其中 2 种的掺量，然后再与第 3 种沥青进行掺配。

8.2.2 沥青胶的选用

沥青胶的标号应根据屋面的历年最高温度及屋面坡度进行选择，见表 8-14；沥青与填充料应混合均匀，不得有粉团、草根、树叶、砂土等杂质。施工方法有冷用和热用两种。热用比冷用的防水效果好；冷用施工方便，不会烫伤，但耗费溶剂。用于沥青或改性沥青类卷材的粘接、沥青防水涂层和沥青砂浆层的底层。

表 8-14 石油沥青胶的标号选择

<table>
<tr><th>屋面坡度/(°)</th><th>历年极端室外温度/℃</th><th>沥青胶标号</th><th>屋面坡度/(°)</th><th>历年极端室外温度/℃</th><th>沥青胶标号</th></tr>
<tr><td rowspan="3">1～3</td><td>低于 38</td><td>S-60</td><td rowspan="2">3～15</td><td rowspan="2">41～45</td><td rowspan="2">S-75</td></tr>
<tr><td>38～41</td><td>S-65</td></tr>
<tr><td>41～45</td><td>S-70</td><td rowspan="3">15～25</td><td>低于 38</td><td>S-75</td></tr>
<tr><td rowspan="2">3～15</td><td>低于 38</td><td>S-65</td><td>38～41</td><td>S-80</td></tr>
<tr><td>38～41</td><td>S-70</td><td>41～45</td><td>S-85</td></tr>
</table>

8.2.3 防水涂料的选用

防水涂料的包装容器必须密封严实，容器表面应有标明涂料名称、生产厂名、生产日期和产品有效期的明显标志，如图 8.14 所示。储运及保管的环境温度不得低于 0℃；严防日晒、碰撞、渗漏；应存放在干燥、通风、远离火源的室内，料库内应配备专门用于扑灭有机溶剂燃烧的消防措施；运输时，运输工具、车轮应有接地措施，防止静电起火。常用防水涂料的性能及用途见表 8-15。

表 8-15 常用防水涂料的性能及用途

品　种	性　能	用　途
乳化沥青防水涂料	成本低，施工方便，耐候性好，但延伸率低	适用于民用及工业建筑厂房的复杂屋面和青灰屋面防水，也可涂于屋顶钢筋板面和油毡屋面防水
橡胶改性沥青防水涂料	有一定的柔韧性和耐火性，常温下冷施工，安全可靠	适用于工业及民用建筑的保温屋面、地下室、洞体、冷库地面等的防水
硅橡胶防水涂料	防水性好，成膜性、弹性黏结性好，安全无毒	地下工程、储水池、厕浴间、屋面的防水
PVC 防水涂料	具有弹塑性，能适应基层的一般开裂或变形	可用于屋面及地下工程、蓄水池、水沟、天沟的防腐和防水
三元乙丙橡胶防水涂料	具有高强度、高弹性、高伸长率，施工方便	可用于宾馆、办公楼、厂房、仓库、宿舍的建筑屋面和地面防水

续表

品　种	性　能	用　途
氯磺化聚乙烯防水涂料	涂层附着力高、耐蚀、耐老化	可以用于地下工程、海洋工程、石油化工、建筑屋面及地面的防水
聚丙烯酸酯防水涂料	黏性强、防水性好、伸长率高，耐老化，能适应基层的开裂变形，冷施工	广泛应用于中、高级建筑工程的各种防水工程，平面、立面均可施工
聚氨酯防水涂料	强度高，耐老化性能优异，伸长率大，黏结力强	用于建筑屋面的隔热防水工程，地下室、厕浴间的防水，也可用于彩色装饰性防水
粉状黏性防水涂料	属于刚性防水、涂层寿命长，经久耐用，不存在老化问题	适用于建筑屋面、厨房、厕浴间、坑道、隧道地下工程防水

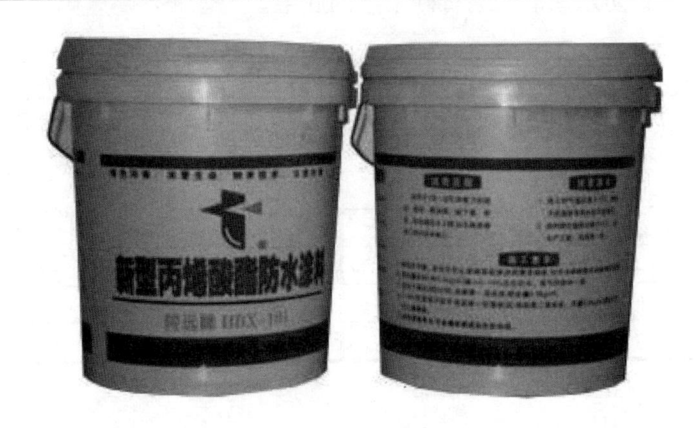

图 8.14　防水涂料的包装

8.2.4　屋面防水材料的选择

屋面防水工程应根据建筑物的类别、重要程度、使用工程要求确定防水等级，并按相应等级进行防水设防，对防水有特殊要求的建筑屋面，应进行专项防水设计。屋面防水等级和设防要求应按照《屋面工程技术规范》(GB 50345—2012)规定(表 8-16)，屋面防水材料厚度选择参见表 8-17。屋面工程设计应遵照“保证功能、构造合理、防排结合、优选用材、美观耐用”的五项原则。屋面工程施工应遵照“按图施工、材料检验、工序检查、过程控制、质量验收”的五项原则。

表 8-16　屋面防水等级及设防要求

项　目	屋面防水等级	
	Ⅰ	Ⅱ
建筑物类别	重要建筑和高层建筑	一般建筑
设防要求	二道防水设防	一道防水设防
防水做法	卷材防水层和卷材防水层、卷材防水层和涂膜防水层、复合防水层	卷材防水层、涂膜防水层、复合防水层

注：在Ⅰ级屋面防水做法中，防水层仅作单层卷材时，应符合单层防水卷材屋面技术的有关规定。

表 8-17　屋面防水材料厚度要求

材料类型			屋面防水等级 I（厚度/mm）	屋面防水等级 II（厚度/mm）
卷材防水层	合成高分子防水卷材		1.2	1.5
	高聚物改性沥青防水卷材	聚酯胎、玻纤胎、聚乙烯胎	3.0	4.0
		自粘聚酯胎	2.0	3.0
		自粘无胎	1.5	2.0
涂膜防水层	合成高分子防水涂膜		1.5	2.0
	聚合物水泥防水涂膜		1.2	2.0
	高聚物改性沥青防水涂膜		2.0	3.0
复合防水层	合成高分子防水卷材+合成高分子防水涂膜		1.2+1.5	1.0+1.0
	自粘聚合物改性沥青防水卷材(无胎)+合成高分子防水涂膜		1.5+1.5	1.2+1.0
	高聚物改性沥青防水卷材+高聚物改性沥青防水涂膜		3.0+2.0	3.0+1.2
	聚乙烯丙纶卷材+聚合物水泥防水胶结材料		(0.7+1.3)×2	0.7+1.3

这是因为不同种类的防水材料，其性能特点、技术指标、防水机理都不尽相同，将几种防水材料进行互补和优化组合可取长补短，达到理想的防水效果。多道设防既可采用不同种防水卷材进行多叠层设防，又可采用卷材、涂膜、刚性材料进行复合设防。当采用不同种类防水材料进行复合设防时，应将耐老化、耐穿刺的防水材料放在最上面。面层为柔性防水材料时，一般还应用刚性材料作保护层。如人民大会堂屋面防水翻修工程，其复合设防方案是：第一道(底层)为补偿收缩细石混凝土刚性防水层；第二道(中间层)为 2mm 厚的聚氨酯涂膜防水层；第三道(面层)为氯化聚乙烯-橡胶共混防水卷材(或三元乙丙橡胶防水卷材)防水层；再在面层上铺抹水泥砂浆刚性保护层。

屋面防水材料的选用除了满足规范规定的要求外，还应考虑以下条件。

(1) 气候条件。寒冷地区可优先考虑选用三元乙丙橡胶防水卷材、氯化聚乙烯-橡胶共混防水卷材等合成高分子防水卷材，或选用 SBS 改性沥青防水卷材、焦油沥青耐低温卷材，以及具有良好低温柔韧性的合成高分子防水涂料。炎热地区可选用 APP 改性沥青防水卷材、合成高分子防水卷材和具有良好耐热性的合成高分子防水涂料或掺入微膨胀剂的补偿收缩水泥砂浆、细石混凝土刚性防水材料作防水层。

(2) 湿度条件。多雨、潮湿地区宜选用吸水率低、无接缝、整体性好的合成高分子涂膜防水材料作防水层，或采用以排水为主、防水为辅的瓦面结构形式作防水层，或采用补偿收缩细石混凝土刚性材料作防水层。如采用合成高分子防水卷材作防水层，卷材搭接边应切实黏结紧密，搭接缝应用合成高分子密封材料封严；如用高聚物改性沥青防水卷材作防水层，卷材搭接边宜采用热熔焊接，尽量避免因接缝不好产生渗漏。

(3) 结构条件。对于钢筋混凝土结构屋面，可采用补偿收缩防水混凝土作防水层，或采用合成高分子防水卷材、高聚物改性沥青防水卷材、沥青防水卷材作防水层。

对于预制化、异形化、大跨度和频繁振动的屋面，容易产生变形裂缝，可选用高强度、高伸长率的三元乙丙橡胶防水卷材和氯化聚乙烯-橡胶共混防水卷材等合成高分子防水卷材，或具有良好伸长率的合成高分子防水涂料等作防水层。

屋面工程细部构造，如檐沟、变形缝、女儿墙、水落口、伸出屋面管道、阴阳角等部位，应重点设防，即使防水层由单道防水材料构成，细部构造部位也应进行多道设防。

(4) 经济条件。根据工程防水等级要求，选择防水材料投资少、施工方便，在满足耐水使用年限要求的前提下，尽可能经济选材。

8.2.5 地下工程的防水材料

地下工程防水等级分为四级，各级要求见《地下防水工程质量验收规范》(GB 50208—2011)中的规定，根据各等级的设防要求选用相应的材料，所用防水材料为防水混凝土、防水砂浆、防水卷材、防水涂料、塑料防水板、各种止水带、止水条及防水嵌缝材料。

8.3 防水材料的应用

防水材料是建筑业及其他有关行业所需要的重要功能性材料，是建筑材料工业的一个重要组成部分。随着我国国民经济的快速发展，建筑防水行业也随着改革开放的步伐，从无到有地形成了设计、材料、标准、施工和验收的建筑防水体系，并成为一科专业。20世纪80年代以前，我国防水材料的发展十分缓慢，为数不多的防水材料厂只能生产纸胎油毡，产品单一，产品品种、规格、质量等方面都不能满足国家建设的需要，与国外先进水平相比差距巨大。改革开放初期，建筑防水在建筑系统工程中所占比例很小，往往被建设者忽视，加之材料单一，施工随意粗放，又没有防水设计，致使20世纪80年代初我国的建筑渗漏水问题居高不下，使国家每年的渗漏水维修费用投入很大，造成很大的经济损失和浪费。随着对建筑防水重要性认识的不断提高，“防排并举刚柔结合、以防为主、防堵结合、因地制宜、综合治理”成为建筑防水的共识和指导原则。改革开放以来，我国建筑防水材料获得较快的发展，防水行业已摆脱了纸胎油毡一统天下、施工技术简单粗糙的落后局面。从20世纪80年代我国开始引进防水卷材生产线，到消化吸收，最终实现了改性沥青防水卷材生产线和三元乙丙防水卷材生产线的国产化，使我们的防水卷材生产技术装备水平有了质的飞跃。

目前，我国已拥有包括改性沥青防水卷材、合成高分子防水卷材、防水涂料、密封材料、堵漏和刚性防水材料等系列产品，各类防水材料的生产技术和生产装备开发已初具规模，防水工程设计从无到有不断加强，防水施工技术和施工装备有了很大提高，材料标准和施工规范形成体系，部分企业已具有自主研发能力的防水材料工业体系，使我国防水行业的整体水平有了很大提高，与国外发达国家的差距不断缩小。

8.3.1 防水材料的发展

20世纪80年代中期，我国陆续从先进国家引进了SBS/APP改性沥青防水卷材、三元乙丙橡胶防水卷材等生产线，生产技术装备水平得到很大的提高。随后国内开发研制出改性沥青防水卷材生产线，实现国产化，使聚酯胎和玻纤胎为主的改性沥青防水卷材成为我国发展最快的新型防水材料。我国在消化吸收引进的三元乙丙防水卷材生产线的基础上，开发出产能在(80～100)×10^4 t 的国产化生产线。聚氯乙烯(PVC)防水卷材、热塑性聚烯烃

(TPO)防水卷材近几年在欧美流行，我国也初步掌握相关技术，并引进技术和设备开始生产。

改革开放后，随着我国科学技术的进步，防水涂料也获得了较快发展。从 20 世纪 70 年代后期研制出聚氨酯防水涂料开始，我国的建筑防水涂料开始得到较快的发展。20 世纪 80 年代中期又研制成功了焦油聚氨酯防水涂料，并大量推广使用于防水工程。与此同时，其他高分子防水涂料和沥青基防水涂料也得到较快发展，如丙烯酸酯弹性防水涂料、硅橡胶防水涂料、水性三元乙丙橡胶防水涂料等。

经过近 30 年的发展，我国的防水涂料已形成了聚氨酯防水涂料、聚合物水泥防水涂料(JS 涂料)、沥青基防水涂料、聚合物改性沥青基防水涂料、聚合物乳液防水涂料、无机防水涂料等多类型、多品种的格局，主要应用于工业与民用建筑的厕浴间防水，部分用于屋面、地下室和外墙等工程防水，均获得了较理想的防水效果。

在各类防水材料中，防水卷材的应用仍占主体地位。防水卷材应用比例约为 65%；其次是防水涂料，应用比例接近 30%；再次是刚性防水材料、瓦类材料、现喷聚氨酯发泡防水保温材料等。改性沥青防水卷材仍是应用最多的品种。在两次全国防水材料应用调查中，改性沥青防水卷材的应用占比平均超过 30%。

8.3.2 建筑防水标准体系

改革开放初期，由于防水材料品种单一、施工技术落后，防水的标准化工作也很落后。随着改革开放后不断涌现的防水材料，我国的建筑防水标准化工作也蓬勃发展起来。

目前，我国建筑防水材料行业各类产品均制定有相应的材料标准。沥青类防水卷材标准、高分子防水卷材标准、防水涂料标准、无机防水堵漏材料标准、密封材料标准、防水材料试验方法标准等。除此之外，还有一些工程技术规范对建筑防水材料的使用起到了规范作用，如《屋面工程技术规范》《地下工程防水技术规范》《硬泡聚氨酯保温防水工程技术规范》《种植屋面防水工程技术规程》《屋面工程质量验收规范》《地下防水工程质量验收规范》等。

目前，我国的建筑防水材料标准、方法标准和建筑施工规范构成了建筑防水材料标准体系，并得到了不断的完善和发展，对提高我国防水材料和施工技术水平，确保防水工程质量起到了巨大的作用。

8.3.3 防水行业发展展望

尽管防水行业存在这样那样的问题，总体来说还是不断地向标准化、规范化、规模化、系统化方向发展。

1. 新技术不断发展

专用防水卷材、喷涂高性能聚氨酯等一批科技创新产品日臻成熟和完善，开始大规模应用于建设领域；种植屋面系统技术、单层屋面系统技术、防水保温一体化系统技术等一些新技术不断完善和配套，日趋系统化，具有节能节材效果的轻钢坡屋面系统技术、三元乙丙无穿孔机械固定技术、自粘高分子卷材预铺技术等一些新技术正在试点示范的基础上逐步推广。这些科技创新活动表明行业技术进步正向深度和广度发展。

2. 防水领域将不断扩大

近年来，建筑防水领域已从以房屋建筑防水为主，向房屋建筑防水和工程建设防水并存方向发展。随着国家基础设施工程建设投资的大规模增加，高速铁路、高速公路、城市地铁、轨道交通、地下空间、环保设施、水利设施、机场码头等工程对防水材料的需求将大量增加。工程建设防水将占有重要的份额，随着国家相关产业政策的推进，房屋建筑防水特别是屋面工业也将有新的发展。

3. 工程防水概念将进一步强化

随着除房屋建筑以外的基础设施、市政建设等土木工程建设的兴起，工程防水的概念越来越清晰，特别是在高速铁路、高速公路、机场码头、地下空间、轨道交通、地铁工程、地下公路、交通枢纽、公共管廊、污水处理、垃圾填埋、环保工程等许多领域中，工程防水或混凝土防护技术都成为防水产业的外延。其内涵则是各类专用防水材料都应用于不同领域的特殊场合，以满足各类不同工程的防水需要。

4. 防水设计将显著提高

通过对建筑师进行防水技术培训教育、对建筑防水技术规范的严格贯彻落实，以及编制规范防水工程施工图等措施，加强防水设计研究，提高建筑防水设计水平。

随着全国建筑防水材料标准化委员会的成立，防水材料标准的制定工作得到统一和完善。系统化、规范化、标准化的建筑防水标准体系将得到不断完善和发展。我国的建筑防水行业将迈上一个新的台阶。

8.4 防水材料的取样与验收

8.4.1 石油沥青防水卷材的保管与验收

石油沥青防水卷材的保管：①不同规格、标号、品种、等级的产品不得混放。②卷材应保管在规定温度(粉毡和玻璃毡≤45℃，片毡≤50℃)下。③纸胎油毡和玻璃纤维油毡要求立放，高度不得超过两层，所有搭接边的一端必须朝上，玻璃布胎油毡可以同一方向平放堆置成三角形，码放不超过10层，并应远离火源，置于通风、干燥的室内，防止日晒、雨淋和受潮。④用轮船和铁路运输时，卷材必须立放，高度不得超过两层，短途运输可平放，不宜超过4层，不得倾斜、横压，必要时应加盖苫布，人工搬运时要轻拿轻放，避免出现不必要的损伤。⑤产品质量保证期为一年。

验收内容：外观不允许有孔洞、硌伤，胎体不允许出现露胎或涂盖不匀；裂纹、折纹、皱折、裂口、缺边不许超标，每卷允许有一个接头，较短的一段应不小于2.5m，接头处应加长150mm。物理性能(纵向拉力、耐热度、柔度、不透水性)指标应符合技术要求。

8.4.2 高聚物改性沥青防水卷材的保管与验收

高聚物改性沥青防水卷材的储存、运输与保管：①不同品种、等级、标号、规格的产品应有明显标记，不得混放。②卷材应存放在远离火源、通风、干燥的室内，防止日晒、雨淋和受潮。③卷材必须立放，高度不得超过两层，不得倾斜或横压，运输时平放不宜超过4层，在正常储运条件下，储存期自生产日起为1年。④应避免与化学介质及有机溶剂等有害物质接触。

验收内容：成卷卷材应卷紧整齐，端面里进外出不得超过10mm；成卷卷材在规定温度下展开，在距卷芯1.0m长度外，不应有10mm以上的裂纹和粘接；胎基应浸透，不应有未被浸透的条纹；卷材表面应平整，不允许有空洞、缺边、裂口，矿物粒(片)应均匀并且紧密黏附于卷材表面；每卷接头不多于一个，较短一段应不少于 2.5m，接头应剪切整齐，加长 150mm，以备粘接用。物理性能应检验拉力、最大拉力时的延伸率、耐热度、低温柔性、不透水性等指标。SBS 卷材和 APP 卷材的卷重、面积、厚度见表 8-18。

表 8-18　高聚物改性沥青防水卷材的卷重、面积、厚度

规格(公称厚度)/mm		3			4			5		
上表面材料		PE	S	M	PE	S	M	PE	S	M
下表面材料		PE	PE、S		PE	PE、S		PE	PE、S	
面积/(m^2/卷)	工程面积	10、15			10、7.5			7.5		
	偏差	±0.10			±0.10			±0.10		
单位面积质量/(kg/m^2)≥		3.3	3.5	4.0	4.3	4.5	5.0	5.3	5.5	6.0
厚度/mm	平均值≥	3.0			4.0			5.0		
	最小单值	2.7			3.7			4.7		

8.4.3　合成高分子卷材的保管与验收

合成高分子卷材的保管同高聚物改性沥青防水卷材的要求。

验收内容：外观不允许出现裂纹、气泡、机械损伤、折痕、穿孔、杂质及异常黏着的缺陷；允许在 20m 长度内有一个接头，并加长 150mm，备作搭接；接头处要求剪切平整，最短段不小于 2.5m 等。物理力学性能应检验断裂拉伸强度、拉断伸长率、低温弯折、不透水性等指标。

8.5　防水材料的检测

8.5.1　沥青针入度检测

1. 检测目的

通过测定沥青材料的针入度值，判断沥青材料的黏稠程度。针入度越大，沥青材料的黏稠度越小，沥青材料就越软。

本方法适用于测定石油沥青、改性沥青针入度，以及液体石油沥青蒸馏或乳化沥青蒸发后残留物的针入度的检测。

2. 检测准备

1) 试样准备

(1) 将预先脱水的沥青试样加热融化，经搅拌、过筛后，倒入盛样皿中。试样高度应超过预计针入度值 10mm，并盖上盛样皿，以防落入灰尘。

(2) 将盛有试样的盛样皿在 15～30℃室温下，小的试样皿(ϕ33mm×16mm)中的样品冷却 45min～1.5h；中等试样皿(ϕ55mm×35mm)中的样品冷却 1～1.5h；较大的试样皿中的样品冷却 1.5～2h，冷却结束后将试样皿和平底玻璃皿一起放入测试温度下的水浴中，水面应没过试样表面 10mm 以上。在规定的试验温度下恒温，小试样皿恒温 45min～1.5h，中等试样皿恒温 1～1.5h，较大的试样皿恒温 1.5～2h。

(3) 调整针入度仪使之水平。检查针连杆和导轨，以确认无水和其他外来物，无明显摩擦。用三氯乙烯或其他溶剂清洗标准针，并拭干。将标准针插入针连杆，用螺钉固紧。

按试验条件，加上附加砝码。

2) 检测仪器准备

(1) 针入度仪。凡能保证针和针连杆在无明显摩擦下垂直运动，并能指示针贯入深度准确至0.1mm的仪器均可使用，如图8.15所示。杆的质量为(47.5±0.05)g，针和针连杆的总质量为(50±0.05)g，另外仪器附有(50±0.05)g和(100±0.05)g的砝码各一个，可以组成(100±0.05)g和(200±0.05)g的荷载，以满足试验所需的荷载条件。仪器设有放置平底玻璃皿的平台，并有可调水平的机构，针连杆与平台垂直，仪器设有针连杆制动按钮，紧压按钮针连杆可以自由下落，针连杆要易于拆卸，以便定期检查其质量。

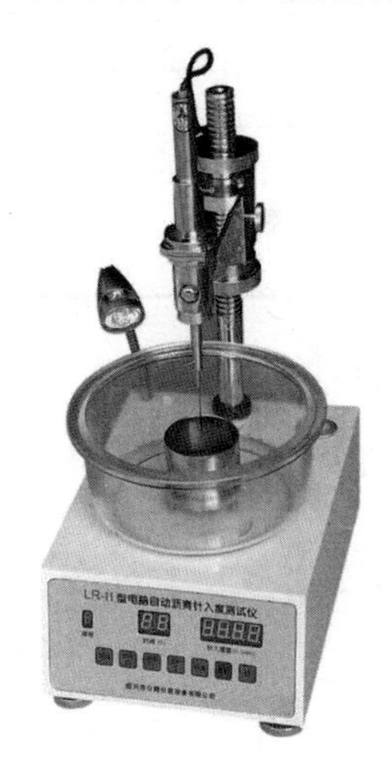

图8.15 电子针入度测定仪

(2) 标准针。采用硬化回火的不锈钢制成，针长约50mm，长针长约60mm，所有针的直径为1.00～1.02mm。针及针杆总质量(2.5±0.05)g，针杆上应打印有号码标志，针应设有固定用装置盒(筒)，以免碰撞针尖，每根针必须附有计量部门的检验单，并定期进行检验。

(3) 盛样皿。金属制，圆柱形平底。试样深度应大于预计标准针传入深度10mm，其具体尺寸见表8-19。

表8-19 试样皿尺寸

针入度范围	直径/mm	深度/mm
小于40	3～55	8～16
小于200	55	35
200~350	55～75	45～70
300~500	55	70

(4) 恒温水槽。容量不小于10L。在试验温度下，能保持温度控制准确度在±0.1℃范围内的水浴。水浴中距水底部50mm处有一个带孔的支架，这一支架离水面至少有100mm。如果针入度测定时在水浴中进行，支架应足够支撑针入度仪。在低温下测定针入度时，水浴中装入盐水。

(5) 平底玻璃皿。容量不小于350mL，深度要没过最大的样品皿。内设有一个不锈钢三脚支架，以保证试验皿稳定。

(6) 其他。温度计(−8～55℃，分度为 0.1℃)、秒表(分度 0.1s)、盛样皿盖(平板玻璃，直径不小于盛样皿开口尺寸)、电炉或砂浴、石棉网、金属锅或瓷把坩埚等。

3. 检测步骤

(1) 取出达到恒温的盛样皿，并移入水温控制在试验温度±0.1℃(可用恒温水槽中的水)的平底玻璃皿中的三脚支架上，试样表面以上的水层深度不少于 10mm。

(2) 将盛有试样的平底玻璃皿置于针入度仪的平台上。慢慢放下针连杆，用适当位置的反光镜或灯光反射观察，使针尖恰好与试样表面接触。拉下刻度盘的拉杆，使之与针连杆顶端轻轻接触，调节刻度盘或深度指示器的指针指示为零。

(3) 开动秒表，在指针正指 5s 的瞬间，用手紧压按钮，使标准针自动下落贯入试样，经规定时间，停压按钮使针停止移动。

注：当采用自动针入度仪时，计时与标准针落下贯入试样同时开始，至 5s 时自动停止。

(4) 拉下刻度盘拉杆与针连杆顶端接触，读取刻度盘指针或位移指示器的读数，准确至 0.5(0.1mm)。

(5) 同一试样平行试验至少 3 次，各测试点之间及与盛样皿边缘的距离应不少于 10mm。每次试验后应将盛有盛样皿的平底玻璃皿放入恒温水槽，使平底玻璃皿中水温保持试验温度。每次试验应换一根干净的标准针或将标准针取下用蘸有三氯乙烯溶剂的棉花或布揩净，再用干棉花或布擦干。

(6) 测定针入度大于 200 的沥青试样时，至少用 3 支标准针；每次试验后将针留在试样中，直至 3 次平行试验完成后，才能将标准针取出。

4. 结果计算与评定

以 3 次测定针入度的算术平均值作为试验结果，且取整数。3 次测定的针入度值相差不应大于表 8-20 中的数值，否则应重做试验。

表 8-20 沥青针入度偏差值

针入度/0.1mm	0～49	50～149	150～249	250～350	350～500
最大差值/0.1mm	2	4	6	8	20

8.5.2 沥青延度检测

1. 检测目的

通过检测沥青材料的延度，判断沥青材料的塑性。本方法适用于黏稠沥青以及液体沥青蒸馏后残留物的延度测定。非特殊说明，温度为(25±0.5)℃，拉伸速度为(5±0.25)cm/min。

2. 检测准备

1) 试样准备

(1) 将模具水平地置于金属板上，再将隔离剂涂于模具内壁和金属板上。

(2) 将预先脱水的沥青试样置于瓷皿或金属皿中加热熔化，经搅拌、过筛后，注入模具中(自模具的一端至另一端往返多次)，并略高出模具。

(3) 将试件在 15～30℃空气中冷却 30～40min，然后放在温度为(25±0.1)℃的水浴锅中保持 30min。

(4) 取出试件，用加热的刀将高出模具的沥青刮去，使沥青表面与模具齐平。

(5) 最后将试件连同金属板再浸入(25±0.1)℃的水浴中保持85～95min，然后从板上取下试件，拆掉侧模，立即进行拉伸试验。

2) 检测仪器准备

(1) 沥青延度仪。试件能够持续浸没于水中，并能按照一定速度拉伸试件，且试验时应无明显振动，如图8.16所示。

图8.16　沥青延度仪

(2) 模具。由黄铜制成，由两个弧形端模和两个侧模组成，其构造如图8.17所示。

(3) 水浴锅。能保持试验温度变化不大于0.1℃，容量至少为10L，且试件浸入水中的深度不小于10cm，水浴锅中设置有带孔搁架以支撑试件，搁架距水浴锅底部不得小于5cm。

(4) 隔离剂。由2份甘油加1份滑石粉调制而成(以质量计)，用以制作试件。

(5) 其他。刀(做试件时，用以切沥青)、金属板、金属网(筛孔尺寸为0.3～0.5mm)、温度计、瓷皿或金属皿(熔化沥青用)等。

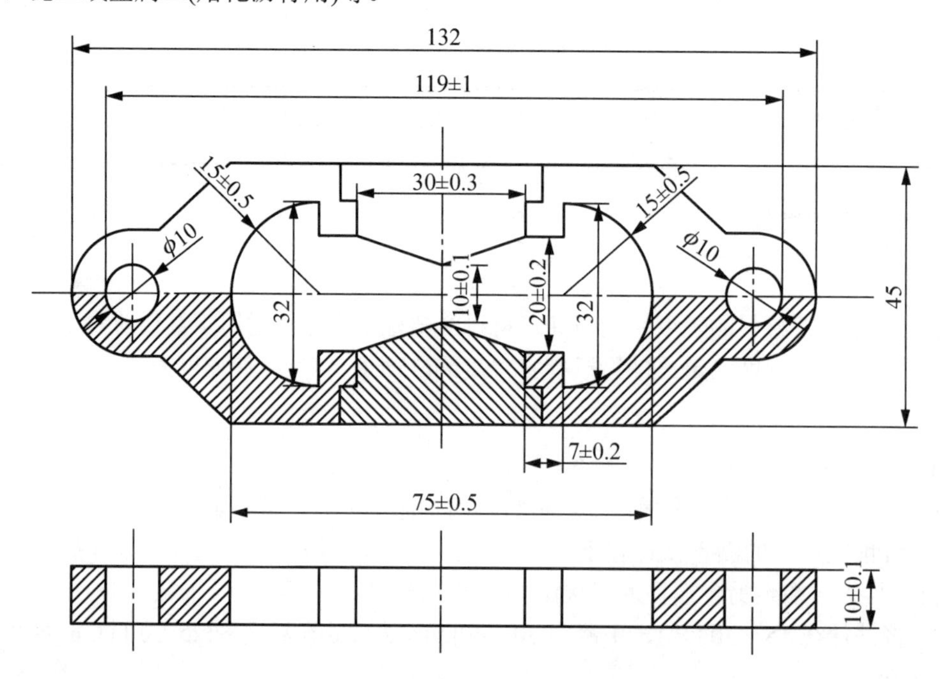

图8.17　沥青延度试件模具示意图

3. 检测步骤

(1) 检查延度仪滑板的移动速度是否符合要求，然后移动滑板使指针正对标尺零点。调整水槽中的水温为(25±0.5)℃。

(2) 将试件置于延度仪水槽中，将模具两端的孔分别套在滑板和槽端的柱上，然后以(5±0.25)cm/min 的速度拉伸模具，直至试件被拉断。

注：试验时，试件距水面和水底的距离不小于 2.5cm；测定时，若发现沥青细丝浮于水面或沉入水底，则应在水中加入乙醇或食盐水，调整水的密度与试样的密度相近后，再进行检测。

(3) 试件被拉断时指针所指标尺上的读数，即为试样的延度，单位为 cm。同一样品，应做 3 次检测。

4. 结果计算与评定

以 3 个试件测定值的算术平均值作为检测结果。若 3 个试件测定值中有一个测定值不在其平均值的 5%以内，但其中两个较高值在平均值的 5%之内，则舍去最低测定值，取两个较高值的平均值作为检测结果，否则应重新检测。

8.5.3 沥青软化点检测

1. 检测目的

通过检测沥青材料的软化点，判断沥青材料的高温稳定性。本方法适用于软化点在 30～157℃范围内的石油沥青和煤沥青试样。对于软化点在 30～80℃范围内的沥青材料应采用蒸馏水作加热介质，对于软化点在 80～157℃范围内的沥青材料应采用甘油作加热介质。

2. 检测准备

1) 试样准备

(1) 将环置于涂上隔离剂的金属板或玻璃板上。

(2) 将预先脱水的沥青试样加热熔化，经搅拌、过筛后，将沥青注入环内至略高出表面。

(3) 将试样置于室温下冷却 30min 后，用稍加热的刀刮去高出环面的多余沥青，使之与环面齐平。

石油沥青试样从开始倒试样时起至完成试验的时间不超过 2min，且加热温度不超过预计沥青软化点 110℃；煤沥青试样加热至倾倒温度的时间不超过 30min，且加热温度不超过预计沥青软化点 55℃；若估计沥青软化点温度在 120～157℃之间，应将环和金属板预热至 80～100℃；若重复试验，不能重新加热试样，而应在干净的器皿中用新鲜的试样制备试件。

2) 检测仪器准备

(1) 软化点试验仪。由环、钢球定位器、支撑架以及浴槽等组合而成，其构造如图 8.18 所示。两球为直径为 9.5mm 的钢球，每只质量为(3.50±0.05)g。环由金属材料制成。

(2) 温度计。测温范围在 30～180℃之间，最小分度值为 0.5℃。使用时，水银球与环底部水平，但不接触环或支撑架。

(3) 加热介质。软化点在 30～80℃范围内的沥青采用新煮沸的蒸馏水作为加热介质，软化点在 80～157℃范围内的沥青采用甘油作为加热介质。

(a)

(b)

图 8.18　软化点试验仪

(4) 隔离剂。由2份甘油加1份滑石粉调制而成(以质量计)，用以制作试件。

(5) 其他。刀(做试件时，用以切沥青)、金属板或玻璃板、0.3～0.5mm筛孔尺寸的筛、瓷皿或金属皿(熔化沥青用)等。

3. 检测步骤

(1) 将装有试样的环、支撑架、钢球定位器放入装有蒸馏水(估计沥青软化点不高于80℃)或甘油(估计沥青软化点高于80℃)的保温槽内，恒温15min。同时，钢球也置于其中。

(2) 将达到起始温度的加热介质注入浴槽内，再将所有装置放入浴槽中，钢球置于定位器中，调整液面至深度标记。将温度计垂直插入适当位置，使其水银球的底部与环的下面齐平。

(3) 将浴槽置于加热装置上，开始加热，使加热介质的温度在3min后的升温速率达到(5±0.5)℃/min。若温度的上升速率超过此规定范围，则此次检测失败，检测应重做。

(4) 当两个环上的钢球下降至刚触及下支撑板时，记录温度计所示的温度。

4. 结果计算与评定

取两个温度值的算术平均值作为测定结果(沥青的软化点)。当软化点在30～157℃时，若两个温度值的差值超过1℃，则应重新检测。

8.5.4　防水卷材拉伸性能检测

1. 检测目的

通过拉力试验，检验卷材抵抗拉力破坏的能力，作为卷材使用的选择条件，按GB/T 328.9—2007的规定，试验平均值应达到标准要求。

2. 检测准备

1) 试样准备

以同一类型同一规格10000m^{2}为批，不足10000m^{2}时也可作为一批。每批产品随机抽取5卷进行卷重、面积、厚度与外观检查。从卷重、面积、厚度及外观合格的卷材中随机抽取1卷进行物理力学性能试验。

将取样卷材切除距外层卷头2500mm后，顺纵向切取长度为800mm的全幅卷材试样两块：一块作物理性能检测用；另一块备用。按如图8.19所示规定的部位和表8-21规定的尺寸和数量切取试样(高分子防水片材不同)。

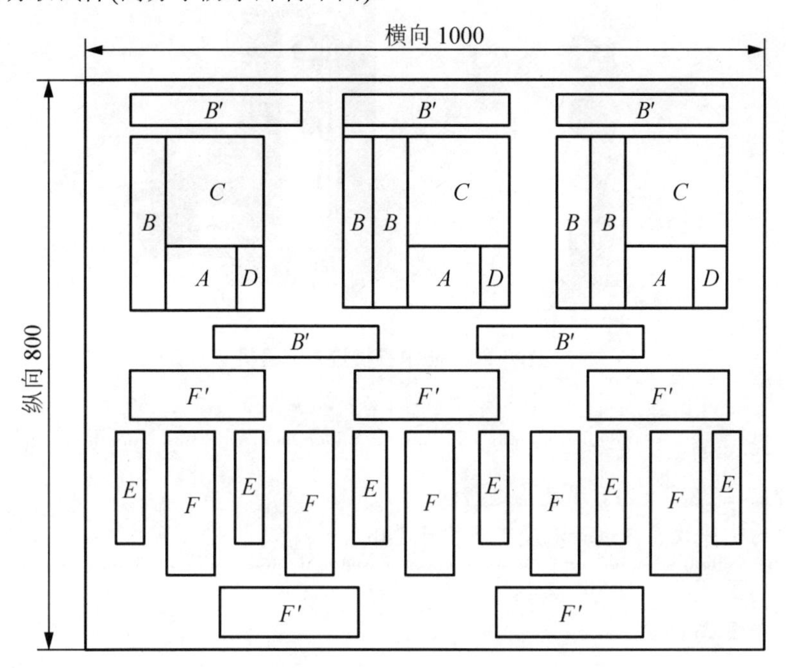

图 8.19 试件切取图

表 8-21 试验尺寸及数量

试验项目	试件代号	试件尺寸/mm	数量/个
可溶物含量	*A*	100×100	3
拉力和延伸度	*B*、*B*′	250×50	纵横向各 5
不透水性	*C*	150×150	3
耐热度	*D*	100×50	3
低温柔度	*E*	150×25	6
撕裂强度	*F*、*F*′	200×75	纵横向各 5

试样在检测前应原封放于干燥处并保持在 15～30℃温度范围内一定时间。检测用水为蒸馏水或洁净水。

2) 检测仪器准备

(1) 拉力试验机。能同时测定拉和延伸率，测力范围为 0～2000N，最小分度值不大于 5N，延伸范围能使夹具间距(180mm)延伸 15 倍，如图 8.20 所示。

(2) 切割刀、温度计等。

3. 检测步骤

(1) 校验试验机，拉伸速度为 50mm/min，试件夹持在夹具中心，且不得歪扭。上下夹具间距离为 180mm。

(2) 检查试件是否夹牢。

(3) 检查完毕满足要求后，启动试验机，至试件拉断止，记录最大拉力及最大拉力时的延伸率。

图 8.20 防水卷材拉力试验机

特别提示

(1) 试验应在(28℃ ± 2)℃温度下进行。

(2) 切取的试件放置在试验温度下不少于 24h。

4. 结果计算与评定

1) 拉力

分别计算纵向和横向5个试件拉力的算术平均值，以其平均值作为卷材的纵向或横向拉力。检测结果的平均值达到标准规定的指标时判为该项指标合格。

2) 最大拉力时的延伸率

最大拉力时的延伸率按下式计算：

$$E = 100(L_1 - L_0)/L$$

式中：E——最大拉力时延伸率(%)；

L_1——试件最大拉力时的标距(mm)；

L_0——试件初始标距(mm)；

L——夹具间距离(mm)。

分别计算纵向和横向 5 个试件最大拉力时延伸率的算术平均值，以此作为卷材纵向和横向延伸率。检测结果的平均值达到标准规定的指标时判为该项指标合格。

8.5.5 防水卷材不透水性检测

1. 检测目的

通过不透水性试验，检测防水卷材的不透水性。本试验方法适用于沥青和高分子屋面防水卷材的不透水性检测。按 GB/T 328.10—2007 的规定，试验平均值应达到标准要求。

2. 检测准备

1) 试样准备

试件在卷材宽度方向上均匀裁取，最外一个距卷材边缘 100mm，试件的纵向与产品的纵向平行并标记。

在相关的产品标准中应规定试件数量，最少 3 块。

2) 检测仪器准备

(1) 防水卷材不透水试验仪如图 8.21 所示。

(2) 防水卷材不透水性试验具如图 8.22 所示。

图 8.21 防水卷材不透水试验机

图 8.22 防水卷材不透水性试验具

3. 检测步骤

(1) 将防水卷材不透水试验机充水至满出，彻底排出水管中空气。

(2) 将试件的上表面朝下放置在透水盘上，盖上规定的开封盘(或 7 孔圆盘)，其中一个缝的方向与卷材纵向平行。

(3) 放上封盖，慢慢夹紧直至试件夹紧在盘上，用布或压缩空气干燥试件的非迎水面，慢慢加压到规定的压力。

(4) 达到规定压力后，保持压力(24±1)h[7 孔盘保持规定压力(30±2)min]。

(5) 检测时观察试件的不透水性(水压是否突然下降或者试件的非迎水面是否有水)。

4. 结果计算与评定

所有试件在规定的时间内不透水则认为不透水性检测通过。

8.5.6 防水卷材耐热性检测

1. 检测目的

本试验通过测定防水卷材在温度升高时的抗流动性，来检测试验卷材的上表面和下表面在规定温度或连续在不同温度测定的耐热性极限，从而检验产品的耐热性能。

2. 检测准备

1) 试样准备

(1) 矩形试件尺寸(100±1)mm×(50±1)mm。试件均匀地在试样宽度方向上裁取，长边是卷材的纵向，试件应距卷材边缘 150mm 以上，试件从卷材的一边开始连续编号，卷材上表面和下表面均应标记。

(2) 去除任何非持久保护层。适宜的方法是常温下用胶带粘在上面，冷却到接近假设的冷弯温度，然后从试件上撕去胶带；另一个方法是用压缩空气吹。假若上面的方法都不能除去保护膜，则用火焰烤，用最少的时间破坏膜而不损伤试件。

(3) 试件试验前至少在(23±2)℃温度下平放 2h，相互之间不要接触或粘住，有必要时，将试件分别放在硅纸上防止粘接。

2) 检测仪器准备

(1) 鼓风烘箱(不提供新鲜空气)。在试验范围内最大温度波动±2℃。在门打开30s后，恢复温度到工作温度的时间不超过5min。

(2) 热电偶。连接到外面的电子温度计，在规定范围内能测到±1℃。

(3) 悬挂装置(如夹子)。至少100mm宽，能夹住试件的整个宽度在一条线，并被悬挂在试验区域；或洁净无锈的铁丝、回形针。

(4) 硅纸。

3. 检测步骤

(1) 烘箱预热到规定试验温度，温度通过与试件中心同一位置的热电偶控制。整个试验期间，试验区域的温度波动不超过±2℃。

(2) 制备一组3个试件，分别在距试件短边一端10mm处的中心打一小孔，用细铁丝或回形针穿过，垂直悬挂试件在规定温度烘箱的相同高度，间隔至少30mm。此时烘箱的温度不能下降太多，开关烘箱门放入试件的时间不超过30s。放入试件后加热时间为(120±2)min。

(3) 加热周期一结束，将试件从烘箱中取出，相互间不要接触，目测观察并记录试件表面的涂盖层有无滑动、流淌、滴落、集中性气泡。集中性气泡指破坏涂盖层原形的密集气泡。

4. 结果计算与评定

试件任一端涂盖层不应与胎基发生位移，试件下端的涂盖层不应超过胎基，无流淌、滴落、集中性气泡，即为规定温度下耐热性符合要求。

一组3个试件都应符合要求。

本章小结

防水材料是保证房屋建筑能够防止雨水、地下水与其他水分渗透的材料。它是建筑工程中不可缺少的重要建筑材料之一。本章重点介绍了建筑工程中常用的沥青、防水卷材和防水涂料3类防水材料的主要技术性质和应用，同时介绍了防水材料的发展方向。

(1) 沥青。是一种有机胶凝材料。它不溶于水，可溶于多种有机溶剂，具有良好的黏性、塑性、防水性和防腐性，是建筑工程中常用的一种重要的防水、防潮和防腐材料。工程中常用的沥青主要为石油沥青和煤沥青，由于石油沥青的技术性质优于煤沥青，所以石油沥青在工程中应用更为广泛。

(2) 防水卷材。是建筑防水材料的重要品种之一，其尺寸大、施工效率高、防水效果好、耐用年限长。防水卷材按组成材料分为沥青防水卷材、改性沥青防水卷材和合成高分子防水卷材三大类，由于后两种卷材的综合性能优越，所以是目前国内大力推广使用的新型防水卷材。

(3) 防水涂料。是以沥青、合成高分子等材料为主体，在常温下呈液态，经涂布后通过溶剂的挥发、水分的蒸发或反应固化，在结构表面形成坚韧防水膜的材料。防水涂料按成膜物质的主要成分可分为沥青类、改性沥青类和合成高分子类3类。

习 题

一、填空题

1．石油沥青的主要组分有(　　)、(　　)和(　　)。

2．防水卷材按组成材料分不同可分为(　　)、(　　)和(　　)3 种。

3．防水涂料按成膜物质的主要成分不同可分为(　　)、(　　)和(　　)3 种。

4. 石油沥青的三大技术指标是(　　)、(　　)和(　　)，它们分别表示石油沥青的(　　)性、(　　)性和(　　)性。

二、选择题

1．随着时间的延长，石油沥青的组分递变的顺序是(　　)。

A．油分→树脂→地沥青质　　B．树脂→油分→地沥青质

C．油分→地沥青质→树脂　　D．地沥青质→树脂→油分

2．在沥青胶中增加矿粉的掺量，能使其耐热性(　　)。

A．降低　　B．提高　　C．不变　　D．不能确定

三、简答题

1．石油沥青与煤沥青的区别有哪些？如何判断沥青质量的好坏？

2．什么是防水卷材？如何分类？应用防水卷材有何经济意义？

3．常用的防水涂料有哪几种？其性能及用途如何？

四、计算题

某工程需要软化点为 80℃的石油沥青胶，工地现有 30 号和 60 号两种沥青，经试验其软化点分为 70℃和 45℃，试计算这两种沥青的掺配比例。

第9章

环保节能材料

教学目标

本章介绍绿色建筑与环保节能材料的基本知识。

本章要求

掌握绿色建筑的评价要求。
掌握墙体节能材料、门窗节能材料、保温节能材料等的应用与选用。
了解墙体节能材料、门窗节能材料等的发展。
熟悉墙体节能材料、门窗节能材料等的取样和验收。

教学要求

能力要求	知识要点	权重	自测分数
1. 能判断绿色建筑的等级 2. 能正确选用环保节能材料 3. 能对环保节能材料进行取样和验收	绿色建筑	20%	
	墙体节能材料	20%	
	保温节能材料	30%	
	门窗节能材料	30%	

■ 引　例

2009 年 2 月 9 日，在建的央视新台址园区文化中心发生特大火灾事故，火灾由烟花引起。由于保温材料不合格，阻燃系数没达标；燃放焰火时，火星落入擦窗机检修孔内，引燃检修通道内壁裸露的易燃材料，使金属幕墙及屋面的保温材料 XPS(挤塑聚苯板)熔化所致。建筑物过火、过烟面积 21333m^2，造成直接经济损失 1.6383 亿元，如图 9.1 所示。

2011 年 11 月 15 日，上海余姚路胶州路一栋正在进行外立面墙壁施工的高层住宅的脚手架忽然起火。大火夺去了 53 条鲜活的生命。调查发现大楼存在多种致灾因素：①楼房四周搭得满满的全是脚手架，将整幢楼完全包围；②外面还包裹着尼龙织网；③脚手架上都是毛竹片做的踏板；④楼房外立面上有大量的聚氨酯泡沫保温材料。这些尼龙织网、毛竹片、聚氨酯泡沫都是易燃物，特别是聚氨酯泡沫，一旦燃烧就会产生含有剧毒氰化氢的气体，人如果吸入就会中毒死亡，如图 9.2 所示。

那么，建设项目应该如何选用安全的环保节能材料？

图 9.1　央视新台址园区文化中心

图 9.2　上海余姚路胶州路高层住宅

学习参考标准

《建筑节能工程施工质量验收规范》(GB 50411—2007)。

《民用建筑节能工程质量验收规程(居住建筑部分)》[DB 13(J)52—2005]。

《绝热用模塑聚苯乙烯泡沫塑料(EPS)》(GB/T 10801.1—2002)。

《绝热用挤塑聚苯乙烯泡沫塑料(XPS)》(GB/T 10801.2—2002)。

《膨胀聚苯板薄抹灰外墙外保温系统》(JG 149—2003)。

《胶粉聚苯颗粒外墙保温系统材料》(JG 158—2004)。

《外墙外保温工程技术规程》(JGJ 144—2004)。

《门、窗用未增塑聚氯乙烯(PVC—U)型材》(GB/T 8814—2004)。

《绿色建筑评价标准》(GB 50378—2014)。

9.1　认识环保节能材料

在建筑的建造和使用过程中，需要消耗大量的自然资源，同时增加环境负荷。据统计，人类从自然界所获得的50%以上的物质原料用来建造各类建筑及其附属设备。这些建筑在建造和使用过程中又消耗了全球能量的50%左右；与建筑有关的空气污染、光污染、电磁污染等占环境总体污染的34%；建筑垃圾占人类活动产生垃圾总量的40%。

另一方面，我国存在资源总量和人均资源量都严重不足的情况，但是我国的消费增长速度却很惊人，在资源再生利用率上也远低于发达国家。目前，建筑耗能已与工业耗能、交通耗能并列，成为我国能源消耗的三大“耗能大户”。伴随着建筑总量的不断攀升和居住舒适度的提升，建筑耗能呈急剧上扬趋势。据住房和城乡建设部统计，建筑的能耗(包括建造能耗、生活能耗、采暖空调等)约占全社会总能耗的30%，其中最主要的是采暖和空调，占到20%。而这“30%”还仅是建筑物在建造和使用过程中消耗的能源比例，如果再加上建材生产过程中耗掉的能源(占全社会总能耗的16.7%)和建筑相关的能耗，则将占到社会总能耗的46.7%。

现在我国每年新建的20亿m^2房屋中，有99%以上是高能耗建筑；而既有的约430亿m^2建筑中，只有4%采取了能源效率措施，单位建筑面积采暖能耗为发达国家新建建筑的3倍以上。根据测算，如果不采取有力措施，到2020年中国建筑能耗将是现在的3倍以上。因此，借鉴国际先进经验，大力发展绿色建筑和使用环保、节能的建筑材料，不但可以最大限度地节约资源、保护环境和减少污染，还可以为人们提供健康、适用的使用空间，从而达到与自然和谐共生的状态。

9.1.1 绿色建筑

绿色建筑是指在建筑的全寿命周期内，最大限度地节约资源(节能、节地、节水、节材)、保护环境和减少污染，为人们提供健康、适用和高效的使用空间，与自然和谐共生的建筑。

绿色建筑评价指标体系由节地与室外环境、节能与能源利用、节水与水资源利用、节材与材料资源利用、室内环境质量、施工管理、运营管理7类指标组成。每类指标均包括控制项和评分项。评价指标体系还统一设置加分项。

评价指标体系7类指标的总分均为100分。7类指标各自的评价得分Q_1、Q_2、Q_3、Q_4、Q_5、Q_6、Q_7，按参评建筑该类指标的评分项实际得分值除以适用于该建筑的评分项总值再乘以100分计算。

绿色建筑评价的总得分按下式进行计算，其中评价指标体系7类指标评分项的权重w_1、w_2、w_3、w_4、w_5、w_6、w_7，按表9-1进行计算取值。

$$\sum Q = w_1Q_1 + w_2Q_2 + w_3Q_3 + w_4Q_4 + w_5Q_5 + w_6Q_6 + w_7Q_7$$

表9-1 绿色建筑各类评价指标的权重

类型		节地与室外环境 w_1	节能与能源利用 w_2	节水与水资源利用 w_3	节材与材料资源利用 w_4	室内环境质量 w_5	施工管理 w_6	运营管理 w_7
设计评价	居住建筑	0.21	0.24	0.20	0.17	0.18	—	—
	公共建筑	0.16	0.28	0.18	0.19	0.19	—	—
运行评价	居住建筑	0.17	0.19	0.16	0.14	0.14	0.10	0.10
	公共建筑	0.13	0.23	0.14	0.15	0.15	0.10	0.10

注：1. 表中“—”表示施工管理和运营管理两类指标不参与设计评价。

2. 对于同时具有居住和公共功能的单体建筑，各类评价指标权重取为居住建筑和公共建筑所对应权重的平均值。

绿色建筑分为一星级、二星级、三星级 3 个等级。3 个等级的绿色建筑均应满足本标准所有控制项的要求，且每类指标的评分项得分应不小于 40 分。当绿色建筑总得分分别达到 50 分、60 分、80 分时，绿色建筑等级分别为一星级、二星级、三星级。

如在住宅建筑项目中，节材与材料资源利用的必备条件如下。

1. 控制项

(1) 室内装饰装修材料满足相应产品质量国家或行业标准；其中材料中有害物质含量应满足室内装饰装修材料有害物质限量 10 项国家标准的要求。

(2) 采用集约化生产的建筑材料、构件和部品，减少现场加工。

2. 一般项

(1) 建筑材料就地取材，至少 20%(按价值计)的建筑材料产于距施工现场 500km 范围内。

(2) 使用耐久性好的建筑材料，如高强度钢、高性能混凝土、高性能混凝土外加剂等。

(3) 将建筑施工、旧建筑拆除和场地清理时产生的固体废弃物中可循环利用、可再生利用的建筑材料分离回收和再利用。在保证安全和不污染环境的情况下，可再利用的材料(按价值计)占总建筑材料的 5%；可再循环材料(按价值计)占所用总建筑材料的 10%。

(4) 在保证性能的前提下，优先使用利用工业或生活废弃物生产的建筑材料。

(5) 使用可改善室内空气质量的功能性装饰装修材料。

(6) 结构施工与装修工程一次施工到位，避免重复装修与材料浪费。

3. 优选项

采用高性能、低材耗、耐久性好的新型建筑结构体系。

“十二五”期间，我国绿色建筑的发展将从“启蒙”阶段迈向“快速发展”阶段，在 2011 年 3 月 28 日开幕的第七届国际绿色建筑与建筑节能大会上，提出了《我国绿色建筑行动纲要(草案)》。由于全社会对绿色建筑已形成共识，可再生能源在建筑领域的应用及发展绿色建筑成本可负担等因素，表明我国加快发展绿色建筑的条件已成熟，而且今后几年大规模建设的保障性住房将成为绿色建筑大发展的契机。数据指出，如果每年新增绿色建筑项目 100 个，“十二五”期间将可节电 8.5×10^8 kW • h，减排二氧化碳 76.6×10^4 t，节约水资源 0.3×10^8 t。

9.1.2 环保节能材料

据统计，在发达国家，空调采暖能耗占建筑能耗的 65%。目前，我国的采暖空调和照明用能量近期增长速度已明显高于能量生产的增长速度，因此，如何减少建筑的冷、热及照明能耗是降低建筑能耗总量的重要内容，而实现建筑节能的一个主要方面就体现在建筑环保节能材料的使用上。因此，建筑围护结构组成部件(屋顶、墙、地基、隔热材料、密封材料、门和窗、遮阳设施)的材料使用对建筑能耗、环境性能、室内空气质量与用户所处的视觉和热舒适环境有根本的影响。一般增大围护结构的费用仅为总投资的 3%～6%，而节能却可达 20%～40%。通过改善建筑物围护结构的热工性能，在夏季可减少室外热量传入室内，在冬季可减少室内热量的流失，使建筑热环境得以改善，从而减少建筑冷、热消耗。

建筑物围护结构的能量损失主要来自 3 个部分：①外墙；②门窗；③屋顶。这 3 个部分的节能技术是各国建筑界都非常关注的。其主要发展方向是开发高效、经济的保温、隔热材料和切实可行的构造技术，以提高围护结构的保温、隔热性能和密闭性能。

1. 外墙节能材料

就墙体节能而言，传统的用重质单一材料增加墙体厚度来达到保温的做法已不能适应节能和环保的要求，而复合墙体越来越成为墙体的主流。复合墙体一般用块体材料或钢筋混凝土作为承重结构，与保温隔热材料复合，或在框架结构中用薄壁材料加以保温、隔热材料作为墙体。目前建筑用保温、隔热材料主要有岩棉、矿渣棉、玻璃棉、聚苯乙烯泡沫、膨胀珍珠岩、膨胀蛭石、加气混凝土及胶粉聚苯颗粒浆料等。这些材料的生产、制作都需要采用特殊的工艺、特殊的设备，而不是传统技术所能及的。值得一提的是胶粉聚苯颗粒浆料是将胶粉料和聚苯颗粒轻骨料加水搅拌成浆料，抹于墙体外表面，形成无空腔保温层。聚苯颗粒骨料是采用回收的废聚苯板经粉碎制成，而胶粉料掺有大量的粉煤灰，是一种废物利用、节能环保的材料。墙体的复合技术有内附保温层、外附保温层和夹心保温层 3 种。我国采用夹心保温做法的较多；欧洲各国大多采用外附发泡聚苯板的做法，在德国，外保温建筑占建筑总量的 80%，而其中 70%均采用泡沫聚苯板。如图 9.3 所示为胶粉聚苯颗粒外墙保温系统。

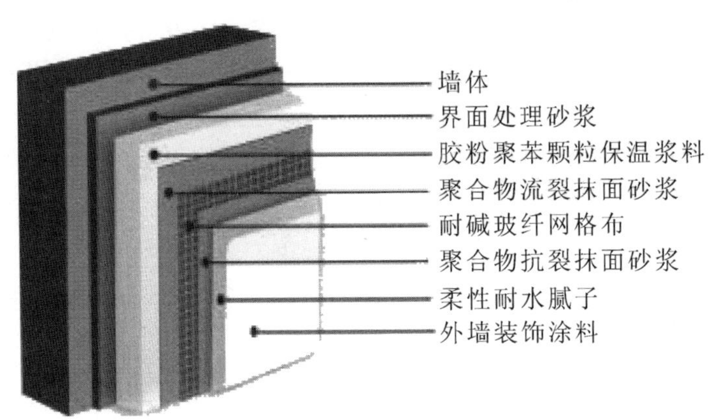

图 9.3 胶粉聚苯颗粒外墙保温系统

2. 门窗节能材料

门窗具有采光、通风和围护的作用，还在建筑艺术处理上起着很重要的作用。然而门窗又是最容易造成能量损失的部位。为了增大采光通风面积或表现现代建筑的性格特征，建筑物的门窗面积越来越大，更有全玻璃的幕墙建筑。这就对外维护结构的节能提出了更高的要求。目前，对门窗的节能处理主要是改善材料的保温隔热性能和提高门窗的密闭性能。从门窗材料来看，近些年出现了铝合金断热型材、铝木复合型材、钢塑整体挤出型材、塑木复合型材及 UPVC 塑料型材等一些技术含量较高的节能产品。其中使用较广的是 UPVC 塑料型材，它所使用的原料是高分子材料——硬质聚氯乙烯。它不仅生产过程中能耗少、无污染，而且材料导热系数小，多腔体结构密封性好，因而保温隔热性能好。UPVC 塑料门窗在欧洲各国已经采用多年，在德国塑料门窗中已经占到 50%。我国从 20 世纪 90 年代以后塑料门窗用量不断增大，正逐渐取代钢、铝合金等能耗大的材料。为了解决大面积玻璃造成能量损失过大的问题，人们运用了高新技术，将普通玻璃加工成中空玻璃、镀膜玻璃(包括反射玻璃、吸热玻璃)、高强度 LOW2E 防火玻璃(高强度低辐射镀膜防火玻璃)、采用磁控真空溅射方法镀制含金属银层的玻璃及最特别的智能玻璃。智能玻璃能感知外界光的变化并作出反应，它有两类：一类是光致变色玻璃，在光照射时玻璃会感光变暗，光线不易透过；停止光照射时，玻璃复明，光线可以透过。在太阳光强烈时，可以阻隔太阳辐射热；天阴时，玻璃变亮，太阳光又能进入室内。另一类是电致变色玻璃，在两片玻璃上镀有导电膜及变色物质，通过调节电压，促使变色物质变色，调整射入的太阳光(但因其生产成本高，现在还不能实际使用)，这些玻璃都有很好的节能效果。

3. 屋顶节能材料

屋顶的保温、隔热是围护结构节能的重点之一。在寒冷的地区屋顶设保温层，以阻止室内热量散失；在炎热的地区屋顶设置隔热降温层以阻止太阳的辐射热传至室内；而在冬冷夏热地区(黄河至长江流域)，建筑节能则要冬夏兼顾。保温常用的技术措施是在屋顶防水层下设置导热系数小的轻质材料用作保温，如膨胀珍珠岩、玻璃棉等(此为正铺法)；也可在屋面防水层以上设置聚苯乙烯泡沫(此为倒铺法)。在英国另外有一种保温层的做法是，采用回收废纸制成纸纤维，这种纸纤维生产能耗极小，保温性能优良，纸纤维经过硼砂阻燃处理，也能防火。施工时，先将屋顶的钉层夹层，再将纸纤维喷吹入内，形成保温层。屋顶隔热降温的方法有架空通风、屋顶蓄水或定时喷水、屋顶绿化等。以上做法都能不同程度地满足屋顶节能的要求，但目前最受推崇的是利用智能技术、生态技术来实现建筑节能的愿望，如太阳能集热屋顶和可控制的通风屋顶等。

9.1.3 环保节能材料的发展

1. 外墙保温及饰面系统(EIFS)

该系统是在20世纪70年代末的最后一次能源危机时期出现的，最先应用于商业建筑，随后开始了在民用建筑中的应用。今天，EIFS系统在商业建筑外墙使用中占17.0%，在民用建筑外墙使用中占3.5%，并且在民用建筑中的使用正以每年17.0%～18.0%的速度增长。此系统是多层复合的外墙保温系统，在民用建筑和商业建筑中都可以应用。ELFS系统包括以下几部分：主体部分是由聚苯乙烯泡沫塑料制成的保温板，一般是30～120mm厚，该部分以合成黏结剂或机械方式固定于建筑外墙；中间部分是持久的、防水的聚合物砂浆基层，此基层主要用于保温板上，以玻璃纤维网来增强并传达外力的作用；最外面部分是美观持久的表面覆盖层。为了防褪色、防裂，覆盖层材料一般采用丙烯酸共聚物涂料技术，此种涂料有多种颜色和质地可以选用，具有很强的耐久性和耐腐蚀能力。

2. 建筑保温绝热板系统(SIPS)

此材料可用于民用建筑和商业建筑，是高性能的墙体、楼板和屋面材料。板材的中间是聚苯乙烯泡沫或聚亚安酯泡沫夹心层，一般是120～240mm厚，两面根据需要可采用不同的平板面层，例如，在房屋建筑中两面可以采用工程化的胶合板类木制产品。用此材料建成的建筑具有强度高、保温效果好、造价低、施工简单、节约能源、保护环境的特点。SIPS一般1.2m宽，最大可以做到8m长，尺寸成系列化，很多工厂还可以根据工程需要按照实际尺寸定制，成套供应，承建商只需在工地现场进行组装即可，真正实现了住宅生产的产业化。

3. 隔热水泥模板外墙系统(ICFS)

产品是一种绝缘模板系统，主要由循环利用的聚苯乙烯泡沫塑料和水泥类的胶凝材料制成模板，用于现场浇筑混凝土墙或基础。施工时在模板内部水平或垂直配筋，墙体建成后，该绝缘模板将作为永久墙体的一部分，形成在墙体外部和内部同时保温绝热的混凝土墙体。混凝土墙面外包的模板材料满足了建筑外墙所需的保温、隔声、防火等要求。

9.2 环保节能材料的应用

我国2014年颁布的《绿色建筑评价标准》(GB 50378—2014)要求，绿色建筑的建设应对规划设计、施工与竣工阶段进行过程控制；并且绿色建筑建设应选用质量合格并符合使用要求的材料和产品，严禁使用国家或地方管理部门禁止、限制和淘汰的材料和产品。

9.2.1 无机保温砂浆

无机保温砂浆是一种用于建筑物内外墙粉刷的新型保温节能砂浆材料，以无机类的轻质保温颗粒(如粉煤灰漂珠、玻璃漂珠、普通膨胀珍珠岩、聚苯颗粒、玻化微珠)作为轻骨料，加由胶凝材料、抗裂添加剂及其他填充料等制成的建筑物保温隔热的干粉料，使用时加水拌制成浆料并施抹于基层工作面，硬化后形成保温层；具有节能利废、保温隔热、防火防冻、耐老化的优异性能以及价格低廉等特点。

无机保温砂浆的主要技术特点如下。

(1) 无机保温沙浆有极佳的温度稳定性和化学稳定性。无机保温砂浆材料保温系统由纯无机材料制成。耐酸碱、耐腐蚀、不开裂、不脱落、稳定性高、不存在老化问题、与建筑墙体同寿命。

(2) 施工简便，综合造价低。无机保温砂浆材料保温系统可直接抹在毛坯墙上，其施工方法与水泥砂浆找平层相同。该产品使用的机械，工具简单，施工便利，与其他保温系统比较有明显的施工期短、质量容易控制的优势。

(3) 适用范围广，阻止冷热桥产生。无机保温砂浆材料保温系统适用于各种墙体基层材质，各种形状复杂墙体的保温。全封闭、无接缝、无空腔，没有热桥产生。并且不但可以做外墙外保温还可以做外墙内保温，或者外墙内外同时保温及屋顶的保温和地热的隔热层，为节能体系的设计提供一定的灵活性。

(4) 绿色环保无公害。无机保温砂浆材料保温系统无毒、无味、无放射性污染，对环境和人体无害，同时其大量推广使用可以利用部分工业废渣及低品级建筑材料，具有良好的综合利用环境保护效益。

(5) 强度高。无机保温砂浆材料保温系统与基层黏结强度高，不产生裂纹及空鼓。这一点与国内其他保温材料相比具有一定的技术优势。

(6) 防火阻燃安全性好，用户放心。无机保温砂浆材料保温系统防火不燃烧，可广泛用于密集型住宅、公共建筑、大型公共场所、易燃易爆场所、对防火要求严格的场所，还可作为防火隔离带施工，提高建筑防火标准。

(7) 热工性能好。无机保温砂浆材料保温系统蓄热性能远大于有机保温材料，可用于南方的夏季隔热。同时其导热系数可以达到0.07W/(m·K)以下，而且导热性能可以方便地调整以配合力学强度的需要及实际使用功能的要求，可以在不同的场合使用，如地面、天花板等场合。

(8) 防霉效果好。可以防止热桥传导，防止室内结露后产生的霉斑。

(9) 经济性好。如果采用适当配方的无机保温砂浆材料保温系统取代传统的室内外批荡双面施工，可以达到技术性能和经济性能的最优化方案。

无机保温砂浆及其轻集料的性能要求应符合表 9-2、表 9-3 的规定。

表 9-2 无机保温砂浆干粉料的性能指标

项　目	指　标				
	A 型	B 型	C 型	D 型	E 型
堆积密度/(kg/m³)	≤350	≤450	≤550	≤650	≤750
外观质量	外观应为均匀、干燥无结块的颗粒状混合物				

表 9-3 膨化玻化微珠性能指标

项　目	指　标
堆积密度/(kg/m³)	＞120
筒压强度/kPa	≥200
导热系数/[W/(m·k)]，平均温度 25℃	≤0.07
体积吸水率/(%)	≤45
体积漂浮率/(%)	≥80
表面玻化闭孔率/(%)	≥80

轻骨料玻化微珠是一种无机物玻璃质矿物材料，如图 9.4 所示，是由火山岩粉碎成矿砂，经过特殊膨化烧法加工而成的，产品呈不规则球状体颗粒，内部为空腔结构，表面呈玻璃化封闭状态，封闭度有一定变化，理化性能稳定，具有质轻、隔热防火、耐高低温、抗老化等优良特性。可部分替代粉煤灰漂珠、玻璃漂珠、普通膨胀珍珠岩、聚苯颗粒等诸多传统轻质骨料在不同制品中的应用，是一种环保型高性能无机轻质绝热材料，如图 9.5 所示为玻化微珠保温浆料。

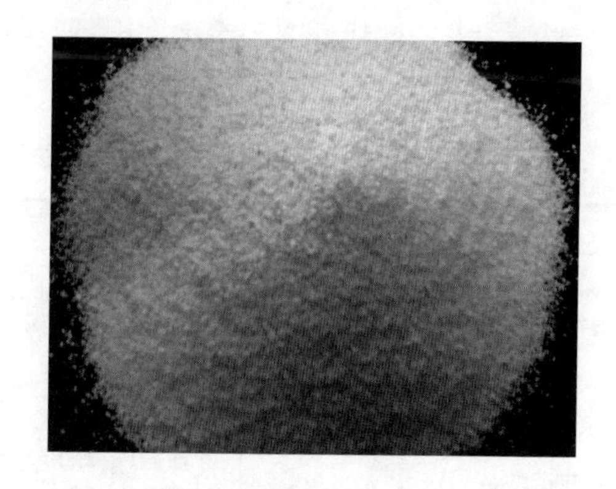

图 9.4 玻化微珠

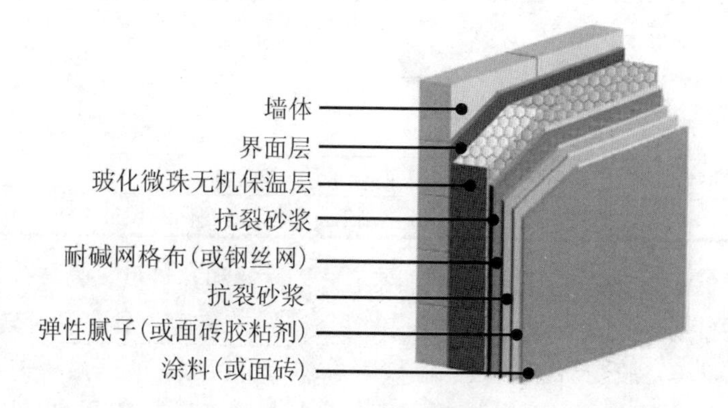

图 9.5 玻化微珠保温浆料

9.2.2 胶粉聚苯颗粒保温砂浆

胶粉聚苯颗粒保温砂浆以预混合型干拌砂浆为主要胶凝材料，加入适当的抗裂纤维及多种添加剂，以聚苯乙烯泡沫颗粒为轻骨料，按比例配置，在现场加以搅拌均匀即可，外墙内外表面均可使用，施工方便，且保温效果较好，如图 9.6 所示。

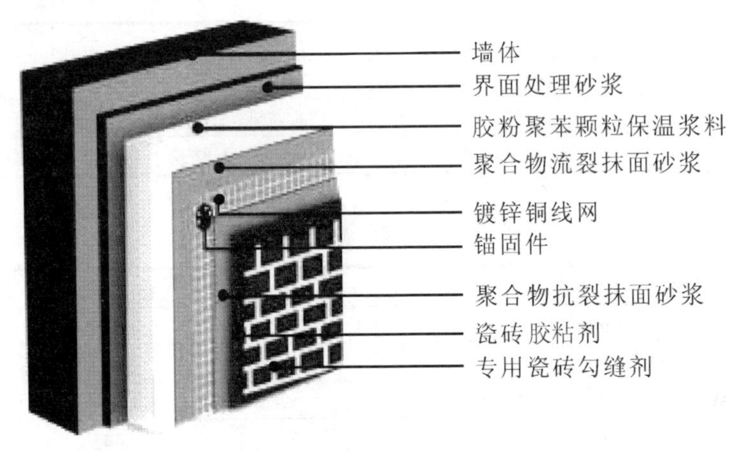

图 9.6 胶粉聚苯颗粒保温砂浆

该材料导热系数低，保温隔热性能好，抗压强度高，粘接力强，附着力强，耐冻融、干燥收缩率及浸水线性变形率小，不易空鼓、开裂。胶粉聚苯颗粒保温砂浆的性能指标见表 9-4。

表 9-4 胶粉聚苯颗粒保温砂浆的性能指标

项　目	技术要求
耐候性	经 80 次高温(70℃)—淋水(15℃)循环和 20 次加热(50℃)—冷冻(−20℃)循环后不得出现开裂、空鼓或脱落。抗裂防护层与保温层的拉伸黏结强度不应小于 0.1MPa，破坏界面应位于保温层
吸水量/(g/m^2)浸水 1h	≤1000
抗冲击性	普通型(单网) 3J 冲击合格 加强型(双网) 10J 冲击合格
抗风压值	不小于工程项目的风荷载设计值
耐冻融	严寒及寒冷地区 30 次循环、夏热冬冷地区 10 次循环表面无裂纹、空鼓、起泡、剥离现象
水蒸气湿流密度/[g/(m^2・h)]	≥0.85
不透水性	试样防护层内侧无水渗透
耐磨损，500L 秒	无开裂、龟裂或表面保护层剥落、损伤
火反应性	不应被点燃，试验结束后试件厚度变化不超过 10%

胶粉聚苯颗粒保温砂浆采用现场成型抹灰工艺，材料和易性好，易操作，施工效率高，材料成型后整体性能好，避免了块材保温、接缝易开裂的弊病，且在各种转角处无须裁板做处理，施工工艺简单。胶粉聚苯颗粒保温砂浆总体造价较低，能满足相关节能规范要求，而且特别适合建筑造型复杂的各种外墙保温工程，是目前普及率较高的一种建筑保温节能做法。

9.2.3 UPVC 塑料门窗

从门窗节能材料来看，目前有铝合金断热型材、铝木复合型材、钢塑整体挤出型材以及 UPVC 塑料型材等一些技术含量较高的节能产品，其中使用较广的是 UPVC 塑料型材，它所使用的原料是高分子材料——硬质聚氯乙烯，如图 9.7 所示。

图 9.7 UPVC 塑料门窗

UPVC 又称硬 PVC，是由氯乙烯单体经聚合反应而制成的无定形热塑性树脂加一定的添加剂(如稳定剂、润滑剂、填充剂等)组成的。除了用添加剂外，还采用了与其他树脂进行共混改性的办法，使其具有明显的实用价值。UPVC 的熔体黏度高、流动性差，即使提高注射压力和熔体温度，流动性的变化也不大。

对 UPVC 门窗用型材的要求如下。

(1) 良好的成型加工性。

(2) 具有足够的刚度、强度和耐冲击性。

(3) 耐热、耐寒、耐燃性。

(4) 离火自熄。

(5) 耐候性、耐久性及颜色牢固性。

(6) 制品的尺寸稳定性和表面光泽度。

9.2.4 中空玻璃

中空玻璃由美国人于 1865 年发明的，是一种良好的隔热、隔声、美观适用并可降低建筑物自重的新型建筑材料，它是用两片(或三片)玻璃，使用高强度高气密性复合胶粘剂，将玻璃片与内含干燥剂的铝合金框架粘接制成的高效能隔声隔热玻璃，如图 9.8 所示。中空玻璃的多种性能优越于普通双层玻璃，因此得到了世界各国的认可，中空玻璃是将两片或多片玻璃以有效支撑均匀隔开并周边黏结密封，使玻璃层间形成有干燥气体空间的玻璃制品。其主要材料是玻璃、铝间隔条、弯角栓、丁基橡胶、聚硫胶、干燥剂。

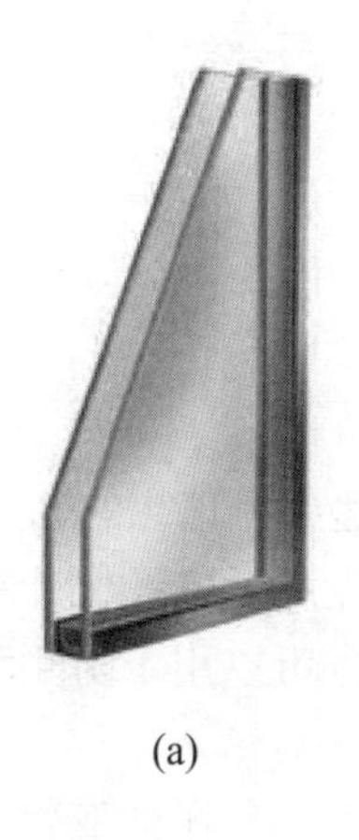

(a)

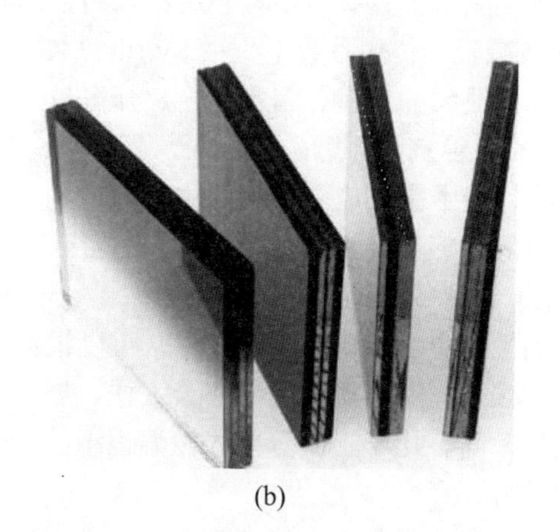

(b)

图 9.8 中空玻璃

由于中空玻璃内部存在着可以吸附水分子的干燥剂，气体是干燥的，在温度降低时，中空玻璃的内部也不会产生凝露的现象，同时，在中空玻璃的外表面结露点也会升高。如当室外风速为5m/s，室内温度为20℃，相对湿度为60%时，5mm玻璃在室外温度为8℃时开始结露，而16mm(5+6+5)中空玻璃在同样条件下，室外温度为-2℃时才开始结露，27mm(5+6+5+6+5)3层中空玻璃在室外温度为-11℃时才开始结露。

由于中空玻璃的隔热性能较好，玻璃两侧的温度差较大，还可以降低冷辐射的作用；当室外温度为-10℃时，室内单层玻璃窗前的温度为-2℃，而中空玻璃窗前的温度是13℃；在相同的房屋结构中，当室外温度为-8℃，室内温度为20℃时，3mm普通单层玻璃冷辐射区域占室内空间的67.4%，而采用12mm(3+6+3)双层中空玻璃则为13.4%。

使用中空玻璃，可以提高玻璃的安全性能，在使用相同厚度的原片玻璃的情况下，中空玻璃的抗风压强度是普通单片玻璃的1.5倍。

1. 普通中空玻璃

中空玻璃由两层或多层平板玻璃构成。四周用高强高气密性复合黏结剂，将两片或多片玻璃与密封条、玻璃条粘接并密封。中间充入干燥气体，框内充以干燥剂，以保证玻璃片间空气的干燥度。可以根据要求选用各种不同性能的玻璃原片，如无色透明浮法玻璃压花玻璃、吸热玻璃、热反射玻璃、夹丝玻璃、钢化玻璃等与边框(铝框架或玻璃条等)，经胶结、焊接或熔接而制成。

中空玻璃主要用于需要采暖、空调、防止噪声或结露，以及需要无直射阳光和特殊光的建筑物上；广泛应用于住宅、饭店、宾馆、办公楼、学校、医院、商店等需要室内空调的场合；也可用于火车、汽车、轮船、冷冻柜的门窗等处。

2. 高性能中空玻璃

高性能中空玻璃与一般普通中空玻璃不同，除在两层玻璃中间封入干燥空气之外，还要在外侧玻璃中间空气层侧涂上一层热性能好的特殊金属膜。它可以截止由太阳射到室内的相当多的能量，起到更大的隔热效果。

高性能中空玻璃的特点如下：

(1) 较大的节能效果。

高性能中空玻璃由于有一层特殊的金属膜，遮蔽系数可达到0.22～0.49，使室内空调(冷气)负载减轻。传热系数1.4～2.8W(m^2·K)，比普通中空玻璃好。对减轻室内暖气负荷，同样能发挥很大的效率。因此，窗户开得越大，节能效果越明显。

(2) 改善室内环境。

高性能中空玻璃可以拦截由太阳射到室内的相当多的能量，因而可以防止因辐射热引起的不舒适感和减轻夕照阳光引起的目眩。

(3) 丰富的色调和艺术性。

高性能中空玻璃有多种色彩，可以根据需要选用色彩，以达到更理想的艺术效果。

高性能中空玻璃适用于办公大楼、展览室、图书馆等公共设施，以及像计算机房、精密仪器车间、化学工厂等要求恒温恒湿的特殊建筑物。另外，也可以用于防晒和防夕照目眩的地方。

需要注意的是，中空玻璃中间封入干燥空气，因此根据温度、气压的变化，内部空气压力也随之变化，但玻璃面上只产生很小的变形。另外，制造时可能产生微小翘曲，施工过程中也可能形成畸变。所以包括这样一些因素在内，有时对反射也相应地有些变化，应予以重视。此外，选用颜色不同，反射也不尽相同。

9.2.5 空心砖

空心砖是近年来建筑行业常用的墙体主材，由于其质轻、消耗原材少等优势，已经成为国家建筑部门首先推荐的产品。与红砖一样，空心砖的常见制造原料是黏土和煤渣灰，一般规格是390mm×190mm×190mm。

空心砖的孔洞总面积占其所在砖面积的百分率，称为空心砖的孔洞率，一般应在15%以上。空心砖和实心砖相比，可节省大量的土地用土和烧砖燃料，减轻运输质量；减轻制砖和砌筑时的劳动强度，加快施工进度；减轻建筑物自重，加高建筑层数，降低造价，如图9.9所示。另外，空心砖还具有质轻、强度高、保温、隔声降噪性能好、环保、无污染，是框架结构建筑物的理想填充材料。但空心砖的抗震性能差。

(a)

(b)

图9.9 空心砖

多孔砖或空心砖在运输和堆放过程中，要尽可能地减少碰撞。在装卸时要用专用夹具，不允许人为地用手将砖抛入运输车箱内，不允许直接倾倒或抛掷，以免造成产品外观损坏。多孔砖或空砖进入施工工地后应分类整齐堆放，堆放高度不宜超过20皮砖。产品应放在地势较平坦且能承受产品荷载的地方。

9.2.6 新型节能环保材料的发展

1. 新型墙体材料

墙体材料在房屋建材中约占70%，是建筑材料的重要组成部分。新型墙体材料的发展应有利于生态平衡、环境保护和节约能源，要充分利用本地资源，综合利用粉煤灰及其他工业废渣生产墙体材料，以加快轻质、高强、利废的新型墙体材料的发展步伐。如利用资源丰富的粉煤灰、煤矸石、矿渣等，取代黏土生产粉煤灰烧结砖、煤矸石烧结砖、矿渣砖。

就其品种而言，新型墙体材料主要包括砖、块、板等，如黏土空心砖、掺废料的黏土砖、非黏土砖、建筑砌块、加气混凝土、轻质板材、复合板材等。其中加气混凝土是集承重和绝热为一体的多功能材料，而用板材做墙体材料是今后墙材发展的趋势，因此加气混凝土制品作为今后墙体材料的首选，有着巨大的发展前景。又如蒸压轻质加气混凝土板具有质轻、保温、隔热、防火等优良性能，应用于新结构体系如钢结构中，被认为是理想的围护结构材料。

因此，要适应建筑应用的需要，将新型墙体材料的发展与提高建筑性能和改善建筑功能结合起来，使其具有更强的生命力，因地制宜地发展各种新型墙体材料，从而达到节能、保护耕地、利用工业废渣、促建筑技术发展的综合目的。

2. 保温隔热材料

墙体特别是外墙的传热在建筑物总体传热中所占的比例最大，我国多采用保温节能墙体。墙体保温方式根据保温层位置的不同可分为外墙外保温、外墙内保温和中空夹心复合墙体保温3种。目前我的外墙外保温技术发展很快，是节能工作的重点。

近年来，我国保温隔热材料的产品结构发生了明显的变化：泡沫塑料类保温隔热材料所占比例逐年增长，已由2001年的21%上升到2005年的37%；矿物纤维类保温隔热材料的产量增长较快，但其所占比例基本维持不变；硬质类保温隔热材料制品所占比例逐年下降。我国目前常用的外保温技术体系包括胶粉聚苯颗粒外保温、现浇混凝土复合无网聚苯颗粒外保温、现浇混凝土复合有网聚苯颗粒外保温、岩棉聚苯颗粒外保温、外表面喷涂泡沫聚氨酯和保温涂料等。在上述几种保温体系中，保温涂料综合了涂料以及保温材料的双重特点，干燥后形成有一定强度及弹性的保温层，符合外保温材料的要求。

3. 节能门窗和节能玻璃

从目前节能门窗的发展来看，门窗的制造材料从单一的木、钢、铝合金等发展到了复合材料，如铝合金-木材复合、铝合金-塑料复合、玻璃钢等。目前我国市场上主要的节能门窗有PVC门窗、UPVC门窗、铝木复合门窗、铝塑复合门窗、玻璃钢门窗等。就玻璃钢门窗而言，其型材具有极高的强度和极低的膨胀系数，具有广阔的发展前景。

除结构外，对门窗节能性能影响最大的是玻璃的性能。目前，国内外研究并推广使用的节能玻璃主要有中空玻璃、真空玻璃和镀膜玻璃等。

(1) 中空玻璃。在发达国家已经是新建住宅法定的节能玻璃，但我国中空玻璃的使用普及率还不到1%，从国内外的实践来看，推广使用中空玻璃将是实现门窗节能的一个重要途径。

(2) 真空玻璃。在节能方面要优于中空玻璃，从节能性能比较，真空玻璃比中空玻璃节电16%～18%。

(3) 热反射镀膜玻璃。其使用不仅具有节能和装饰效果，可起到防眩、单面透视和提高舒适度等效果，还可大量节约能源，有效降低空调的运营经费。

(4) 镀膜低辐射玻璃。是近年来发展起来的新型节能玻璃，采用真空磁控溅射法在玻璃表面镀上多层由金属或其他化合物组成的膜。这种玻璃对380～780nm的可见光具有较高的透射率，同时对红外光(特别是中远红外光)具有较高的反射率，既可以保证室内的能见度，又能减少冬季室内热量向外发散，还能控制夏季户外热量过多地进入室内，提供舒适的居住生活环境，将是未来节能玻璃的主要应用品种。

4. 水泥的发展和粉煤灰的利用

水泥工业在我国建材行业中能耗最大，因此要大力发展生态水泥。所谓生态水泥，就是广泛利用各种废弃物，包括各种工业废料、废渣及城市垃圾制造的一种生态建材。这种水泥能够降低废弃物处理的负荷，既解决了废弃物造成的污染，又把生活垃圾和工业废弃物作为原材料，变成了有用的建设资源，从而降低了生产成本。生态水泥的主要品种有环保型高性能贝利特水泥、低钙型新型水硬性胶凝材料、碱矿渣水泥等。

粉煤灰是燃煤发电场的废弃物，由于其具有轻质多孔的特点和潜在的水硬性，可以作为多种建材的生产原料。开发粉煤灰建材不仅可以解决能源和资源问题，同时还可以解决这种工业废弃物造成的污染问题。今后在粉煤灰综合利用方面，需要重点开发研究的前沿技术课题有大掺量粉煤灰制品，各种免烧结、免蒸养自然养护工艺的粉煤灰砖制品和粉煤灰陶粒等。

5. 建筑垃圾的综合利用

近几年，我国在建筑垃圾开发利用方面投入了相当大的资金，不少地区将建筑垃圾作为一种再生资源，对固体废弃物加以筛分、破碎后制成建筑垃圾砖或用作路基垫层及地基垫层；对不可埋垃圾则堆山造景加以利用。其中，建筑垃圾砖取代传统黏土实心砖作为砌体材料，净化了环境，节约了能源，保护了土地资源，是一种具有经济效益和社会效益的产品，从而使建筑业走上了一条良性循环的经济模式，成为建筑业可持续发展的动力。

9.3 环保节能材料的取样与验收

依据《建筑节能工程施工质量验收规范》(GB 50411—2007)的规定，建筑节能工程使用的材料、设备等，必须符合设计要求及国家有关标准的规定。严禁使用国家明令禁止使用与淘汰的材料。建筑节能工程使用材料的燃烧性能等级和阻燃处理应符合设计要求和现行国家标准《高层民用建筑设计防火规范》(GB 50045—2005)、《建筑内部装修设计防火规范(2001 年版)》(GB 50222—1995)和《建筑设计防火规范》(GB 50016—2010)等的规定。

建筑节能工程为单位建筑工程的一个分部工程。其分项工程和检验批的划分应符合表 9-5 的规定。

表 9-5 建筑节能分项工程划分(节能材料)

序号	分项工程	主要验收内容
1	墙体节能工程	主体结构基层、保温材料、饰面层等
2	幕墙节能工程	主体结构基层、隔热材料、保温材料、隔汽层、幕墙玻璃、单元式幕墙板块、通风换气系统、遮阳设施、冷凝水收集排放系统等
3	门窗节能工程	门、窗、玻璃、遮阳设施等
4	屋面节能工程	基层、保温隔热层、保护层、防水层、面层等
5	地面节能工程	基层、保温层、保护层、面层等
6	采暖节能工程	系统制式、散热器、阀门与仪表、热力入口装置、保温材料

9.3.1 墙体节能工程

墙体节能工程中环保节能材料的验收应符合以下标准。

(1) 墙体节能工程的保温材料在施工过程中应采取防潮、防水等保护措施。

(2) 主控项目，包括如下 4 方面。

① 用于墙体节能工程的材料，其品种、规格应符合设计要求和相关标准的规定。

a. 检验方法。观察、尺量检查；核查质量证明文件。

b. 检查数量。按进场批次，每批随机抽取3个试样进行检查；质量证明文件应按照其出厂检验批进行核查。

② 墙体节能工程使用的保温隔热材料，其导热系数、密度、抗压强度或压缩强度、燃烧性能应符合设计要求。

a. 检验方法。核查质量证明文件及进场复验报告。

b. 检查数量。全数检查。

③ 墙体节能工程采用的保温材料和黏结材料等，进场时应对其下列性能进行复验，复验应为见证取样送检：保温材料的导热系数、密度、抗压强度或压缩强度；黏结材料的黏结强度；增强网的力学性能、抗腐蚀性能。

检验方法。随机抽样送检，核查复验报告。

④ 当外墙采用保温浆料作保温层时，应在施工中制作同条件养护试件，检测其导热系数、干密度和压缩强度。保温浆料的同条件养护试件应见证取样送检。

a. 检验方法。核查试验报告。

b. 检查数量。每个检验批应抽样制作同条件养护试块不少于3组。

9.3.2 门窗节能工程

墙体节能工程中环保节能材料的验收应符合以下要求。

(1) 建筑门窗进场后，应对其外观、品种、规格及附件等进行检查验收，对质量证明文件进行核查。

(2) 建筑外门窗工程的检验批。应按下列规定划分。

① 同一厂家的同一品种、类型、规格的门窗及门窗玻璃每100樘划分为一个检验批，不足100樘也为一个检验批。

② 同一厂家的同一品种、类型和规格的特种门每 50 樘划分为一个检验批，不足 50 樘也为一个检验批。

③ 对于异形或有特殊要求的门窗，检验批的划分应根据其特点和数量，由监理(建设)单位和施工单位协商确定。

(3) 建筑外门窗工程的检查数量。应符合下列规定。

① 建筑门窗每个检验批应抽查5%，并不少于3樘，不足3樘时应全数检查；高层建筑的外窗，每个检验批应抽查10%，并不少于6樘，不足6樘时应全数检查。

② 特种门每个检验批应抽查50%，并不少于10樘，不足10樘时应全数检查。

(4) 主控项目。包括以下4部分内容。

① 建筑外门窗的品种、规格应符合设计要求和相关标准的规定。

a. 检验方法。观察、尺量检查；核查质量证明文件。

b. 检查数量。建筑门窗每个检验批应抽查5%，并不少于3樘，不足3樘时应全数检查；高层建筑的外窗，每个检验批应抽查10%，并不少于6樘，不足6樘时应全数检查；特种门每个检验批应抽查50%，并不少于10樘，不足10樘时应全数检查。

② 建筑外窗的气密性、保温性能、中空玻璃露点、玻璃遮阳系数和可见光透射比应符合设计要求。

a. 检验方法。核查质量证明文件和复验报告。

b. 检查数量。全数核查。

③ 建筑外窗进入施工现场时，应按地区类别对其下列性能进行复验，复验应为见证取样送检。

- 严寒、寒冷地区。气密性、传热系数和中空玻璃露点。
- 夏热冬冷地区。气密性、传热系数、玻璃遮阳系数、可见光透射比、中空玻璃露点。
- 夏热冬暖地区。气密性、玻璃遮阳系数、可见光透射比、中空玻璃露点。

a. 检验方法。随机抽样送检；核查复验报告。

b. 检查数量。同一厂家同一品种同一类型的产品各抽查不少于3樘(件)。

④ 建筑门窗采用的玻璃品种应符合设计要求。中空玻璃应采用双道密封。

a. 检验方法。观察检查；核查质量证明文件。

b. 检查数量。建筑门窗每个检验批应抽查5%，并不少于3樘，不足3樘时应全数检查；高层建筑的外窗，每个检验批应抽查10%，并不少于6樘，不足6樘时应全数检查；特种门每个检验批应抽查50%，并不少于10樘，不足10樘时应全数检查。

本章小结

环保节能材料具有轻质、高强、保温、节能、节土、装饰等优良特性。采用环保节能材料不但能使房屋功能大大改善，还可以使建筑物内外更具现代气息，满足人们的审美要求；有的环保节能材料可以显著减轻建筑物自重，为推广轻型建筑结构创造了条件，推动了建筑施工技术的现代化，大大加快了建房速度。本章主要介绍了绿色建筑及建筑环保节能材料的基本知识和应用、建筑节能材料的取样和验收。

习题

一、填空题

1. 绿色建筑是指在建筑的全寿命周期内，最大限度地(　　)、(　　)和(　　)，为人们提供健康、适用和高效的使用空间，与自然和谐共生的建筑。

2. 绿色建筑评价指标体系是由(　　)、(　　)、(　　)、(　　)、(　　)和(　　)6类指标组成。

二、简答题

1. 什么是绿色建筑？
2. 什么是环保节能材料？未来的发展方向如何？
3. 什么是无机保温砂浆？无机保温砂浆的特点有哪些？
4. 如何做到屋顶节能？
5. 如何做到门窗节能？中空玻璃的特点有哪些？
6. 如何做到墙体节能？空心砖的优缺点有哪些？对空心砖的使用是否有要求？

参 考 文 献

[1] 范文昭．建筑材料[M]．北京：中国建筑工业出版社，2010．
[2] 曹世晖．建筑工程材料与检测[M]．长沙：中南大学出版社，2013．
[3] 本社．现行建筑材料规范大全(增补本)[M]．北京：中国建筑工业出版社，2000．
[4] 本社．建筑工程检测标准大全(上、下册)[M]．北京：中国建筑工业出版社，2000．
[5] 张健．建筑材料与检测[M]．北京：化学工业出版社，2007．
[6] 王世芳．建筑材料[M]．武汉：武汉大学出版社，2000．
[7] 宋岩丽．建筑材料与检测[M]．北京：人民交通出版社，2007．
[8] 王春阳．建筑材料[M]．北京：高等教育出版社，2006．
[9] 陈志源．土木工程材料[M]．武汉：武汉工业大学出版社，2000．
[10] 陈宝璠．土木工程材料检测实训[M]．北京：中国建材工业出版社，2009．
[11] 谭平．建筑材料检测实训指导[M]．北京：中国建材工业出版社，2008．
[12] 中华人民共和国国家标准．通用硅酸盐水泥(GB 175—2007)[S]．北京：中国标准出版社，2007．
[13] 中华人民共和国国家标准．建筑用砂(GB/T 14684—2011)[S]．北京：中国标准出版社，2011．
[14] 中华人民共和国国家标准．普通混凝土配合比设计规程(JGJ55—2011)[S]．北京：中国标准出版社，2011．
[15] 中华人民共和国国家标准．碳素结构钢(GB/T 700—2006)[S]．北京：中国标准出版社，2006．

北京大学出版社高职高专土建系列教材书目

序号	书名	书号	编著者	定价	出版时间	配套情况
"互联网+"创新规划教材						
1	建筑构造(第二版)	978-7-301-26480-5	肖　芳	42.00	2016.1	ppt/APP/二维码
2	建筑装饰构造(第二版)	978-7-301-26572-7	赵志文等	39.50	2016.1	ppt/二维码
3	建筑工程概论	978-7-301-25934-4	申淑荣等	40.00	2015.8	ppt/二维码
4	市政管道工程施工	978-7-301-26629-8	雷彩虹	46.00	2016.5	ppt/二维码
5	市政道路工程施工	978-7-301-26632-8	张雪丽	49.00	2016.5	ppt/二维码
6	建筑三维平法结构图集	978-7-301-27168-1	傅华夏	65.00	2016.8	APP
7	建筑三维平法结构识图教程	978-7-301-27177-3	傅华夏	65.00	2016.8	APP
8	建筑工程制图与识图(第2版)	978-7-301-24408-1	白丽红	34.00	2016.8	APP/二维码
9	建筑设备基础知识与识图(第2版)	978-7-301-24586-6	靳慧征等	47.00	2016.8	二维码
10	建筑结构基础与识图	978-7-301-27215-2	周　晖	58.00	2016.9	APP/二维码
"十二五"职业教育国家规划教材						
1	★建筑工程应用文写作(第2版)	978-7-301-24480-7	赵立等	50.00	2014.8	ppt
2	★土木工程实用力学(第2版)	978-7-301-24681-8	马景善	47.00	2015.7	ppt
3	★建设工程监理(第2版)	978-7-301-24490-6	斯　庆	35.00	2015.1	ppt/答案
4	★建筑节能工程与施工	978-7-301-24274-2	吴明军等	35.00	2015.5	ppt
5	★建筑工程经济(第2版)	978-7-301-24492-0	胡六星等	41.00	2014.9	ppt/答案
6	★建设工程招投标与合同管理(第3版)	978-7-301-24483-8	宋春岩	40.00	2014.9	ppt/答案/试题/教案
7	★工程造价概论	978-7-301-24696-2	周艳冬	31.00	2015.1	ppt/答案
8	★建筑工程计量与计价(第3版)	978-7-301-25344-1	肖明和等	65.00	2015.7	ppt
9	★建筑工程计量与计价实训(第3版)	978-7-301-25345-8	肖明和等	29.00	2015.7	ppt
10	★建筑装饰施工技术(第2版)	978-7-301-24482-1	王　军	37.00	2014.7	ppt
11	★工程地质与土力学(第2版)	978-7-301-24479-1	杨仲元	41.00	2014.7	ppt
基础课程						
1	建设法规及相关知识	978-7-301-22748-0	唐茂华等	34.00	2013.9	ppt
2	建设工程法规(第2版)	978-7-301-24493-7	皇甫婧琪	40.00	2014.8	ppt/答案/素材
3	建筑工程法规实务	978-7-301-19321-1	杨陈慧等	43.00	2011.8	ppt
4	建筑法规	978-7-301-19371-6	董伟等	39.00	2011.9	ppt
5	建设工程法规	978-7-301-20912-7	王先恕	32.00	2012.7	ppt
6	AutoCAD 建筑制图教程(第2版)	978-7-301-21095-6	郭　慧	38.00	2013.3	ppt/素材
7	AutoCAD 建筑绘图教程(第2版)	978-7-301-24540-8	唐英敏等	44.00	2014.7	ppt
8	建筑 CAD 项目教程(2010 版)	978-7-301-20979-0	郭　慧	38.00	2012.9	素材
9	建筑工程专业英语(第二版)	978-7-301-26597-0	吴承霞	24.00	2016.2	ppt
10	建筑工程专业英语	978-7-301-20003-2	韩薇等	24.00	2012.2	ppt
11	建筑识图与构造(第2版)	978-7-301-23774-8	郑贵超	40.00	2014.2	ppt/答案
12	房屋建筑构造	978-7-301-19883-4	李少红	26.00	2012.1	ppt
13	建筑识图	978-7-301-21893-8	邓志勇等	35.00	2013.1	ppt
14	建筑识图与房屋构造	978-7-301-22860-9	贠禄等	54.00	2013.9	ppt/答案
15	建筑构造与设计	978-7-301-23506-5	陈玉萍	38.00	2014.1	ppt/答案
16	房屋建筑构造	978-7-301-23588-1	李元玲等	45.00	2014.1	ppt
17	房屋建筑构造习题集	978-7-301-26005-0	李元玲	26.00	2015.8	ppt/答案
18	建筑构造与施工图识读	978-7-301-24470-8	南学平	52.00	2014.8	ppt
19	建筑工程识图实训教程	978-7-301-26057-9	孙伟	32.00	2015.12	ppt
20	建筑工程制图与识图(第2版)	978-7-301-24408-1	白丽红	34.00	2016.8	APP/二维码
21	建筑制图习题集(第2版)	978-7-301-24571-2	白丽红	25.00	2014.8	
22	建筑制图(第2版)	978-7-301-21146-5	高丽荣	32.00	2013.3	ppt
23	建筑制图习题集(第2版)	978-7-301-21288-2	高丽荣	28.00	2013.2	
24	◎建筑工程制图(第2版)(附习题册)	978-7-301-21120-5	肖明和	48.00	2012.8	ppt
25	建筑制图与识图(第2版)	978-7-301-24386-2	曹雪梅	38.00	2015.8	ppt
26	建筑制图与识图习题册	978-7-301-18652-7	曹雪梅等	30.00	2011.4	
27	建筑制图与识图(第二版)	978-7-301-25834-7	李元玲	32.00	2016.9	ppt
28	建筑制图与识图习题集	978-7-301-20425-2	李元玲	24.00	2012.3	ppt
29	新编建筑工程制图	978-7-301-21140-3	方筱松	30.00	2012.8	ppt
30	新编建筑工程制图习题集	978-7-301-16834-9	方筱松	22.00	2012.8	
建筑施工类						
1	建筑工程测量	978-7-301-16727-4	赵景利	30.00	2010.2	ppt/答案
2	建筑工程测量(第2版)	978-7-301-22002-3	张敬伟	37.00	2013.2	ppt/答案

序号	书名	书号	编著者	定价	出版时间	配套情况
3	建筑工程测量实验与实训指导(第 2 版)	978-7-301-23166-1	张敬伟	27.00	2013.9	答案
4	建筑工程测量	978-7-301-19992-3	潘益民	38.00	2012.2	ppt
5	建筑工程测量	978-7-301-13578-5	王金玲等	26.00	2008.5	
6	建筑工程测量实训(第 2 版)	978-7-301-24833-1	杨凤华	34.00	2015.3	答案
7	建筑工程测量(附实验指导手册)	978-7-301-19364-8	石　东等	43.00	2011.10	ppt/答案
8	建筑工程测量	978-7-301-22485-4	景　铎等	34.00	2013.6	ppt
9	建筑施工技术(第 2 版)	978-7-301-25788-7	陈雄辉	48.00	2015.7	ppt
10	建筑施工技术	978-7-301-12336-2	朱永祥等	38.00	2008.8	ppt
11	建筑施工技术	978-7-301-16726-7	叶　雯等	44.00	2010.8	ppt/素材
12	建筑施工技术	978-7-301-19499-7	董　伟等	42.00	2011.9	ppt
13	建筑施工技术	978-7-301-19997-8	苏小梅	38.00	2012.1	ppt
14	建筑工程施工技术(第 2 版)	978-7-301-21093-2	钟汉华等	48.00	2013.1	ppt
15	建筑施工机械	978-7-301-19365-5	吴志强	30.00	2011.10	ppt
16	基础工程施工	978-7-301-20917-2	董　伟等	35.00	2012.7	ppt
17	建筑施工技术实训(第 2 版)	978-7-301-24368-8	周晓龙	30.00	2014.7	
18	◎建筑力学(第 2 版)	978-7-301-21695-8	石立安	46.00	2013.1	ppt
19	土木工程力学	978-7-301-16864-6	吴明军	38.00	2010.4	ppt
20	PKPM 软件的应用(第 2 版)	978-7-301-22625-4	王　娜等	34.00	2013.6	
21	◎建筑结构(第 2 版)(上册)	978-7-301-21106-9	徐锡权	41.00	2013.4	ppt/答案
22	◎建筑结构(第 2 版)(下册)	978-7-301-22584-4	徐锡权	42.00	2013.6	ppt/答案
23	建筑结构学习指导与技能训练(上册)	978-7-301-25929-0	徐锡权	28.00	2015.8	ppt
24	建筑结构学习指导与技能训练(下册)	978-7-301-25933-7	徐锡权	28.00	2015.8	ppt
25	建筑结构	978-7-301-19171-2	唐春平等	41.00	2011.8	ppt
26	建筑结构基础	978-7-301-21125-0	王中发	36.00	2012.8	ppt
27	建筑结构原理及应用	978-7-301-18732-6	史美东	45.00	2012.8	ppt
28	建筑结构与识图	978-7-301-26935-0	相秉志	37.00	2016.2	
29	建筑力学与结构(第 2 版)	978-7-301-22148-8	吴承霞等	49.00	2013.4	ppt/答案
30	建筑力学与结构(少学时版)	978-7-301-21730-6	吴承霞	34.00	2013.2	ppt/答案
31	建筑力学与结构	978-7-301-20988-2	陈水广	32.00	2012.8	ppt
32	建筑力学与结构	978-7-301-23348-1	杨丽君等	44.00	2014.1	ppt
33	建筑结构与施工图	978-7-301-22188-4	朱希文等	35.00	2013.3	ppt
34	生态建筑材料	978-7-301-19588-2	陈剑峰等	38.00	2011.10	ppt
35	建筑材料(第 2 版)	978-7-301-24633-7	林祖宏	35.00	2014.8	ppt
36	建筑材料与检测(第 2 版)	978-7-301-25347-2	梅　杨等	33.00	2015.2	ppt/答案
37	建筑材料检测试验指导	978-7-301-16729-8	王美芬等	18.00	2010.10	
38	建筑材料与检测(第二版)	978-7-301-26550-5	王　辉	40.00	2016.1	ppt
39	建筑材料与检测试验指导	978-7-301-20045-2	王　辉	20.00	2012.2	ppt
40	建筑材料选择与应用	978-7-301-21948-5	申淑荣等	39.00	2013.3	ppt
41	建筑材料检测实训	978-7-301-22317-8	申淑荣等	24.00	2013.4	
42	建筑材料	978-7-301-24208-7	任晓菲	40.00	2014.7	ppt/答案
43	建筑材料检测试验指导	978-7-301-24782-2	陈东佐等	20.00	2014.9	ppt
44	◎建设工程监理概论(第 2 版)	978-7-301-20854-0	徐锡权等	43.00	2012.8	ppt/答案
45	建设工程监理概论	978-7-301-15518-9	曾庆军等	24.00	2009.9	ppt
46	工程建设监理案例分析教程	978-7-301-18984-9	刘志麟等	38.00	2011.8	ppt
47	◎地基与基础(第 2 版)	978-7-301-23304-7	肖明和等	42.00	2013.11	ppt/答案
48	地基与基础	978-7-301-16130-2	孙平平等	26.00	2010.10	ppt
49	地基与基础实训	978-7-301-23174-6	肖明和等	25.00	2013.10	ppt
50	土力学与地基基础	978-7-301-23675-8	叶火炎等	35.00	2014.1	ppt
51	土力学与基础工程	978-7-301-23590-4	宁培淋等	32.00	2014.1	ppt
52	土力学与地基基础	978-7-301-25525-4	陈东佐	45.00	2015.2	ppt/答案
53	建筑工程质量事故分析(第 2 版)	978-7-301-22467-0	郑文新	32.00	2013.9	ppt
54	建筑工程施工组织设计	978-7-301-18512-4	李源清	26.00	2011.2	ppt
55	建筑工程施工组织实训	978-7-301-18961-0	李源清	40.00	2011.6	ppt
56	建筑施工组织与进度控制	978-7-301-21223-3	张廷瑞	36.00	2012.9	ppt
57	建筑施工组织项目式教程	978-7-301-19901-5	杨红玉	44.00	2012.1	ppt/答案
58	钢筋混凝土工程施工与组织	978-7-301-19587-1	高　雁	32.00	2012.5	ppt
59	钢筋混凝土工程施工与组织实训指导(学生工作页)	978-7-301-21208-0	高　雁	20.00	2012.9	ppt
60	建筑施工工艺	978-7-301-24687-0	李源清等	49.50	2015.1	ppt/答案
	工程管理类					
1	建筑工程经济(第 2 版)	978-7-301-22736-7	张宁宁等	30.00	2013.7	ppt/答案
2	建筑工程经济	978-7-301-24346-6	刘晓丽等	38.00	2014.7	ppt/答案

序号	书名	书号	编著者	定价	出版时间	配套情况
3	施工企业会计(第2版)	978-7-301-24434-0	辛艳红等	36.00	2014.7	ppt/答案
4	建筑工程项目管理(第2版)	978-7-301-26944-2	范红岩等	42.00	2016. 3	ppt
5	建设工程项目管理(第2版)	978-7-301-24683-2	王　辉	36.00	2014.9	ppt/答案
6	建设工程项目管理	978-7-301-19335-8	冯松山等	38.00	2011.9	ppt
7	建筑施工组织与管理(第2版)	978-7-301-22149-5	翟丽旻等	43.00	2013.4	ppt/答案
8	建设工程合同管理	978-7-301-22612-4	刘庭江	46.00	2013.6	ppt/答案
9	建筑工程资料管理	978-7-301-17456-2	孙　刚等	36.00	2012.9	ppt
10	建筑工程招投标与合同管理	978-7-301-16802-8	程超胜	30.00	2012.9	ppt
11	工程招投标与合同管理实务	978-7-301-19035-7	杨甲奇等	48.00	2011.8	ppt
12	工程招投标与合同管理实务	978-7-301-19290-0	郑文新等	43.00	2011.8	ppt
13	建设工程招投标与合同管理实务	978-7-301-20404-7	杨云会等	42.00	2012.4	ppt/答案/习题
14	工程招投标与合同管理	978-7-301-17455-5	文新平	37.00	2012.9	ppt
15	工程项目招投标与合同管理(第2版)	978-7-301-24554-5	李洪军等	42.00	2014.8	ppt/答案
16	工程项目招投标与合同管理(第2版)	978-7-301-22462-5	周艳冬	35.00	2013.7	ppt
17	建筑工程商务标编制实训	978-7-301-20804-5	钟振宇	35.00	2012.7	ppt
18	建筑工程安全管理(第2版)	978-7-301-25480-6	宋　健等	42.00	2015.8	ppt/答案
19	建筑工程质量与安全管理	978-7-301-16070-1	周连起	35.00	2010.8	ppt/答案
20	施工项目质量与安全管理	978-7-301-21275-2	钟汉华	45.00	2012.10	ppt/答案
21	工程造价控制(第2版)	978-7-301-24594-1	斯　庆	32.00	2014.8	ppt/答案
22	工程造价管理(第二版)	978-7-301-27050-9	徐锡权等	44.00	2016.5	ppt
23	工程造价控制与管理	978-7-301-19366-2	胡新萍等	30.00	2011.11	ppt
24	建筑工程造价管理	978-7-301-20360-6	柴　琦等	27.00	2012.3	ppt
25	建筑工程造价管理	978-7-301-15517-2	李茂英等	24.00	2009.9	
26	工程造价案例分析	978-7-301-22985-9	甄　凤	30.00	2013.8	ppt
27	建设工程造价控制与管理	978-7-301-24273-5	胡芳珍等	38.00	2014.6	ppt/答案
28	◎建筑工程造价	978-7-301-21892-1	孙咏梅	40.00	2013.2	ppt
29	建筑工程计量与计价	978-7-301-26570-3	杨建林	46.00	2016.1	ppt
30	建筑工程计量与计价综合实训	978-7-301-23568-3	龚小兰	28.00	2014.1	
31	建筑工程估价	978-7-301-22802-9	张　英	43.00	2013.8	ppt
32	建筑工程计量与计价——透过案例学造价(第2版)	978-7-301-23852-3	张　强	59.00	2014.4	ppt
33	安装工程计量与计价(第3版)	978-7-301-24539-2	冯　钢等	54.00	2014.8	ppt
34	安装工程计量与计价综合实训	978-7-301-23294-1	成春燕	49.00	2013.10	素材
35	建筑安装工程计量与计价	978-7-301-26004-3	景巧玲等	56.00	2016.1	ppt
36	建筑安装工程计量与计价实训(第2版)	978-7-301-25683-1	景巧玲等	36.00	2015.7	
37	建筑水电安装工程计量与计价(第二版)	978-7-301-26329-7	陈连姝	51.00	2016.1	ppt
38	建筑与装饰装修工程工程量清单(第2版)	978-7-301-25753-1	翟丽旻等	36.00	2015.5	ppt
39	建筑工程清单编制	978-7-301-19387-7	叶晓容	24.00	2011.8	ppt
40	建设项目评估	978-7-301-20068-1	高志云等	32.00	2012.2	ppt
41	钢筋工程清单编制	978-7-301-20114-5	贾莲英	36.00	2012.2	ppt
42	混凝土工程清单编制	978-7-301-20384-2	顾　娟	28.00	2012.5	ppt
43	建筑装饰工程预算(第2版)	978-7-301-25801-9	范菊雨	44.00	2015.7	ppt
44	建筑装饰工程计量与计价	978-7-301-20055-1	李茂英	42.00	2012.2	ppt
45	建设工程安全监理	978-7-301-20802-1	沈万岳	28.00	2012.7	ppt
46	建筑工程安全技术与管理实务	978-7-301-21187-8	沈万岳	48.00	2012.9	ppt
	建筑设计类					
1	中外建筑史(第2版)	978-7-301-23779-3	袁新华等	38.00	2014.2	ppt
2	◎建筑室内空间历程	978-7-301-19338-9	张伟孝	53.00	2011.8	
3	建筑装饰 CAD 项目教程	978-7-301-20950-9	郭　慧	35.00	2013.1	ppt/素材
4	建筑设计基础	978-7-301-25961-0	周圆圆	42.00	2015.7	
5	室内设计基础	978-7-301-15613-1	李书青	32.00	2009.8	ppt
6	建筑装饰材料(第2版)	978-7-301-22356-7	焦　涛等	34.00	2013.5	ppt
7	设计构成	978-7-301-15504-2	戴碧锋	30.00	2009.8	ppt
8	基础色彩	978-7-301-16072-5	张　军	42.00	2010.4	
9	设计色彩	978-7-301-21211-0	龙黎黎	46.00	2012.9	ppt
10	设计素描	978-7-301-22391-8	司马金桃	29.00	2013.4	ppt
11	建筑素描表现与创意	978-7-301-15541-7	于修国	25.00	2009.8	
12	3ds Max 效果图制作	978-7-301-22870-8	刘　晗等	45.00	2013.7	ppt
13	3ds max 室内设计表现方法	978-7-301-17762-4	徐海军	32.00	2010.9	
14	Photoshop 效果图后期制作	978-7-301-16073-2	脱忠伟等	52.00	2011.1	素材
15	3ds Max & V-Ray 建筑设计表现案例教程	978-7-301-25093-8	郑恩峰	40.00	2014.12	ppt
16	建筑表现技法	978-7-301-19216-0	张　峰	32.00	2011.8	ppt

序号	书名	书号	编著者	定价	出版时间	配套情况
17	建筑速写	978-7-301-20441-2	张　峰	30.00	2012.4	
18	建筑装饰设计	978-7-301-20022-3	杨丽君	36.00	2012.2	ppt/素材
19	装饰施工读图与识图	978-7-301-19991-6	杨丽君	33.00	2012.5	ppt
	规划园林类					
1	城市规划原理与设计	978-7-301-21505-0	谭婧婧等	35.00	2013.1	ppt
2	居住区景观设计	978-7-301-20587-7	张群成	47.00	2012.5	ppt
3	居住区规划设计	978-7-301-21031-4	张　燕	48.00	2012.8	ppt
4	园林植物识别与应用	978-7-301-17485-2	潘利等	34.00	2012.9	ppt
5	园林工程施工组织管理	978-7-301-22364-2	潘利等	35.00	2013.4	ppt
6	园林景观计算机辅助设计	978-7-301-24500-2	于化强等	48.00	2014.8	ppt
7	建筑•园林•装饰设计初步	978-7-301-24575-0	王金贵	38.00	2014.10	ppt
	房地产类					
1	房地产开发与经营(第2版)	978-7-301-23084-8	张建中等	33.00	2013.9	ppt/答案
2	房地产估价(第2版)	978-7-301-22945-3	张　勇等	35.00	2013.9	ppt/答案
3	房地产估价理论与实务	978-7-301-19327-3	褚菁晶	35.00	2011.8	ppt/答案
4	物业管理理论与实务	978-7-301-19354-9	裴艳慧	52.00	2011.9	ppt
5	房地产测绘	978-7-301-22747-3	唐春平	29.00	2013.7	ppt
6	房地产营销与策划	978-7-301-18731-9	应佐萍	42.00	2012.8	ppt
7	房地产投资分析与实务	978-7-301-24832-4	高志云	35.00	2014.9	ppt
8	物业管理实务	978-7-301-27163-6	胡大见	44.00	2016.6	
9	房地产投资分析	978-7-301-27529-0	刘永胜	47.00	2016.9	ppt
	市政与路桥					
1	市政工程施工图案例图集	978-7-301-24824-9	陈亿琳	43.00	2015.3	pdf
2	市政工程计量与计价(第2版)	978-7-301-20564-8	郭良娟等	42.00	2012.8	ppt
3	市政工程计价	978-7-301-22117-4	彭以舟等	39.00	2013.3	ppt
4	市政桥梁工程	978-7-301-16688-8	刘　江等	42.00	2010.8	ppt/素材
5	市政工程材料	978-7-301-22452-6	郑晓国	37.00	2013.5	ppt
6	道桥工程材料	978-7-301-21170-0	刘水林等	43.00	2012.9	ppt
7	路基路面工程	978-7-301-19299-3	偶昌宝等	34.00	2011.8	ppt/素材
8	道路工程技术	978-7-301-19363-1	刘　雨等	33.00	2011.12	ppt
9	城市道路设计与施工	978-7-301-21947-8	吴颖峰	39.00	2013.1	ppt
10	建筑给排水工程技术	978-7-301-25224-6	刘　芳等	46.00	2014.12	ppt
11	建筑给水排水工程	978-7-301-20047-6	叶巧云	38.00	2012.2	ppt
12	市政工程测量(含技能训练手册)	978-7-301-20474-0	刘宗波等	41.00	2012.5	ppt
13	公路工程任务承揽与合同管理	978-7-301-21133-5	邱　兰等	30.00	2012.9	ppt/答案
14	数字测图技术应用教程	978-7-301-20334-7	刘宗波	36.00	2012.8	ppt
15	数字测图技术	978-7-301-22656-8	赵　红	36.00	2013.6	ppt
16	数字测图技术实训指导	978-7-301-22679-7	赵　红	27.00	2013.6	ppt
17	水泵与水泵站技术	978-7-301-22510-3	刘振华	40.00	2013.5	ppt
18	道路工程测量(含技能训练手册)	978-7-301-21967-6	田树涛等	45.00	2013.2	ppt
19	道路工程识图与AutoCAD	978-7-301-26210-8	王容玲等	35.00	2016.1	ppt
	交通运输类					
1	桥梁施工与维护	978-7-301-23834-9	梁　斌	50.00	2014.2	ppt
2	铁路轨道施工与维护	978-7-301-23524-9	梁　斌	36.00	2014.1	ppt
3	铁路轨道构造	978-7-301-23153-1	梁　斌	32.00	2013.10	ppt
	建筑设备类					
1	建筑设备识图与施工工艺(第2版)(新规范)	978-7-301-25254-3	周业梅	44.00	2015.12	ppt
2	建筑施工机械	978-7-301-19365-5	吴志强	30.00	2011.10	ppt
3	智能建筑环境设备自动化	978-7-301-21090-1	余志强	40.00	2012.8	ppt
4	流体力学及泵与风机	978-7-301-25279-6	王　宁等	35.00	2015.1	ppt/答案

注：★为“十二五”职业教育国家规划教材；◎为国家级、省级精品课程配套教材，省重点教材；为“互联网+”创新规划教材。

相关教学资源如电子课件、电子教材、习题答案等可以登录www.pup6.com下载或在线阅读。如您需要样书用于教学，欢迎登录第六事业部门户网(www.pup6.cn)申请，并可在线登记选题来出版您的大作，也可下载相关表格填写后发到我们的邮箱，我们将及时与您取得联系并做好全方位的服务。

联系方式：010-62756290，010-62750667，85107933@qq.com，pup_6@163.com，欢迎来电来信咨询。网址：http://www.pup.cn，http://www.pup6.cn